生物节律与行为

（第2版）

Biological Rhythms and Behavior

（2nd Edition）

主　编　郭金虎

副主编　曲卫敏　田　雨

国防工业出版社

·北京·

图书在版编目(CIP)数据

生物节律与行为 / 郭金虎主编. -- 2 版. -- 北京 : 国防工业出版社, 2025. 5. -- ISBN 978-7-118-13617-3

Ⅰ. Q418

中国国家版本馆 CIP 数据核字第 2025PS0338 号

※

国防工业出版社出版发行

(北京市海淀区紫竹院南路 23 号　邮政编码 100048)

三河市天利华印刷装订有限公司印刷

新华书店经售

*

开本 710×1000　1/16　**印张** 20　**插页** 3　**字数** 392 千字

2025 年 5 月第 2 版第 1 次印刷　**印数** 1—1500 册　**定价** 120.00 元

国防书店:(010)88540777　　发行邮购:(010)88540776

发行传真:(010)88540755　　发行业务:(010)88540717

第2版前言

生物钟调节地球上绝大多数生物的生理和行为,生物节律的紊乱会使得生物环境适应的能力变差,也会给我们的健康带来很多的不利影响。时间生物学与生命科学各学科的交叉、融合更甚,毕竟,只有以动态且结合环境变化规律的思维方式去探索和理解生命,才可能获得更为客观的认知。

七年前,对于从事生物钟研究的人来说,曾经发生了一件盛大的事情:诺贝尔生理或医学奖授予了克隆出果蝇生物钟基因的三位科学家,从那一刻起,七年间,生物钟研究继续不断推进,尤其是在生物钟与健康等方面的研究。近年来国内的生物钟研究队伍不断发展、壮大,成果日益丰盛,并成功举办了多次国际、国内时间生物学会议。

时光飞逝,尽管我们是从事时间生物学研究的人,但也挽留不住时间的脚步。自《生物行为与节律》第1版在2019年1月出版后,倏忽间已经五年多的时间过去了。广大读者非常热情且宽容,在给予宝贵批评意见的同时,也对本书的编写形式及主要内容给予了肯定,在此感谢读者们的厚爱与支持。

本书现已售罄,我们经与出版社商议后决定进行再版。《生物节律与行为》(第2版)主要对原书的一些错漏之处进行了改正,并对参考文献进行再次校对,同时增补了一些新的内容,其中包括新的研究进展,以使整体的内容更为准确、全面。对于一些存在争议的重要问题,也进行了说明解释,例如关于人体内在节律周期的争议,有人认为是25h左右,有人认为是24.2h左右,对这一问题加以澄清有利于避免混淆,推进相关方向的研究。

第2版基本维持第1版的框架,作者仍然是原来的编写团队,包括中山大学郭金虎教授、复旦大学曲卫敏教授和中国航天员科研训练中心田雨副研究员。其中第1、第2、第4和第5章由郭金虎执笔;第3章由曲卫敏执笔;第6章由田雨执笔。我们更正了第1版里的一些错误,并对内容和图片进行了更新和增补,让读者更容易理解书中的内容，了解时间生物学新的前沿进展。此外，我们还结合自己的研究特色，增添了航天和深远海特殊环境下生物节律的研究内容，希望这些内容可以为生物钟研究成果在国内相关行业的应用起到助力作用。

在此感谢《航天员》杂志编辑部授权使用相关图片，同时对在使用第 1 版过程中提出宝贵建议的所有师长、同行及朋友们在此一并致以诚挚的谢意。

本书可以用作时间生物学领域研究人员的科研参考书，也可以作为普通高等院校、科研院所本科或研究生时间生物学课程的教材。我们恳请所有老读者和新朋友继续关心和支持，对于书中的不妥和错误之处敬请批评、指正。

编者

2024 年 4 月

第 1 版序

几千年来,生物节律一直是作家和诗人们热衷的主题,在艺术家们的眼里,太阳、月亮、星星主宰着人类的生活方式。而在科学家们的眼中,人类最初是从植物的周期性行为的认识而开启对生物钟认识的,那就是 1729 年让·雅克·德迈朗观察含羞草的律动,后来又有冯·林奈的花钟;从 20 世纪 20 年代开始,科学家发现动物的行为也具有昼夜节律的特征,于是便坚信这种行为是由遗传决定的。20 世纪 70 年代随着分子克隆技术的兴起,研究生物钟的先驱者终于鉴定出了控制时间信息的生物钟基因,从而使生物钟成为一门富有生命力的学科,迅速发展并引人注目。

在人体中,日复一日周而复始的生物钟在各种细胞与组织之中,协调着身体各部分的运转,确保生理、生化、行为准时有序地运行,促使有机体按照天、月或年来优化行为的时间序列,使体内的时间与外界的环境时间保持一致,对于生理和行为具有重要意义。今天正值 2016 年诺贝尔生理学或医学奖的颁发之日,回首过去,那些生物钟研究领域的执牛耳者也曾几度作为候选人提名,我相信有朝一日,时间生物学领域的重大研究成果终将摘下这一科学研究最高奖的桂冠①。

人类改造自然的能力已经超过了地球上的任何其他生物,对环境的影响非常巨大。例如:电灯令我们的黑夜亮如白昼,空调使我们感受不到四季的变化;纽约、伦敦、东京等不同地区的金融全球化导致我们昼夜不分;飞机把我们带到了完全不同的时区,航天器甚至可以将人类送到地球以外的空间;等等。这些环境的改变对于人体生物钟系统的影响是我们难以想象的,因为

---

① 编者注:2017 年 10 月,诺贝尔生理学或医学奖授予了从事生物钟研究的三位科学家。

人类很难改变长期演化而来的内在生物钟,去适应非 24h 的环境变化周期。因此人体时间和空间之间的不和谐,会导致我们罹患一系列病症,轻者表现为时差反应,重者出现睡眠障碍、情绪低落、代谢紊乱等症状,从而损害健康甚至影响寿命。

生物钟这门学科的奥秘之处就在于:生物钟自身是被大自然精致设计的,通过昼夜、月的圆缺以及四季的更替这样的节奏般的周期律动,驱动着地球上包括人类在内的各种生命体系去适应这样的环境。如果说人类最初关注植物生物钟,是受好奇心所驱动,那么,我们今天关注人体生物钟,则是因为人类迫切需要应对在大幅度地改造自然之后所面临的时空不和谐的发展。这也是我们今天所说的“地球是扁平的”,或者说是在人类“走向太空”的征程中必然会遇到的问题。

郭金虎教授从在美国得克萨斯州大学西南医学中心开始,一直从事生物钟研究。回国后他一方面继续从事生物钟的分子调控机制研究,另一方面开始从事空间环境下生物节律的变化规律与机制研究,在我国较早开展了微重力条件下人体生物节律的系统研究工作,参加过头低位卧床实验、抛物线飞行实验、中性水槽实验以及神舟九号和神舟十号在轨实验等,积累了丰富的研究背景。

本书分为 6 章,各章之间的叙述前后关联,内容层层递进,信息浑厚、扎实。第 1 章、第 2 章以生物钟的定义为起点,叙述了节律的各种形式、测量方法和生物钟的研究历史、基本特征等,为了配合以空间环境的研究主体,并具有特色地增补了不同尺度的节律现象内容,以及目前非常热门的磁场对生物节律的影响。在第 3 章里,复旦大学曲卫敏教授撰写睡眠的生理机制与功能这部分内容,这部分内容为下面的睡眠调控起了非常重要的解释性铺垫作用。第 4 章是讲述生物钟对生理行为的调控,内容系统而全面;第 5 章则在此基础上介绍节律紊乱病征的治疗。第 6 章是关于空间环境下的生物钟研究,极富特色,使没有机会参与空间生物学研究工作的读者从中了解到空间微重力场等自然和社会因素对生物节律的影响以及对航天员工效的影响。

多年来我一直从事生物节律研究，在阅读本书时我发现自己被书中内容深深地吸引了。目前，生物节律领域的研究可以说如火如荼，面对如潮水般涌现的研究成果，郭金虎教授及其他编者选择了与行为紧密相关的主题，并且对每一个生物节律的行为都从现象开始，从检测手段一直剖析到分子基础，以深入浅出的方式介绍给读者。鉴于本书在可读性、信息量以及前瞻性等方面都很突出，我由衷地认为这是一部时间生物学领域里难得一见、有重要参考价值的著作。

徐璎

2016 年 10 月 3 日

于苏州大学

第1版前言

时间无所不在,但不占任何空间;时间可以被测量,但无法看见,无法触摸;时间没有重量;时间与我们每天的生活都有关系,但没人能够详尽描述;时间可以被使用、节约、浪费、消磨,但不能被改变或毁灭。《辞海》(2009年版)对于时间的解释是指物质运动过程的持续性和顺序性。《辞海》(1936年版)对于时间的解释是:常与空间对举;空间谓上下四方,乃横至于无限者;时间谓往古来今乃纵至于无限者。《辞海》对于时间的定义非常抽象,难以理解。尽管时间不可触摸,但是我们可以通过起始时刻和量度单位的选定,对时间进行测量。正如沈从文在《谁的生命可以不受时间限制》一文中所说:“事事物物要时间证明,可是时间本身却是个极其抽象的东西。从无一个人说得明白时间是个什么样子。时间并不单独存在。时间无形,无声,无色,无臭。要说明时间的存在,还得回头从事事物物去取证。从日月来去,从草木荣枯,从生命存亡找证据。正因为事事物物都可为时间做注解,时间本身反而被人疏忽了。”

时间、空间与物质的存在密切相关,它们的物理性质主要通过它们与物质运动的各种联系而表现出来。对时间的计量,早先采用地球自转和公转周期作为标准,由此定出年、月、日、时、分、秒等单位。从远古时代起,人们就利用周期性的计量工具来记录时间,如沙漏计时、绳结计时、滴水计时等。早在宋代,我国古代科学家苏颂就发明和制作了世界上第一个带有擒纵机构的计时装置,擒纵机构广泛使用于近现代钟表制造。到了现代,人们采用某些原子内部的稳定振荡过程作为标准,极为精确。

生物也具有感知和预测时间的能力,植物的叶片在夜间合拢,在白天舒展，这是一种常见的现象。除了植物叶片每天的周期性运动以外，地球上很多生物都存在生理或行为水平的各种节律，这些节律是经历长期演化而产生的，可以使各种生物更好地适应地球上因昼夜交替而出现的周期性变化的环境，如光照、温度的昼夜变化等。时间生物学先驱 Colin S. Pittendtrigh 曾说过："A rose is not necessarily and unqualifiedly a rose, that is to say, it is a very different biochemical system at noon and at midnight." 时间生物学的另一位先驱 Jürgen Aschoff 也说过："Whether we measure, hour by hour, the number of dividing cells in any tissue, the volume of urine excreted, the reaction to a drug, or the accuracy and the speed with which arithmetical problems are solved, we usually find that there is a maximum value at one time of day and a minimum value at another."

"时间用我们的脚赶路"（爱德华多·加莱亚诺）。对人类而言，生物钟调节人体的基因表达、生化、生理、代谢和行为等不同水平的节律，其中也包括睡眠稳态的节律。当节律受到干扰，人的健康会受到损害。以生物钟和生物节律为研究范畴的学科称为时间生物学。时间生物学并不研究时间本身，而是研究时间对生物的影响以及生物对时间的感知与适应。

不同生物包括人类在内，由于同时受多种环境因子的复杂影响而表现出不同的生物节律，如季节性的节律、昼夜的节律以及潮汐的节律等。这些节律对生物钟的生理和行为都具有非常重要的意义，但是就目前来说，昼夜节律研究得相对较为清楚，我们对其他不同形式的节律还了解得非常有限。

探索太空一直是人类的梦想——"地球是人类的摇篮，但是人类不能永远生活在摇篮里"（康斯坦丁·齐奥尔科夫斯基）。生物钟是地球上各种生物适应地表环境而演化出的内在机制，而载人航天生物学研究的是脱离地球表面，在空间的环境条件下的生物学规律与机制。因此，生物钟研究与载人航天一个在地下，一个在天上，乍一看风马牛不相及。实际上这两者并不矛盾，Colin S. Pittendtrigh 曾说过："All biological clocks are adaptations to life on a rotating planet." 当我们脱离地球、徜徉太空时，光照、重力、磁场、辐射等多种自然环境因素以及一些社会因素都与地表环境相去甚远，存在“天壤之别”，这样巨大的环境差异会对航天员及其他遨游太空的生物的生理和行为产生很大的影响，当然也会影响生物钟和睡眠，影响航天员的行为工效。因此，要进行空间探索，人的生物钟与睡眠是不容忽视的人因工程学要素。

国内的生物钟研究队伍一直呕心沥血，在各自的领域里辛勤耕耘。从20世纪末至今，前辈们也编写和翻译了不少著作，如《近日生理学》《空间时间生物学》《生物节律与时间医学》等。近年来，国外介绍时间生物学的优秀科普图书《生命的节奏》《生命的季节》等也被陆续翻译成中文出版，并深受读者喜爱。这些书对于推动我国的时间生物学的起步与发展起到了重要作用。但是，可能是由于科研工作者科研、教学任务繁重等原因，国内近年来一直未能有同时涵盖时间生物学经典研究内容以及数十年来生物学研究新进展的书籍问世。我们此次也是想做一下尝试，借此编纂“人因工程学丛书”之机，尽自己的力量在回顾时间生物学经典知识的基础上整合新的研究成果，将之呈现给读者。

本书内容由6章组成，相互联系，层层推进。第1章主要介绍生物钟的基本概念、研究历史、生物钟的调控机制及分子机理。第2章介绍环境对生物钟的影响。第3章主要介绍睡眠的基本概念、调节机制、神经回路、睡眠的生理功能及睡眠障碍的治疗。第4章主要介绍生物钟、睡眠对于生理、心理和行为的调控作用和重要意义。第5章介绍节律紊乱及治疗。由于这是一本面向载人航天人因学研究的专著，因此在部分内容上会比较侧重对于空间特殊环境条件下昼夜节律的变化规律及研究进展的介绍，第6章围绕航天应用，主要介绍空间环境里生物钟的变化规律及其对航天员健康、行为及作业能力的影响。为了能够更好地将本书呈现给读者，本书的编者由熟悉生物钟、睡眠及载人航天人因学研究的编写团队组成，包括中山大学、复旦大学和中国航天员科研训练中心的科研人员，其中第1、2、4、5章由郭金虎编写，第3章由曲卫敏编写，第6章由田雨、郭金虎编写。在本书的编写过程中，我们有幸得到了一些同行的热心建议、批评与帮助，在此我们要感谢华中科技大学的张珞颖教授、安徽大学秦曦明教授提出的宝贵的修改意见，还要特别感谢苏州大学徐璎教授为本书作序。在书稿格式整理和文字校对工作中得到了中山大学李昀真、潘思语、马立真等同学的帮助，在此一并致谢。

由于本书为“人因工程学丛书”的一个分册，丛书的主题与人因学相关，所以本书所涉及的内容主要与动物和人的生物钟研究有关，对于植物、微生物等模式生物的研究进展未能做更多描述。时间生物学研究覆盖面很广，加之作者学术视野和积淀所限，书中必然存在疏漏之处，敬请读者批评、指正。我们希望本书能起到抛砖引玉的作用，相信今后一段时间内将有更多、更好的时间生物学书籍问世。

郭金虎

2017 年 12 月 24 日

于广州番禺小谷围

E-mail：guojh_2000@ hotmail. com

缩 略 语

下表列出了一些书中的重要缩略语,还有一些不常用的缩略语未列出。

缩写	全　　称	中文含义或注释
5-HT	5-hydroxytryptamine	5-羟色胺
ACH	acetylcholine	乙酰胆碱
ACTH	adrenocorticotropic hormone	促肾上腺皮质激素
AD	Alzheimer's disease	阿尔茨海默氏症
AHR	aryl hydrocarbon receptor	芳烃受体
ALAN	artificial light at night	夜间人工光照
AMY	amygdale	杏仁核
ANS	autonomic nervous system	自主神经系统
ARC	arcuate nucleus	弓状核
ASPS	advanced sleep phase syndrome	睡眠相位提前综合征
AVP	arginine vasopressin	精氨酸加压素
BD	bipolar disorder	双相情感障碍
BF	basal forebrain	基底前脑
BMAL	brain and muscle arnt-like protein-1	生物钟基因/蛋白名
BNST	bed nucleus of the stria terminalis	终纹床核
C-box	clock box	粗糙链孢霉生物钟基因顺式元件
CBS/LHC	circadian clock associated 1-binding site/light-harvesting complex motif	植物生物钟基因顺式元件
CCG	clock-controlled gene	钟控基因
CK1	casein kinase 1	酪蛋白激酶 1
CK2	casein kinase 2	酪蛋白激酶 2
CLK	CLOCK	生物钟基因/蛋白名
CPA	N6-cyclopentyladenosine	N6-环戊基腺苷
CREB	cAMP-response-element-binding protein	cAMP 反应元件结合蛋白
CRH	corticotropin releasing hormone	促肾上腺皮质素释放激素

续表

缩写	全　称	中文含义或注释
CRY	CRYPTOCHROME	隐花色素
CSM	composite scale of morningness	时间型复合量表
CT	circadian time	近日时间
CYC	CYCLE	生物钟基因/蛋白名
DA	dopamine	多巴胺
DBT	deep body temperature	内部体温
DD	dark ∶ dark	持续黑暗
DLMO	dim light melatonin onset	弱光对褪黑素的分泌促进作用
DMH	dorsomedial hypothalamus	下丘脑腹内侧核
DN	dorsal neurons	背部神经元
DRN	dorsal raphe nucleus	中缝背核
DSPS	delayed sleep phase syndrome	睡眠相位延迟综合征
E-box	enhancer box	增强子盒,哺乳动物生物钟基因顺式元件
EAG	electroantennogram	触角电图
EEG	electroencephalogram	脑电图
ESA	European Space Agency	欧洲空间局
FAD	flavin adenine dinucleotide	黄素腺嘌呤二核苷酸
FFC	FRQ-FRH complex	粗糙链孢霉生物钟蛋白 FRQ-FRH 形成的复合物
FFT	fast fourier transform	快速傅里叶变换
FMN	flavin mononucleotide	黄素单核苷酸
FRH	FRQ-interacting RNA helicase	FRQ 结合的 RNA 解旋酶
FRP	free-running period	自运行周期
FRQ	FREQUENCY	粗糙链孢霉生物钟负调节元件
GABA	γ-aminobutyric acid	γ -氨基丁酸
GCL	ganglion cell layer	神经节细胞层
GH	growth hormone	生长激素
GHT	geniculohypothalamic tract	膝状体下丘脑束
GiV	ventral gigantocellular reticular nucleus	巨细胞核
Glu	glutamate	谷氨酸
Gly	glycine	甘氨酸

续表

缩写	全　称	中文含义或注释
GnRH	gonadotropin-releasing hormone	促性腺激素释放激素
GRE	glucocorticoid-response element	糖皮质激素反应元件
GRP	gastrin-releasing peptide	胃泌素释放肽
HA	histamine	组胺
HAT	histone acetyltransferase	组蛋白酰基转移酶
HB	habenula	缰核
HDAC	histone deacetylase	组蛋白去乙酰化酶
HD	Huntington's disease	亨廷顿症
HIF	hypoxia inducible factor	缺氧诱导因子
HPA	hypothalamic-pituitary-adrenal	下丘脑-垂体-肾上腺(轴)
HPG	hypothalamic-pituitary-gonadal	下丘脑-垂体-性腺(轴)
HPT	hypothalamic-pituitary-thyroid	下丘脑-垂体-甲状腺(轴)
HRV	heart rate variability	心率变异性
HSF1	heat shock transcription factor 1	热休克转录因子 1
IGL	intergeniculate leaflet	膝状体间小叶
IL-1β	interleukin-1β	白介素-1β
INL	inner nuclear layer	内核层
IPL	inner plexiform layer	内网层
ipRGC	intrinsically photosensitive retinal ganglion cell	视网膜内层光感神经节细胞
ISR	incomplete summer remission	不完全缓解类型
ISS	International Space Station	国际空间站
JPL	jet propulsion laboratory	喷气推进实验室
$l-LN_V$	large ventrolateral neurons	腹外侧大神经元
LC	locus coeruleus	蓝斑核
LD	light：dark	光暗周期
LD12：12	light for 12h：dark for 12h	光照 12h：黑暗 12h 的交替环境
LDT	laterodorsal tegmental nucleus	背外侧被盖核
LEN	light exposure at night	与 ALAN 含义接近
LL	light：light	持续光照
LMA	locomotor activity	活动

续表

缩写	全　称	中文含义或注释
LN_D	dorsolateral neurons	背侧部神经元
LN	lateral neurons	侧部神经元
LOV	light, oxygen, or voltage	受光、氧或电压调节的结构域名称
LS	lateral septum	外侧隔核
LTM	long-term memory	长期记忆
MAPK	mitogen-activated protein kinase	丝裂原激活化蛋白激酶
MCTQ	Munich chronotype questionnaire	慕尼黑时间型问卷
MDD	major depressive disorder	重型抑郁症
MEQ	morningness-eveningness questionnaire	百灵鸟型-猫头鹰型问卷
MER	mars exploration rovers	火星探测器
MnPO	median preoptic nucleus	视前正中核
MRN	median raphe nucleus	中缝核
NAD^+	nicotinamide adenine dinucleotide	氧化型辅酶 I
NAMPT	nicotinamide phosphoribosyl transferase	烟酰胺磷酸核糖转移酶
NA	noradrenaline	去甲肾上腺素
NASA	National Aeronautics and Space Administration	美国航空航天局
NAT	natural antisense transcripts	内源反义 RNA
NDD	neurodegenerative iseases	神经退行性疾病
NMN	nicotinamide mononucleotide	5′-磷酸核糖焦磷酸
NO	nitric oxide	一氧化氮
NPAS2	neuronal PAS domain protein 2	生物钟基因/蛋白名
NPY	neuropeptide Y	神经肽 Y
NREM	non-rapid eye movement	非快动眼(睡眠)
PACAP	pituitary adenylate cyclase-activating peptide	垂体腺苷酸环化酶激活肽
PAS	Per-Arnt-Sim	结构区名称
PER	PERIOD	生物钟基因/蛋白名
PGD_2	prostaglandin D_2	前列腺素 D_2
PHI	peptide histidine isoleucine	组异肽
PKC	protein kinase C	蛋白激酶 C
PK2	prokineticin 2	前动力蛋白

续表

缩写	全　称	中文含义或注释
PML	Phoenix mars lander	凤凰号火星车
POA	preoptic area	视前区
PPT	pedunculopontine tegmental nucleus	脚桥被盖核
PRC	phase response curve	相位响应曲线
PSG	polysomnography	多导睡眠仪
PS	paradoxical sleep	异相睡眠
PTM	post-translational modification	翻译后修饰
PTP1B	protein tyrosine phosphatase 1B	蛋白酪氨酸磷酸酶 1B
PVN	paraventricular nucleus of hypothalamus	下丘脑室旁核
PVT	psychomotor vigilance task	精神运动警觉性任务
REM	rapid eye movement	快动眼(睡眠)
RF	restricted feeding	受限喂食
RHT	retinohypothalami tract	视网膜下丘脑束
RMP	resting membrane potential	静息膜电位
RN	raphe nucleus	中缝核
RRE	Rev response element	RevErbA/Ror 结合元件,哺乳动物生物钟基因顺式元件
s-LN_V	small ventrolateral neurons	腹外侧小神经元
SAD	seasonal affective disorder	季节性情感障碍
SCN	suprachiasmatic nuclei	视交叉上核
SD	sleep deprivation	睡眠剥夺
SFR	spontaneous firing rate	自发放电频率
SIM1	single-minded 1	神经发生相关因子
SIRT1	sirtuin 1	一种去乙酰化酶
SLD	sublaterodorsal tegmental nucleus	被盖核背外侧下部
SNPc	substantia nigra pars compacta	黑质致密部
SNRI	noradrenaline re-uptake inhibitors	治疗抑郁症的药物
SP	substance P	P 物质
SSRI	selective serotonin re-uptake inhibitors	治疗抑郁症的药物
SS	somatostatin	生长抑素
SWS	slow wave sleep	慢波睡眠

续表

缩写	全　称	中文含义或注释
TGF-α	transforming growth factor α	转化生长因子 α
TIM	TIMELESS	生物钟蛋白名
TMN	tuberomammillary nucleus	结节乳头体核
TPH	tryptophan hydroxylase	色氨酸羟化酶
TTL	transcriptional-translational feedback loop	转录-翻译水平的负反馈调节通路
UCP2	UNCOUPLING PROTEIN 2	去耦联蛋白 2
VIP	vasoactive intestinal peptide	血管活性肠肽
vlPAG	ventrolateral periaqueductal gray	中脑导水管周围灰质腹外侧
VLPO	ventrolateral preoptic area	下丘脑腹外侧视前区
vPAG	ventrolateral periaqueductal gray	导水管周围灰质
VTA	ventral tegmental area	中脑腹侧被盖区
VVD	VIVID	粗糙链孢霉生物钟基因
WC-1	White Collar 1	粗糙链孢霉生物钟蛋白
WC-2	White Collar 2	粗糙链孢霉生物钟蛋白
WCC	White Collar Complex	粗糙链孢霉生物钟蛋白 WC-1/2 形成的复合物
ZT	zeitgeber time	T 循环条件下的时间表示方法

目　　录

第1章

生物钟及其调节机制

自然界里一个非常值得注意的重要现象就是万事万物都具有周期性,天体运转、环境更迭和物候变化无不具有明显的节律特征,如哈雷彗星的回归、四季的交替、昼夜的变换等[1]。许许多多的节律性事件与不同天体的规律性运转密不可分,例如,地球围绕太阳的公转使得地球表面不同地域的光照、温度、降水、洋流、风向等环境因子呈现出每年的季节性变化,地球的自转使得地球上的光照、温度、湿度等环境因子呈现出以约24h为周期的节律性变化,月球围绕地球以28天的周期旋转,会对地球上的潮汐产生影响。

如图1-1所示,生物的生理和行为也会表现出不同周期的节律特征,例如

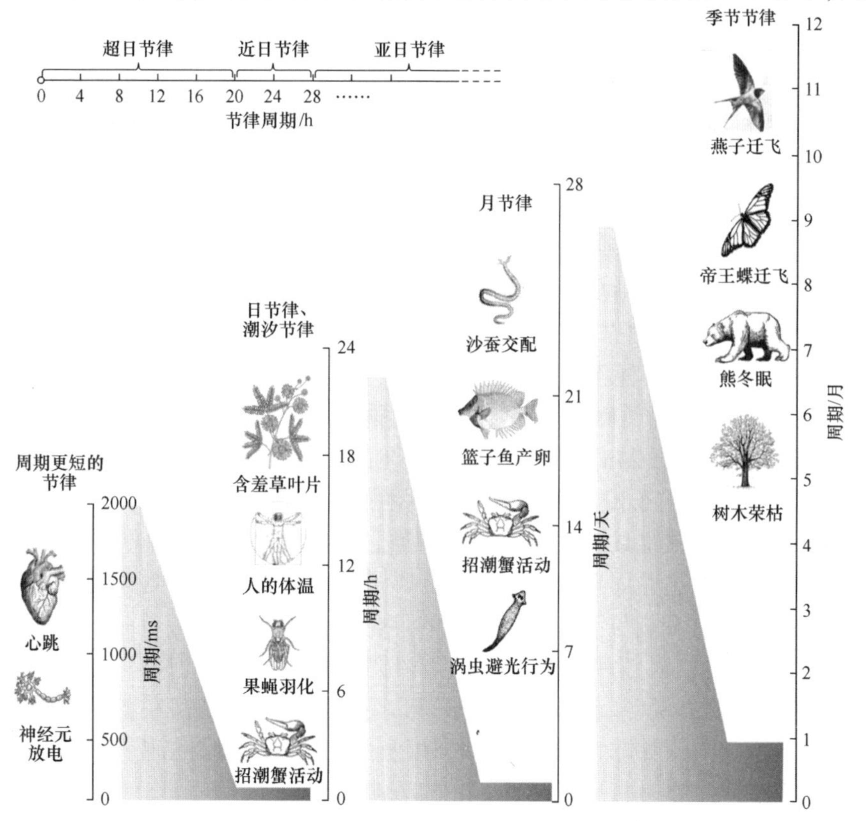

图1-1　不同尺度的周期

帝王蝶的迁飞具有季节性,篮子鱼产卵具有月节律或半月节律,涡虫避光行为具有月节律。招潮蟹的活动既具有月节律特征也具有潮汐节律的特征,含羞草叶片的张开与合拢、人的体温以及果蝇的羽化具有明显的24h节律特征。此外还有周期更短或更长的节律,更短的节律如心跳约每1s跳动1次(当然会受生理、运动的影响),神经元放电频率则是毫秒级的。更长的周期如一些种类的蝉从卵至发育成熟需要17年的时间,一个稳定生态系统里狼和兔子的数量变化存在大约10年的周期,等等。

1.1 生物钟与生物节律

适者生存是地球上所有生物的生存法则。为了适应环境的各种周期变化,各种生物经历长期演化,产生了生物钟系统,可以调节它们的生理和行为的节律。我国著名的物候学家竺可桢在1950—1964年期间连续记录了北京地区动植物的一些变化特征,不同的生物总是在每年相近的时间表现出相同的行为,如山桃树开花(3月18日—4月6日)、杏树开花(3月25日—4月13日)、紫丁香开花(4月5日—4月25日)、燕子归来(4月12日—4月23日)、柳絮飘飞(4月24日—5月6日)、刺槐盛花(5月3日—5月12日)和布谷鸟初鸣(5月12日—5月28日)等,反映了不同生物的季节性周期[2]。

生物在生理、行为等方面表现出重复出现的特征,称为生物节律;产生和调节生物节律的内在机制则称为生物钟。除了上述的季节性节律,受天体不同运动形式的影响,生物因适应不同的生存环境,还表现出其他多种形式的节律,如昼夜节律、月节律、半月节律、潮汐节律等。

图1-2显示了7种不同周期性的事件,其中神经放电的周期很短,猫冷觉受体的放电周期约为100ms,蜗牛生物钟起搏器神经元放电周期约为5s。鹿鼠的氧气摄入量呈现出24h的周期性变化。在白天,田鼠的活动是一阵一阵的,大约间隔2h。当然,由于田鼠主要在白天活动而在夜晚休息,因此如果从每天的活动情况来看,田鼠也具有24h周期的节律。大鼠在求偶期间,会不停地筑巢,周期为5天左右,这种周期比一天(24h)要长。西班牙男性的自杀率呈现出年变化的周期特征,可能与漫长冬季期间的抑郁有关。对猞猁绒毛长度变化进行的长期测量数据显示,猞猁绒毛的长度存在约10年的变化周期,可能与气候长期的规律性变化有关[3]。从这些例子可以看出,自然界里存在各种各样的节律,周期各不相同。如非特别指出,本书谈及的生物钟主要是指周期接近24h的生物钟,而节律主要是指周期接近24h的节律。

除了可以用上面的曲线图来表示各种节律以外,也可以用活动图

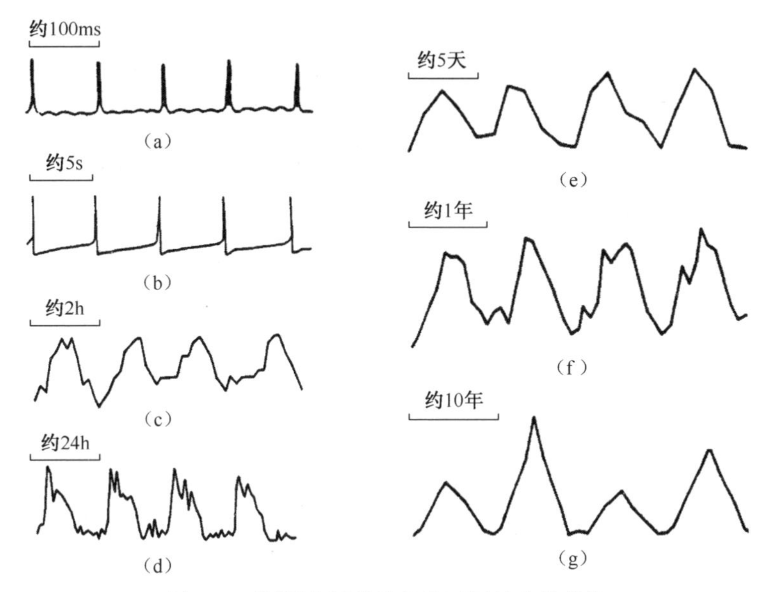

图 1-2　阿朔夫记载的各种不同的生物节律

(a)猫冷觉受体神经元的放电;(b)蜗牛的生物钟起搏器放电;(c)田鼠在白天的活动情况;(d)鹿鼠的氧气摄入量;(e)大鼠的筑巢周期;(f)1923—1926 年西班牙男性的自杀率;(g)猞猁绒毛变厚[3]。

(actogram)来表示生物周期性的活动或行为的节律。图 1-3 显示的是一只小鼠在转笼(running wheel)里跑动,它每天的活动情况都会被记录下来。传统的方式是用纸带记录,当小鼠处于活动状态,就会在连续的纸带上记录为黑色的条块信号,将每天的记录结果叠加在一起就可以获得小鼠的活动图。也可以通过计算机对小鼠的活动进行数字化采集,以活动曲线图或者活动图的方式进行显示。

在活动图 1-3 中,每条横线代表一天的活动或行为记录结果。例如,可以以垂直的黑线表示在该时间段有活动或行为的记录,或者在转笼里跑动的记录。每条垂直黑线的高度表示在给定的时间段里活动、行为的次数。有时,由于条件的限制,只能记录有无活动或行为,而无法记录活动的频度或活动程度,比如连续多天记录一个人的睡眠-觉醒活动图,只能记录这个人在某个时间段是觉醒还是睡觉的"有"或"无"的状态,而无法记录频度,在这种情况下垂直黑线就不存在高度差别。但是,如果把多个人的睡眠-觉醒数据进行叠加,绘在一张活动图中,则可以统计出每个时间段处于睡眠或觉醒状态的人数,因此就可以通过垂直黑线的高度来反映受试者平均的睡眠-觉醒情况。

图 1-4 显示了如何将表示活动节律的柱状图改绘成活动图的过程,将每天的活动记录按每 24h 进行裁剪,然后叠放在一起,就可以获得活动节律的单点活动图(single-plotactogronm)。也可以将单点图进行复制,然后左右相邻放在一

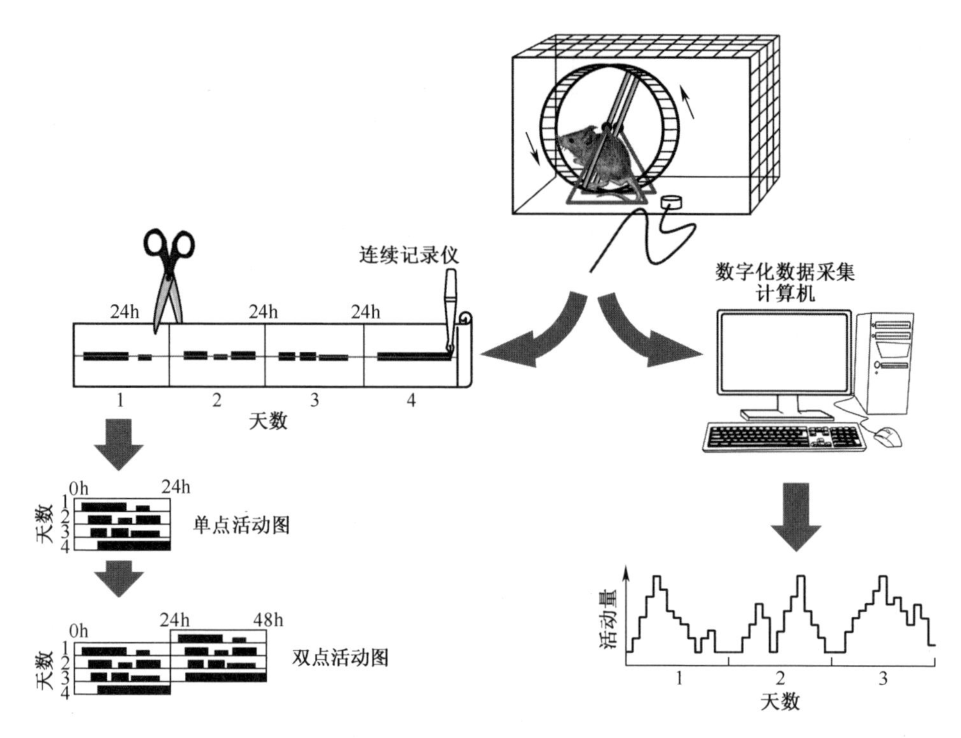

图 1-3　记录小鼠在转笼里跑动节律的装置

[通过转轮收集的数据可以打印成传统的纸带,当小鼠在跑轮里跑动时,记录笔就会画出黑色的条带,当小鼠休息时,则留下空白。将这些记录按 24h 剪切,然后按天数从上到下拼接成活动图(下左)。活动数据也可以直接输入计算机并进行分析,产生活动图、曲线图或柱状图(下右)[4]。]

起,以双点活动图(double-plot actogram)的方式来显示节律。需要注意的是,在双点图中,左边每一栏的天数要比对应右边一栏的天数要早一天,也就是说,从整体上看,右边部分所有的记录每一栏的位置都比左边部分要高出一格,并且右边任一栏的记录会紧接着在下一排左边重复出现。与单点图相比,从双点图可以更为直观地观察节律的变化情况。依此类推,还可以绘制出节律的三点图、四点图。

本书的附录 1 为人工记录睡眠-觉醒周期的表格,可供感兴趣的读者绘制自己连续 15 天的活动图,例如,记录自己睡觉和醒来的时间,把处于睡眠状态的时间涂黑,15 天后看看自己的睡眠-觉醒有何规律。当然,也可以记录吃饭时间或读者自己感兴趣的其他生理或行为指标的变化情况。

图 1-5 显示的是一只麻雀在不同的光暗条件下活动节律的变化情况,是以

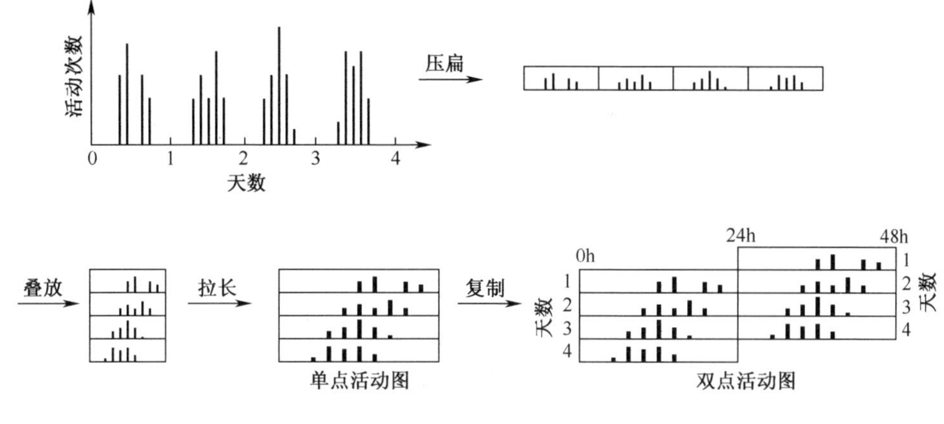

图 1-4　活动图绘制图解

（左上图通过连续的活动记录数据反映节律，横坐标为天数，纵坐标为活动次数。将该图垂直压扁，然后分割成每天的数据，并从上至下叠加起来显示，在水平方向上进行适当拉伸就成了单点活动图。如果将单点活动图进行复制，就成为双点活动图。双点活动图里从左到右为连续两天时间，右边一天的数据与下一行左边的数据相同。）

双点图形式表示的[5]。在开始的 10 余天时间里，麻雀处于 12h 光照、12h 黑暗的交替环境里（LD12：12），麻雀的活动周期为 24h。然后麻雀被转入持续黑暗（DD）条件下，麻雀的活动仍然表现出节律性，但每天的活动都比前一天要提早一些，说明麻雀在持续黑暗条件下的周期短于 24h。

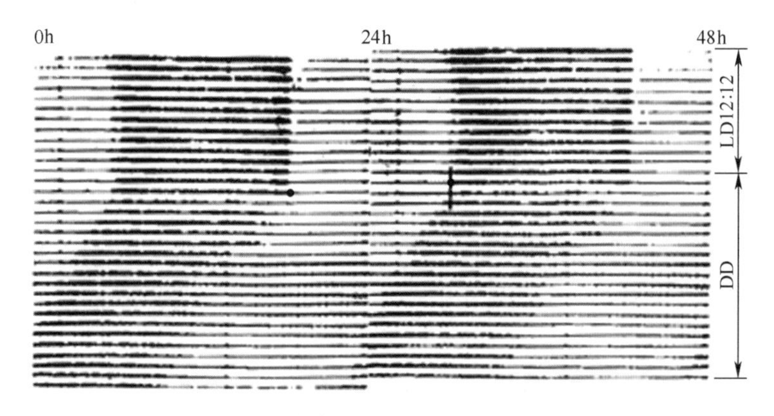

图 1-5　麻雀的活动节律的双点活动图

（一只麻雀在 LD12：12 下连续 10 天活动情况，然后转入持续黑暗环境下连续 20 天的活动情况。麻雀笼子里的栖木上连有传感器，当麻雀落在栖木上便会记录一次活动，这样就可以统计出麻雀的活动情况。图中黑色粗条纹表示麻雀处于活动状态[5]。）

1.1.1 生物钟的研究历史

早在古代马其顿国王亚历山大大帝时代的公元前四世纪，船长 Androsthenes 远征时，在波斯湾地区发现罗望子类植物的叶片在白天舒展、在夜晚合拢的节律，这是早期人类对于生物节律现象的观察记录。公元前的古希腊时期，希波克拉底等医生在不同时期发现伤寒、疟疾等一些疾病的发作表现出节律的特征。1614 年，意大利医生 Sanctorius Santorio 通过长期研究发现了人体生理相关的一些节律[6]。1729 年，法国天文学家(Jean-Jacques d'Ortus) de Mairan 将含羞草放在黑暗条件下培养，发现含羞草仍像处于自然状态的昼夜光暗交替条件下那样，在外界是白天的时候叶片张开，而在外界是夜晚的时候叶片合拢，保持叶片运动的节律。1759 年，Duhamel DuMonceau 和 Zinn 进一步发现，在恒定的温度条件下，含羞草叶片也会表现出昼夜运动的节律性[4]。这两个含羞草实验的重要意义在于，它们表明生物钟不依赖光照或温度的变化，即使在恒定的光照(或黑暗)和温度条件下仍然会表现出节律性，因此生物钟可能是一种自主调节的内在机制。

1832 年，Augustin de Candolle 发现在持续黑暗环境里，含羞草的叶片运动每天都会提前 1~2h，因此这种周期并不是准确的 24h，而是介于 22~23h 之间(图 1-5)[7]。这意味着在不受外界环境影响的恒定环境里，生物钟周期反映了其自运行状态(free-run)的内在周期，各种生物在不同恒定条件下的自运行周期有的略长于 24h，有的略短于 24h，但是都接近 24h(表 1-1)。这种在恒定条件下表现出来的、周期处于 22~28h 范围的节律称为近日节律(circadian rhythm)。

表 1-1　不同生物在 LL 或 DD 条件下的自运行节律[8]

物种(拉丁名)	节律	条件	周期/h
麻雀(*Passer domesticus*)	活动	DD	24.7
		LL	23.5
含羞草(*Mimosa pudica L.*)	叶片运动	DD	22~23
人类(*Homo sapiens*)	活动	DD	25
斑马鱼(*Danio rerio*)	活动	DD	25.6
粗糙链孢霉(*Neurospora crassa*)	无性孢子释放	DD	22.5
美洲大蠊(*Periplaneta americana*)	活动	DD	24.5
羚松鼠(*Ammospermophilus leucurus*)	活动	DD	24.5
		LL	23

续表

物种(拉丁名)	节律	条件	周期/h
穴蚁蛉(*Myrmeleon obscurus*)	活动	DD	24~24.2
		LL	23.75~24
棕色丽蝇(*Calliphora stygia*)	活动(20℃)	DD	23
	羽化(20℃)	DD	24.4

“circadian rhythm”在国内较早出现的文献里,翻译为“近日节律”[9]。昼夜节律与近日节律在概念上存在明显区别,从严格意义上来讲,昼夜节律是生物在光照、温度等环境因子以24h周期交替变化条件下表现出来的节律,而非恒定条件下的节律。对于昼夜交替环境下的昼夜节律,英文一般采用“diurnal”、“daily”、“diel”或者“nyctohemeral”等词进行表述[10]。在这几个词当中,“diurnal”有时是特指“白昼”的意思,比如“diurnal animals”是指白天活动的动物。但“diurnal rhythm”是指在环境因素周期性变化的影响下(而非恒定条件下),生物表现出的24h周期的生理或行为节律。

对于生物钟调控生理基础的研究在20世纪取得了一系列重要进展。从20世纪20年代起,人们就注意到下丘脑的病变与睡眠障碍存在关联。1958年,Lerner等发现了对睡眠和节律具有重要调节作用的褪黑素[4]。1972年,人们通过切除和移植等实验,将哺乳动物生物钟起搏器视交叉上核鉴定出来[11-12]。

1932年,德国生物学家欧文·邦宁(Erwin Bünning)将周期长短不同的豆科植物进行杂交,发现子代的周期长短介于母本之间,说明调控生物钟的因素是可遗传的[7]。在20世纪六七十年代,人们在草履虫、粗糙链孢霉、衣藻、果蝇等物种里发现了生物节律表型的突变品系。通过遗传学方法开展生物钟基因的克隆工作始于20世纪70年代,1971年Ronald J. Konopka和Seymour Benzer筛选出生物钟周期异常的果蝇[13]。1984年Michael Rosbash课题组、Jeffrey C. Hall课题组和Michael W. Young最先克隆了果蝇的*Per*基因[14-15]。随后,粗糙链孢霉的生物钟基因*frequency*(*frq*)于1989年被Jay C. Dunlap课题组克隆出来[16]。1994年Takahashi课题组通过诱变和筛选,最先克隆了小鼠的*Clock*基因[17]。根据同源克隆策略,哺乳动物的*Per1*基因于1997年被克隆出来[18]。Takahashi和Menaker等还克隆了啮齿类动物*tau*表型的相关基因*CKIε*[19]。2005年,Nakajima等构建了离体的蓝藻生物钟,在试管里让蓝藻生物钟核心蛋白KaiABC产生了分子水平的振荡节律[20]。迄今,一系列模式生物的生物钟核心基因都已经被鉴定出来。2017年10月,Jeffrey C. Hall Michael Rosbas和Michael W. Young三人荣膺诺贝尔生理学或医学奖[21](图1-6)。

图 1-6　2017 年诺贝尔生理学或医学奖获得者

（从左至右一次为 Jeffrey C. Hall、Michael Rosbas 和 Michael W. Young[21]。）

时间生物学，是指研究生命适应环境的周期性变化而产生的生化、生理和行为的各种节律及其机制的学科[22]。时间生物学的英文是 chronobiology，前半个词根“chrono”来源于希腊文“χρόνος”（chrónos，意思是时间），后半个词根 biology 是生物学的意思。在这些节律当中，最受关注的是近日节律，因此在很多情况下生物钟是特指近日节律或昼夜节律的生物钟[10]。chronobiology 和 circadian 两个词，都是由美国明尼苏达大学的 Franz Halberg（1919—2013 年）最早提出的[23-24]。

在时间生物学研究历程中，涌现出了一大批杰出的科学家。由于在时间生物学领域的先驱性工作及重大贡献，Erwin Bünning、Jürgen Aschoff 和 Colin S. Pittendrigh 三人被认为是时间生物学的奠基人（图 1-7）[7,25]。

(a)

(b)

图 1-7　时间生物学的三位奠基人

（a）含烟斗的 Colin S. Pittendrigh 和 Jürgen Aschoff 在德国马普研究所，Jürgen Aschoff（1913—1998 年）是德国生理学家，Colin S. Pittendrigh（1918—1996 年）是美国生物学家，两人在黑板上画活动图[21]；（b）Erwin Bünning。

从 18 世纪 de Mairan 发现节律的自运行现象至今，已经过去了将近 300 年的时间（图 1-8）[26]。时至今日，时间生物学方兴未艾，仍然是生物学家和公众关心的重要领域。目前生物钟研究已经进入了后基因组时代，并与代谢、神经、睡眠、疾病、肿瘤、衰老等领域相互交叉、渗透，正在不断取得新的进展与突破。生物钟研究同时考察生命现象在空间和时间四维尺度上的变化规律，通过这种方式来研究生命现象的节律性动态变化可以更为准确地揭示生命现象的规律及内在机制[27]。

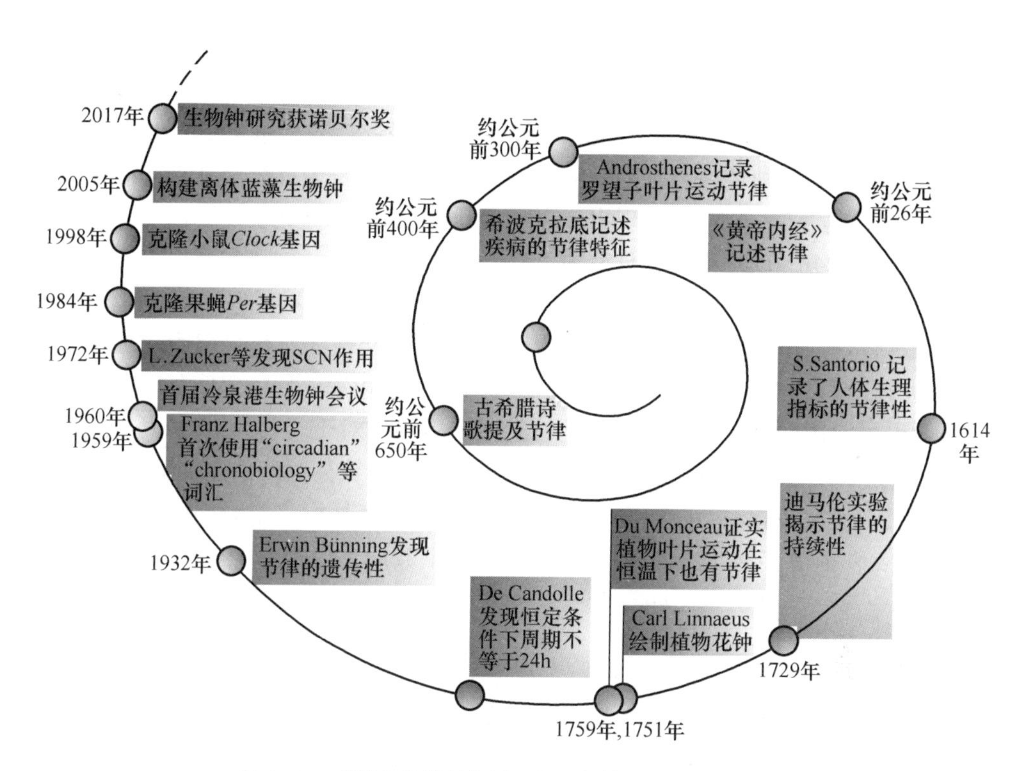

图 1-8 时间生物学的历史（参照文献[26]，有改动。）

1.1.2 生物节律的概念

生物节律一词的英文是“biological rhythm”，意思是指生物在生理、行为等方面反复出现的周期性特征[28]。但需注意，与此词相似的“biorhythm”则有不同的含义，“biorhythm”指的是臆造出的人体体力、智力和情感三周期，属于伪科学[29]，不要混淆。

一些环境因子可以改变节律，并使节律逐渐与环境因子的周期性变化同步。

能够对节律产生导引作用的环境因子称为授时因子,在德文等一些文献里常用德语“zeitgeber”表示授时因子,“zeit”表示时间,“geber”表示给予者。授时因子也可以用“time giver”或者“synchronizer”等词来表示[22,30]。

如前所述,地球上很多的环境因子,包括光线、温度、湿度、食物来源、社会因素等,都因为受到地球自转的影响而呈现出24h的周期性变化。具有自运行特性的生物节律可以在持续的恒定环境中表现出周期性,但在实际情形中,绝大多数生物仍然是生活在环境因子昼夜交替变化的环境当中。在这种情况下,内源的生物节律同时也会受到环境因子的影响,环境因子会对生物内在的节律产生影响,使其与外界环境的变化保持同步,这一过程称为导引(entrainment)或重置(reseting)[31]。导引的过程正如同对稍有不准的钟表进行重设,或者在跨时区飞行后按当地时间对手表的时间加以调整。人的昼夜节律约为25h,但由于受到光线、温度等各种环境因素的影响,这种内在的节律每天都会被外界环境导引并与外界环境保持同步化,表现出24h的节律。因此,这种处于周期性变化环境里表现出的24h节律,不是近日节律,而是昼夜节律。

对于节律性的事件,可用周期、相位、振幅等参数来表示(图1-9)。生物钟具有自由运行(free-running)的特征,周期是指在周期性的变化过程中完成一个完整循环所需的时间。计算节律的周期可以用两个相邻的峰值之间的时间差来表示,也可以用两个相邻波谷之间的时间差来表示。对于动物的运动节律,可以计算运动峰值之间的时间差,对于体温节律则可以计算体温峰值之间的时间差。有时候,在研究节律时,也会用到“频率”这个词,频率是指一定时间内事件发生的次数。频率很容易与周期进行换算,频率的倒数即是周期。

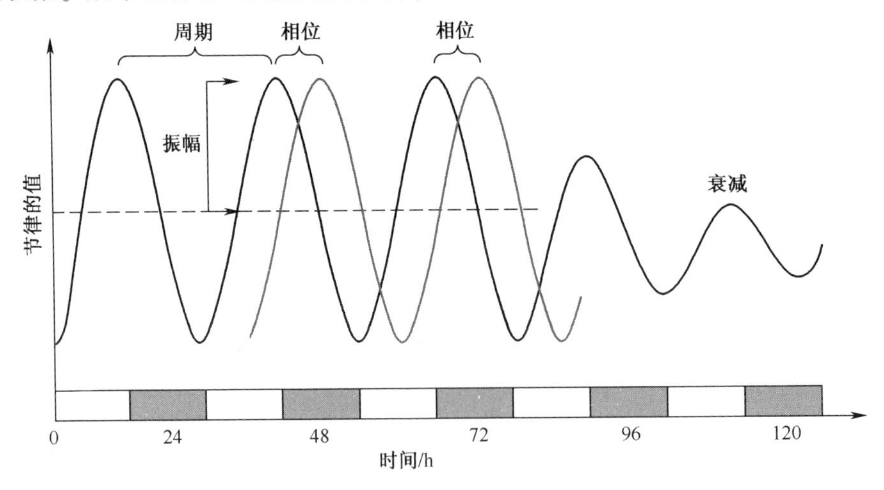

图1-9　节律相关的参数

生物在恒定的环境条件里表现出生理或行为上明显的节律性特征，如含羞草植物即使在持续黑暗的环境里也表现出叶片的运动节律，称为自运行节律（free-running rhythm）。自运行节律一个循环所需的时间称为周期（period），也称为自运行周期（free-running period，FRP），在一些旧文献里表示为 tau（τ）。自运行节律的频率（frequency）为 f，频率为周期的倒数，即 $f=1/\tau$。第 1 章里提到的菜豆叶片的自运行周期为 24.4h，即 $\tau=24.4$h，f 则为 $\frac{1}{24.4}$次/h。

从活动图也可以判断出节律的周期，假设某个动物的活动图显示，这个动物每天开始活动的时间相同，由于活动图的黑坐标通常是 24h（也有非 24h 的），那么这个动物每天开始活动的时间按天数从上到下排列应该是基本垂直的。在图 1-3 的活动图里，小鼠每天开始活动的趋势从上到下向左倾斜，反映出小鼠每天开始活动的时间都比前一天要早，说明它的生物节律周期小于 24h；相反，如果某个节律的趋势向右倾斜，则说明其周期大于 24h。

振幅是指生物钟在运行过程中，具有节律性的指标（如基因表达水平、生理参数、活动频率等）的中间值与峰值或最低值之间的距离，振幅的高低可以反映出节律的强弱。一些节律在恒定条件下难以持续很长时间，一段时间后振幅会出现衰减。

生物节律的相位是指在循环当中一个特定参考时间点的出现时间，比如峰值（或波谷）与黑暗条件刚开始时刻的时间差。由于各物种的自运行周期都不是正好 24h，两种节律事件峰值或波谷在不同的时间条件下的时间差也在不断变化，所以在自运行状态下难以比较。通常计算相位的方法是在 12h 光照/12h 黑暗（LD12：12）的转换条件下，计算特定参考时间点（峰值或波谷）与环境条件开始变化时间点的时间差，例如与 LD12:12 条件下黑暗刚开始或者光照刚开始时间点的时间差。与相位有关的另一个概念是相位角，反映的是两个节律事件之间的相位差值，如果一个节律事件与另一节律事件相比，峰值或波谷较早出现，则称该节律事件的相位提前，反之则为相位延迟。

不同生物钟的周期长短不同，依据节律的周期长短可将之分为 3 种类型：①近日节律（circadian rhythm），节律周期接近 24h；②超日节律（ultradian rhythm），节律周期小于 20h，可为数小时、数分钟，甚至数秒；③亚日节律（infradian rhythm），节律周期显著大于 24h，一般大于 28h，可为数日、数月，甚至更长。在超日节律和亚日节律当中，又可以进一步细分为更多不同周期的节律，如近 7 日节律、近月节律、潮汐节律、近年节律等（图 1-1、表 1-2）。

表 1-2　不同周期的节律[32]

不同节律	周期范围	不同节律	周期范围
超日节律	小于 20h	近半年节律	约 6 个月
近日节律	20~28h	近年节律	(12±2) 个月
亚日节律	大于 28h	亚年节律	大于 12 个月
近 7 日节律	(7±3) 天	半潮汐节律	12. 4h
近月节律	(30±5) 天	潮汐节律	24. 8h

1. 2　生物节律的基本特征

近日节律是指生物的生化、生理或行为在自然的昼夜交替环境下表现出的节律,其周期为准确的 24h,且相位与自然环境中光暗更替密切相关。生物处于恒定条件下,该节律会出现自运行,并且其周期不再是准确的 24h,而是接近 24h。近日节律具有 4 个基本特点:①具有自主性特征;②自运行周期在 24h 左右;③具有温度补偿的特征;④可以被一些环境因子设定或重置[22,32]。当节律的这些特性受环境、生理或遗传因素影响而发生改变时,都可能对生理、健康和行为产生影响。

1. 2. 1　近日节律的自主性

从 1729 年 de Mairian 开始,对于不同物种的生物钟的实验结果都表明,生物存在自运行的近日节律。前面提到一些生物,如植物、真菌(如粗糙链孢霉)、动物(如蟑螂、果蝇、老鼠)等,它们生理或行为特征的自运行周期都接近 24h。也就是说,生物即使在光线、温度等环境因素恒定的情况下,仍然可以表现出接近 24h 周期的节律性,因此近日节律是内源的,是不依赖环境条件而存在的。尽管近日节律、近年节律具有自主性特征,但是,环境条件可以对生物节律进行导引或改变。Erwin Bünning 曾经在持续弱光下饲养果蝇,果蝇繁殖了 15 代,但是它们的羽化节律仍然没有消失;Jürgen Aschoff 让小鼠在持续光照环境下连续生活数代,小鼠的后代仍然保持近 24h 的稳定周期;Brownman 让大鼠在持续光照下生活繁殖了 25 代,但是它们仍然保持着近 24h 的周期。

不仅近日节律具有自主性,其他一些节律如近年节律、潮汐节律等也具有自主性特征。我们在前面提到过一些其他节律,如近月节律和近年节律,某种节律如果要被称为近月或近年节律,那么它也必须具有自主性特征,即在恒定(光照/温度等)条件下,也可以表现出近似周期的节律。寿命较长的脊椎动物在生理和行为上具有近年节律,如生殖、冬眠、迁徙和换毛等,这些生理和行为即使在常年保持温度和光照条件不变的环境里仍然可以维持周期接近一年的节律特征。图 1-10 显示的是一只非洲鹟鸟的近年节律,这只鹟鸟在温度和光照恒定的环境里生活了约 12 年,其换羽、睾丸宽度等特征都表现出了接近 1 年的周期。与此类似,绵羊的泌乳素分泌也具有自主的近年周期[33-34]。

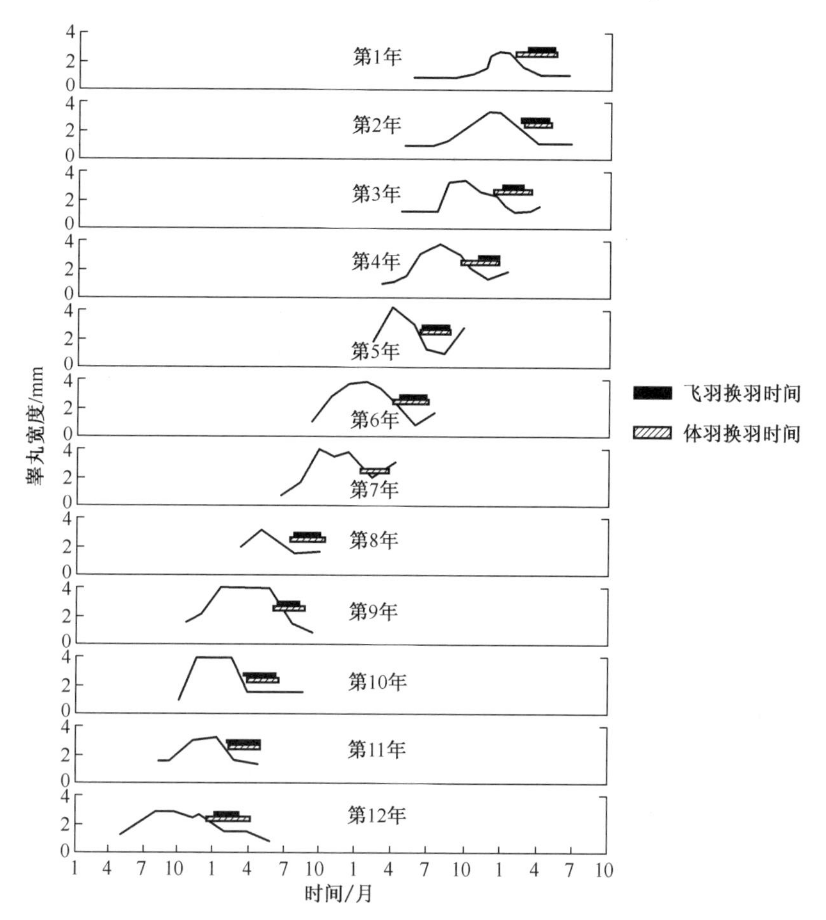

图 1-10　非洲鹟鸟(*Saxicola torquata axillaris*)的近年节律

(一只非洲雄性鹟鸟在恒定条件下饲养了 10 年多时间直至老死。曲线表示睾丸宽度的变化情况,单位为毫米。黑色条块和斜线条块分别表示飞羽和体羽的换羽时间。从图中的几个生理指标可以看出,这只非洲鹟鸟的近年节律自运行周期平均约为 9 个月[34]。)

近日节律的周期非常稳定,不同物种的周期都接近 24h。在恒定条件下,有的物种的周期略大于 24h,有的略小于 24h,不同物种的群体里个体的周期存在差异,但总体来说差异并不显著。

生物在周期性变化环境里表现出的节律并非都是内源的,也就是说,有些生物的特征在周期性变化的环境条件下表现出明显的节律性,但在恒定的环境条件下却不再表现出明显的节律。比如蝗虫在 LD12:12 的条件下表现出白天活动的特性,但如果将它置于恒定的黑暗环境里,它几乎不再活动。而如果将它置于持续的光照条件下,它就始终会表现出活动的特性,但这种活动是散乱而没有节律的。竹节虫的群体在 LD12:12 的条件下,产卵时间具有节律性,每天的产卵高峰期处于黑暗开始后的 2~3h 期间。在将竹节虫转移到持续的黑暗环境后,它们的产卵时间就丧失了节律性。但是如果将竹节虫转移到持续的光照环境里,它们仍然保持产卵的节律性,只是相位与 LD 条件下相差了大约 12h[35]。因此,蝗虫的活动节律不是自主控制的,而竹节虫的产卵节律在持续光照条件下则具有自运行节律的特点。

近日节律具有一定的持续性,如金黄地鼠(*Citellus lateralis*)在持续黑暗的环境里会表现出周期稍短于 24h 的发情周期,这种周期可持续 100 天以上[36]。但是,有些节律在恒定环境下会很快衰减,如螃蟹在持续条件下饲养一个月后活动节律会逐渐消失[37]。此外,体外培养的哺乳动物细胞中生物钟基因的表达节律也会在几天后显著衰减[38]。

1.2.2 近日节律的温度补偿特征

生物钟存在温度补偿机制,在一定温度范围内,即使温度变化较大,生物钟周期也基本维持不变。Roberts 的研究表明,蜚蠊放置在 20℃,转到 25℃,然后转到 30℃,生物钟周期(τ)分别为 25h 6min、24h24min 和 24h17min[38]。也就是说,生物钟周期受温度影响很小,温度补偿特征使得生物能够在温度变化的条件下保持生物钟周期的稳定,从而保证生理和行为节律的准确性。表 1-3 中列出了一些生物节律的 Q_{10} 值,Q_{10} 值表示温度相差 10℃ 情况下酶或生物过程的活性/功能的系数,如某个酶在 30℃时催化效率为 6 个活性单位,在 20℃时催化效率为 3 个活性单位,则 $Q_{10}=6/3=2$。

表 1-3　不同生物节律的 Q_{10} 值[4,7]

物种(拉丁名)	节律	Q_{10}
裸藻(*Euglena*)	趋光性	1.01~1.1
膝沟藻(甲藻类)(*Gonyaulax*)	生物发光	0.85
粗糙链孢霉(真菌)(*Neurospora crassa*)	无性孢子释放	1.03
果蝇(昆虫)(*Drosophila*)	羽化	1.1~1.25
胎生蜥蜴(爬行类)(*Lacerca*)	活动	1.02
鼠耳蝠(*Myotis*)	活动	1.4

续表

物种(拉丁名)	节律	Q_{10}
豆类植物(*Phaseolus*)	叶片运动	1.0~1.3
蜜蜂(*Apis*)	觅食	1.0
白足鼠(*Peromyscus*)	活动	1.1~1.4
蜚蠊(*Nauphoeta*)	活动	1.0

爬行动物胚胎的心率节律受温度的影响很大,例如蜥蜴和龟在 20℃和 25℃条件下心率周期变化的 Q_{10}值约 2.4 倍,在 30℃和 33.5℃条件下的 Q_{10}值约为 1.9[39],这些数据说明爬行动物胚胎的心率节律不具有温度补偿特征。蝗虫的角质层的累积具有节律性,白天或夜晚各生长约 10μm,白天生长层含有几丁质,但不排列成束,夜晚的生长层含有排列成束的几丁质。有人比较过 20℃和 26℃条件下蝗虫角质层的生长周期和生长厚度,发现角质层的生长周期的 Q_{10}为 1.04,而生长厚度的 Q_{10}为 2.0。这些数据意味着角质层的生长厚度不具有温度补偿的特征,高温时和低温时生长厚度差异很大,为 2 倍左右,而角质层的生长周期受温度的影响则很小[35]。

近日节律周期的 Q_{10}都在 1 左右,稳定的温度补偿是近日节律的一个重要特征,表 1-3 列出了一些生物,多数节律的 Q_{10}值约为 1,但蝗虫的孵化节律的 Q_{10}则较大,不符合近日节律的特征(表 1-3)。上述的爬行动物心率的节律由于不具有温度补偿的特征,都不是近日节律。不仅近日节律的周期具有节律,在粗糙链孢霉中,其无性孢子释放节律的相位也表现出温度补偿的特征[40]。

1.2.3　节律的可设置性

导引对于生物钟与外界环境之间的同步化具有非常重要的意义。环境因子的变化周期用 T 表示,而节律在恒定条件下的周期用 τ 表示。在受到外界环境因子刺激后,生物内在节律相位发生的改变称为相位移(ϕ)。在不同的条件刺激下,相位移可能提前或推迟。

倘若环境因素不能导引生物节律,那么假设一个生物的自运行周期为 22h 的节律,但实际的昼夜更替为 24h 一天。这样每过一天,这个生物的周期会提前 2h,那么只要 6 天时间,这个生物的周期就会与实际的环境相差 12h。也就是说这个生物本来是晚上睡觉,过了 6 天后就变成白天睡觉了,这样就会导致生物根本无法适应环境。另一个例子是,如果生物钟无法调整,那么人就不可能适应时差,在国际旅行后将永远遭受时差的折磨。

具有自运行特性的生物节律可以在持续的恒定环境中表现出周期性,但在实际情形中,绝大多数生物仍然是生活在环境因子昼夜交替变化的环境当中。

在这种情况下，内源的生物节律同时也会受到环境因子的影响，外界环境因子如光照、温度等，或者身体内部的因子如激素、体温等，会对生物内在的节律产生导引，使其与外界环境的变化保持同步。

各种生物的近日节律周期接近 24h，但都与 24h 有一些偏差。环境变化周期 T 是 24h，假定某种生物的近日节律周期是 22h，那么每天要通过环境因子的导引将节律延迟 2h，即 $\tau(22\text{h})-T(24\text{h})=\Delta\phi(-2\text{h})$，才可以与环境同步。如果自运行周期大于 24h，则每天要在环境因子的导引下将节律加以提前才能与环境同步（图 1-11）。

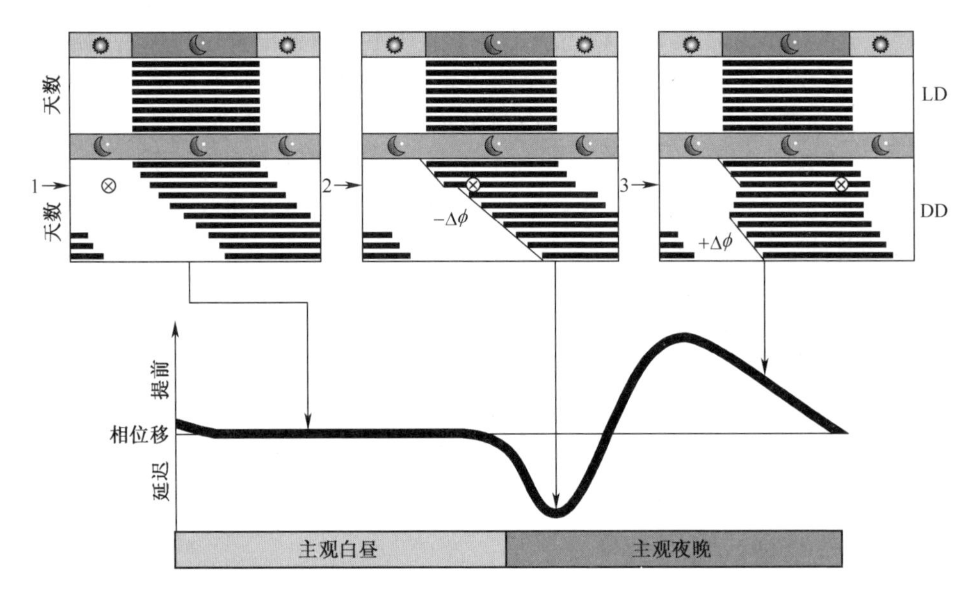

图 1-11　光引起的某种昼行性动物的相位响应曲线（PRC）

1—在白天动物处于活动状态，给予光照刺激不会影响节律的相位；2—在夜晚开始的时段给予光照刺激，会导致相位的延迟；3—在夜晚的末尾时段给予光照刺激，导致相位的提前；$\Delta\phi$—相位差。

（黑色条纹表示处于睡眠状态。图片根据文献[41]改绘。）

在不同时间给予光照刺激，会导致节律的相位产生不同的变化。为了了解相位的详细变化情况，可以在多个时间点给予光照刺激，可以计算出相位差的连续变化信息，绘制出相位响应曲线（phase response curve，PRC）（图 1-11）。除了光以外，运动、食物、褪黑素等可以影响节律的因素在不同的时间都会使节律产生不同程度的移动，可以分别绘制出它们的 PRC 曲线。但是，即使对同一只动物来说，不同因素所绘制出来的 PRC 可能是存在差异的，例如用光、褪黑素或食物进行刺激会得到不同的 PRC[41]。由于绘制 PRC 时，被研究对象是处于恒定条件下,而在恒定条件下生物的自运行周期并不等于 24h。为了便于研究,将一个完整运行周期的时间人为分为两部分:一部分为主观白昼(subjective day);另一部分为主观夜晚(subjective night)。主观白昼是指生物的节律在自运行过程中某一段时间内表现出与其在昼夜交替环境下的白天时段类似的生理或行为特征,而主观夜晚则是指生物的节律在自运行过程中某一段时间内表现出与其在昼夜交替环境下的夜晚时段类似的生理或行为特征[22]。譬如,可以以活动作为指标进行判断,对昼行性动物来说,在恒定条件下某段时间内活动较多,则这段时间应为主观白昼;对夜行性动物来说,在恒定条件下某段时间内活动较多,则这段时间应为主观夜晚。通常说来,在一个自运行周期单位内,主观白昼和主观夜晚所占的时间各占一半。

对于哺乳动物来说,授时因子通常对相位的影响有限,PRC 在相位延迟和提前区域之间是连续变化的[35]。但是,一些较强或持续时间较长的光照条件会诱导节律出现断裂式的相位改变,例如在图 1-12 中,蜚蠊(*Nauphoeta cinera*)在 6h 光照条件下的 PRC 连续、光滑,这种 PRC 称为 1 型 PRC。但是,在同样光照强度下不同时间照射 9h 后绘制出的 PRC 则在近日时间 16h 处发生断裂,相位移动了 10 多个小时(近日时间),这种 PRC 称为 0 型 PRC。0 型 PRC 曲线和 1 型 PRC 也被分别称为强型 PRC 曲线和弱型 PRC,对 0 型 PRC 来说,一定的导引条件甚至可以让相位产生近 24h 的位移。0 型 PRC 主要出现在非哺乳类的低等动物当中,这可能与哺乳动物生物钟相位更强的缓冲能力有关。但是,一些哺乳动物也会出现 0 型 PRC,例如当采用长时间强光照射后,缅鼠(*Rattus exulans*)的节律在主观夜晚会出现断裂,表现出 0 型 PRC[4]。图 1-13 为授时因子与节律的相位差。

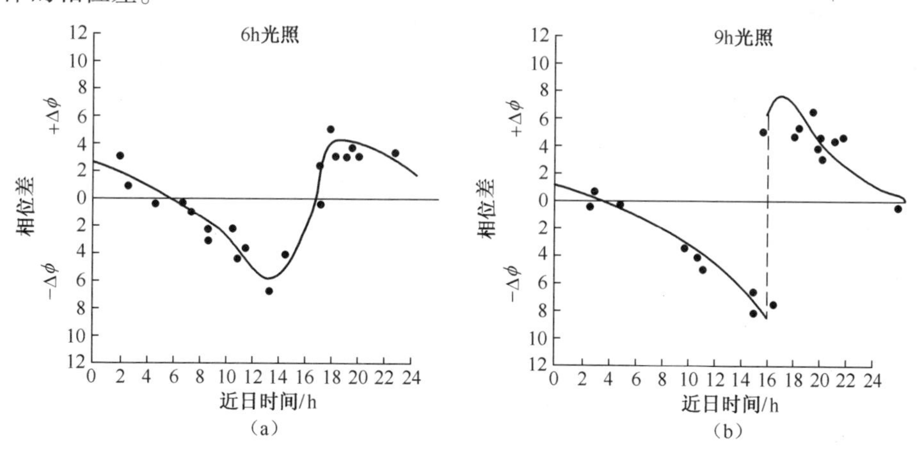

图 1-12　蜚蠊活动节律在短时间和长时间光照后表现出的 1 型 PRC 和 0 型 PRC[4]

(a)短时间光照;(b)长时间光照。

+Δφ—相位正向移动;-Δφ—相位负向移动。

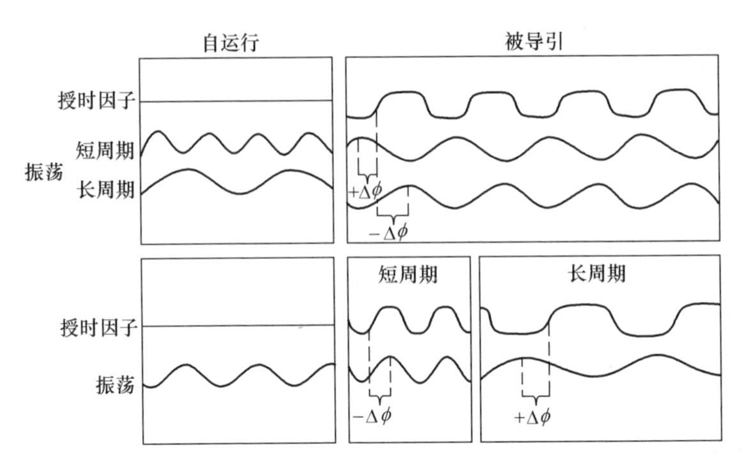

图 1-13　授时因子与节律的相位差

（图中节律峰值表示相位，可以人为将其与环境的某个周期性特征进行比较，例如每天夜晚结束、开始有光照的时间，也可以是每天晚上天黑的时间或者白天的中点时间、夜晚的中点时间。相位差 $\Delta\phi$ 表示与环境因子周期开始升高时间之差，节律相位早于这个时间点的相位差为正值，反之为负值。）

1.3　生物钟的生理基础

1.3.1　不同生物钟的起搏器

生物钟由输入途径、中枢振荡器和输出途径组成，或者可以描述成感受器、起搏器和效应器。起搏器是一个特殊的振荡器，可以独立产生节律振荡，并能够控制或者导引其他的振荡器。起搏器本身也可以受到环境因素的导引。

心脏跳动的节律是由传导束调节的，窦房结是心脏正常窦性心律的起搏点，窦房结发出冲动后，经结间束、房室结、希斯束、左右束支及浦肯野纤维引起心脏收缩和舒张。与此类似，中枢振荡器是生物钟系统的起搏器，起搏器在不同动物当中是由不同的组织负责的。作为起搏器需符合以下几个特征：①可以调节其他组织、器官的节律振荡；②即使在离体条件下，仍应表现出节律；③去除该组织会引起节律丧失；④可以通过组织移植而使去除该组织的动物恢复节律；⑤与光感受器相连；⑥ 可以被重新设置[8]。

在寻找动物的生物钟起搏器的历程中，通常是通过手术切除或移植实验来进行的。通过切除和移植，人们发现在昆虫罗宾蛾身体上，脑是负责产生视觉和节律的器官，并且脑对身体节律的控制是通过激素进行的。在其他一些昆虫里，脑对生物节律的控制则又是主要通过神经系统进行的。德国小蠊（*Leucophaea maderae*)是夜行性昆虫,其生物钟起搏器位于脑部的两侧视叶,如果切除单侧视叶,蜚蠊的节律正常,如果同时切除两侧的视叶,则节律消失,说明两侧的视叶对维持节律都很重要[42]。

早在20世纪初,人们就已经意识到下丘脑前端对睡眠-觉醒具有调节作用。第三脑室和视交叉部位的肿瘤患者以及因流行性甲型脑炎而导致下丘脑前端受损的患者表现出睡眠-觉醒周期的紊乱,因此下丘脑前端也被称为睡眠效应器。Nauta等1946年发现大鼠下丘脑前端对应于人视交叉上核的部位对睡眠具有控制作用,并称之为睡眠中心[4]。但是,当时人们没有认识到,下丘脑的视交叉上核作为生物钟的起搏器,也具有调控睡眠-觉醒的重要功能。总之,这些研究共同表明,视交叉上核是哺乳动物生物钟的起搏器。

如图1-14所示,哺乳动物的视交叉上核(suprachiasmatic nuclei,SCN)分为左右两部分,各由约10000个神经元组成。视交叉上核细胞通过视网膜下丘脑束接受光线刺激。在一个真核细胞当中,大约有10%的基因表达受到生物钟的调控,但是在不同的组织、细胞里,受生物钟调控的基因不完全相同,其中有一部分是具有组织特异性的。在SCN中,约有20%的神经元具有节律性[18,43,44-46]。

20世纪60年代,美国约翰·霍普金斯大学的Curt Richter等开始寻找哺乳动物生物钟的起搏器。Curt Richter对盲鼠与内分泌、代谢和神经有关的各种器官、腺体进行摘除,也给老鼠服药或者灌喂酒精,但这些处理都不能令老鼠的活动节律丧失。Curt Richter又对老鼠脑的各部分进行切除,在200多次手术后发现当破坏大鼠的下丘脑会使大鼠的活动、进食与饮水节律丧失[37,47]。

通过同位素示踪等技术,Moore和Eichler等发现了从视网膜通向下丘脑视交叉上核的神经束,称为视网膜下丘脑束(retinahypothalami tract,RHT)[48]。如图1-14所示,下丘脑前端作为生物钟可能的起搏器位于下丘脑前端。从视网膜传来的信号,一方面通过视神经传至外侧膝状体,与产生视觉有关;一方面通过RHT传递至位于视神经交叉上方的视交叉上核,与生物节律的调节有关。在SCN中,*Per1*生物钟基因的表达具有显著的节律性,图1-14(C)中显示小鼠的*Per1* mRNA主要在主观白昼时间段表达水平较高,而在主观夜晚时间段表达降低。

Moore、Eichler、Stephan和Zack等于1972年发现破坏大鼠的视交叉上核会导致肾上腺皮质醇分泌、活动及饮水节律的消失[11]。切除仓鼠的SCN同样会破坏其跑轮活动的节律[48]。不同的研究小组将仓鼠的SCN去除,观察到活动节律的消失,然后将其他仓鼠的SCN移植到切除SCN的仓鼠脑中,节律又得到恢复[49,51-52]。另外,值得注意的是,SCN移植的受体动物表现出的节律不再是受体动物被切除SCN之前的节律,而反映的是SCN供体动物的节律(图1-15)[49,52]。

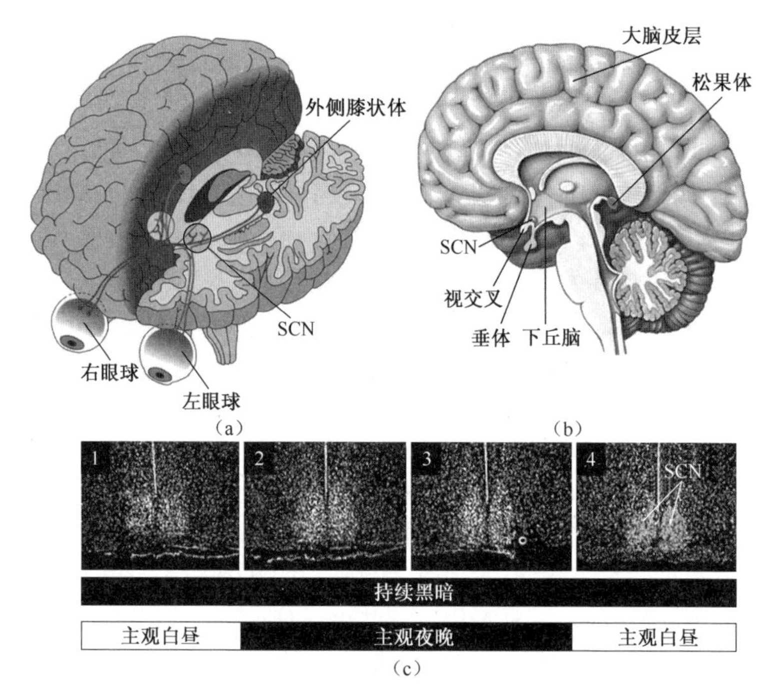

图 1-14 视交叉上核 SCN 的结构与功能

(a)光信号经眼球视网膜传出的视神经一部分通向外侧膝状体产生视觉,另一部分通至 SCN,对节律起调节作用;(b)SCN 在脑中的位置;(c)原位杂交结果显示 *Per1* mRNA 在 SCN 中的节律性表达。(小鼠处于持续黑暗条件下,并在不同时间点取出 SCN 进行切片,然后进行原位杂交分析 *Per1* mRNA 的表达情况[18,46]。)

如果把单个 SCN 细胞分离出来,它们虽然都有节律,但不同部位的相位和周期会有很大差异。对于整体的 SCN 而言,由于细胞之间具有联系,而使得 SCN 呈现出明显的节律性振荡,尽管不同部位相位不同,但周期是一致的[53]。光暗循环的改变可以引起 SCN 不同部位的去同步化,不同区域适应新的光暗周期所需的时间有所差异[54],说明在 SCN 组织中细胞之间的节律存在耦联。在外界环境因子发生改变时,如在经历时差过程中,SCN 不同部位的耦联就会受到干扰,节律会出现去同步化[55]。

作为神经组织,生物钟起搏点的生理活动也表现出节律变化的特征。果蝇腹外侧神经元的自发放电频率(SFR)和静息膜电位(RMP)具有节律性,峰值主要位于黑暗至光照的转换期以及白天时段。夜行性的啮齿动物 SCN 的自发放电频率和静息膜电位的变化也具有节律性,但相位与果蝇不同。夜行性的啮齿动物的峰值位于光照期而非黑暗期,也就是动物处于休息、睡眠的时间段(图 1-16)[56]。

在人类当中,曾有病例报道因为摘除脑部肿瘤而对 SCN 造成损伤,这样的

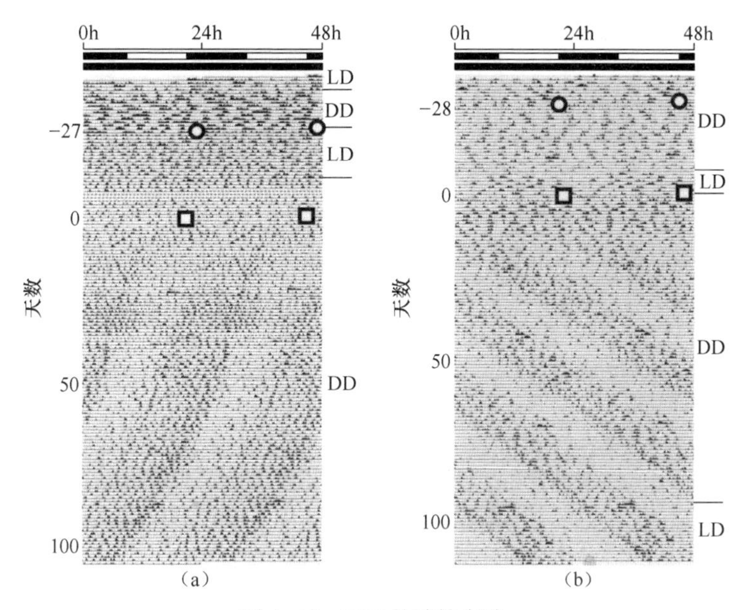

图1-15 SCN的移植实验

(a)野生型小鼠;(b)*Cry2*-/-小鼠。

[野生型小鼠在DD条件下的自运行周期小于24h,而生物钟基因*Cry2*敲除小鼠(*Cry2*-/-)的周期大于24h,同时敲除生物钟基因*Cry1*和*Cry2*(*Cry1*-/-、*Cry2*-/-)的小鼠在LD条件下有微弱节律,但在DD条件下无明显节律。将*Cry1*-/-、*Cry2*-/-小鼠的SCN切除(以圆圈表示)。然后将野生型小鼠(a)和*Cry2*-/-小鼠(b)的SCN分别移植入*Cry1*-/-、*Cry2*-/-小鼠(用方块表示),经10余天后,受体小鼠在DD条件下各自表现出了供体小鼠的节律[49]。]

病例在摘除肿瘤后睡眠-觉醒、体温等节律都出现了紊乱[57]。另一例肿瘤切除病例的节律出现了周期为22.5h的自运行[58],这些病例表明了人SCN在生物钟调控中的重要性。分离的SCN或SCN切片在体外培养时,神经元放电的节律性可维持数天甚至几个星期,每个SCN细胞内生物钟基因的表达也具有节律性,且节律同样可以持续数周[59]。所有这些证据共同支持SCN是生物钟的起搏器。

哺乳动物SCN的结构与功能具有异质性,可以根据解剖结构、分泌神经肽的种类以及节律特征等来进行划分。啮齿类和灵长类动物的SCN都分为背内侧(dorsalmedial)和腹外侧(ventrallateral)两个部分,腹侧和背部也被形象地称为SCN的核心和外壳部分,SCN的背侧部分包裹着腹侧部分(图1-17)[60]。腹侧的神经元接受来自视网膜的光信号,并通过密集的轴突与背侧的神经元相连,而从背中部至腹外侧的投射则很少[61]。

SCN向周围脑组织传递节律信号主要有两种方式:①通过Ca^{2+}和K^{+}的电势

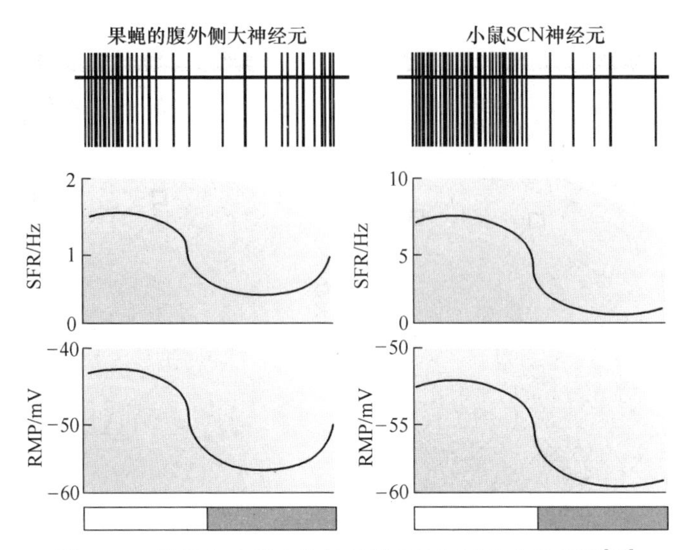

图 1-16 果蝇和小鼠生物钟起搏点神经元的生理节律[54]

(上方为放电频率示意图,下方的黑白长条表示每天的光照/黑暗时间,白色条块表示处于光照条件下,黑色条块表示处于黑暗条件下[56]。)

进行传递。在 SCN 中,Ca^{2+}和 K^{+}的电势都受到生物钟的调节。这些离子的电势可能对 SCN 神经元的放电具有影响。②SCN 还可以通过信号分子调节周围神经组织的节律性。SCN 产生的信号分子既包括神经递质也包括激素。神经递质与激素既有共同点,也有明显的区别,神经递质仅限于突触前神经元对突触后神经元的作用,而激素是通过循环系统对附近或全身组织的生理活动起调节作用。SCN 调控的神经递质有不同的功能,分别具有抑制和促进的作用,可以协同调节周围神经组织的节律性,并最终调节活动-休息或睡眠-觉醒等节律[62]。

SCN 组织中的神经递质包括精氨酸加压素(AVP)、促胃泌素释放肽(GRP)、神经调节肽 S(neuromedin S)、神经肽 Y(NPY)、乙酰胆碱(ACH)、谷氨酸(Glu)、γ-氨基丁酸(GABA)、血清素(serotonin)也叫 5-羟色胺(5-HT),血管活性肠肽(VIP)、组异肽(PHI)、生长抑素(SS)等。一些神经递质在 SCN 的分布具有特异性,其中 AVP 主要分布于背内侧区域,而 VIP、GRP 和神经调节肽 S 分布于腹外侧区域(图 1-18)[44,63,73]。

精氨酸加压素,也称为血管加压素(vasopressin,VP),是最早在 SCN 中鉴定出来的神经递质。AVP 在脑脊液中的含量呈现出节律性变化,这种节律是受到 SCN 中表达 AVP 的神经元的昼夜节律性神经放电控制的[66]。在脑室中注入 AVP 的拮抗剂对睡眠/觉醒节律的周期无明显影响,但对睡眠-觉醒包括 REM 睡眠的振幅具有一定的影响。与此一致,AVP 缺陷小鼠的慢波睡眠等节律的振

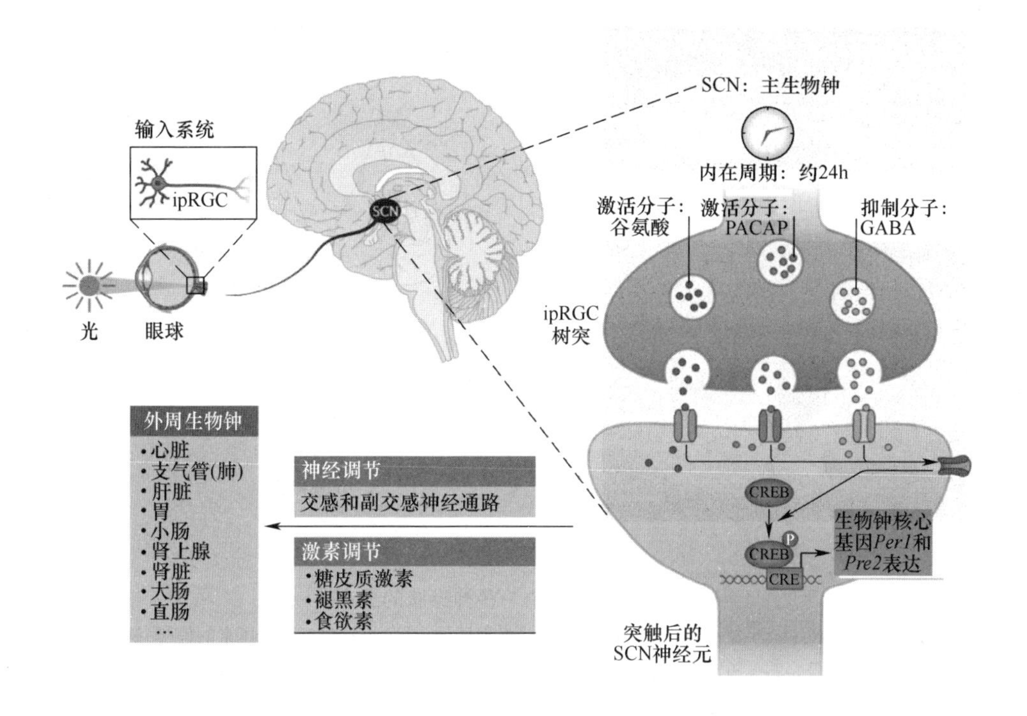

图 1-17　哺乳动物生物钟输入系统至 SCN 的调节途径示意图[60]

幅显著降低[67-70]。VIP 负责调节光对节律的导引以及维持节律的稳定性[71]。

此外，SCN 也接受来自传入神经的递质，这些来自传入神经的递质和从 SCN 分泌至传出神经的递质对于维持 SCN 自身及外周组织的正常节律都不可或缺。在生物钟传入途径中，谷氨酸与垂体腺苷酸环化酶激活肽（PACAP）是 RHT 当中起主要作用的神经递质。在光信号从视网膜经 RHT 传至 SCN 的过程中，谷氨酰胺和 PACAP 是两种最基本的神经递质。谷氨酰胺和 PACAP 发挥功能的时间存在差异，对于夜行性啮齿类动物来说，光信号在夜晚时段可经由谷氨酰胺传递至 SCN 使相位改变，而 PACAP 则在白天具有使相位改变的作用[72]。

不同的生物具有不同的生物钟起搏器。眼是软体动物海兔的生物钟起搏器及生物钟的光感受器，蚕和帝王蝶的脑既负责感光又是生物钟的起搏器，蜚蠊的生物钟起搏器是其脑中的两侧视叶[74-75]。对果蝇生物钟的起搏器研究得较为深入，果蝇的中枢神经系统由大约 10 万个神经元组成，其中约 150 个神经元起着起搏器的作用[76]。果蝇与生物钟相关的 150 个神经元主要包括侧部神经元（LN）和背部神经元（DN），其中腹外侧神经元又分为腹外侧大神经元（$1\text{-}LN_V$）和腹外侧小神经元（$s\text{-}LN_V$）。小腹外侧神经元对持续黑暗条件下的节律行为具

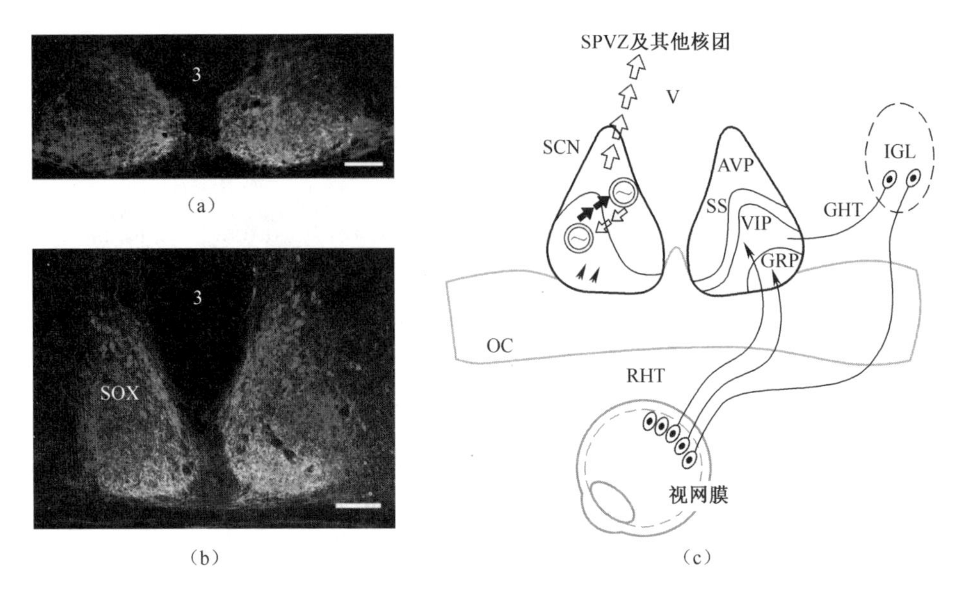

图 1-18　SCN 中一些神经肽的分布

(a)大鼠 SCN;(b)小鼠 SCN(红色表示 RHT 的投射区域,蓝色表示精氨酸加压素的信号,绿色表示血清素的信号);(c) SCN 位于视神经交叉(OC)上方[在第三脑室(V)左、右各有一个,对称分布]。IGL—膝状体间小叶;RHT—视网膜下丘脑束;SPVZ—下丘脑亚室旁带;SS—生长抑素。(从视网膜传来的光信号经过 RHT 投射到 SCN 腹外侧部。在 SCN 内,从腹外侧有轴突投射到背内侧。IGL 也有神经投射至 SCN,SCN 还调节 SPVZ 和脑部其他核团。视网膜也将光信号传递至 IGL,产生视觉。图片仿照文献[44,63,73],有改动。)

有调控作用,背侧部神经元(dorsolateral neurons,LN_D)以及第 5 小腹外侧神经元(5th small LN_V)都具有生物钟起搏器的功能。不同部位神经元之间的耦联对调节果蝇的节律具有重要作用[56,76]。

两栖动物的视网膜既是生物钟的起搏器又是生物钟的输入系统,蜥蜴等一些爬行类动物生物起搏器为松果体[8,77-78]。鸟类的生物钟起搏器则包括眼和松果体,并且在不同鸟类中情况有所差异。麻雀的双眼被去除后节律和体温仍可表现出节律,但将松果体去除后则节律丧失,说明松果体是麻雀生物钟的起搏器[8,36]。鸽子的眼和松果体都是生物钟起搏器,如果只去除眼球或松果体,鸽子的活动和体温节律会受到影响,但在恒定条件下仍表现出节律,如果同时摘除眼和松果体则这些节律丧失。如果通过饮水给同时摘除眼和松果体的鸽子按照昼夜规律补充褪黑素,可令鸽子的饮食节律恢复。摘除日本鹌鹑的松果体,对活动节律和体温节律基本没有影响,如果将两个眼球摘除,日本鹌鹑的活动和体温节律在持续黑暗条件下都会丧失;如果不摘除眼球但将视神经切断,多数鹌鹑的节律尽管与正常鹌鹑相比出现异常,但它们仍然具有节律。这些结果表明,眼是日本鹌鹑生物钟的起搏器,并且眼可以通过激素调控的方式调节生理和行为水平的节律[79-82]。

1.3.2　生物钟的输入部分

眼是动物的视觉器官,但是除了感受光线和产生视觉以外,眼还有更多的功能,例如对昼夜节律的调节。盲地鼠生活在地下,缺乏视觉功能,但环境的光线变化却可以对其节律产生影响,说明视觉与生物钟的感受器的功能是独立的。1999 年发现小鼠的 rodless 基因突变可导致全部的视锥和视杆细胞缺失,但小鼠仍可以感光[83],提示视网膜上存在非视觉相关的感光细胞。

哺乳动物视网膜(retina)是眼球中负责将光信号转化为神经信号的组织,视网膜的厚度仅有 0.1~0.5mm。视网膜结构十分复杂,从最外层向内分别为色素上皮层、感光细胞层、双极细胞层和神经节细胞层。视网膜上负责视觉形成的细胞有视锥细胞和视杆细胞,位于感光细胞层。视网膜中的神经节细胞的长轴突一直延伸到视觉中枢和 SCN。视锥细胞和视杆细胞通过色素视蛋白(opsin)感光。以前认为只有视锥细胞和视杆细胞具有感光功能,1984 年揭示可能存在有其他的感光细胞,例如一些盲人虽然视觉丧失,但是他们体内的褪黑素水平仍然会受到周围环境光照的影响,说明视觉和生物钟的感光系统存在不同的通路[85]。引起视觉感光和生物钟感光的光强阈值相差很大,例如在仓鼠中能够对节律起导引作用的光强比引起视觉的光强度要高约 200 倍[86]。对人类而言,亮视觉和暗视觉最为敏感的光谱波长分别为 555nm 和 506nm,位于绿色至蓝绿色波段。但是对褪黑素分泌量有明显抑制作用(也就是对生物钟具有调控作用)的光谱波长峰值为 460nm,主要为蓝紫光波段,与视锥细胞和视杆细胞明显不同(图 1-19)[84]。

除了视蛋白,在哺乳动物视网膜里还存在更多的感光色素,如隐花色素(cryptochrome)和黑视素(melanopsin)等。黑视素也称为黑视蛋白,由 *Opn4* 基因编码,具有感受蓝紫光的功能。目前认为在视网膜上存在一群特殊的神经节细胞称为视网膜内层光感神经节细胞(ipRGC),含有 PACAP 和黑视素,在形态上具有丰富树突的细胞,投射到 SCN,是生物钟的光感受器(图 1-20)[87]。ipRGC 的胞体主要位于神经节细胞层(GCL),少数位于内核层(INL)。视锥、视杆细胞通过胞体位于内核层的双极细胞(bipolar cell,用灰色表示)与常规的神经节细胞相连,然后经由视神经传入外侧膝状体。与此不同的是,ipRGC 细胞的轴突直接投射到脑。内层光感神经节细胞互相连接成网络状结构,在人的视网膜中约含有 3000 个内层光感神经节细胞,占视网膜上神经节细胞总数不到 1%,但是 ipRGC 的树突分布于内网层(IPL)的上部,且分布和延伸范围要比视锥、视

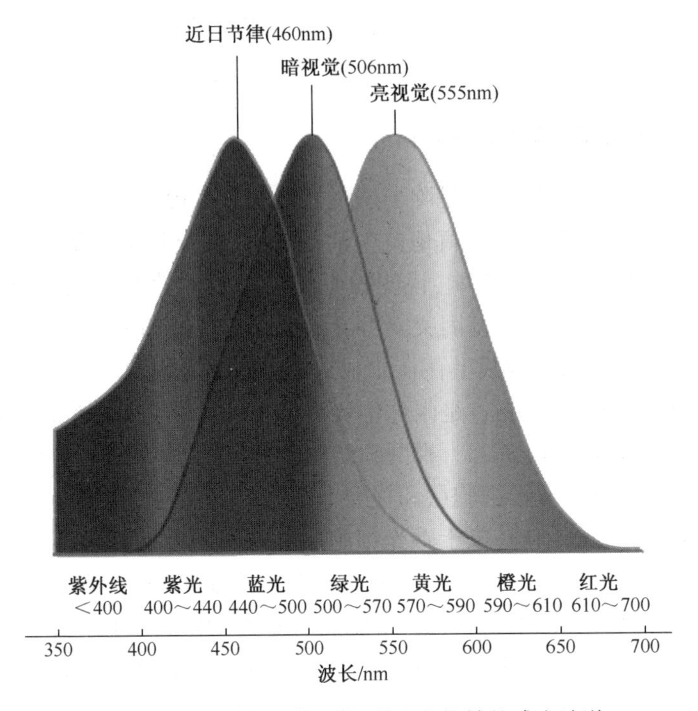

图 1-19 人的亮视觉、暗视觉和生物钟的感光波谱

[亮视觉、暗视觉和生物钟的敏感波长峰值分别为 555nm(黄-绿光)、506nm(绿光)和460nm(蓝光)。图片根据文献[84],有改动。]

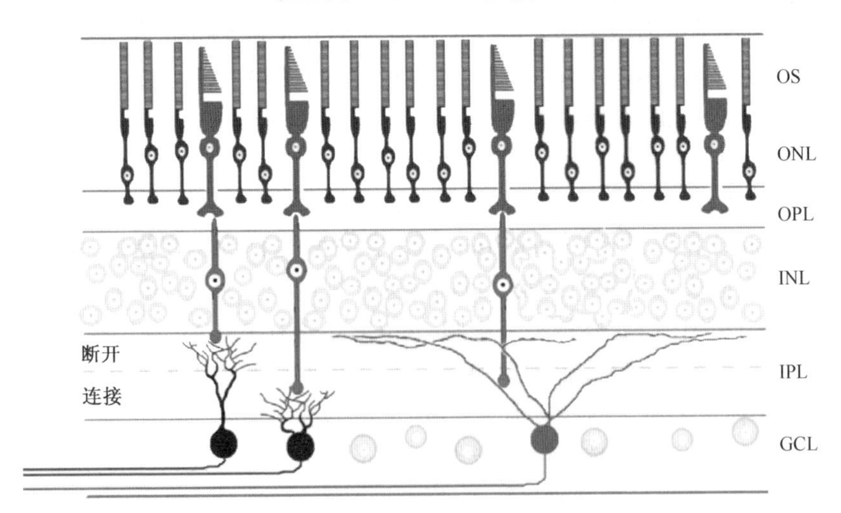

图 1-20 视网膜 ipRGC 和其他光和受体细胞的结构示意图[87]

(视锥细胞和视杆细胞分别用绿色和蓝色表示,双极细胞用灰色表示。其他的视网膜细胞用灰色或黑色表示。ipRGC 细胞用红色表示。)

杆细胞大得多,可以对光刺激起到整合作用[84]。如果将小鼠合成黑视素的基因敲除,则内层光感神经节细胞的感光功能丧失[89]。在小鼠的旁神经元里表达人的黑视素基因,亦可使本不具感光功能的旁神经元具备感光功能[90],说明黑视素是负责调节生物钟感光的重要分子。

ipRGC 经由 RHT 通过神经递质谷氨酸、PACAP 将信号传递至 SCN,ipRGC 感受光信号并经过 RHT 传递至 SCN,由于该通路不产生视觉,也称为非视觉的光通路(non-visualoptic pathway)[91]。内层光感神经节细胞的非视觉功能可以解释缺失了视锥细胞和视杆细胞的小鼠仍然会对光线改变出现的瞳孔收缩、褪黑素分泌改变及节律可受导引等现象[83,87,91-92]。类似地,一些盲人在视觉部分或全部丧失后,体内的褪黑素仍可受到外界光照的抑制,并且节律的相位也可以被导引,可能他们的视锥细胞和视杆细胞丧失功能但内层光感神经节细胞仍可维持正常的功能[85,93]。盲人视网膜或视神经如果受到损伤,则在无法产生视觉的同时生物钟也会受到影响[94]。

暴露于光照后,ipRGC 可释放兴奋性神经递质谷氨酸和 PACAP,可以使突触后 SCN 神经元质膜去极化,导致细胞内的 Ca^{2+} 和 cAMP 水平改变,诱导 cAMP 反应元件结合蛋白(CREB)磷酸化以及生物钟核心基因 *Per1*、*Per2* 的表达,由此对 SCN 的节律起到导引的作用。当处于弱光条件下时,抑制性神经递质 γ-氨基丁酸(GABA)可以降低非图像形成的视觉能力敏感度。此外,SCN 神经元在其他脑区也有分布,与这些脑区、核团偶联,并通过神经和激素途径调节身体各组织的外周生物钟(图 1-16)[60]。

谷氨酸与 PACAP 在 RHT 中对于将光信号传导至 SCN 起着关键作用。在 RHT 与 SCN 相连的突触小泡里可以检测到谷氨酸的存在,而在 SCN 神经元则存在谷氨酸的多种受体。向仓鼠 SCN 注射 PACAP 导致活动节律相位发生改变,而如果将 PACAP 注射至其他脑区则对相位没有影响,说明 PACAP 特异性地将光信号传递至 SCN 并对后者的节律具有调节作用[50,96-98]。PACAP 与谷氨酸共同存在于生物钟相关的 ipRGC 细胞,PACAP 具有促进 SCN 组织 *Per1*、*Per2* mRNA 表达的作用,向 SCN 注射 PACAP 后 *Per1*、*Per2* mRNA 表达的表达升高,与接受光照的效应类似(图 1-21)[95,99]。RHT 中存在 P 物质(substance P),对 SCN 的节律也具有调节作用。在不同时间电刺激大鼠下丘脑切片的视神经,可令 SCN 节律的相位发生前移或后延,如果加入 P 物质的拮抗剂则会抑制相位变化[100]。一氧化氮(NO)在 RHT-SCN 通路的调控中也发挥着重要作用,用一氧化氮合成酶(NO synthase,NOS)抑制剂处理可使大鼠 SCN 组织中 c-Fos 蛋白表达降低,也可以阻碍光对 SCN 节律相位的导引作用。此外,在 RHT 中,左璇天冬氨酸(L-aspartate)、N-乙酰天冬氨酰谷氨酸(N-acetyl-aspartyl glutamate)等兴奋性氨基酸以及神经肽 P 物质可能也起到神经递质的作用[97,101-102]。

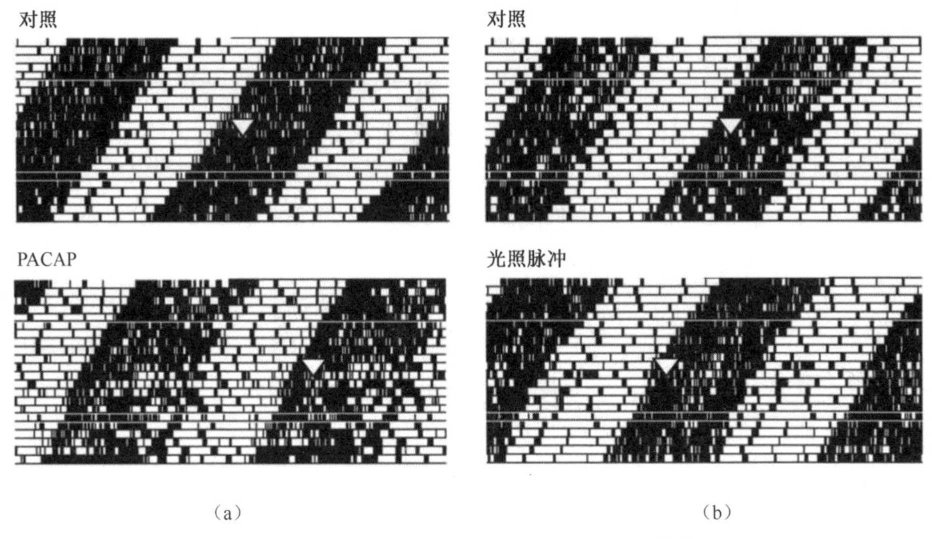

(a)　　(b)

图 1-21　PACAP 对小鼠活动节律的影响[95]

(a)对照及向 SCN 注射 PACAP 对活动节律的影响;(b)对照及短暂光照脉冲对活动节律的影响。
[白色倒三角表示注射 PACAP 或给予光照处理的时间,(a)图中对照小鼠注射不含 PACAP 的生理盐水;(b)图中对照未经受光照,倒三角仅表示对应时间。]

视网膜除了可以直接通过 RHT 与 SCN 相连外,也有一部分传至膝状体间小叶(IGL),然后经由膝状体下丘脑束(GHT)间接地传递至 SCN(图 1-22)。IGL 由含有神经肽 Y(NPY)和 GABA 的神经元构成,除了接受 RHT 传来的信号并中转经 GHT 传递至 SCN 外,也将来自脑中缝背核的信息经由 GHT 传递至 SCN,因此 IGL 具有将光信号及非光信号进行整合的功能,对 SCN 节律的导引起调节作用[63,105]。在哺乳动物脑中,缝核是最主要的 5-羟色胺(5-HT)能核团,中缝核对于生物钟及睡眠-觉醒都具有重要的调控作用[106]。

脑干中缝核也有独立的神经投射至 SCN,从中缝核发出的通路为 5-HT 投射,直接投射至 SCN 腹侧含有 VIP 的神经元,这条 5-HT 通路对于 SCN 的非光信号控制以及节律的导引具有重要调节作用[107-109]。一些非光因素,如睡眠剥夺、提供转笼的时间改变或者在白天时段给予黑暗处理等,都会使动物的节律相位发生改变,同时在 SCN 可检测出 5-HT 水平的显著升高。而电刺激 DRN、MRN 也可以使 SCN 的 5-HT 含量显著升高[110-111]。SCN 也对 5-HT 系统具有调节作用,中缝核中很多基因的表达都具有节律性,其中合成 5-HT 的限速酶色氨酸羟化酶(tryptophan hydroxylase,TPH)在中缝核的含量也受到生物钟的调

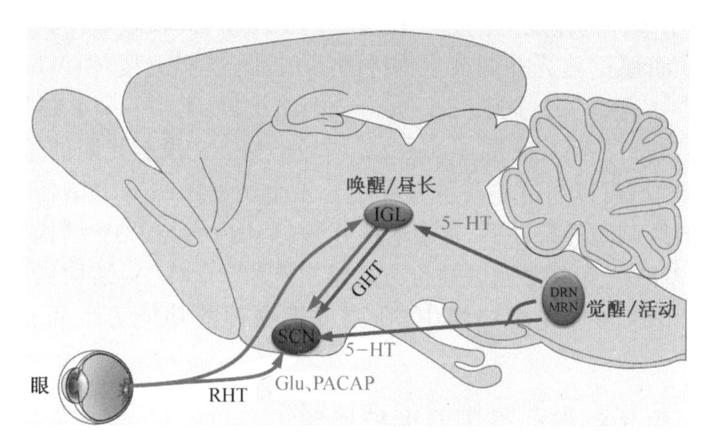

图1-22 生物钟从视网膜输入至SCN及脑中其他核团的示意图
DRN—中缝背核;Glu—谷氨酸;MRN—中缝核;
PACAP—垂体腺苷酸环化酶激活肽;RHT—视网膜下丘脑束。
(橘色箭头指示光信号的输入方向;蓝色箭头指示非光信号的输入方向。
缝核对觉醒和活动具有调节作用,IGL对睡眠/觉醒及动物对季节性
白昼光照变化生理反应具有调节作用[46,103-104]。)

节,并进而使5-HT的含量也呈现出节律性的变化[106,112]。

向仓鼠SCN注射NPY可导致仓鼠活动节律的相位发生改变,并且在不同的时间进行注射会分别导致相位的提前或延迟,说明IGL可以通过神经联系调节SCN的功能[113]。Johnson等发现切断仓鼠的GHT会导致授时因子对节律导引作用的响应时间延迟,表明GHT介导的神经回路对SCN的功能具有一定的调节作用[48]。在主观白昼的傍晚时段给予电刺激GHT会导致仓鼠跑轮节律相位出现提前,而在主观夜晚的凌晨以及主观白昼的早晨给予电刺激则会导致跑轮节律相位有轻微的延迟[50]。除了对光照参与节律的导引调节外,IGL对于光照周期的适应性也具有调节作用,去除IGL和GHT会导致仓鼠的活动节律无法适应季节性日照长短的变化[101]。

与哺乳动物仅靠视网膜的ipRGC感光并对节律产生导引的情况不同,非哺乳的脊椎动物依靠松果体和脑内等多个光受体来感受到透过脑传入的光信号,对节律产生导引[84]。在鱼类、两栖类、鸟类和哺乳类动物中,皮肤表面也存在感光受体,但是除了在蜥蜴中发现皮肤的感光受体对于调节蜥蜴每天晒太阳升高体温的行为节律以外,迄今尚无明确证据证明这些感光结构也具有导引生物节律的作用[114]。

对细菌、真菌和植物而言,它们没有特化的视觉器官,但可以通过其他一些方法来感受光线。这些生物尽管没有专门的感光器官,但存在感光因子,可以发

挥感光并导引节律的作用。例如在粗糙链孢霉当中,波长较短的蓝光对节律有导引作用,负责感受蓝光并调节生物钟的感光因子为蓝光受体(White Collar 1,WC-1),WC-1 含有 3 个 PAS(per-arnt-sim)结构域,其中一个 PAS 结构域属于特异的 LOV(light, oxygen, or voltage)结构域类型。在没有光照的条件下,WC-1 的 LOV 结构域可以通过非共价方式结合 1 个黄素腺嘌呤二核苷酸(FAD)分子,在接受光照刺激的条件下,黄素单核苷酸(FMN)会与 LOV 结构域里一些保守的 Cys 氨基酸位点短暂地以共价方式结合[115-116]。LOV 结构域广泛存在于细菌、真菌、植物的感光蛋白当中,在调节生物钟的功能方面可能具有保守功能[117]。

1.3.3 生物钟核心基因及调控通路

生物钟的振荡器由正调控元件和负调控元件组成。图 1-23 显示的是生物钟振荡器的基本调控模式图,其中正调控元件可以结合到负调控元件即生物钟基因的启动部位,启动生物钟基因的转录,生物钟基因的转录本进一步翻译为生物钟蛋白,生物钟蛋白会反过来抑制正调控元件的转录激活作用,因此生物钟基因的编码产物为负调控元件。当正调控元件受抑制后,生物钟基因就不再转录,同时生物钟蛋白也会逐渐被降解。当生物钟蛋白被降解殆尽后,它对正调控元件的抑制作用就被解除了,正调控元件就又可以结合到生物钟基因的启动子部位,开启新一轮的转录与翻译过程。如此不断循环,就可以产生分子水平的节律,也就是说生物钟基因的表达呈现出节律性的变化方式。对于昼夜节律的生物钟来说,完成一个循环的周期大约为 24h,因此生物钟基因的表达节律的周期大约为 24h(图 1-23)。

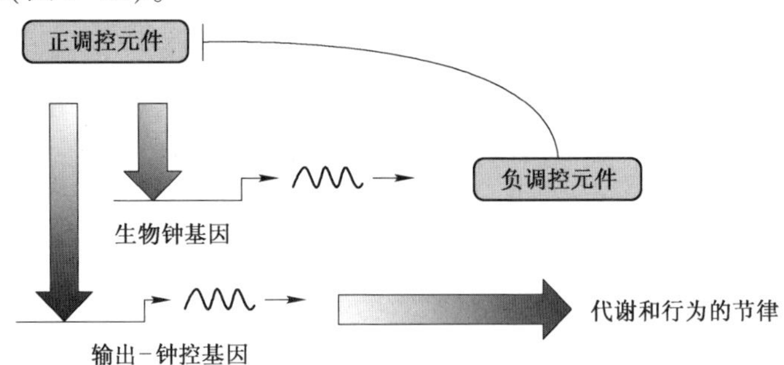

图 1-23 生物钟调控的转录-翻译水平负反馈通路示意图

正调控元件是通过与生物钟基因上游启动子部位的特征性序列结合来调节生物钟基因的表达的。除了生物钟基因以外,还有其他一些基因的启动子部位也存在这种特征序列,因此正调控元件也可以识别和结合这些基因的启动子,并对这些基因的转录进行调节。由于正调控元件的功能受到负调控元件节律性的调控,所以正调控元件结合和调节这些基因的转录也是具有节律性的,相当于生物钟振荡器产生的分子节律被输出了,来调控下游基因的表达。这些下游基因由于受生物钟的调控,被称为钟控基因(clock-controlled gene,CCG)。

不同界生物的生物钟基因并不相同,但是它们的调节基质非常保守。尽管在不同界的生物里具体负责调节生物钟的基因的起源并不同,例如粗糙链孢霉的负调节元件为FRQ、果蝇为PER/TIM,而哺乳动物为PER/CRY,但是调节机制却高度相似,这是分子水平的趋同进化(图1-24)。相对而言,真菌与动物的生物钟系统在基因和调节方式上更为接近。在动物和真菌当中,酪氨酸激酶(casein kinase 1,CK1)都是调节生物钟的最为关键的蛋白激酶,在植物当中则是CK2发挥最为重要的功能[118]。

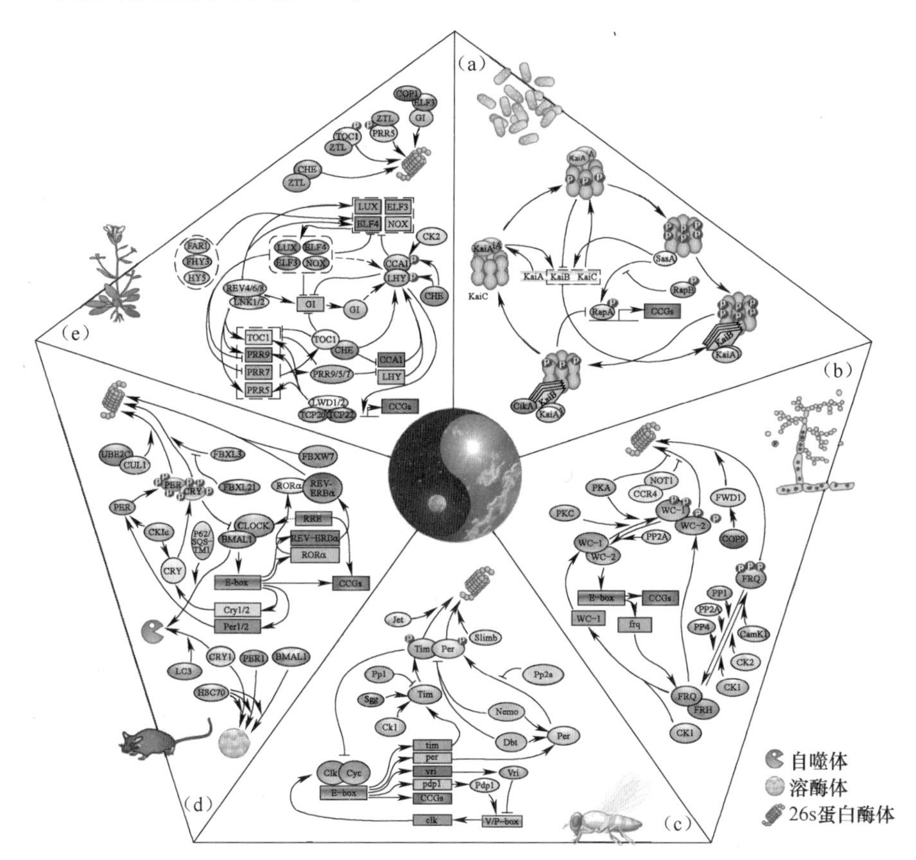

图1-24 不同生物的生物钟分子调节通路[118]

(a)蓝藻(*Synechococcus elongatus* PCC 7492);(b)粗糙链孢霉(*N. Crassa*);(c)黑腹果蝇(*Drosophila melanogaster*);(d)小鼠(*Mus musclus*);(e)拟南芥(*Arabidopsis thaliana*)。

粗糙链孢霉是一种分枝状真菌，也是用于生物钟研究的一种重要模式生物[115]。由于生物钟的调控机制在真核生物中高度保守，因此用粗糙链孢霉等低等生物进行研究，对于理解高等生物包括人在内的生物钟调控机制具有重要帮助。粗糙链孢霉生物钟的正调控元件为 WC-1 和 WC-2，WC-1 和 WC-2 可以结合形成 WCC（white collar complex）复合物（表 1-4）。在凌晨的时候，WCC 结合到负调控元件即生物钟基因 *frequency*（*frq*）的启动子部位，启动 *frq* 基因的转录，并进一步翻译成为 FRQ 蛋白，FRQ 蛋白可以通过 coil-coil 而相互结合，并与 FRH（FRQ-interacting RNA helicase）结合，形成 FFC（FRQ-FRH complex）复合物。FFC 复合物会招募 CK1 和 CK2 等蛋白激酶，并将 WC-1 和 WC-2 蛋白磷酸化，磷酸化的 WCC 复合物从 *frq* 基因的启动子上脱离下来，WCC 对 *frq* 基因的转录激活作用逐渐减弱直至停止。因此，FFC 在生物钟调控当中起负调控元件的功能。

FRQ 蛋白会被 CK1 和 CK2 等蛋白激酶磷酸化，FRQ 蛋白上存在近 100 个磷酸化位点，并且这些位点的磷酸化是呈现出动态变化的。FRQ 蛋白在磷酸化程度逐渐增高后，会被蛋白酶体（proteasome）降解。当 FRQ 降解后，WCC 可以重新结合到 *frq* 基因的启动子上，进行新一轮的转录。每一轮转录-翻译循环之间的间隔接近 24h，因此这种转录-翻译水平的调控就可以产生接近 24h 周期的分子水平的节律。

表 1-4　不同物种生物钟的调控（根据文献[116-123]等改绘。）

物种	正调控元件	负调控元件	生物钟起搏器	调控的生理过程
粗糙链孢霉	WC-1、WC-2	FRQ	FRQ/WC 振荡器	无性孢子释放；钟控基因表达
果蝇	CYC、CLK	PER、TIM	脑腹外侧神经元，嗅觉受体神经元	运动节律，嗅觉，电生理反应
哺乳动物	BMAL1、CLOCK、NPAS2	PER1、PER 2、CRY1/2	SCN	运动节律；神经元放电；胞质 Ca^{2+}；2-脱氧-D-葡萄糖摄入；神经肽分泌；基因表达
鸟类	CLOCK、BMAL1	Per2/3、Cry1/2	视网膜	褪黑素水平
			SCN	去甲肾上腺水平；神经元放电；交感神经紧张性
			松果体	褪黑素水平

此外，在粗糙链孢霉中，很多钟控基因的启动子区域也含有 WCC 的结合位点，WCC 也可以节律性地结合到这些启动子上，在转录水平上调节这些基因的表达。通过转录调节钟控基因的节律性表达是生物钟调节下游基因的一种重要

方式,生物钟还可以通过表观遗传、转录后及翻译后等不同的方式调节下游基因的节律性表达。生物钟通过调节下游众多钟控基因的表达,从而调节生理、代谢和行为水平的节律性。

果蝇和哺乳动物控制生物钟的基因与粗糙链孢霉不同,果蝇和哺乳动物都没有与 FRQ、WC-1 及 WC-2 同源的基因,反过来,粗糙链孢霉也不具有果蝇或哺乳动物生物钟的同源基因。但是,这种转录-翻译水平的负反馈调节通路(TTL)在生物钟调控中是高度保守的。果蝇和哺乳动物的生物钟基因同样包含正调控元件和负调控元件,在果蝇中,正调控元件为 CYC 和 CLK,负调控元件为 PER 和 TIM(表 1-4)[124-125]。通过这种负反馈通路的调节,就可以在分子水平上产生出基因表达的节律,如果正调控元件或负调控元件基因发生突变,则会影响分子水平的节律。如图 1-25 所示,在 LD 和 DD 条件下果蝇的生物钟蛋白 TIM 和 PER 在野生型(*wild type*,*wt*)里具有约 24h 的节律,在突变体(dbt^S 和 dbt^L)里也有节律,但相位或周期发生了改变,其中在 DD 条件下,dbt^S 中 TIM 和 PER 蛋白的周期短于野生型对照,而 dbt^L 中 TIM 和 PER 蛋白的周期长于野生型对照[126]。鸟类的生物钟基因与哺乳动物也存在差异,在鸟类中尚未发现哺乳动物 *Per1* 基因的同源物[123,127]。

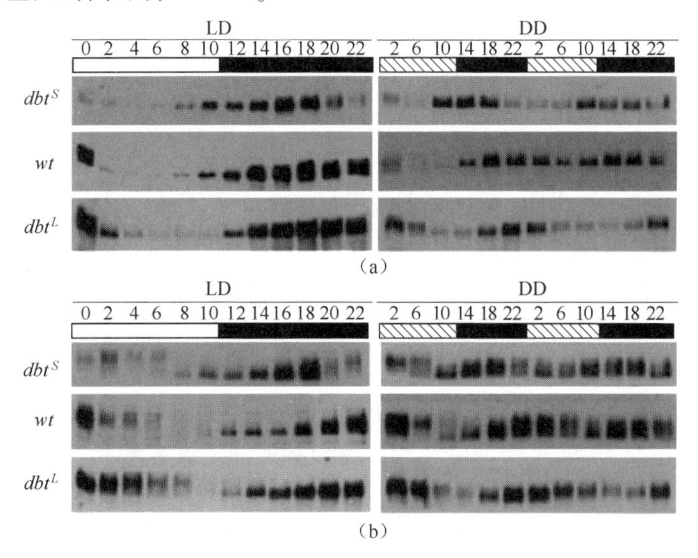

图 1-25　生物钟蛋白 TIM 和 PER 在野生型及突变果蝇中的表达情况

(a)在 LD 和 DD 条件下,TIM 蛋白的表达情况;(b)在 LD 条件下,PER 蛋白的表达情况。
wt—野生型;dbt^S 和 *dbtL*—果蝇 *double time*(*dbt*)基因发生突变的两种果蝇,分别为短周期(dbt^S)和长周期(*dbtL*)。
(从图中也可看到蛋白分子量的周期性变化,这是由于蛋白受到节律性的磷酸化调控引起的[126]。)

哺乳动物生物钟的正调控元件为 CLOCK 和 BMAL1,这两个蛋白都含有螺旋-转角-螺旋结构的 PER-ARNT-SIM (bHLH-PAS)结构域,可以结合到负调控元件及下游钟控基因启动子的顺式元件 Enhancer Box (E-box)上,并激活转录(图 1-25)[128-129]。BMAL1(brain and muscle Arnt-like protein-1)也称为 MOP3。*Clock* 基因并非必需,*Clock*-/-小鼠虽然对光的反应与野生型对照有差异,但在活动和分子水平上仍可表现出明显的节律[130]。除了 CLOCK 外,NPAS2(neuronal PAS domain protein 2)也可以与 BMAL1 结合形成二聚体,起正调控元件的作用,但是 NPAS2 只限在中枢神经系统的前脑中表达[131]。在小鼠前脑和 SCN 中特异性地抑制生物钟基因 *Bmal1* 的表达,会导致 SCN 组织节律的丧失,外周组织中的节律仍然存在但是不再保持去同步化并不断衰减[132]。

负调控元件为 Cryptochrome 1/2(CRY1/2)和 Period 1/2 (PER1/2)。除了 *Per1* 和 *Per2* 基因,哺乳动物还有另一个同源物 *Per3* 基因,但敲除该基因对节律没有明显影响,*Per3* 基因的多态可能与生物钟的时间型及睡眠稳态有关联[133]。在生物钟的输入通路中,光刺激会通过 RHT 引起 SCN 中 *Per1* 和 *Per2* 基因 mRNA 的表达的升高,这一过程与不同细胞之间节律的同步化有关[18,134]。

在哺乳动物中,RORα/β/γ 和 REV-ERBα/β 等核受体也参与负反馈通路的调节。RORα/β/γ 结合到 *Bmal1*、*Cry1* 基因启动子的 RRE(Rev response element)顺式元件上,具有激活 *Bmal1*、*Cry1* 基因转录的作用,而 REV-ERBα 则对这一过程具有抑制作用。这一通路对调节代谢具有重要作用,也被称为哺乳动物生物钟的第二反馈通路(图 1-26)[127]。

哺乳动物身体各组织、器官的细胞里都存在生物钟基因,因此都具有自己的生物钟系统。在组织水平上,SCN 由于是生物钟的起搏器,调节其他组织、器官的节律,因此 SCN 里的生物钟被称为主生物钟(master clock),而其余的外周组织、器官中的生物钟称为外周生物钟(peripheral clock),主生物钟和外周生物钟共同组成生物钟等级系统。

在生物钟等级系统里,光信号由视网膜内层的 ipRGC 细胞经视网膜-下丘脑束传递至 SCN,向 SCN 中的受体细胞释放神经递质谷氨酸和神经调质 P 物质(substance P,SP)、垂体腺苷酸环化酶激活肽。其中谷氨酸能够激活 NMDA 受体,引起 Ca^{2+}内流,进一步激活丝裂原活化蛋白激酶(mitogen-activated protein kinase,MAPK)引起 cAMP 反应元件结合蛋白(CREB)的磷酸化[135]。磷酸化的 CREB 进入细胞核,结合到 *Per1* 和 *Per2* 基因启动子的钙离子/cAMP 应答元件上,继而激活 *Per1* 和 *Per2* 的转录。SCN 背内侧区域的细胞内存在自主调控的生物钟分子系统,细胞内存在由正调节元件和负调节元件组成的负反馈通路。SCN 腹外侧的神经元通过不同的神经递质与 SCN 背内侧进行联系,包括血管活性肠肽(VIP)、胃泌素释放肽(GRP)及 SP 等,由此对背内侧细胞内分子水平的自主振荡节律进行调控(图 1-27)[91]。

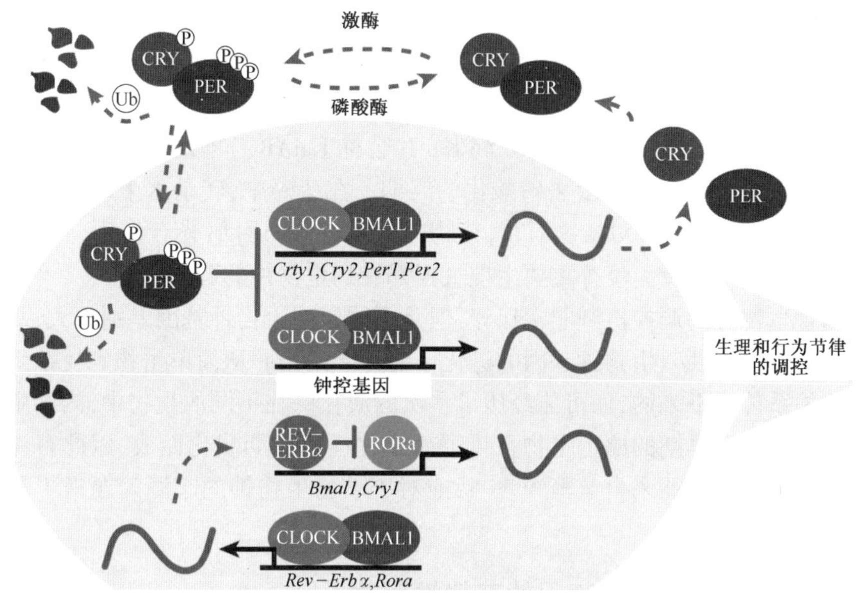

图 1-26 哺乳动物生物钟的基因调控[127]

(中间有字母Ⓟ表示磷酸化修饰;中间有字母Ⓤⓑ表示泛素化修饰。
图中仅显示了 RORα 和 REV-ERBα,ROR 和 REV-ERB 家族其他成员的结合方式与此类似。)

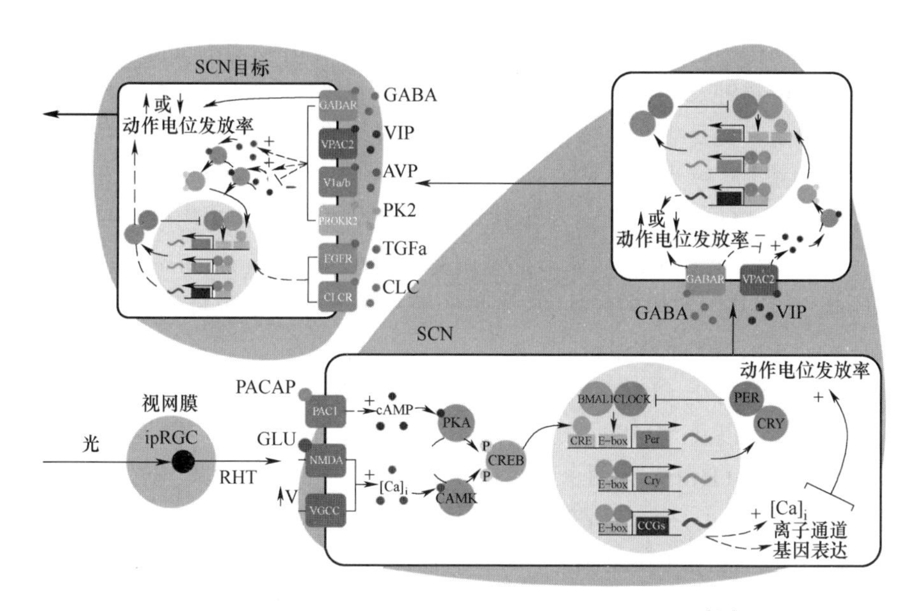

图 1-27 SCN 组织中生物钟基因的表达及调控通路[91]

SCN 组织中多数细胞都是 GABA 能神经元,腹外侧部 SCN 神经元通过血管加压素、GABA 等神经递质以及激素调节的方式调节下游组织、器官的节律,背内侧部可以通过 VP、GABA 调节下游组织和器官的节律[91]。

作为原核生物,蓝藻也具有生物钟系统,但与真核生物不同,蓝藻的生物钟的核心元件调控机制主要是依赖蛋白周期性的磷酸化和去磷酸化过程[136]。蓝藻核心生物钟 3 个蛋白 KaiA、KaiB 和 KaiC(合称 KaiABC)即使在离体条件下也能表现出 KaiC 蛋白磷酸化/去磷酸化的周期。在蓝藻中,转录水平的调控对节律具有稳定作用[137]。对植物而言,植物的代谢、叶片运动、光合作用、生长、激素分泌、发育、开花及免疫等重要生理过程都受到生物钟的调控[138]。

尽管生物钟的调控机制非常保守,但是不同界的生物钟基因差别很大,甚至缺乏明显的同源性。生物钟基因的进化可能并非是按照从简单生物到复杂生物的线性关系传递下来的,而可能经历了多次的演化。在不同的生物中,内共生假说认为植物是由早期的原生生物吞噬了蓝藻并经历长期演化而成,因此有人推测植物的生物钟可能来自蓝藻[22]。目前对于动物生物钟的起源问题尚不是很清楚。

1.3.4 生物钟调控基因的节律性表达

在哺乳动物中,每种组织中受生物钟调节的转录本数量约占该组织转录本总数的 2%~10%,而在不同组织中呈现出节律性表达的基因总数约占 43%,其中有相当一部分基因与药物靶标和疾病具有关联[139-140]。

在哺乳动物中,除了 SCN,在其他许多组织甚至体外培养的细胞、组织中,都可以检测到生物钟及受生物调节的基因的表达节律性[141-142]。有一部分钟控基因的节律是直接受生物钟核心基因调节的,在这些基因的启动子部位含有顺式元件 E-box (基序为 CANNTG) [143-145],生物钟正调控元件可以节律性地结合到 E-box 上启动转录,从而产生转录水平的节律。哺乳动物中最早被鉴定出、受生物钟核心振荡器直接调节的基因是精氨酸加压素(arginine vasopressin)的编码基因,该基因对体内的盐、水代谢平衡及中枢神经系统具有调节功能,该基因在启动子区域含有 E-box[146]。

Huang 等解析了 CLOCK:BMAL1 复合物的晶体结构。生物钟正调控元件 CLOCK、BMAL1 以及 NPAS2 都是转录因子,含有碱性螺旋-环-螺旋结构(basic helix-loop-helix,bHLH) 和两个 PAS (PER-ARNT-SIM)结构域,分别为 PAS-A 和 PAS-B(图 1-28)[147]。所有含有 bHLH 和 PAS 结构域的转录因子组成一个家族,除了 CLOCK 和 BMAL1 参与调节生物钟以外,该家族成员还包括对环境污染物有响应作用的芳烃受体(aryl hydrocarbon receptor,AHR)、缺氧诱导因子

(hypoxia indcible factor,HIF)、神经发生相关因子(single-minded 1,SIM1)等。CLOCK:BMAL1异源二聚体可以结合到负调控元件PER(PER1/2)和CRY(CRY1/2)启动子区域的E-box上。对CLOCK:BMAL1的晶体结构分析显示,二者紧密缠绕,形成的是非对称的结构。其中二者的bHLH和PAS-A、PAS-B结构域都与对方的对应区域结合,共同形成稳定的结构。BMAL1和CLOCK的bHLH结构域同时与含E-Box的DNA结合[143]。CLOCK:BMAL1复合物上CLOCKPAS-B结构域的β折叠,存在CRY结合位点,这些位点的突变会影响与CRY的结合。结构分析的数据表明,生物钟的正调节元件可以通过形成异源二聚体调节靶基因的转录。在光照或主观白昼时间,CRY蛋白通过与正调控元件复合物结合从而抑制其转录激活功能[144]。

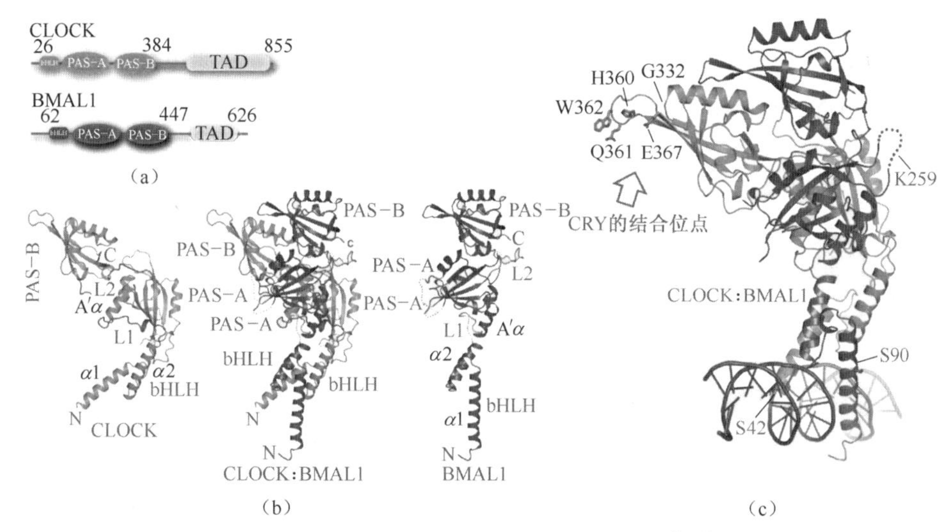

图1-28 CLOCK与BMAL1复合物的结构[147]

(a)CLOCK、BMAL1的结构域;(b)CLOCK、BMAL1及复合物的晶体结构带状图;(c)CLOCK:BMAL1与E-box结合的示意图,二者的bHLH结构共同与DNA结合。L—环(loop);α—α螺旋;N—蛋白的N′端;C—蛋白的C′端。

(DNA螺旋以棕红色表示。CLOCK蛋白以绿色表示,BMAL1以蓝色表示。箭头指示了CRY的结合位点。)

除了E-box外,CREB识别和结合的cAMP反应元件(cyclic AMP response element,CRE)、PAR-zip转录因子和E4BP4识别和结合的D-element(基序为TTATG[T/C]AA)以及前面提到的RRE(RevErbA/Ror-binding element,基序为[A/T]A[A/T]NT[A/G]GGTCA)等顺式元件也可以在转录水平上调节基因的表达节律。这些不同元件可能与基因表达节律的时空特征有关,在SCN中,含有RRE元件的很多基因在SCN的主观夜晚时段表达,而含有CRE的很多基因在主观白昼时段表达[148-150]。

在其他生物中,也存在生物钟正调控元件的结合位点,与哺乳动物类似,在果蝇等昆虫以及脊椎动物中,也存在 E-box,可以被正调控元件 CLK 和 CYC 形成的复合物识别、结合[151-153]。在粗糙链孢霉中为 C-box(clock box,基序为两个相距较近、包含 GATG 特征序列的重复单元),存在于 *frq* 基因及一些钟控基因的启动子上,WC-1、WC-2 形成的复合物可以结合到 C-box 上并启动这些基因的转录[154-155]。在植物中,CBS 模序(circadian clock associated 1-binding site,也称为 light-harvesting complex(LHC) motif,基序为 AAAAAATCT)和 EE(evening element,基序为 AAAATATCT),分别参与调节早晨和晚上表达基因的节律[156]。

生物钟的核心基因可以通过调节钟控基因(CCG)调节分子水平的节律。在不同组织中,相当一部分钟控基因编码组织特异性的因子,以调节不同组织的生理功能。也有一部分钟控基因在多种组织中广谱表达,负责调控基本的细胞活动,如 DNA 损伤修复、细胞周期、线粒体功能等[157-159]。

生物钟基因及钟控基因还受到复杂的表观遗传、转录后、翻译及翻译后等方式的调控,并且这些调控方式也可以间接地使得一部分 CCG 基因在表达水平和功能上具有节律特征。转录后调控主要是指在 RNA 水平上对基因表达进行的调节,转录后调控对于基因的节律性表达具有重要作用。RNA 在转录后或者转录的同时就会经历一系列的转录后加工过程,包括 mRNA 前体(pre-mRNA)的内含子剪接、5′加帽、3′加尾、出核、定位及降解等过程。在加工过程中,出现异常的 mRNA 还会被质控机制识别并清除[155-160]。内含子剪接、5′加帽和 3′加尾是 mRNA 分子成熟的重要步骤。据统计,在所有具有节律的转录本中,只有约 20%~30%的转录本在转录水平上具有节律[161]。也就是说,很多基因在转录水平是没有节律的,不是受生物钟转录-翻译水平的负反馈通路的直接调节,而是受 poly(A)加尾、可变剪接、转运出核、RNA 降解等转录后水平的调节[155-157,162]。

翻译和翻译后修饰对生物钟基因的表达调控同样非常重要。蛋白的翻译后调控包括磷酸化、泛素化、Sumyo 化、乙酰化、糖基化等翻译后修饰(post-translational modification,PTM),以及蛋白定位等调控,其中多种调节方式已经被证明对于调节生物钟蛋白的表达和功能起着重要作用[163-164]。除了 RNA 水平的调控外,翻译和翻译后水平的调节对于基因表达的节律性也很重要,有研究发现,在翻译过程中核糖体的组装及与 mRNA 的结合也都受到生物钟的调控[165-166]。另外,不同物种的生物钟核心蛋白如蓝藻的 KaiC、粗糙链孢霉的 FRQ、哺乳动物的 PER 等,它们的磷酸化都呈现出节律的特征,节律性的磷酸化对于维持这些蛋白的结构和功能具有重要意义[167-168]。

由于生物钟基因调节生物钟及诸多的生理、行为，生物钟基因也成为治疗疾病的重要靶点。例如 KL001、SHP656、KL101 和 TH301 等小分子具有稳定 CRY 蛋白的作用，可以增长周期、降低振幅，在小鼠里可以增强葡萄糖耐受性、抑制胶质母细胞瘤细胞增殖等；GSK4112 可以提高 REV-ERB 和 NCOR 肽的结合，可用于在细胞水平抑制糖异生和炎症反应。还有很多小分子可以作为 CK1 的抑制剂发挥作用，CK1 对于 *Per* 基因的磷酸具有重要的调节作用，可以通过影响生物钟而改变钟基因的表达。这些小分子可以作为治疗生物节律相关疾病的候选药物。此外，锂盐已经长期用于治疗双相情感障碍引起的节律紊乱，锂盐可以增强 *Per2* 基因转录，导致其表达周期增长、振幅增加[60]。

1.3.5 生物钟的输出及外周调控

环境信号可以影响生物钟的起搏器，对节律具有导引作用。同时，起搏器必须将身体各组织、器官的节律进行同步化，才能使整个机体的节律与外界环境相适应。SCN 可以接受光信号并产生节律，调节身体各组织的节律。位于 SCN 的主生物钟通过神经与内分泌两种途径调节身体其他各组织细胞中的外周生物钟。具体来说，从 SCN 传递至外周组织主要通过神经内分泌和自主神经两种途径，这种调控途径将身体各细胞、组织和器官的节律耦联起来（图 1-29）[169-171]。

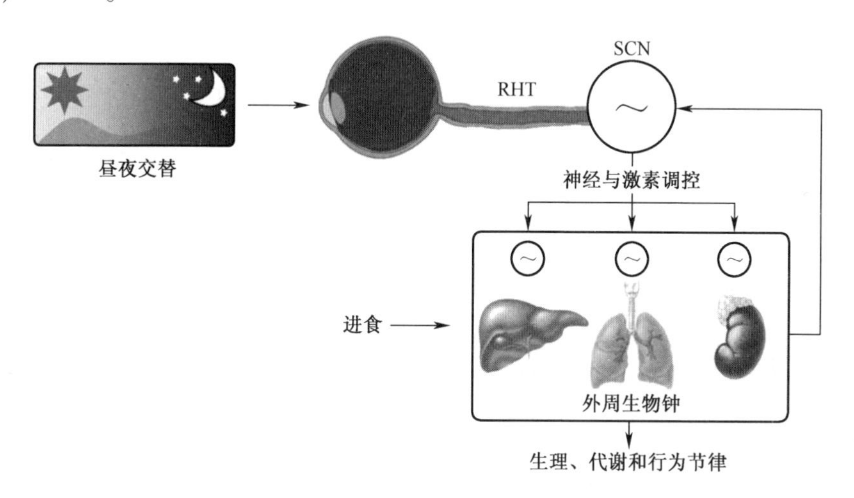

图 1-29 哺乳动物生物钟系统的组成[171]

（眼睛感光后将光信号经 RHT 传递至 SCN，SCN 进一步通过神经和内分泌系统对各组织、器官的节律进行同步化调节。各组织、器官的外周生物钟也可以反馈对主生物钟产生影响。）

在一定的环境条件下,节律会发生分裂现象(splitting),例如在仓鼠中研究较多,当处于恒定光照条件下,仓鼠近 24h 周期的活动节律会分裂成两个成分,周期大约为 12h,但是相位相反(图 1-30)。其他一些动物的饮水、体温、促黄体激素分泌以及 SCN 的电生理节律等也会出现分裂现象。对节律出现分裂的仓鼠进行分析,发现其左右两边 SCN 中 FOS 蛋白的表达相位相反,但是在节律未分裂及 LD 条件下的仓鼠左右两边 SCN 的节律仍然是同步的(图 1-30)。这种 SCN 的反相耦联可能是造成节律分裂的原因[172-174]。de la Iglesia 等的研究发现,在仓鼠中,存在节律分裂的现象,这种分裂是由于左右两边 SCN 的相位相反造成的。除了行为节律的分裂,也发现雌性仓鼠每天的促黄体激素节律也会出现分裂现象,促黄体激素由 GnRH 神经元分泌,这种神经元分布于脑的左右两侧,发生节律分裂时也出现相位相反的情况,与 SCN 类似。如果 SCN 仅通过激素分泌对节律起调控作用,就难以解释节律分裂现象。因此这些现象都提示,除了受激素调节外,神经连接也在 SCN 的输出调节中发挥重要作用[175]。将 SCN 移植到切除 SCN 的受体动物中,能够恢复运动节律,但并不能恢复神经内分泌节律,提示 SCN 除了通过激素调节节律外,也可以通过神经连接调节节律[176]。

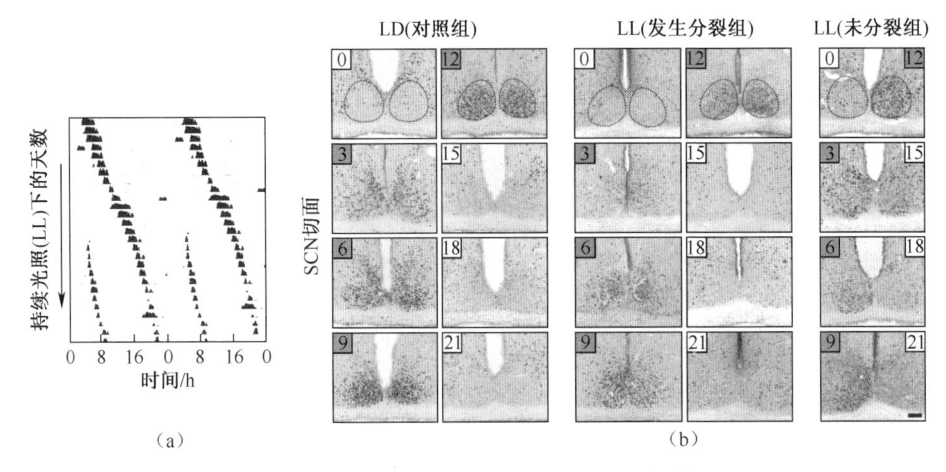

图 1-30　节律分裂及 SCN 节律的反相[174]

(a)仓鼠跑轮活动节律的双点活动图;(b)LD 和 LL 条件下 FOS 蛋白在 SCN 的表达。

[在持续光照条件下,大约 15 天后,周期略大于 24h 的活动节律出现分裂,相位相反。图(b)中,虚线区域指示的是 SCN 的腹侧区域;小方格里的记录时间在 LD 条件下为 ZT,在 LL 条件下为近日时间;灰色小方格表示 FOS 表达较高的时间点。]

SCN 向脑部其他区域输出的神经投射最早是通过放射自显影来追踪的[177]。AVP 是 SCN 中最早被鉴定的神经递质之一,AVP 在脑脊液中的含量呈现出昼夜节律变化特征,早晨的含量要比夜间高 5 倍左右。在脑组织通过对

AVP 或者 VIP 进行免疫染色就可以鉴定出 SCN 的输出通路[178]。在下丘脑中，SCN 主要投射至室旁下区(subparaventricular zone,sPVZ)、视前区(preoptic area,POA)、终纹床核(bed nucleus of the stria terminalis,BNST)和外侧隔核(lateral septum,LS)等区域。在下丘脑背侧,SCN 投射至下丘脑腹内侧核(dorsomedial hypothalamus,DMH)和弓状核(arcuate nucleus,ARC)。在丘脑中,SCN 主要投射至下丘脑室旁核(PVN)和膝状体(IGL)。此外,SCN 还可能投射至缰核(habenula,HB)和杏仁核(amygdale,AMY)。需要注意的是,在不同的哺乳动物中,这些传出通路会有所差异[46]。

在各种投射当中,SCN 主要投射至下丘脑中部,其中包含至少3种类型的神经元:内分泌神经元(endocrine neurons)、前-自主神经元(pre-autonomic neurons)以及中间神经元(intermediate neurons)(图1-31)[179]。内分泌神经元包括大细胞神经元(magnocellular neurons)和促垂体神经元(hypophysiotropic neurons),调节促肾上腺皮质素释放激素(corticotropin releasing hormone,CRH)、促性腺激素释放激素(GnRH)等激素的分泌。下丘脑中的前自主神经元,通向分别位于脑干的前神经节副交感神经元(pre-ganglionic parasympathetic neurons)和脊椎的交感神经元(sympathetic neurons),进而调节肝、肾上腺等多种组织的节律。第三类为中间神经元(intermediate neurons),又称转接神经元或共同神经元,是一种多极性神经元,位于下丘脑背内侧、内侧视前区和亚室旁带等区域,在神经传导路径中连接上行(afferent)及下行(efferent)神经元。中间神经元的具体功能尚不清楚,可能是在由 SCN 传递来的节律信号传入分泌神经元之前起到将之与下丘脑其他部位信号整合的作用[177]。激素的受体存在组织特异性,而神经传递也可以对特定组织进行调节。这也就是说,神经和激素调节可能共同对一种组织起作用,从而加强其节律性。例如,肾上腺皮质酮分泌的节律性就同时受到神经和激素的调节,一方面内分泌神经元可以调节促肾上腺皮质激素(adrenocorticotropic hormone,ACTH)的分泌,另一方面自主神经元可以通过 SCN-PVN-IML 的通路调节肾上腺的 ACTH 受体而影响其敏感性(图1-31)。SCN 通过交感和副交感神经透射至 PVN,PVN 中的前自主神经元透射至脑干中的 DMV 和 IML,将信号传递至外周组织。垂体也会接受来自 SCN-PVN 途径的信号分子,调节垂体一些激素分泌的节律性,进而调节糖代谢。外周组织的一些激素或生理概念也会反过来通过不同的感知途径影响下丘脑[46,178-180]。

SCN 调节着包括交感和副交感神经在内的自主神经系统(autonomic nervous system, ANS)的功能,并进一步调节外周各组织的生理活动[181]。SCN 通过自主神经调节松果体是最早被阐明的 SCN 调控外周组织节律的神经通路例证。SCN 中的 GABA 能神经元调节光照对褪黑素分泌的抑制作用,褪黑素白天在体

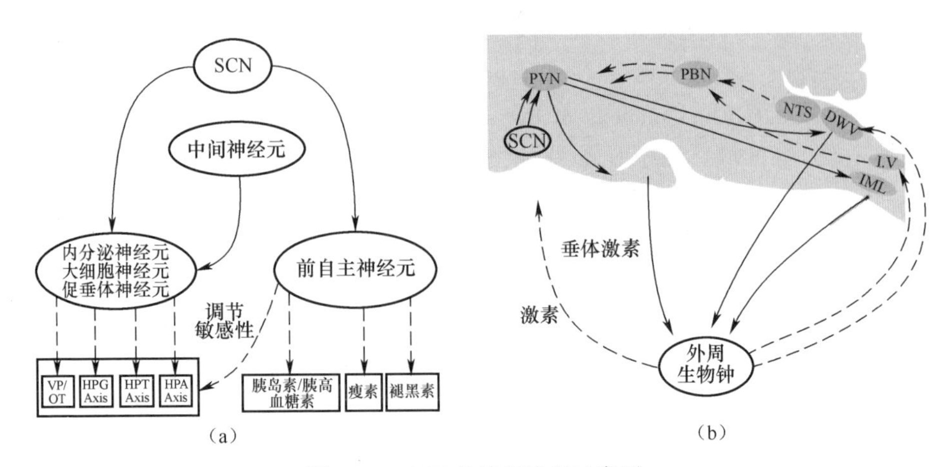

图 1-31　SCN 的输出途径示意图

(a)SCN 的调节途径;(b)SCN 与其他核团间的关联。

HPA Axis—下丘脑-垂体-肾上腺轴;HPT Axis—下丘脑-垂体-甲状腺轴;HPG Axis—下丘脑-垂体-性腺轴;

VP/OT—加压素/催产素神经元[179];PVN—下丘脑旁室核;PBN—臂旁核;

NTS—孤束核;DMV—迷走神经背核;IML—脊髓中间外侧细胞柱。

(交感神经通路用深灰色曲线表示,副交感神经通路用浅灰色曲线表示。阴影部分为鼠脑[180]。)

内的含量很低,而在夜间达到峰值。当 SCN 被切除,松果体与褪黑素合成相关基因的表达节律以及褪黑素的分泌节律都会丧失。用半透膜胶囊包裹的 SCN 移植到切除 SCN 的动物后,活动节律可以恢复,但是褪黑素、皮质醇等激素分泌的节律却无法恢复[46]。在大鼠中,SCN 可以通过室旁核-双侧颈上交感神经节神经投射途径对颌下的唾液腺进行调控。交感神经通过室旁核可以调节肝脏组织中葡萄糖代谢的节律,交感神经对肾上腺分泌促肾上腺皮质激素及糖皮质激素都有调节作用[182]。

食欲素,也称为下丘脑泌素(orexin 或 hypocretin),包括食欲素 A 和食欲素 B,由下丘脑侧部分泌,是两种兴奋性神经肽,两者的同源性达 46%。食欲素 A 和食欲素 B 的分泌受到 SCN 的调节,具有明显的节律性,峰值位于觉醒期。食欲素可以通过与 G 蛋白耦联受体(OX1R 或 OX2R)结合调节睡眠与觉醒。OX1R 和 OX2R 都具有抑制 REM 睡眠的功能,其中 OX2R 还具有稳定觉醒状态的功能[60]。

将胚胎的 SCN 移植到切除 SCN 的动物脑部,用半透膜相隔,即使在不能形成神经连接的情况下仍可使受体动物恢复节律,说明 SCN 分泌的激素具有调节节律的功能[184]。在 SCN 神经元中,钟基因的表达不仅可以维持自身基因表达的节律振荡,也可以驱动 SCN 神经元放电的近 24h 节律性以及钟控基因和其编码产物的节律性表达。由 SCN 分泌具有调控下游的生理节律的因子主要包括转化生长因子α(transforming growth factor α,TGF-α)、血管活性肠肽、前动力蛋白(prokineticin 2,PK2)和心肌营养素样细胞因子(cardiotrophin-like cytokine)等,这几种因子的表达都受到生物钟的调控。

PK2是一种神经肽激素,在SCN中表达具有节律,光导引可以诱导PK2的表达。PK2缺失小鼠的活动节律发生异常,主要表现为振幅减弱以及活动模式改变,但周期无明显变化[185]。SCN中TGF-α的分泌量也具有节律性,对运动具有抑制作用。当TGF-α的受体发生变异后,小鼠在白天活跃,并且接受光照也不对其活动起到抑制作用。如果在第三脑室注入TGF-α,会导致体温节律、活动节律以及睡眠-觉醒节律的丧失(图1-32)[183]。

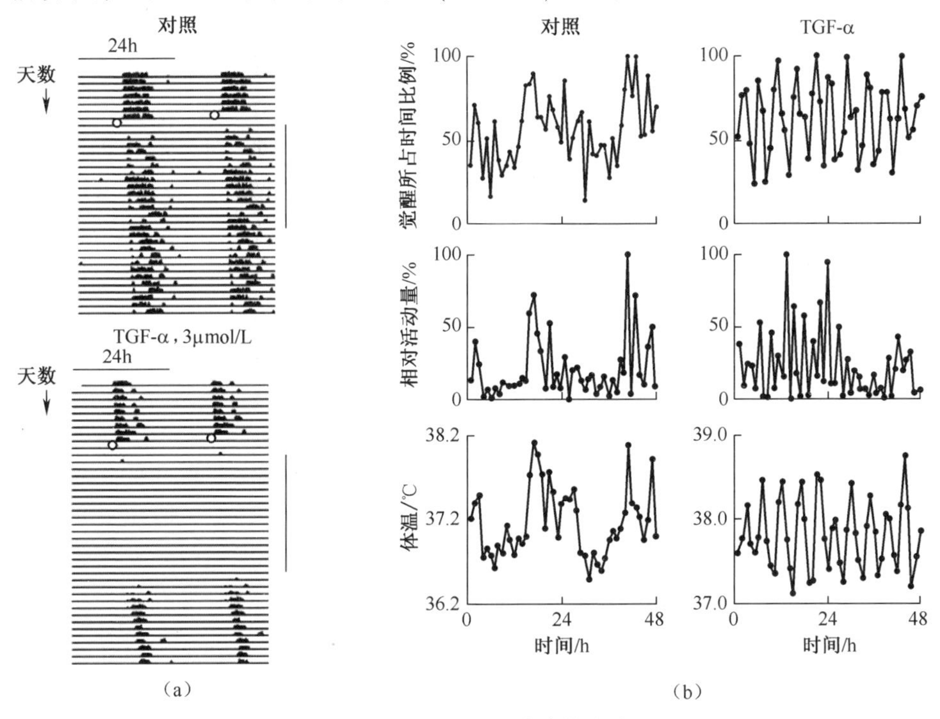

图1-32　TGF-α对节律的影响

(a)增加第三脑室中TGF-α的含量导致活动节律消失,上图为对照,下图从第2~第3周期间通过移植向第三脑室注入3μmol/L TGF-α,对照小鼠也要经过移植手术(空心圆圈表示手术时间);

(b)对照及向第三脑室注入3μmol/L TGF-α小鼠的节律情况。

(图片根据文献[183],有改动。)

激素的主要作用是使外周生物钟的振荡同步化[131]。在各种激素中,对糖皮质激素调节的作用研究得较为广泛。上面提到糖皮质激素的节律性受到交感神经的调控,同时也受到促皮质激素释放激素(CRH)和ACTH的调控。生物钟基因*Bmal1*、*Cry1*、*Per1/2*等基因的启动子区域存在糖皮质激素反应元件(glucocorticoid-response element,GRE),因此糖皮质激素可以通过调节生物钟基因的表达对外周组织的节律产生导引作用。地塞米松(dexamethasone)作为糖皮质激素的类似物,也可以使外周组织包括肝脏、肾脏和心脏等组织的节律相位发生改变,并常被用于处理体外细胞培养过程中使细胞的节律同步化。在切除 SCN 的大鼠肝脏里,生物钟基因及钟控基因的表达去同步化,用地塞米松处理后可恢复转录组约 60%基因的表达节律[14]。

哺乳动物按活动时间可分为昼行动物和夜行动物,草鼠为昼行动物,小鼠为夜行动物。Okamura 等比较了草鼠和小鼠 SCN 里生物钟基因的表达情况,发现它们 *Cry2* 等基因的表达相位相近而非相反,这提示昼行动物和夜行动物的生物钟差异可能是由于 SCN 对于外周节律的不同调控而造成的[186]。但是,其他一些研究并不支持这一观点。狒狒是昼行动物, Mure 等发现狒狒 SCN 和外周组织里,*Bmal1*、*Per1*、*Cry1* 和 *Cry2* 基因的表达相位都与小鼠大致相反,说明昼行动物和夜行动物生物钟系统的差异可能是出在 SCN,而非 SCN 对外周生物钟的调控环节[187]。因此,在昼行动物和夜行动物里 SCN 如何调节外周组织节律这一问题仍有待深入研究。

1.4 生物钟基因的调控网络

生物钟的核心基因可通过正调控元件和负调控元件组成的负反馈通路调节自身及下游钟控基因分子水平的节律。但是,真核生物还需要更多的生物钟相关基因参与调节,才能产生稳定的节律。蓝藻的生物钟蛋白在试管里就可以产生分子水平的振荡,但这在真核生物里目前还无法实现。近 20 年来,人们在转录-翻译负反馈调控通路的基础上,陆续发现其他水平的调控,如表观遗传水平的调控、转录后和翻译后水平的调控对真核生物的生物钟都起着不可缺少的重要作用。

真核生物的遗传信息蕴藏在 DNA 中,DNA 序列所含的遗传信息的改变会引起基因表达或功能的改变。此外,DNA 甲基化、组蛋白乙酰化、miRNA 介导的代谢途径、组蛋白变异及组蛋白的翻译后修饰等调控方式,会在不改变遗传信息本身的情况下调节基因的表达和功能,这种调控称为表观遗传水平的调控[188-189]。

表观遗传调控在生物钟基因的表达和功能方面同样发挥着重要作用[190,191]。组蛋白乙酰化是一种可逆的蛋白共价修饰形式,当组蛋白处于低乙酰化状态时,核小体结构紧密。组蛋白的乙酰化有利于组蛋白八聚体与 DNA 的解离,核小体结构松弛从而使各种转录因子和协同转录因子能与 DNA 结合位点特异性结合,激活基因的转录。如前所述,BMAL1/CLOCK 形成的复合物可以结合 *Per1* 和 *Per2* 基因启动子并激活其转录,*Per1* 和 *Per2* 基因启动子部位的 H3 组蛋白的 9 号赖氨酸残基会受到节律性的乙酰化调节,且相位与这两个基因的转录同步。其中,CLOCK 蛋白与组蛋白酰基转移酶(histone acetyltransferase, HAT)p300 结合,调节 H3 组蛋白 9 号赖氨酸残基乙酰化的节律性[192]。有趣的是,有研究报道 CLOCK 蛋白与 HAT 蛋白家族具有同源性,CLOCK 蛋白自身也具有 HAT 活性[193],因此 CLOCK 通过自身的 HAT 活性加上它对 p300 的调控,使得 *Per1* 和 *Per2* 基因启动子部位的组蛋白的乙酰化呈现出节律性的改变,BMAL/CLOCK 复合物因而可以调节 *Per1* 和 *Per2* 基因转录的节律性。在其他模式生物里,类似的表观遗传调控方式都在生物钟中发挥重要的调节功能。

与 HAT 相反,SIRT1 是一个组蛋白去乙酰化酶(histone deacetylase, HDAC)[194],SIRT1 也可以调节生物钟核心蛋白 PER2 和 BMAL1 的乙酰化,从而对 PER2 和 BMAL1 的功能产生影响。SIRT1 的活性依赖于细胞内氧化型辅酶Ⅰ(nicotinamide adenine dinucleotide, NAD^+)的含量[195]。由于 SIRT1 的因子具有 NAD^+依赖性,因此 SIRT1 可能在通过生物钟调节代谢与基因组稳定性、衰老等生理过程的耦联方面起着重要作用[196-198]。

生物钟基因的转录本存在可变剪接,并且这些可变剪接与生物钟的功能有关。果蝇的生物钟基因 *Per* 的 3′UTR 含有 1 个外显子,与 *Per* 的 mRNA 稳定性有关。如果生物钟基因的可变剪接出现异常,会对生物钟造成影响。在粗糙链孢霉中,生物钟核心基因 *frq* mRNA 的可变剪接和降解受到外切酶复合物(exosome)的调节[155,199]。可变剪接的调节对于植物的生物钟调控也起着重要作用[201]。

非编码 RNA 也对生物钟具有调控作用,它主要包括长非编码 RNA、内源反义 RNA(natural antisense transcripts, NAT)、miRNA 和 siRNA 等[116,201]。内源反义 RNA 对基因表达也起着重要调控作用,哺乳动物的 *Per2* 及粗糙链孢霉的 *frq* 基因都存在内源反义转录本,粗糙链孢霉 *frq* 的内源反义 RNA 可从转录、转录后及表观遗传水平等层面调节生物钟基因的表达和功能[160,202-203]。miR-219 和 miR-132 是在 SCN 表达的两个 miRNA 基因,其中 miR-219 的启动子上存在 CLOCK-BMAL1 复合物的结合位点,表达水平具有显著的节律性。敲除 miR-219 则会导致生物钟周期变长,说明 miR-219 既是钟控基因,也反过来参与生物的调节。miR-132 的表达通过 MAPK/CREB 途径受到光的调控,对生物钟基因的表达起到精确调控的作用[204]。

很多负责调节蛋白翻译和翻译后修饰的因子也参与生物钟基因表达的调控。磷酸化修饰调节酶的活性、蛋白稳定性、蛋白定位以及蛋白-蛋白互作[30,188]。不同物种生物钟的核心蛋白都受到复杂的磷酸化调控,例如粗糙链孢霉的核心因子 FRQ、哺乳动物的 PER 等。在动物与真菌当中,蛋白激酶 1(casine kinse 1,CK1)都对生物钟蛋白的磷酸化和功能起重要调节作用,这也体现了生物钟调节机制的高度保守性。除了磷酸化修饰外,氧化修饰、苏木化修饰、糖基化修饰等也对生物钟基因表达与功能的精确调控具有重要的作用[205-207]。

1.5 生物钟与代谢

生物钟调控着动物及人的睡眠-觉醒以及进食节律,生物每天在不同时间的能量需求和营养供给呈现出节律性变化的特征,因此生物的很多代谢过程都受到生物钟的调节,包括肝脏、骨骼肌、胰脏等组织的葡萄糖和脂质代谢、体温、激素分泌以及心血管系统的生理与功能等(图 1-33)[208]。睡眠本身也受到生

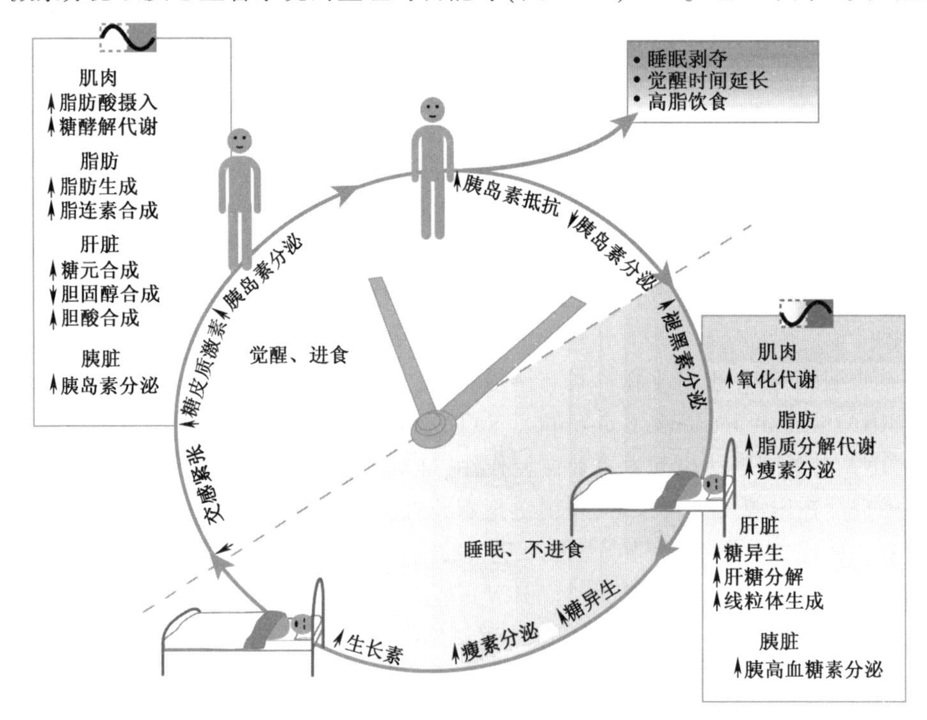

图 1-33 一天当中人体代谢的变化情况[208]

(生物钟对不同的代谢途径具有协调作用,可以调节白天/黑夜期间的代谢过程,并将同化和异化过程在时间上阻隔开来,以提高能量的转换及利用效率。向上的箭头表示代谢水平升高,向下的箭头表示代谢水平降低。)

物钟的调控,生物钟的紊乱也会引起睡眠障碍,而睡眠障碍也会对体内的正常代谢过程造成影响。如长期的睡眠缺乏会导致体重增加,并与 2 型糖尿病的发生率增高具有关联。需要说明的是,代谢的节律并不只是对环境周期性变化的适应,也受到生物钟的自主调控[209]。

生物钟可以通过神经和内分泌系统对代谢稳态进行调控,如前所述,去除动物的 SCN 会使饮水、饮食及睡眠-觉醒节律丧失,意味着会在很大程度上对代谢造成影响。在仓鼠中,摘除 SCN 后节律丧失,重新植入 SCN 可使仓鼠的活动节律恢复,但不能使糖皮质激素和褪黑素的节律恢复[48]。这些结果共同说明,生物钟同时通过神经和内分泌共同对代谢起调节作用。

生物钟基因对于代谢具有广泛的调节作用,因此生物钟基因突变动物会表现出不同的代谢障碍(表 1-5)。*Clock* 基因 19 号外显子缺失的小鼠($Clock^{\Delta 19}$)出现肥胖表型,在脂质代谢和葡萄糖代谢方面出现异常,提示生物钟对于维持代谢和体重稳态具有调控作用[210-211]。*Bmal1* 基因缺失纯合体小鼠($Bmal1^{-/-}$)对胰岛素的反应性减弱,葡萄糖合成降低等代谢紊乱表型[212-213]。此外,*Cry*、*Rev-erba*、*Nocturnin* 其他一些生物钟基因突变或缺失也会导致出现不同的代谢紊乱表型。过氧化物酶体增殖物活化受体 γ 协同刺激因子-1α[peroxisome proliferator-activated receptor-g (PPARg) coactivator-1α,PGC-lα]对糖异生过程具有调节作用,*Pgc-1α* 基因的表达受到生物钟的双重调控,一方面其转录、翻译的蛋白产物具有节律性,另一方面 PGC-1α 蛋白经历 Sirt1 介导的去乙酰化,而 Sirt1 的表达及其功能也受到生物钟的调控[214-215]。

表 1-5 生物钟基因突变小鼠的代谢缺陷[216]

钟基因	功 能	代谢缺陷
Clock	含有 bHLH-PAS 结构域的转录因子,生物钟正调控元件,组蛋白乙酰基转移	代谢综合征(*clock/clock* 小鼠);动脉血压降低;肾功能异常;稀释尿($Clock^{-/-}$小鼠)
Bmal1	含有 bHLH-PAS 结构域的转录因子,生物钟正调控元件	血浆葡萄糖和甘油三酯节律消失;空腹高血糖(肝脏特异敲除);糖尿病(胰脏特异敲除)
Per1	含有 PAS 结构域,生物钟负调控元件	尿钠值升高
Per2	含有 PAS 结构域,生物钟负调控元件	脂代谢异常;体重偏低
Cry1/Cry2	生物钟负调控元件	高血糖;盐敏感性高血压
Rev-erbα	核受体,生物钟负调控元件	血清甘油三酯水平降低
Rorα	转录辅助因子	血清甘油三酯和高密度脂蛋白水平降低;动脉硬化风险增高

续表

钟基因	功　能	代谢缺陷
Pgc-1α	转录辅助因子	对胰岛素敏感性升高;体温异常
Nocturnin	mRNA 脱腺苷酶	对饮食诱导肥胖不敏感;脂质代谢异常

许多重要的代谢途径中的关键基因,如血糖和氨基酸代谢途径等,受到生物钟的调节,具有显著的昼夜节律性,如营养传感器因子 SIRT1、AMPK,代谢酶 Alas1、Hmgcr、Nampt,代谢关键中间物 NAD^+、heme、核受体 PPARα、PPARγ 等[211,209]。Cyp7a1 和 HMG-CoA 还原酶分别对于胆固醇的合成和降解起重要的调节作用,这两个酶都是钟控基因,也就是说胆固醇的代谢可经由这两个基因而受到生物钟的调控[216]。在肝脏、骨骼肌、心血管系统、棕色和白色脂肪等组织和器官中,许多代谢相关基因的表达都呈现出明显的昼夜节律性,这些基因参与脂代谢、胆固醇合成、糖代谢及转运、氧化磷酸化以及解毒等生理过程的调控。除了代谢相关基因以外,许多调控重要代谢途径的激素水平受到生物钟的调节,如胰岛素、胰高血糖素、脂联素、瘦素等,这些激素可将中枢神经系统的信息传递至外周负责代谢的组织和器官,对于调节代谢稳态非常重要。图 1-34 显示了自由活动小鼠血清葡萄糖、肾上腺酮、胰岛素、胰高血糖素、褪黑素以及促甲状腺激素的表达都具有节律,其中有的节律呈现单峰模式,有的呈现双峰模式。与这几种物质不同,生长激素的分泌呈现的是超日节律。在 SCN 切除的动物中,葡萄糖及肾上腺酮等几种激素的节律都丧失了,在肝脏神经连接被切断的动物中,葡萄糖的节律消失但肾上腺酮和胰岛素的节律仍然存在。此外,在饮食量受到限制、每日饲喂 6 次的动物当中,胰岛素和胰高血糖素的节律同时表现出 24h 和 4h 两种周期的节律,说明喂食会对一些外周组织的节律产生影响[217]。

除了代谢相关基因以外,许多调控重要代谢途径的激素水平受到生物钟的调节,如胰岛素、胰高血糖素、脂联素、瘦素等,这些激素可将中枢神经系统的信息传递至外周负责代谢的组织和器官,对于调节代谢稳态非常重要。

氧化型辅酶 I(NAD^+)是细胞内氧化还原反应过程中一种重要的辅酶,NAD^+可由色氨酸、烟酰胺和烟酸等三种前体合成而来,在酵母、线虫和果蝇等低等动物中,烟酸是合成 NAD^+的主要原料。在哺乳动物中 NAD^+合成的一个重要步骤是通过限速酶烟酰胺磷酸核糖转移酶(nicotinamide phosphoribosyltransferase, NAMPT)将烟酰胺和 5′-磷酸核糖焦磷酸(nicotinamide mononucleotide, NMN)转变为烟酰胺单核苷酸。在哺乳动物肝脏和脂肪组织中,*Nampt* mRNA 和 NAMPT 蛋白的表达以及 NAD^+的水平都具有明显的节律特征,而在 *Clock* 基因突变小鼠中 *Nampt* 基因的表达节律消失,NAD^+水平显著降低[218]。

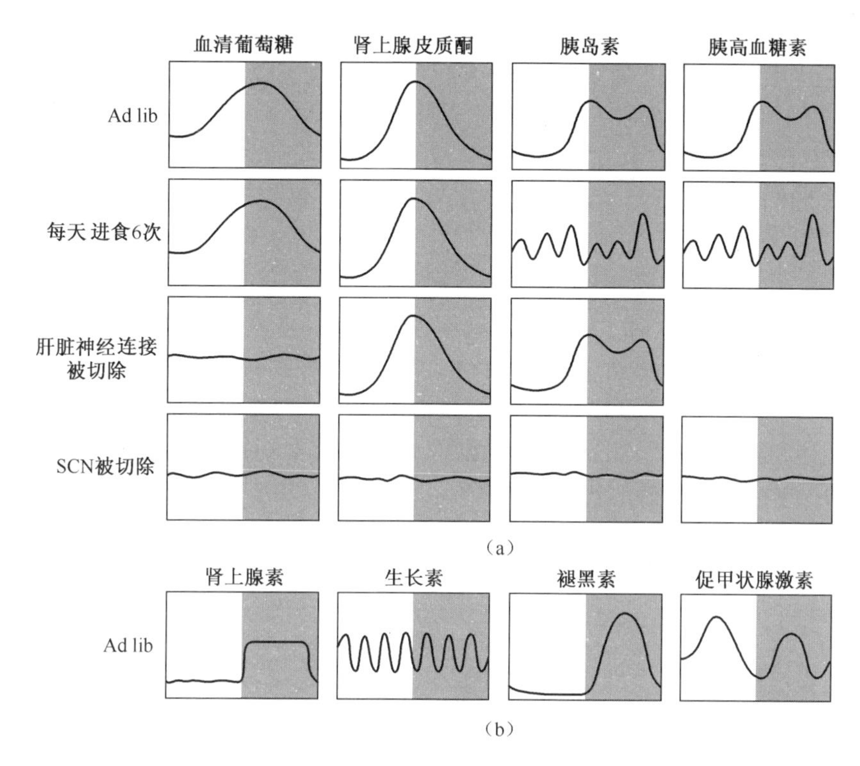

图 1-34　啮齿类动物血清葡萄糖、肾上腺皮质酮、胰岛素、胰高血糖素的节律特征
(Ad lib 是对照动物,处于自由活动和取食条件下。实验组包括肝脏神经连接被切除的小鼠、SCN 被切除的小鼠以及每天进食 6 次的小鼠。图片仿文献[217],有改动。)

SIRT1 作为代谢传感器因子,其活性具有 NAD^+ 依赖性,在催化过程中 NAD^+ 转变为烟酰胺(O-acetyl-ADP-ribose,AADPR)。SIRT1 的蛋白水平并无明显节律,但其活性具有显著的节律性,由于 NAD^+ 的含量具有节律性,从而赋予 SIRT1 在功能上的节律特征[197,219]。SIRT1 主要分布于细胞核内,主要的靶蛋白包括一些代谢相关转录因子,对于糖异生、脂质代谢、胰岛素敏感性等都具有调控作用[220]。NAD^+ 作为辅助因子还参与调控其他一些催化反应,如 NAD^+ 依赖的去乙酰化和 ADP 的核糖基化等。

SIRT1 对代谢具有广泛的调节作用。在肝脏中,SIRT1 可以通过 PGC-1α 和 LXRα 分别调节葡萄糖、胆固醇和脂质代谢。在骨骼肌中 SIRT1 介导的 PGC-1α 去乙酰化可以诱导线粒体中与脂肪酸氧化相关基因的表达,也可以通过抑制蛋白酪氨酸磷酸酶 1B(protein tyrosine phosphatase 1B,PTP1B)促进胰岛素敏感性。在白色脂肪组织中,SIRT1 通过核受体抑制 PPARγ 而促进脂肪生成,还可以通过 PPARγ 和 FOXO1 调节脂联素等脂肪因子的合成与分泌。在胰腺 β 细胞中,

SIRT1 可以抑制线粒体质子转移因子去耦联蛋白 2(uncoupling protein 2,UCP2)的表达,从而起到促进葡萄糖刺激引起的胰岛素分泌(图 1-35)[218]。此外 SIRT1 对于寿命长短也有一定的影响,脑中过表达 *Sirt1* 基因的雄性和雌性小鼠寿命都显著增长,衰老也有所延迟[221]。

类固醇激素、原血红素(heme)、脂肪酸、甾醇类激素等一些重要激素通过核受体介导,对代谢稳态发挥调节作用。在了解相对清楚的核受体中,约有半数具有昼夜表达节律的特征,因此也被认为在生物钟和代谢的相互调节中发挥重要作用。REV-ERBα/β 和 RORα 也属于核受体家族,是原血红素、脂肪酸和甾醇类激素等代谢物的传感器。另外,RORα 则可以促进 *Bmal1* 基因的表达,而 REV-ERBα/β 则对这一过程起抑制作用,从而形成一个负反馈通路,调节生物钟基因的表达和功能(图 1-36)。此外,REV-ERBα/β 和 RORα 还可以通过直接与 PGC-1α 结合调节下游的代谢通路[209]。

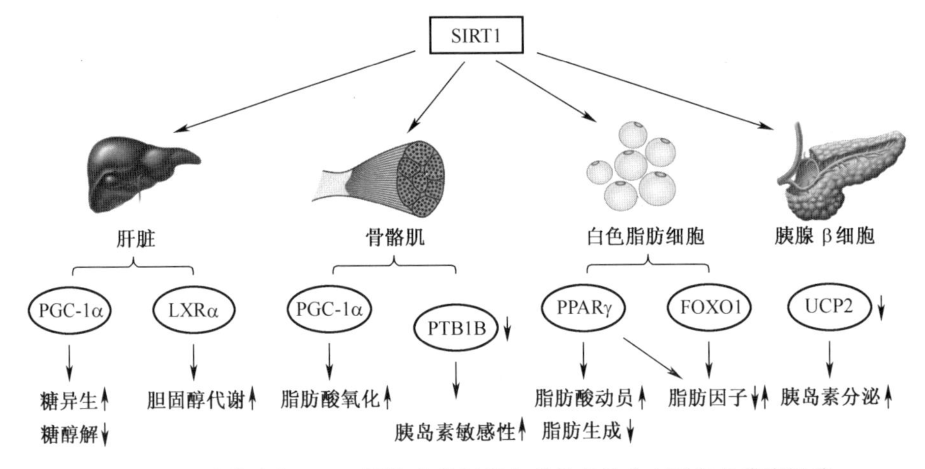

图 1-35 哺乳动物 SIRT1 调控多种组织中营养条件改变引起的代谢通路

(SIRT 1 对 PGC-1α、LXRα、PPARγ 和 FOXO1 等代谢相关转录因子及其靶基因的活性具有调控作用,对这些转录因子一些靶基因的表达也具有调节作用[218]。)

动物及人肠道内存在大量的微生物,这些微生物在肠道内形成生态系统,对于宿主的消化、免疫、代谢等生理过程起重要作用。近年来的研究发现,肠道内微生物的菌群种类、数量以及它们的代谢也受到宿主生物钟的影响,生物钟基因的突变会导致肠道微生态的失调[222-225]。

总之,生物钟对代谢具有广泛的调节作用,而且这种调节具有时空特性。首先,生物钟调节生物诸多代谢途径,许多的代谢物都具有节律性的变化特征;其次,在同一个细胞里存在着同化和异化代谢过程,它们方向相反,如果同时进行,必然会相互干扰、抵消,使得代谢效率大为降低。而通过生物钟调控,可以使得

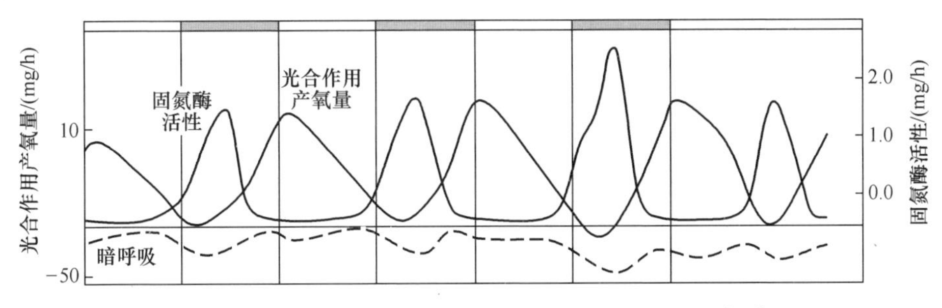

图 1-36　蓝藻光合作用产氧量和固氮酶活性的节律[226]

同化和异化代谢过程分别在不同的时间进行，这样就保证了代谢过程的稳态和有序性，也赋予了生物更好适应环境周期性变化的能力。例如，在蓝藻中，光合作用产生的氧气容易导致固氮酶失活。但是，蓝藻的光合作用和固氮酶活性节律的相位是相反的，前者主要在白天进行，后者主要在夜晚进行，这样就可以避免光合作用产生的氧气破坏固氮酶的活性（图 1-36）[226]。另外，生物钟也对不同组织中的代谢起协调作用，使得不同组织中的代谢过程保持稳定的相位，如果节律紊乱，则会破坏代谢的稳态。

代谢也会反过来影响生物钟。首先，代谢相关的基因会对生物钟基因的表达与功能产生影响。前面介绍过，核受体基因 REV-ERBα/β 和 RORα 对生物钟基因的表达具有反馈调控作用。SIRT1 能够影响 CLOCK/BMAL1 的功能，也可以形成一个负反馈通路，影响生物钟正、负调节元件的表达与功能。SIRT1 和 PGC-1α 可以共同结合到 *Bmal1* 基因的启动子区域并激活其转录，从而会对生物钟产生影响[13,227]。再如，细胞的氧化还原状态也对生物钟具有影响，NAD^+ 或 $NADP^+$ 的增加会减弱 CLOCK/BMAL1 和 NPAS2/BMAL1 复合物的 DNA 结合能力，因此细胞水平的氧化还原状态可能对节律具有导引作用[228]。另外，限时喂食等因素也可以在分子和行为水平上对生物节律产生影响。

1.6　生物钟与发育、衰老

生物钟对发育及衰老具有重要影响，而且这种影响是长期的，从胚胎发育开始一直持续到生命的衰老。生物钟功能的异常会给发育和衰老带来一系列的负面影响。

在哺乳动物的胎儿时期，母体的褪黑素可以通过胎盘影响胎儿的节律。婴儿在出生后睡眠-觉醒、体温、血压、褪黑素等指标则没有明显的节律，要在出生后3~10周才会产生体温节律[229-234]。与人类似,刚出生的狒狒在持续黑暗的环境里其活动不表现出节律性[234]。但对新生儿的节律发育研究也有不同报道,例如有研究显示婴儿的体温节律可在出生后1周内建立,45天后出现觉醒周期,大约60天后出现入睡周期。此外,体内褪黑素的分泌节律也是在出生后约45天出现的,而经常接触阳光和社会因素可能有助于婴儿较早形成节律[235]。牛犊在出生后前几天内体温不具有节律性,直到第9天开始才出现明显的节律特征[236]。

鸟类幼雏生物钟的形成可能早于哺乳动物,离体的幼鸟松果体在体外培养条件下,褪黑素的分泌在约2天后即出现了明显的节律。在基因水平上,鸟类松果体中生物钟基因 *Per2* 和 *Cry* 的表达在16~18天左右就出现了节律[237]。

生物钟功能的衰退与机体的衰老可能存在相互影响。一方面,生物钟长期受到干扰,可能会促进衰老;另一方面,人的衰老常伴随着生物节律功能的衰退。老年人罹患睡眠障碍非常普遍,根据对美国384名老年人的调查表明(平均年龄为74岁),大约20%的人存在夜间睡眠障碍,其余的被调查人群中还有17%是依赖安眠药来保障睡眠的[239]。与年轻人相比,老年人入睡和醒来的相位都明显提前。老年人在白天的睡眠增加,而夜间的睡眠量不足,睡眠浅,且在夜间睡眠中常会醒来[240]。与人类似,年老的斑马鱼也表现出白天睡眠增加的情况,且在白天睡眠时较难唤醒[239]。

图1-37显示,随着年龄增长,男性和女性的睡眠时间都明显缩短,其中在

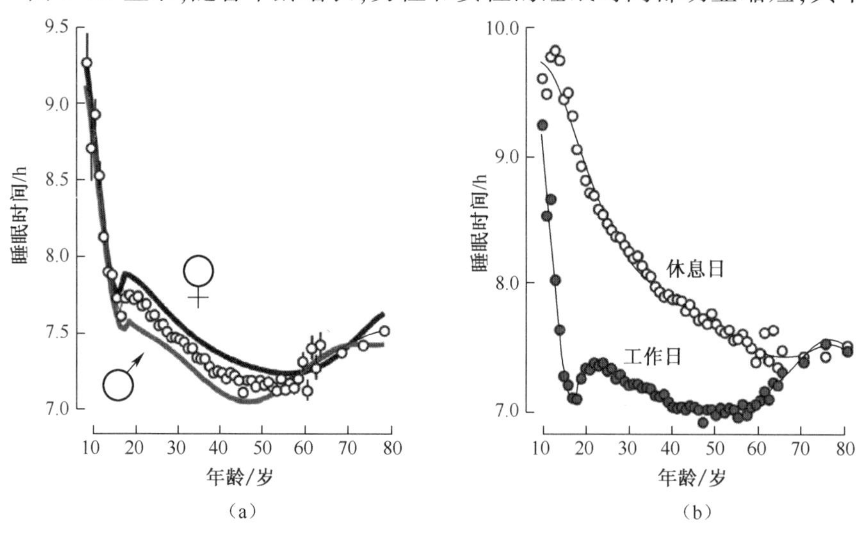

图1-37 年龄与平均睡眠时间的关系

(a)睡眠时间随年龄增长的变化情况,其中黑色线条表示女性,灰色线条表示男性;

(b)不同年龄的人在休息日和工作日的睡眠时间变化情况[238]。

青春期缩短最为显著。但是睡眠时间在60岁后反而有所增加，对于不同年龄的人在休息日和工作日的睡眠时间的变化趋势与此类似[238]。除了睡眠量以外，老年人的睡眠结构也发生了改变，在睡眠过程中第一阶段睡眠量增加，而第二至第四阶段睡眠量则显著减少(图1-38)。此外，老年人的睡眠-觉醒相位也发生了改变，表现为入睡和醒来的时间都有明显提前[242]。与人类相似，衰老猕猴的睡眠量和睡眠结构也发生改变，表现为第一阶段睡眠增加，而快动眼睡眠和慢波睡眠量显著减少等[241](详见第三章)。

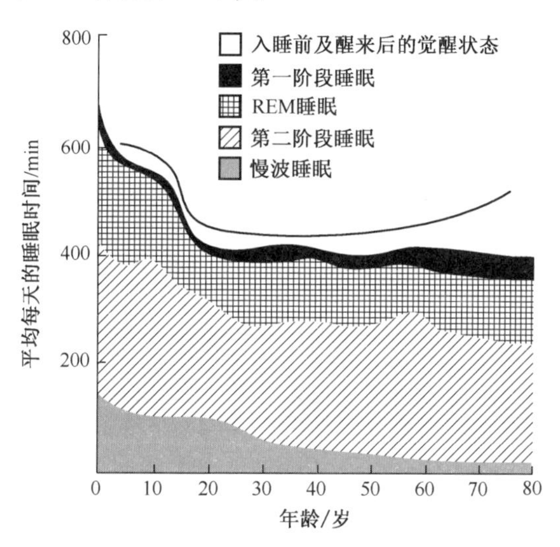

图1-38 不同年龄段人的睡眠变化情况[242]

衰老过程中生物钟机能的衰退存在多种原因。首先，衰老会影响外界信号对生物钟的导引和输入。对哺乳动物来说，随着年龄增长，瞳孔括约肌收缩能力下降，晶状体的透明度也不断降低，这些因素都会导致视网膜接收到的光信号减弱，这可能也是哺乳动物及人衰老后生物节律振幅衰减的原因之一(图1-39)[81,243]。在哺乳动物中，年老个体与年轻个体相比，在接受光刺激后，视网膜中*Per1*基因的表达水平显著降低，且响应时间也明显延长[244]。

对SCN结构及生物钟输入通路进行分析，年轻仓鼠与年老仓鼠并无显著差异[234]，但是衰老对于SCN的功能有很大的影响。在衰老过程中，下丘脑-垂体-肾上腺轴的机能也不断降低。促肾上腺素(CRH) mRNA的表达在年幼小鼠室旁核(PVN)中具有节律，到了成年鼠中该节律丧失。年幼小鼠垂体前叶中阿片黑素促皮质素原基因(proopiomelanocortin, POMC) mRNA的表达也具有明显的昼夜节律，但到成年后消失。亦有报道揭示，在衰老过程中SCN的体积有所减小，而神经元数量有所下降[245]。将年幼小鼠的SCN移植到去除SCN的成年小鼠后,可使成年小鼠的 CRH 和 POMC 编码基因的 mRNA 表达节律有所恢复[246]。将年幼仓鼠的 SCN 移植到年老仓鼠脑中后,还可使年老仓鼠的寿命显著延长[247],这些研究反映出生物钟对延缓衰老具有重要作用,也表明衰老会对 SCN 的功能产生影响。此外,衰老过程也伴随着生物钟的同步化能力逐步减弱,主生物钟与外周生物钟之间的整合能力不断降低[248]。

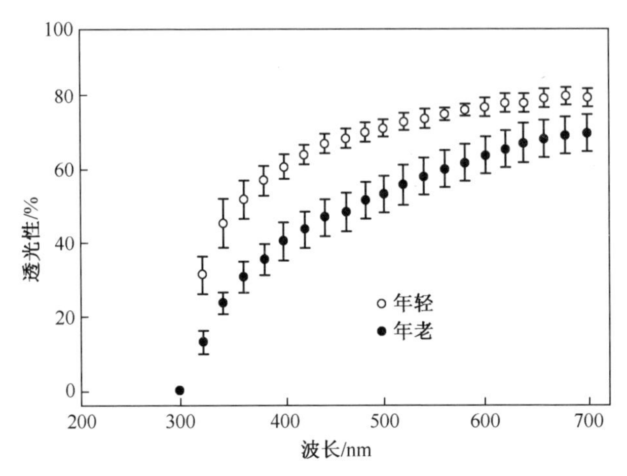

图 1-39　年轻仓鼠与年老仓鼠晶状体透光性比较

[数值和误差线表示为均值±标准误(SE)[243]。]

生长、发育与衰老不但会影响节律的振幅和相位,也会对节律的周期产生影响。Pittendrig 和 Daan 对不同年龄段仓鼠和鹿鼠的睡眠-觉醒自运行节律进行了分析,发现随着年龄增长,这两种动物的生物钟周期都显著缩短[249-252]。胃旁路手术是治疗肥胖的一种手段,通过改变食物经过消化道的途径减缓胃排空速度,降低吸收。Kolbe 等采集了一些接受胃旁路手术者皮下和内脏的脂肪组织,向分离出的脂肪细胞里转入由 *Bmal1* 基因的启动子驱动的荧光素酶报告基因。通过对这些脂肪细胞的荧光节律进行分析发现,来自年老个体的脂肪细胞节律周期显著缩短[253]。猪在 12~24 周的生长过程中,唾液皮质醇平均含量降低,同时振幅也有所减弱[254]。但是对人类和其他一些动物在自然环境条件下的分析,部分研究工作则发现年龄因素对周期具有影响,而在另一些研究中则测量不到明显差别,因此尚无定论。

哺乳动物及人类在衰老的过程中对葡萄糖的耐受性(glucose tolerance)以及外周胰岛素抗性(peripheral insulin resistance)会发生改变。研究显示,胰岛素的分泌与年龄具有相关性,老年人的肥胖率显著增加,即使对体重正常的人群来说也是如此,这可能与生长激素(growth hormone,GH)分泌量的减少有关。在老年人中,生长激素仍主要在夜间分泌,但水平显著降低。在衰老过程中,皮质醇在白天的分泌量不断增加,但是振幅降低,且早晨皮质醇水平开始升高的相位显著提前。此外,与年轻人相比,老年人在体温、血清褪黑素等生理指标上的昼夜节律特征都明显衰减,并且相位有所提前。这些节律的改变主要是由于生物钟系统的变化而非睡眠习惯的改变引起的[255-256]。

松果体及其分泌的褪黑素对发育、生殖和衰老都有重要的调控作用。在 1~10 岁期间,松果体质量约为 80~100mg,在 50 岁之前逐渐增至 150~160mg。随着年龄增长,尽管松果体体积有所增大,但松果体会逐渐发生钙化、纤维化和囊泡化,从而导致褪黑素分泌量降低。不同年龄段人的褪黑素的含量变化都具有昼夜节律性,但是随着年龄增长,褪黑素含量的振幅趋于降低,中年人的振幅仅为年轻人的 60%左右,在仓鼠中也是如此(图 1-40)。与年轻人相比,老年人褪黑素节律的相位也明显提前,这与老年人的睡眠习惯也是一致的[249]。此外,有报道显示,老年人的褪黑素水平在白天明显增加[237,258]。将年老小鼠的松果体移植到年轻小鼠体内,会加速年轻小鼠的衰老。反之,如果在夜间的饮水中给年老小鼠补充褪黑素(图 1-41),或者将年轻小鼠的松果体移植到年老小鼠体内,会起到延缓衰老的作用[259]。

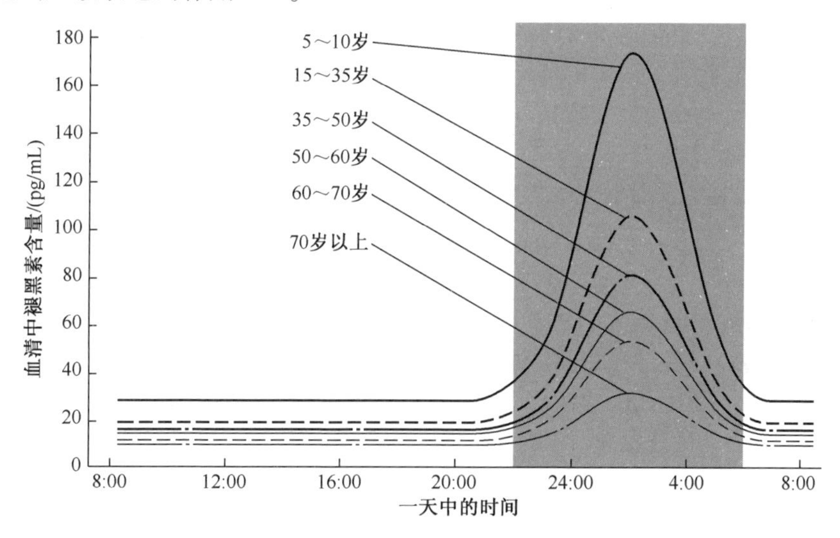

图 1-40 不同年龄段血清褪黑素含量的变化

(灰色区域表示一天中相对的睡眠时段。)

伴随着衰老,机体的各项功能也逐步衰退,导致老年人记忆力、认知和行为能力下降,活动、睡眠-觉醒等行为的节律特征减弱,鲁棒性(robustness)降低[260]。由于节律紊乱和睡眠障碍也会对认知和行为产生影响,因此在衰老过程中节律紊乱和睡眠障碍可能对老年人认知和行为能力的衰退起到促进作用。

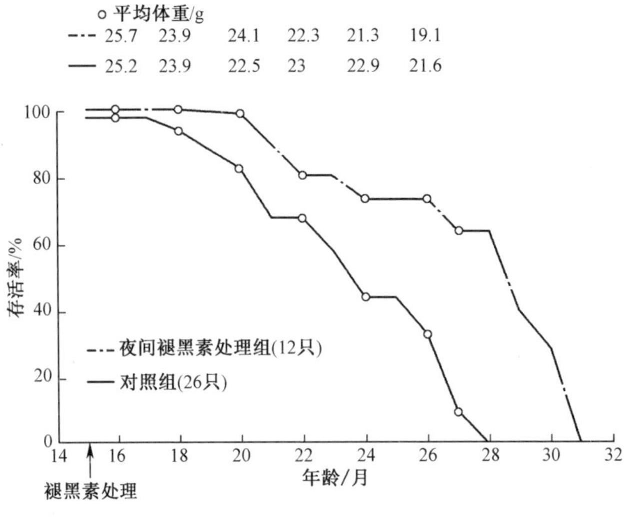

图 1-41 夜间补充褪黑素的小鼠的存活曲线

(实验组小鼠在夜间的饮水中添加褪黑素[259]。)

对老年小鼠 SCN 和海马组织的表观遗传特征进行分析,发现 DNA 甲基化和组蛋白乙酰化水平与年幼小鼠存在差异,从分子水平上支持了衰老过程中节律紊乱和睡眠障碍会进一步导致认知能力的下降[261]。

前文提到,生物钟对生物的环境适应性具有重要作用,在生物的周期与环境周期一致时,生物表现出较强的生存竞争力。当生物钟与环境因素去同步化时,生物的生存竞争力会降低,同时也可能对生物的寿命产生影响。绿头苍蝇每周的光暗环境相位改变 6h,会导致寿命缩短 20%[3]。生活在昼夜时长为 24h 条件下的对照果蝇在 53.6 天后死亡一半,生活在昼夜时长为 21h 条件下的果蝇在 51.0 天便死亡一半,生活在昼夜时长为 27h 条件下的果蝇死亡率达到一半的时间为 46.5 天,而生活在持续光照条件下的果蝇死亡率达到一半的时间仅需 46.0 天[262]。Gill 等发现,按照昼夜节律对果蝇进行严格的限时喂食,除了可以改善果蝇睡眠、保持正常体重,还可以对果蝇在衰老过程中的心脏功能衰退起到延缓作用[263]。Halberg 等发现,在光暗循环相位每周颠倒 180°的条件下,小鼠的寿命会缩短 6%[3]。用年老小鼠进行倒时差的实验结果显示,时差会增加老鼠的死亡率,其中时间不断提前对死亡率的增加更为明显,反映了节律紊乱是导致死亡率增加的一个原因[264]。

对同种生物而言,生物钟周期短的个体通常意味着发育开始得更早,并且寿命较短;而生物钟周期长的个体则发育较晚,寿命相对较长。Kumar 等对不同周期果蝇在 LD 或 DD 条件下的羽化时间进行分析,发现雄性和雌性果蝇的羽化时间之间存在差异,而在每种性别的果蝇当中,短周期果蝇的羽化时间早于长周期的果蝇[255]。

年老小鼠睾丸间质细胞(leydig cell)中生物钟基因表达节律及cAMP含量节律的振幅也有明显降低,同时,间质细胞分泌雄激素和黄体生成素的总量和振幅降低。在分子水平上与雄激素合成有关的基因如*Star*、*Cyp11a1*、*Cyp17a1*、*Nur77*等,在年老小鼠中仍有节律,但振幅亦显著降低[265]。

Chen等对大量个体尸检获得的前额皮质(prefrontal cortex)样本里的基因表达数据进行了分析,这些个体死亡时间各不相同,由于样本量很大,因此可以认为是群体在不同时间的基因表达数据。对这些尸检样品进行分析的结果表明,前额灰质中大约有1000个基因的表达节律受年龄的影响,其中在生物钟核心基因中,*Per1*基因的节律特征明显减弱[266]。此外,在该研究中还发现有一些基因的表达在老年时才出现节律,这些结果表明,在衰老过程中,生物钟核心基因的表达可能发生改变,进而影响下游众多钟控基因的表达。

在分子水平上,生物钟基因对衰老也具有一定的影响。正常小鼠的寿命约为30个月,而缺失*Bmal1*基因的小鼠寿命缩短为约37周。缺失*Bmal1*基因的小鼠还表现出少肌症、毛发生长减慢、白内障、皮下脂肪减少、器官萎缩等过早衰老的迹象[255]。*Bmal1*基因在动物中具有高度保守特征,果蝇中*Bmal1*基因的同源基因为*cycle*(*cyc*)基因,与缺失*Bmal1*基因的小鼠类似,*cyc*基因突变果蝇的寿命缩短约15%[267]。与*Bmal1*基因缺失小鼠不同,*Per2*基因突变小鼠在正常条件下并不表现出明显的过早衰老迹象,但是对低剂量的γ-射线辐射非常敏感,长期照射处理*Per2*基因突变小鼠的毛色会在14个月后出现灰白颜色,而正常小鼠在接受同样辐射处理的条件下毛色没有改变[268]。*Clock*基因突变小鼠出现代谢紊乱,比正常小鼠更早出现肥胖,但是没有明显的衰老表型[269]。与小鼠不同,*Clock*基因突变的大鼠肝脏和脾脏明显增大,更为肥胖,且寿命缩短[270]。

在多数真核生物的染色体两端,存在由高度重复序列及与其结合的蛋白复合物形成的端粒结构,端粒对于维持染色体的稳定和调节细胞周期具有重要作用。在衰老过程中,随着体细胞分裂次数的增加,端粒会不断缩短,其长度可以在一定程度上反映衰老的程度。Grosbellet等对在模拟时差条件下不同年龄草鼠肝脏细胞DNA端粒长度进行了分析,发现模拟时差可以使年轻草鼠端粒DNA长度加速缩短。此外,还发现与衰老相关的另一个重要分子标记去乙酰化酶1(Sirtuin-1,SIRT-1)在经历时差的草鼠细胞里的表达水平显著降低[271]。这些研究表明,不同的生物钟基因对发育、衰老具有不同的调节功能。需要注意的是,由于生物钟基因除了调节生物钟外,还可能参与调控一些其他的生物学过程,因此,生物钟基因对发育、衰老的调节作用是否直接与生物钟有关还需要深入研究。

1.7 生物钟与时辰疗法

将时间生物学因素与临床治疗进行结合,称为时辰疗法(chronotherapy)。时辰疗法的原理是依据生理和疾病的节律特征,在合适的时间进行给药,以达到尽量增加疗效和降低副作用的目的[272]。时辰疗法不一定要开发新的药物,而可以通过优化用药时间或者采用药物缓释系统来改善已有药物的疗效[273]。

衣藻主要在白天活动,游到水面进行光合作用。衣藻对紫外线的抵抗能力也是在白天强,而在夜晚弱。用相同剂量的紫外线照射衣藻,结果显示,衣藻在白天的死亡率很低,而夜间照射导致的死亡率显著升高,两者相差可达5倍以上[274]。After Halberg 等在1960年做过一个毒理学实验,发现在一天当中的不同时间向小鼠腹腔注射大肠杆菌内毒素,小鼠的死亡率具有显著差异。在白天午后的时间段注射,死亡率超过80%,而在子夜时分注射,死亡率则不到20%[275]。图1-42列出的是不同药物处理小鼠造成麻木、死亡、抽搐和痛觉缺失的峰值和谷值的大致时间[4]。

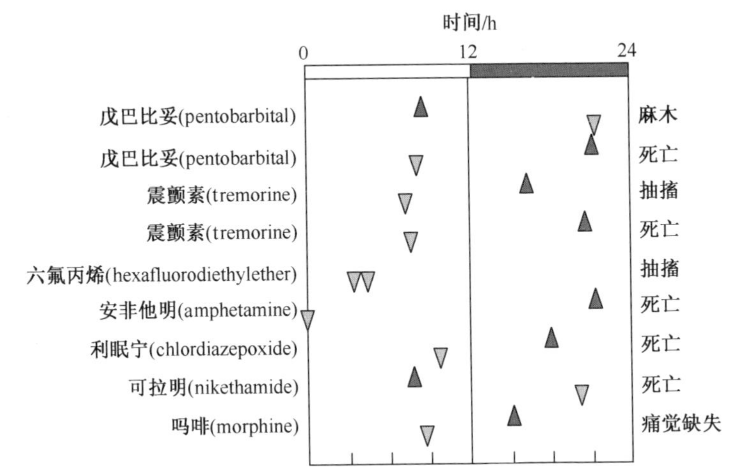

图1-42 老鼠神经系统在不同时间对一些药物的敏感性

(深色向上的三角形表示峰值所在时间段,浅色向下的三角形表示低谷所在时间段[4]。)

在哺乳动物中,一般说来,在某一种组织中表达具有节律性的基因约占总数的1/10左右。不同组织中呈现出节律性表达的基因数目总和约占基因总数的43%,其中有相当一部分基因是药物的作用靶标或与疾病具有关联,说明生物钟对于健康及疾病研究具有重要意义[139,141,276-277]。

采用相同剂量的阿霉素和顺铂对两组卵巢癌患者进行治疗,其中一组在早晨6:00使用阿霉素、晚上 6:00 使用顺铂进行治疗,另一组则反过来,在早晨6:00使用顺铂、晚上 6:00 使用阿霉素进行治疗。一段时间后,第一组患者取得了更好的疗效,且副作用更低[278]。造成这些现象的原因是由于生物体内的生理、代谢过程受到生物钟的调控的,因此生物适应逆境的能力、药物的敏感性表现出节律特征。药物的疗效及其副作用与代谢水平密切相关,消化道上皮对药物的吸收、肝脏对药物的代谢、肾对药物的排泄等对药效及其副作用都有影响,而这几个组织的生理功能都是受到生物钟调控的,因此很多药物的疗效和副作用也就受到生物钟的调节[4]。除了代谢因素外,血脑屏障的通透性也受到生物钟的影响,生物钟可以调节药物或小分子通过血脑屏障[279]。表 1-6 列出的是一些已经被证明受到节律影响的药物[273]。

表 1-6 受节律影响的一些药物[273]

药物类型	药物	药物类型	药物
β-受体阻滞药 (beta-blockers)	acebutolol; atenolol; bisoprolol; metoprolol; nadolol; propranolol; sotalol carvedilol	精神病药物 (psychotropics)	diazepam; haloperidol; midazolam; lorazepam; amitriptyline; lithium; carbamazepine; valproic acid
钙离子通道阻断剂 (calcium channel blockers)	amlodipine; nifedipine; verapamil	钙离子通道阻断剂 (AT_1-receptor antagonists)	irbesartan; losartan
血管紧张素转换酶 (angiotensin converting enzyme, ACE)	enalapril; captopril; perindopril; lisinopril	抗组胺剂 (antihistamines)	terfenadine; cyproheptadine
利尿剂 (diuretics)	indapamide; hydrochlorothiazide; torsemide; furosemide	镇痛药(analgesics)	acetylsalicylic acid; ketoprofen; paracetamol; indomethacin; piroxicam; morphine; ibuprofen; pentanyl
硝酸盐 (nitrates)	glyceryl-trinitrate; isosorbide-mononitrate; isosorbide-dinitrate	胃肠道药物 [gastrointestinal tract (GIT) drugs]	cimetidine; ranitidine; omeprazole; lansoprazole
肿瘤药物	digoxin; cisplatin; Cyclosporin; 5-Fluorouracil; methotrexate	抗生素(antibiotics)	ampicillin; gentamycin
止喘药(antiasthmatics)	theophylline; aminophylline; orciprenaline; isoprenaline; ternutaline; budesonide; adrenaline	降胆固醇药物 (cholesterol lowering drugs)	bezafibrate; clofibrate; simvastatin

参考文献

[1] 李孝辉,窦忠.时间的故事[M].北京:人民邮电出版社,2012.

[2] 竺可桢.物候学[M].北京:科学出版社,1980.

[3] ASCHOFF J.Freerunning and Entrained Circadian Rhythms[M].Heidelberg:Springer ,1981.

[4] MOORE-EDE M C,SULZMA F M,FULLER C A.The Clocks That Time Us: Physiology of the Circadian Timing System[M].London:Harvard University Press,1982.

[5] BINKLEY S,MOSHER K.Circadian rhythm resetting in sparrows: early response to doublet light pulses[J].J Biol Rhythms[J],1987,2(1):1-11.

[6] 席泽宗. 科学编年史[M]. 上海:上海科技教育出版社,2011.

[7] MCCLUNG C R.Plant circadian rhythms[J].Plant Cell,2006,18(4):792-803.

[8] BINKLEY S.The Clockwork Sparrow: Time,Clocks,and Calendars in Biological Organisms[J].Prentice Hall,1990.

[9] 宋为民.祖国医学对时间生物学的贡献[J].南京中医药大学学报,1982,3:5.

[10] CHANDRASHEKARAN M.Biological rhythms research: A personal account[J].J Biosci,1998,23(5):545-555.

[11] MOORE R Y,EICHLER V B.Loss of a circadian adrenal corticosterone rhythm following suprachiasmatic lesions in the rat[J].Brain Res,1972,42(1):201-206.

[12] STEPHAN F K,ZUCKER I.Circadian rhythms in drinking behavior and locomotor activity of rats are eliminated by hypothalamic lesions[J].Proc Natl Acad Sci U S A,1972,69(6):1583-1586.

[13] KONOPKA R J,Benzer S.Clock mutants of Drosophila melanogaster[J].Proc Natl Acad Sci U S A,1971,68(9):2112-2116.

[14] REDDYA B,MAYWOOD E S,KARP N A,et al.Glucocorticoid signaling synchronizes the liver circadian transcriptome[J].Hepatology,2007,45(6):1478-1488.

[15] BARGIELLO T A,JACKSON F R,YOUNG M W.Restoration of circadian behavioural rhythms by gene transfer in Drosophila[J].Nature,1984,312(5996): 752-754.

[16] MCCLUNG C R,FOX B A,DUNLAP J C.The Neurospora clock gene frequency shares a sequence element with the Drosophila clock gene period[J].Nature,1989,339(6225):558-562.

[17] VITATERNA M H.Mutagenesis and mapping of a mouse gene,Clock,essential for circadian behavior[J].Science,1994,264(5159):229.

[18] SUN Z S,ALBRECHT U,ZHUCHENKO O,et al.RIGUI,a putative mammalian ortholog of the Drosophila period gene[J].Cell,1997,90(6):1003-1011.

[19] LOWREY P L,SHIMOMURA K,ANTOCH M P,et al.Positional syntenic cloning and functional characterization of the mammalian circadian mutation tau[J].Science,2000,288(5465):483-492.

[20] NAKAJIMA M,IMAI K,ITO H,et al.Reconstitution of circadian oscillation of cyanobacterial KaiC phosphorylation in vitro[J].Science,2005,308(5720):414-415.

[21] ROUSH W. Nobel prizes:fly development work bears prize-winning fruit[J]. Science,1995,270(5235);380-381.

[22] DUNLAP J C,DUFFIELD G,LOROS J J.Analysis of circadian output rhythms of gene expression in Neuros-

pora and mammalian cells in culture[J].Methods in Enzymology,2005,393:315-341.

[23] CORNÉLISSEN G,HALBERG F.The Chronobiologic Pilot Study with Special Reference to Cancer Research is Chronobiology or, rather, its Neglect Wasteful? Cancer Management in Man[J]. Springer, 1989, 9: 103-133.

[24] REFINETTI R.Circadian physiology[M].Oxfordshire:Taylor & Francis,2006.

[25] DAAN S,GWINNER E.Jürgen Aschoff(1913-98)[J].Nature,1998,396(6710):418.

[26] 梁小弟,刘志臻,陈现云,等.生命中不能承受之轻——微重力条件下生物昼夜节律的变化研究[J].生命科学,2015,27(11):1433-1439.

[27] 郭金虎,徐璎,张二荃,等.生物钟研究进展及重要前沿科学问题[J].中国科学基金,2014,28(3):179-186.

[28] REFINETTI R.Circadian rhythm of locomotor activity in the pill bug,armadillidium vulgare(isopoda)[J].Crustaceana,2000,73(5):575-583.

[29] LUCE G G.Biological rhythms in human and animal physiology[J].Dover Publications,1971.

[30] BINDER M D,HIROKAWA N,WINDHORST U.Encyclopedia of Neuroscience[M].Berlin:Springer-Verlag GmbH,2009.

[31] KUSAKINA J,DODD A N.Phosphorylation in the plant circadian system[J].Trends Plant Sci.,2012,17(10):575-583.

[32] 陈善广,王正荣.空间时间生物学[J].上海:科学出版社,2009.

[33] LINCOLN G A,CLARKE I J,HUT R A,et al.Characterizing a Mammalian Circannual Pacemaker[J].Science,2006,314(5807):1941-1944.

[34] GWINNER E.Circannual rhythms in birds[J].Curr Opin Neurobiol,2003,13(6):770-778.

[35] SAUNDERS D S.Insect clocks[M],2nd Edition.London:Pergamon Press,1982.

[36] REFINETTI R.Circadian physiology[M].3rd edition.New York:CRC Press,2016.

[37] PALMER J D.The Living Clock: The Orchestrator of Biological Rhythms[M].Oxford:Oxford University Press,2002.

[38] ROBERTS S K.Circadian activity rhythms in cockroaches[J].I.The free-running rhythm in steady-state.J Cell Comp Physiol,1960,55:99-110.

[39] DU W G,YE H,ZHAO B,et al.Patterns of interspecific variation in the heart rates of embryonic reptiles[J].PLoS One,2011,6(12):e29027.

[40] HUNT S M,ELVIN M,CROSTHWAITE S K,et al.The PAS/LOV protein VIVID controls temperature compensation of circadian clock phase and development in Neurospora crassa[J].Genes Dev,2007,21(15):1964-1974.

[41] GOLOMBEK D A,ROSENSTEIN R E.2010 Physiology of circadian entrainment[J].Physiol Rev.90(3):1063-1102.

[42] SOKOLOVE P G.1975 Localization of the cockroach optic lobe circadian pacemaker with microlesions[J].Brain Res.87(1):13-21.

[43] REPPERT S M,WEAVER D R.Molecular analysis of mammalian circadian rhythms[J].Annual Review of Physiology,2001,63(1):647-676.

[44] MOHAWK J A,TAKAHASHI J S.Cell autonomy and synchrony of suprachiasmatic nucleus circadian oscillators[J].Trends Neurosci,2011,34(7):349-358.

[45] WEBB A B,ANGELO N,HUETTNER J E,et al.Intrinsic,nondeterministic circadian rhythm generation in i-

dentified mammalian neurons[J].Proc Natl Acad Sci U S A,2009,106(38):16493-16498.

[46] DIBNER C,SCHIBLER U,ALBRECHT U.The mammalian circadian timing system: organization and coordination of central and peripheral clocks[J].Annu Rev Physiol,2010,72:517-549.

[47] RICHTER C P,NICK H.Sleep and activity: their relation to the 24-hour clock[J].Proc Asso Res Nerv Ment Dis,1967,45(2):8-29.

[48] JOHNSON R F,MORIN L P,MOORE R Y.Retinohypothalamic projections in the hamster and rat demonstrated using cholera toxin[J].Brain Res,1988,462(2):301-312.

[49] SUJINO M,MASUMOTO K H,YAMAGUCHI S,et al.Suprachiasmatic nucleus grafts restore circadian behavioral rhythms of genetically arrhythmic mice[J].Curr Biol,2003,13(8):664-668.

[50] RUSAK B.The Role of the Suprachiasmatic Nuclei in the Generation of Circadian Rhythms in the Golden Hamster,Mesocricetus auratus[J].J comp Physiol,1977,118:145- 164.

[51] LEHMAN M N,SILVER R,GLADSTONE W R,et al.Circadian rhythmicity restored by neural transplant. Immunocytochemical characterization of the graft and its integration with the host brain[J].J Neurosci,1987,7(6):1626-1638.

[52] RALPH M R,FOSTER R G,DAVIS F C,et al.Transplanted suprachiasmatic nucleus determines circadian period[J].Science,1990,247(4945):975-978.

[53] YAMAGOCHI S,ISEJIMA H,MATSUO T,et al.Synchronization of cellular clocks in the suprachiasmatic nucleus[J].Science,2003,302:1408-1412.

[54] NAGANO M,ADACHI A,NAKAHAMA K,et al.An abrupt shift in the day/night cycle causes desynchrony in the mammalian circadian center[J].J Neurosci,2003,23(14):6141-6151.

[55] KON N,YOSHIKAWA T,HONMA S,et al.CaMKII is essential for the cellular clockand coupling between morning and evening behavioral rhythms[J].Genes Dev,2014,28:1101-1110.

[56] GERSTNER J R,YIN J C.Circadian rhythms and memory formation[J].Nat Rev Neurosci,2010,11(8):577-588.

[57] COHEN R A,ALBERS H E.Disruption of human circadian and cognitive regulation following a discrete hypothalamic lesion: a case study[J].Neurology,1991,41(5):726-729.

[58] BLOCH G,HERZOG E D,LEVINE J D,et al.Socially synchronized circadian oscillators[J].Proc Biol Sci,2013,280(1765):20130035.

[59] MIRMIRAN M,Koster-Van Hoffen G C,et al.Circadian rhythm generation in the cultured suprachiasmatic nucleus[J].Brain Res Bull,1995,38(3):275-283.

[60] RUAN W,YUAN X,ELTZSCHIG H K. Circadian rhythm as a therapeutic target[J].Nat Rev Drug Discov,2021,20(4):287-307.

[61] LEAK R K,CARD J P,MOORE R Y.Suprachiasmatic pacemaker organization analyzed by viral transynaptic transport[J].Brain Res,1999,819:23-32

[62] REGHUNANDANAN V,REGHUNANDANAN R.Neurotransmitters of the suprachiasmatic nuclei[J].J Circadian Rhythms,2006,4:2.

[63] MORIN L P.Neuroanatomy of the extended circadian rhythm system[J].Exp Neurol,2013,243:4-20.

[64] ABRAHAMSON E E,MOORE R Y.Suprachiasmatic nucleus in the mouse: retinal innervation,intrinsic organization and efferent projections[J].Brain Res,2001,916:172-191.

[65] CARD J P,MOORE R Y.The suprachiasmatic nucleus of the golden hamster: immunohistochemical analysis of cell and fiber distribution[J].Neuroscience,1984,13:415-431.

[66] SWAAB D F, POOL C W, NIJVELDT F. Immunofluorescence of vasopressin and oxytocin in the rat hypothalamo-neurohypophypopseal system[J]. J Neural Transm, 1975, 36(3-4): 195-215.

[67] KRUISBRINK J, MIRMIRAN M, VAN DER WOUDE T P, et al. Effects of enhanced cerebrospinal fluid levels of vasopressin, vasopressin antagonist or vasoactive intestinal polypeptide on circadian sleep-wake rhythm in the rat[J]. Brain Res, 1987, 419(1-2): 76-86.

[68] BROWN M H, NUNEZ A A. Vasopressin-deficient rats show a reduced amplitude of the circadian sleep rhythm[J]. Physiol Behav, 1989, 46(4): 759-762.

[69] REPPERT S M, ARTMAN H G, SWAMINATHAN S, et al. Vasopressin exhibits a rhythmic daily pattern in cerebrospinal fluid but not in blood[J]. Science, 1981, 213(4513): 1256-1257.

[70] GROBLEWSKI T A, NUNEZ A A, GOLD R M. Circadian rhythms in vasopressin deficient rats[J]. Brain Res Bull, 1981, 6(2): 125-130.

[71] IBATA Y, TAKAHASHI Y, OKAMURA H, et al. Vasoactive intestinal peptide (VIP)-like immunoreactive neurons located in the rat suprachiasmatic nucleus receive a direct retinal projection[J]. Neurosci Lett, 1989, 97(1-2): 1-5.

[72] HANNIBAL J. Roles of PACAP-containing retinal ganglion cells in circadian timing[J]. Int Rev Cytol, 2006, 251: 1-39.

[73] YAN L, TAKEKIDA S, SHIGEYOSHI Y, et al. Per1 and Per2 gene expression in the rat suprachiasmatic nucleus: circadian profile and the compartment-specific response to light[J]. Neuroscience, 1999, 94(1): 141-150.

[74] PAGE T. Transplantation of the cockroach circadian pacemaker[J]. Science, 1982, 216: 73-75.

[75] REPPERT S M. A colorful model of the circadian clock[J]. Cell, 2006, 124(2): 233-236.

[76] NITABACH M N, TAGHERT P H. Organization of the Drosophila circadian control circuit[J]. Curr Biol, 2008, 18(2): R84-93.

[77] HAYASAKA N, LARUE S I, GREEN C B. Differential Contribution of Rod and Cone Circadian Clocks in Driving Retinal Melatonin Rhythms in Xenopus[J]. PLoS One, 2010, 5(12): e15599.

[78] BESHARSE J C, IUVONE P M. Circadian clock in Xenopus eye controlling retinal serotonin N-acetyltransferase[J]. Nature, 1983, 305(5930): 133-135.

[79] MENAKER M, TAKAHASHI J S, ESKIN A. The physiology of circadian pacemakers[J]. Annu Rev Physiol, 1978, 40: 501-526.

[80] UNDERWOOD H, SIOPES T. Circadian organization in Japanese quail[J]. J Exp Zool, 1984, 232(3): 557-566.

[81] UNDERWOOD H, STEELE C T, ZIVKOVIC B. Circadian organization and the role of the pineal in birds[J]. Microsc Res Tech, 2001, 53(1): 48-62.

[82] CASSONE V M. Avian circadian organization: a chorus of clocks[J]. Front Neuroendocrinol, 2014, 35(1): 76-88.

[83] LUCAS R J, FOSTER R G. Neither functional rod photoreceptors nor rod or cone outer segments are required for the photic inhibition of pineal melatonin[J]. Endocrinology, 1999, 140(4): 1520-1524.

[84] TURNER P L, MAINSTER M A. Circadian photoreception: ageing and the eye's important role in systemic health[J]. Br J Ophthalmol, 2008, 92(11): 1439-1444.

[85] CZEISLER C A, SHANAHAN T L, KLERMAN E B, et al. Suppression of melatonin secretion in some blind patients by exposure to bright light[J]. New Engl J Med, 1995, 332(1): 6-11.

[86] NELSON D E,TAKAHASHI J S.Comparison of visual sensitivity for suppression of pineal melatonin and circadian phase-shifting in the golden hamster[J].Brain Res,1991,554(1-2):272-277.

[87] BERSON D M. Strange vision: ganglion cells as circadian photoreceptors[J]. Trends Neurosci, 2003, 26(6):314-320.

[88] BERSON D M,DUNN F A,TAKAO M.Phototransduction by retinal ganglion cells that set the circadian clock[J].Science,2002,295:1070-1073.

[89] PANDA S,PROVENCIO I,TU D C,et al.Melanopsin is required for non-image-forming photic responses in blind mice[J].Science,2003,301(5632):525-527.

[90] CAJOCHEN C.Alerting effects of light[J].Sleep Med Rev,2007,11(6):453-464.

[91] STARNES A N,JONES J R. Inputs and Outputs of the Mammalian Circadian Clock[J]. Biology(Basel), 2023,28;12(4):508.

[92] LUCAS R J,FREEDMAN M S,MUOZ M,et al.Regulation of the mammalian pineal by non-rod,non-cone, ocular photoreceptors[J].Science,1999,284:505-507

[93] KLERMAN E B,SHANAHAN T L,BROTMAN D J,et al.Photic resetting of the human circadian pacemaker in the absence of conscious vision[J].J Biol Rhythms,2002,17(6):548-555.

[94] MILES L E,RAYNAL D M,WILSON M A.Blind man living in normal society has circadian rhythms of 24.9 hours[J].Science,1977,198(4315):421-423.

[95] MINAMI Y,FURUNO K,AKIYAMA M,et al.Pituitary adenylate cyclase-activating polypeptide produces a phase shift associated with induction of mPer expression in the mouse suprachiasmatic nucleus[J].Neuroscience,2002,113(1):37-45.

[96] MIKKELSEN J D,LARSEN P J,MICK G,et al.Gating of retinal inputs through the suprachiasmatic nucleus: role of excitatory neurotransmission[J].Neurochem Int,1995,27(3):263-272.

[97] DING J M,CHEN D,WEBER E T,et al.Resetting the biological clock: mediation of nocturnal circadian shifts by glutamate and NO[J].Science,1994,266:1713-1717.

[98] GANNON R L,REA M A.1994 In situ hybridization of antisense mRNA oligonucleotides for AMPA,NMDA and metabotropic glutamate receptor subtypes in the rat suprachiasmatic nucleus at different phases of the circadian cycle[J].Mol Brain Res.23:338-344.

[99] NIELSEN H S,HANNIBAL J,KNUDSEN S M,et al.Pituitary adenylate cyclase-activating polypeptide induces period1 and period2 gene expression in the rat suprachiasmatic nucleus during late night[J].Neuroscience,2001,103(2):433-441.

[100] KIM D Y,KANG H C,SHIN H C,et al.Substance p plays a critical role in photic resetting of the circadian pacemaker in the rat hypothalamus[J].J Neurosci,2001,21(11):4026-4031.

[101] WEBER E T,GANNON R L,MICHEL A M,et al. Nitric oxide synthase inhibitor blocks light-induced phase shifts of the circadian activity rhythm,but not c-fos expression in the suprachiasmatic nucleus of the Syrian hamster[J].Brain Res,1995,692(1-2):137-142.

[102] AMIR S,EDELSTEIN K.A blocker of nitric oxide synthase,NG-nitro-L-arginine methyl ester,attenuates light-induced Fos protein expression in rat suprachiasmatic nucleus[J].Neurosci Lett,1997,224(1):29-32.

[103] FU L,LEE C C.The circadian clock: pacemaker and tumour suppressor[J].Nat Rev Cancer,2003,3(5): 350-361.

[104] FREEMAN D A,DHANDAPANI K M,GOLDMAN B D.The thalamic intergeniculate leaflet modulates photoperiod responsiveness in Siberian hamsters[J].Brain Res,2004 ,1028(1):31-38.

[105] MORIN L P,BLANCHARD J.Organization of the hamster intergeniculate leaflet: NPY and ENK projections to the suprachiasmatic nucleus, intergeniculate leaflet and posterior limitans nucleus [J]. Vis Neurosci,1995,12(1):57-67.

[106] PONTES A L,ENGELBERTH R C,NASCIMENTO JR,et al.Serotonin and circadian rhythms[J].Psychology & Neuroscience,2010,2:217-228.

[107] GLASS J D,GROSSMAN G H,FARNBAUCH L,et al.Midbrain raphe modulation of nonphotic circadian clock resetting and 5-HT release in the mammalian suprachiasmatic nucleus [J]. J Neurosci, 2003, 23(20):7451-7460.

[108] YAMAKAWA G R,ANTLE M C.Phenotype and function of raphe projections to the suprachiasmatic nucleus[J].Eur J Neurosci,2010,31(11):1974-1983.

[109] MOORE R Y, SILVER R.Suprachiasmatic nucleus organization[J].Chronobiology international, 1998, 15(5):475-487.

[110] MEYER-BERNSTEIN E L,BLANCHARD J H,MORIN L P.The serotonergic projection from the median raphe nucleus to the suprachiasmatic nucleus modulates activity phase onset, but not other circadian rhythm parameters[J].Brain Res,1997,755(1):112-120.

[111] VAN ESSEVELDT K E,LEHMAN M N,BOER G J.The suprachiasmatic nucleus and the circadian timekeeping system revisited[J].Brain Res Brain Res Rev,2000,33(1):34-77.

[112] CIARLEGLIO C M,RESUEHR H E,MCMAHON D G.Interactions of the serotonin and circadian systems: nature and nurture in rhythms and blues[J].Neuroscience,2011,197:8-16.

[113] ALBERS H E,FERRIS C F.Neuropeptide Y: role in light-dark cycle entrainment of hamster circadian rhythms[J].Neuroscience letters,1984,50(1):163-168.

[114] TOSINI G,AVERY R A.Dermal photoreceptors regulate basking behavior in the lizard Podarcis muralis[J]. Physiol Behav,1996,59(1):195-198.

[115] HE Q,CHENG P,YANG Y,et al.White collar-1,a DNA binding transcription factor and a light sensor[J]. Science,2002,297(5582):840-843.

[116] FROEHLICH A C,LIU Y,LOROS J J,et al.White Collar-1,a circadian blue light photoreceptor,binding to the frequency promoter[J].Science,2002,297(5582):815-819.

[117] CHENG P,HE Q,YANG Y,et al.Functional conservation of light,oxygen,or voltage domains in light sensing[J].Proc Natl Acad Sci U S A,2003,100(10):5938-5943.

[118] ZHANG H,ZHOU Z,GUO J. The Function,Regulation,and Mechanism of Protein Turnover in Circadian Systems in Neurospora and Other Species[J]. Int J Mol Sci,2024,25(5):2574.

[119] DUNLAP J C. Proteins in the Neurospora circadian clockworks[J]. J Biol Chem, 2006, 281 (39): 28489-28493.

[120] BELL-PEDERSEN D,CASSONE V M,EARNEST D J,et al.Circadian rhythms from multiple oscillators: lessons from diverse organisms[J].Nat Rev Genet,2005,6(7):544-556.

[121] WANG X,MA L. Unraveling the circadian clock in Arabidopsis [J]. Plant Signal Behav, 2013, 8(2):e23014.

[122] HAMILTON E E,KAY S A.SnapShot: circadian clock proteins[J].Cell,2008,135(2):368-368.

[123] ABRAHAM U,ALBRECHT U,BRANDSTÄTTER R.Hypothalamic circadian organization in birds[J].II. Clock gene expression.Chronobiol Int,2003,20(4):657-669.

[124] HARDIN P E,PANDA S.Circadian timekeeping and output mechanisms in animals[J].Curr Opin Neuro-

biol,2013,23(5):724-731.

[125] SHEARMAN L P, SRIRAM S, WEAVER D R, et al. Interacting molecular loops in the mammalian circadian clock[J].Science,2000,288(5468):1013-1019.

[126] PRICE. J L,BlAU J,ROTHENFLUH A,et al. double-time is a novel Drosophila clock gene that regulates PERIOD protein accun ulation[J]. Cell,1998,94(1):83-95.

[127] PARTCH C L,GREEN C B,TAKAHASHI J S.Molecular architecture of the mammalian circadian clock[J]. Trends Cell Biol,2014,24(2):90-99.

[128] KING D P, TAKAHASHI J S. Molecular genetics of circadian rhythms in mammals [J]. Annu Rev Neurosci,2000,23:713-742.

[129] UKAI H,UEDA H R.Systems biology of mammalian circadian clocks[J].Annu Rev Physiol,2010,72: 579-603.

[130] DEBRUYNE J P,NOTON E,LAMBERT C M,et al.A clock shock: mouse CLOCK is not required for circadian oscillator function[J].Neuron,2006,50(3):465-477.

[131] REICK M,GARCIA J A,DUDLEY C,et al.NPAS2: an analog of clock operative in the mammalian forebrain[J].Science,2001,293(5529):506-509.

[132] IZUMO M,PEJCHAL M,SCHOOK A C,et al.Differential effects of light and feeding on circadian organization of peripheral clocks in a forebrain Bmal1 mutant[J].Elife.3.doi: 10.7554/eLife.04617.2014.

[133] DIJK D J, ARCHER S N.PERIOD3, circadian phenotypes, and sleep homeostasis[J].Sleep Med Rev, 2010,14(3):151-160.

[134] SHIGEYOSHI Y,TAGUCHI K,YAMAMOTO S,et al.Light-induced resetting of a mammalian circadian clock is associated with rapid induction of the mPer1 transcript[J].Cell,1997,91(7):1043-1053.

[135] REPPERT S M, David R. Weaver Coordination of circadian timing in mammals Nature, 2002, 418: 935-941.

[136] DITTY J L,MACKEY S R,JOHNSON C H.Bacterial circadian programs[M].Berlin: Springer,2009.

[137] HOSOKAWA N,KUSHIGE H,IWASAKI H.Attenuation of the posttranslational oscillator via transcription-translation feedback enhances circadian-phase shifts in Synechococcus[J].Proc Natl Acad Sci U S A, 2013,110(35):14486-14491.

[138] NAGEL D H,KAY S A.Complexity in the wiring and regulation of plant circadian networks[J].Curr Biol, 2012,22(16):R648-657.

[139] SCHIBLER U,RIPPERGER J,BROWN S A.Peripheral circadian oscillators in mammals: time and food[J]. J Biol Rhythms,2003,18(3):250-260.

[140] ZHANG R,LAHENS N F,BALLANCE H I,et al.A circadian gene expression atlas in mammals: implications for biology and medicine[J].Proc Natl Acad Sci U S A,2014,111(45):16219-16224.

[141] YAMAZAKI S,NUMANO R,ABE M,et al.Resetting central and peripheral circadian oscillators in transgenic rats[J].Science,2000,288(5466):682-685.

[142] AKASHI M,NISHIDA E.Involvement of the MAP kinase cascade in resetting of the mammalian circadian clock[J].Genes Dev,2000,14: 645-649.

[143] MASSARI M E,MURRE C.Helix-loop-helix proteins: regulators of transcription in eucaryotic organisms[J]. Mol Cell Biol,2000,20(2):429-440.

[144] EPHRUSSI A,CHURCH G M,TONEGAWA S,et al.B-lineage-specific interactions of an immunoglobulin enhancer with cellular factors in vivo[J].Science,1985,227:134-131.

[145] HEIM M A, JAKOBY M, WERBER M, et al. The basic helix-loop-helix transcription factor family in plants: a genome-wide study of protein structure and functional diversity[J]. Mol Biol Evol, 2003, 20(5): 735-747.

[146] JIN X, SHEARMAN L P, WEAVER D R, et al. A molecular mechanism regulating rhythmic output from the suprachiasmatic circadian clock[J]. Cell, 1999, 96(1): 57-68.

[147] HUANG N, CHELLIAH Y, SHAN Y, et al. Crystal structure of the heterodimeric CLOCK: BMAL1 transcriptional activator complex[J]. Science, 2012, 337(6091): 189-194.

[148] TAMAI T K, YOUNG L C, Whitmore D. Light signaling to the zebrafish circadian clock by Cryptochrome 1a[J]. Proc Natl Acad Sci U S A, 2007, 104(37): 14712-14717.

[149] ALBRECHT U. ProteinReviews Volume 12: The circadian clock[M]. Berlin: Springer, 2010.

[150] KUMAKI Y, UKAI-TADENUMA M, UNO K D, et al. Analysis and synthesis of high-amplitude Cis-elements in the mammalian circadian clock[J]. Proc Natl Acad Sci U S A, 2008, 105(39): 14946-14951.

[151] HAO H, ALLEN D L, HARDIN P E. A circadian enhancer mediates PER-dependent mRNA cycling in Drosophila melanogaster[J]. Mol Cell Biol, 1997, 17(7): 3687-3693.

[152] YU W, ZHENG H, HOUL J H, et al. PER-dependent rhythms in CLK phosphorylation and E-box binding regulate circadian transcription[J]. Genes Dev, 2006, 20(6): 723-33.

[153] PAQUET E R, REY G, NAEF F. Modeling an evolutionary conserved circadian cis-element[J]. PLoS Comput Biol, 2008, 4(2): e38.

[154] DUNLAP J C, LOROS J J, COLOT H V, et al. A circadian clock in Neurospora: how genes and proteins cooperate to produce a sustained, entrainable, and compensated biological oscillator with a period of about a day[J]. Cold Spring Harb Symp Quant Biol, 2007, 72: 57-68.

[155] GUO J, CHENG P, YUAN H, et al. The Exosome Regulates Circadian Gene Expression in a Posttranscriptional Negative Feedback Loop[J]. Cell, 2009, 138(6): 1236-1246.

[156] MICHAEL T P, MCCLUNG C R. Phase-specific circadian clock regulatory elements in Arabidopsis[J]. Plant Physiol, 2002, 130(2): 627-638.

[157] KETTNER N M, KATCHY C A, FU L. Circadian gene variants in cancer[J]. Ann Med, 2014, 46(4): 208-220.

[158] OLIVA-RAMÍREZ J, MORENO-ALTAMIRANO M M, PINEDA-OLVERA B, et al. Crosstalk between circadian rhythmicity, mitochondrial dynamics and macrophage bactericidal activity[J]. Immunology, 2014, 143(3): 490-497.

[159] KANG T H, REARDON J T, KEMP M, et al. Circadian oscillation of nucleotide excision repair in mammalian brain[J]. Proc Natl Acad Sci U S A, 2009, 106(8): 2864-2867.

[160] LIM C, ALLADA R. Emerging roles for post-transcriptional regulation in circadian clocks[J]. Nat Neurosci, 2013, 16(11): 1544-1550.

[161] KOIKE N, YOO S H, Huang H C, et al. Transcriptional architecture and chromatin landscape of the core circadian clock in mammals[J]. Science, 2012, 338(6105): 349-354.

[162] STAIGER D, GREEN R. RNA-based regulation in the plant circadian clock[J]. Trends Plant Sci, 2011, 16(10): 517-523.

[163] DIERNFELLNER A C, Schafmeier T. Phosphorylations: Making the Neurosporacrassa circadian clock tick[J]. FEBS Lett, 2011, 585(10): 1461-1466.

[164] BELLET M M, SASSONE-CORSI P. Mammalian circadian clock and metabolism-the epigenetic link[J]. J

Cell Sci,2010,123(22):3837-3848.

[165] MISSRA A,ERNEST B,LOHOFF T,et al.The circadian clock modulates global daily cycles of mRNA ribosome loading[J].Plant Cell,2015,27(9):2582-99.

[166] JANG C,LAHENS N F,HOGENESCH J B,et al.Ribosome profiling reveals an important role for translational control in circadian gene expression[J].Genome Research,2015,25(12):10.

[167] REISCHL S,KRAMER A.Kinases and phosphatases in the mammalian circadian clock[J].FEBS Lett,2011,585(10):1393-1399.

[168] MARKSON J S,O'SHEA E K.The molecular clockwork of a protein-based circadian oscillator[J].FEBS Lett,2009,583(24):3938-3947.

[169] BUIJS R,SALGADO R,SABATH E,et al.Peripheral circadian oscillators: time and food[J].Prog Mol Biol Transl Sci,2013,119:83-103.

[170] RICHARDS J,GUMZ M L.Advances in understanding the peripheral circadian clocks[J].FASEB J,2012,26(9):3602-3613.

[171] KWON I,CHOE H K,SON G H,et al.Mammalian molecular clocks[J].Exp Neurobiol,2011,20(1):18-28.

[172] YAN L,FOLEY N C,BOBULA J M,et al.Two antiphase oscillations occur in each suprachiasmatic nucleus of behaviorally split hamsters[J].J Neurosci,2005,25(39):9017-9026.

[173] DE LA IGLESIA H O,MEYER J,CARPINO A Jr,et al.Antiphase oscillation of the left and right suprachiasmatic nuclei[J].Science.,2000,290(5492):799-801.

[174] BUTLER M P,RAINBOW M N,RODRIGUEZ E,et al.Twelve-hour days in the brain and behavior of split hamsters[J].Eur J Neurosci,2012,36(4):2556-2566.

[175] DE LA IGLESIA H O,MEYER J,SCHWARTZ W J.Lateralization of circadian pacemaker output: Activation of left-and right-sided luteinizing hormone-releasing hormone neurons involves a neural rather than a humoral pathway[J].J Neurosci,2003,23(19):7412-7414.

[176] STRATMANN M,SCHIBLER U.Properties,entrainment,and physiological functions of mammalian peripheral oscillators[J].J Biol Rhythms,2006 ,21(6):494-506.

[177] SWANSON L W,COWAN W M.The efferent connections of the suprachiasmatic nucleus of the hypothalamus[J].J Comp Neurol,1975,160:1-12.

[178] SAPER C B,LU J,CHOU T C,et al.The hypothalamic integrator for circadian rhythms[J].Trends in Neurosciences,2005,28(3):152-7.

[179] KALSBEEK A,PERREAU-LENZ S,BUIJS R M.A network of(autonomic)clock outputs[J].Chronobiol Int,2006,23(3):521-535.

[180] CARDINALI D P,PANDI-PERUMAL S R. Neuroendocrine Correlates of sleep/wakefulness[M].Heidelberg:Springer,2006.

[181] BARTNESS T J,SONG C K,DEMAS G E.SCN efferents to peripheral tissues: implications for biological rhythms[J].J Biol Rhythms,2001,16(3):196-204.

[182] MOHAWK J A,GREEN C B,TAKAHASHI J S.Central and peripheral circadian clocks in mammals[J].Annu Rev Neurosci,2012,35:445-462.

[183] KRAMER A,YANG F C,SNODGRASS P,et al.Regulation of daily locomotor activity and sleep by hypothalamic EGF receptor signaling[J].Science,2001,294(5551):2511-2515.

[184] SILVER R,LESAUTER J,TRESCO P A,et al.Adiffusible coupling signal from the transplanted suprachi-

asmatic nucleus controlling circadian locomotor rhythms[J].Nature,1996,382:810-813.

[185] PROSSER H M,BRADLEY A,CHESHAM J E,et al.Prokineticin receptor 2(Prokr2)is essential for the regulation of circadian behavior by the suprachiasmatic nuclei[J].Proc Natl Acad Sci U S A,2007,104(2):648-653.

[186] OKAMURA H,MIYAKE S,SUMI Y,et al.Photic induction of mPer1 and mPer2 in cry-deficient mice lacking a biological clock[J].Science,1999,286(5449):2531-2534.

[187] MURE L S,LE H D,BENEGIAMO G,et al.Diurnal transcriptome atlas of a primate across major neural and peripheral tissues[J].Science,2018,359(6381):0318.

[188] REDDY P,ZEHRING W A,WHEELER D A,et al.Molecular analysis of the period locus in Drosophila melanogaster and identification of a transcript involved in biological rhythms[J].Cell ,1984,38(3):701-710.

[189] DIERNFELLNER A C,SCHAFMEIER T.Phosphorylations: Making the Neurosporacrassa circadian clock tick[J].FEBS Lett,2011,585(10):1461-1466.

[190] 赵寿元.英汉基因和基因组专业词汇[M].上海:复旦大学出版社,2010.

[191] TANIGUCHI H,FERNANDEZ A F,SETIEN F,et al.Epigenetic inactivation of the circadian clock gene BMAL1 in hematologic malignancies[J].Cancer Res,2009 ,69(21):8447-8454.

[192] RIPPERGER J A,MERROW M.Perfect timing: epigenetic regulation of the circadian clock[J].FEBS Lett,2011,585(10):1406-1411.

[193] ETCHEGARAY J P,LEE C,WADE P A,et al.Rhythmic histone acetylation underlies transcription in the mammalian circadian clock[J].Nature,2003,421(6919):177-182.

[194] DOI M,HIRAYAMA J,SASSONE-CORSI P.Circadian regulator CLOCK is a histone acetyltransferase[J].Cell,2006,125(3):497-508.

[195] ASHER G,GATFIELD D,STRATMANN M,et al.SIRT1 regulates circadian clock gene expression through PER2 deacetylation[J].Cell,2008,134(2):317-328.

[196] SAUVE A A,WOLBERGER C,SCHRAMM V L,et al.The biochemistry of sirtuins[J].Annu Rev Biochem,2006,75:435-465.

[197] NAKAHATA Y,KALUZOVA M,GRIMALDI B,et al.The NAD+-dependent deacetylase SIRT1 modulates CLOCK-mediated chromatin remodeling and circadian control[J].Cell,2008,134(2):329-340.

[198] BISHOP N A,GUARENTE L.Genetic links between diet and lifespan: shared mechanisms from yeast to humans[J].Nat Rev Genet,2007,8(11):835-844.

[199] ZHANG L,WAN Y,HUANG G,et al.The exosome controls alternative splicing by mediating the gene expression and assembly of the spliceosome complex[J].Sci Rep.5:13403.

[200] WANG X, MA L. Unraveling the circadian clock in Arabidopsis[J]. Plant Signal Behav, 2013, 8(2):e23014.

[201] PEGORARO M,TAUBER E.The role of microRNAs(miRNA)in circadian rhythmicity[J].J Genet,2008, 87(5):505-511.

[202] XUE Z,YE Q,ANSON S R,et al.Transcriptional interference by antisense RNA is required for circadian clock function.Transcriptional interference by antisense RNA is required for circadian clock function[J].Nature,2014,514(7524):650-653.

[203] LI N,JOSKA T M,RUESCH C E,et al.The frequency natural antisense transcript first promotes,then represses,frequency gene expression via facultative heterochromatin[J].Proc Natl Acad Sci U S A,2015,

112(14):4357-4362.

[204] CHENG H Y,PAPP J W,Varlamova O,et al.microRNA modulation of circadian-clock period and entrainment[J].Neuron,2007,54(5):813-829.

[205] PEI J F,LI X K,LI W Q,et al. Diurnal oscillations of endogenous H_2O_2 sustained by p66Shc regulate circadian clocks[J].Nat Cell Biol,2019,21(12):1553-1564.

[206] ZLACKÁ J,ZEMAN M. Glycolysis under Circadian Control[J]. Int J Mol Sci,2021,22(24):13666.

[207] HANSEN L L,VAN DEN BURG H A,VAN OOIJEN G. SUMOylating Contributes to Timekeeping and Temperature Compensation of the Plant Circadian Clock[J]. JBiol Rhythms,2017,32(6):560-569.

[208] BAILEY S M,UDOH U S,YOUNG M E. 2014. Circadian regulation of metabolism[J]. J Endocrinol. 222(2):R75-96.

[209] BASS J,TAKAHASHI J S. Circadian integration of metabolism and energetics[J]. Science,2010,330(6009):1349-1354.

[210] TUREK F W,JOSHU C,KOHSAKA A,et al.Obesity and metabolic syndrome in circadian Clock mutant mice[J].Science,2005,308(5724):1043-1045.

[211] YANG X,DOWNES M,YU R T,et al.Nuclear receptor expression links the circadian clock to metabolism[J]. Cell,2006,126(4):801-810.

[212] LAMIA K A,STORCH K F,WEITZ C J.Physiological significance of a peripheral tissue circadian clock[J]. Proc Natl Acad Sci U S A,2008,105(39):15172-15127.

[213] RUDIC R D,MCNAMARA P,CURTIS A M,et al.BMAL1 and CLOCK,two essential components of the circadian clock,are involved in glucose homeostasis[J].PLoS Biol,2004,2(11):e377.

[214] LIU C,LI S,LIU T,et al.Transcriptional coactivator PGC-1alpha integrates the mammalian clock and energy metabolism[J].Nature,2007,447:477-481.

[215] ECKEL-MAHAN K,SASSONE-CORSI P.Metabolism control by the circadian clock and vice versa[J].Nat Struct Mol Biol,2009,16(5):462-467.

[216] SAHAR S,SASSONE-CORSI P.Regulation of metabolism: the circadian clock dictates the time[J].Trends Endocrinol Metab,2012,23(1):1-8.

[217] SHIBATA S.Circadian rhythms in the CNS and peripheral clock disorders: preface[J].J Pharmacol Sci,2007,103(2):133.

[218] KALSBEEK A,YI C X,LA FLEUR S E,et al.The hypothalamic clock and its control of glucose homeostasis[J].Trends Endocrinol Metab,2010,21(7):402-410.

[219] IMAI S."Clocks" in the NAD World: NAD as a metabolic oscillator for the regulation of metabolism and aging.Biochim Biophys Acta,2010,1804(8):1584-1590.

[220] CANTÓ C,AUWERX J.PGC-1alpha,SIRT1 and AMPK,an energy sensing network that controls energy expenditure[J].Curr Opin Lipidol,2009,20(2):98-105.

[221] KRAMER A,MERROW M.Circadian clocks[M].Heidelberg:Springer,2013.

[222] SATOH A,BRACE C S,Rensing N,et al.Sirt1 extends life span and delays aging in mice through the regulation of Nk2 homeobox 1 in the DMH and LH[J].Cell metabolism,2013,18(3):416-430.

[223] THAISS C A,ZEEVI D,LEVY M,et al.Transkingdom control of microbiota diurnal oscillations promotes metabolic homeostasis[J].Cell,2014,159(3):514-529.

[224] VOIGT R M,FORSYTH C B,GREEN S J,et al.Circadian disorganization alters intestinal microbiota[J]. PLoS One,2014,9(5):e97500.

[225] VOIGT R M,SUMMA K C,FORSYTH C B,et al.The Circadian Clock Mutation Promotes Intestinal Dysbiosis[J].Alcohol Clin Exp Res,2016,40(2):335-347.

[226] MITSUI A,KUMAZAWA S. TAKAHASHI A. et al. Strategy by which nitrogen-fixing unicellular cyanobacteria grow photoautotrophic ally[J]. Nature,1986,323:720-722.

[227] KONTUREK P C,BRZOZOWSKI T,KONTUREK S J.Gut clock: implication of circadian rhythms in the gastrointestinal tract[J].J Physiol Pharmacol,2011,62(2):139-150.

[228] CHANG H C,GUARENTE L.SIRT1 mediates central circadian control in the SCN by a mechanism that decays with aging[J].Cell,2013,153(7):1448-1460.

[229] RUTTER J,REICK M,WU L C,et al.Regulation of clock and NPAS2 DNA binding by the redox state of NAD cofactors[J].Science,2001,293(5529):510-514.

[230] RECIO J,MíGUEZ J M,BUXTON O M,et al.Synchronizing circadian rhythms in early infancy[J].Med Hypotheses,1997,49(3):229-234.

[231] WEINERT D,SITKA U,Minors D S,et al.The development of circadian rhythmicity in neonates[J].Early Hum Dev,1994,36(2):117-126.

[232] GUILLEMINAULT C,LEGER D,PELAYO R,et al.Development of circadian rhythmicity of temperature in full-term normal infants[J].Neurophysiol Clin,1996,26(1):21-29.

[233] HERAGHTY J L,HILLIARD T N,HENDERSON A J,et al.The physiology of sleep in infants[J].Arch Dis Child,2008,93(11):982-985.

[234] KENNAWAY D J,STAMP G E,GOBLE F C.Development of melatonin production in infants and the impact of prematurity[J].J Clin Endocrinol Metab,1992,75: 367-369.

[235] RIVKEES S A.Developing circadian rhythmicity in infants[J].Pediatrics,2003,112(2):373-831.

[236] PICCIONE G,CAOLA G,REFINETTI R. Daily and estrous rhythmicity of body temperature in domestic cattle[J]. BMC Physiol,2003,3:7.

[237] MCGRAW K,HOFFMANN R,HARKER C,et al.The development of circadian rhythms in a human infant[J]. Sleep,1999,22(3):303-310.

[238] ZEMAN M ,HERICHOVÁ I.Circadian melatonin production develops faster in birds than in mammals[J]. General & Comparative Endocrinology,2011,172(1):23-30.

[239] ROENNEBERG T,ALLEBRANDT K V,MERROW M,et al.Social jetlag and obesity[J].Curr Biol,2012, 22(10):939-943.

[240] MANT A,EYLAND E A.Sleep patterns and problems in elderly general practice attenders: an Australian survey[J].Community Health Stud,1988,12(2):192-199.

[241] MYERS B L,BADIA P.Changes in circadian rhythms and sleep quality with aging: mechanisms and interventions[J].Neurosci Biobehav Rev,1995,19(4):553-571.

[242] PRINZ P N,VITIELLO M V,RASKIND M A,et al.Geriatrics: sleep disorders and aging[J].N Engl J Med,1990,323:520-526.

[243] ZHDANOVA I V,MASUDA K,QUASARANOKOURKOULIS C,et al.Aging of intrinsic circadian rhythms and sleep in a diurnal nonhuman primate,Macaca mulatta[J].J Biol Rhythms,2011,26(2): 149-159.

[244] BIELLO S M.Circadian clock resetting in the mouse changes with age[J].Age,2009,31(4):293-303.

[245] WAKAMATSU H,TAKAHASHI S,MORIYA T,et al.Additive effect of mPer1 and mPer2 antisense oligonucleotides on light-induced phase shift.Neuroreport,2001,12:127-131.

[246] ZHANG Y,BRAINARD G C,ZEE P C,et al.Effects of aging on lens transmittance and retinal input to the

suprachiasmatic nucleus in golden hamsters[J].Neurosci Lett,1998,258: 167-170.

[247] SWAAB D F,FLIERS E,PARTIMAN T.The suprachiasmatic nucleus of the human brain in relation to sex,age,and senile dementia[J].Brain Res,1985,342:37-44.

[248] CAI A,SCARBROUGH K,HINKLE D A,et al.Fetal grafts containing suprachiasmatic nuclei restore the diurnal rhythm of CRH and POMC mRNA in aging rats[J].Am J Physiol Regul Integr Comp Physiol, 1997,273: R1764-R1770.

[249] LI H,SATINOFF E.Fetal tissue containing the suprachiasmatic nucleus restores multiple circadian rhythms in old rats[J].Am J Physiol Regul Integr Comp Physiol,1998,275: R1735-R1744.

[250] FROY O.Circadian rhythms,aging,and life span in mammals[J].Physiology(Bethesda),2011,26(4): 225-235.

[251] PITTENDRIGH C S,DAAN S.Circadian oscillations in rodents: a systematic increase of their frequency with age[J].Science,1974,186(4163):548-550.

[252] PITTENDRIGH C S,DAAN S.A functional analysis of circadian pacemakers in nocturnal rodents: I.The stability and lability of spontaneous frequency[J].J.Comp.Physiol,1976,A 106:223-252.

[253] KOLBE I,CARRASCO-BENSO M P,LÓPEZ-MÍNGUEZ J,et al. Circadian period of luciferase expression shortens with age in human mature adipocytes from obese paticnts[J]. FASEB J,2019,33(1):175-180.

[254] RUIS M A,TE BRAKE J H,ENGEL B,et al.The circadian rhythm of salivary cortisol in growing pigs: effects of age,gender,and stress[J].Physiol Behav,1997,62(3):623-630.

[255] KUMAR S,VAZE K M,KUMAR D,et al.Selection for early and late adult emergence alters the rate of pre-adult development in Drosophila melanogaster[J].BMC Dev Biol,2006,6:57.

[256] KARASEK M.Does melatonin play a role in aging processes[J].J Physiol Pharmacol,2007,58(Suppl 6): 105-113.

[257] REITER R J,RICHARDSON B A,JOHNSON L Y,et al.Pineal melatonin rhythm: reduction in aging Syrian hamsters.Science,1980,210(4476):1372-1373.

[258] PIERPAOLI W,REGELSON W.Pineal control of aging: effect of melatonin and pineal grafting on aging mice[J].Proc Natl Acad Sci U S A,1994,91(2):787-791.

[259] ANTONIADIS E A,KO C H,RALPH M R,et al.Circadian rhythms,aging and memory[J].Behav Brain Res,2000,114(1-2):221-233.

[260] DEIBEL S H,ZELINSKI E L,KEELEY R J,et al.Epigenetic alterations in the suprachiasmatic nucleus and hippocampus contribute to age-related cognitive decline[J].Oncotarget,2015,6(27):23181-23203.

[261] PITTENDRIGH C S,MINIS D H.Circadian systems: longevity as a function of circadian resonance in Drosophila melanogaster[J].Proc Natl Acad Sci U S A,1972,69(6):1537-1539.

[262] DAVIDSON A J,SELLIX M T,DANIEL J,et al.Chronic jet-lag increases mortality in aged mice[J].Curr Biol,2006,16(21):R914-916.

[263] EKKEL E D,DIELEMAN S J,SCHOUTEN W G,et al.The circadian rhythm of cortisol in the saliva of young pigs[J].Physiol Behav,1996,60(3):985-989.

[264] GILL S,LE H D,MELKANI G C,et al.Time-restricted feeding attenuates age-related cardiac decline in Drosophila[J].Science,2015,347(6227):1265-1269.

[265] BABURSKI A Z,SOKANOVIC S J,BJELIC M M,et al.Circadian rhythm of the leydig cells endocrine function is attenuated during aging[J],2015,Exp Gerontol,2015,73:5-13.

[266] CHEN C Y,LOGAN R W,MA T. et al. Effects of aging on circadian patterns of gene expression in the hu-

man prefrontal cortex[J]. Proc Natl Acad Sci U S A. ,2016,113(1):206-211.

[267] CHEN C,BUHL E,XU M,et al.Drosophila Ionotropic Receptor 25a mediates circadian clock resetting by temperature[J].Nature,2015,527(7579):516-520.

[268] KONDRATOV R V,KONDRATOVA A A,GORBACHEVA V Y,et al.Early aging and age-related pathologies in mice defi cient in BMAL1,the core component of the circadian clock[J].Genes Dev,2006,20:1868-1873.

[269] HENDRICKS J C,LU S,KUME K,et al.Gender dimorphism in the role of cycle(BMAL1) in rest,rest regulation,and longevity in Drosophila melanogaster[J].J Biol Rhythms,2003,18(1):12-25.

[270] FU L,PELICANO H,LIU J,et al.The circadian gene Period2 plays an important role in tumor suppression and DNA damage response in vivo[J].Cell,2002,111(1):41-50.

[271] ANTOCH M P,GORBACHEVA V Y,VYKHOVANETS O,et al.Disruption of the circadian clock due to the Clock mutation has discrete effects on aging and carcinogenesis[J]. Cell Cycle, 2008, 7(9):1197-1204.

[272] GROSBELLET E,ZAHN S,ARRIVÉ M,et al.Circadian desynchronization triggers premature cellular aging in a diurnal rodent[J].FASEB J,2015,29(12):4794-4803.

[273] OHDO S.Chronotherapeutic strategy: Rhythm monitoring,manipulation and disruption[J].Adv Drug Deliv Rev,2001,62(9-10):859-875.

[274] KHAN Z, PILLAY V, CHOONARA Y E, et al. Drug delivery technologies for chronotherapeutic applications[J].Pharm Dev Technol,2009,14(6):602-612.

[275] MERGENHAGEN D,MERGENHAGEN E.The biological clock of Chlamydomonas reinhardii in space[J]. Eur J Cell Biol,1987,43(2): 203-207.

[276] HALBERG F,VISSCHER M B,BITTENER J J.Relation of visual factors to eosinophil rhythm in mice[J]. Am J Physiol,1954,179(2):229-235.

[277] LOWREY P L,TAKAHASHI J S.Mammalian circadian biology: Elucidating genome-wide levels of temporal organization.Annu[J].Rev.Genomics Hum.Genet,2004,5:407-441.

[278] GACHON F,OLELA F F,SCHAAD O,et al.The circadian PAR-domain basic leucine zipper transcription factors DBP,TEF,and HLF modulate basal and inducible xenobiotic detoxification[J].Cell Metab,2006,4:25-36.

[279] ZHANG S L,YUE Z ,ARNOLD D M,et al. A Circadian Clock in the Blood-Brain Barrier Regulates Xenobiotic Efflux. Cell,2018,173(1):130-139.

第 2 章

环境对生物钟的影响

地球自转会造成地球表面光照、温度、湿度、噪声、背景辐射等环境因子的昼夜变化,这些变化都可能对生物节律产生影响。环境周期不仅会影响个体的生理和行为,也会对整个生态系统产生影响。

2007 年时,太湖污染严重,从卫星拍摄的图片上也可以看到太湖里由蓝藻泛滥形成的水华。根据对卫星图片的分析结果显示,太湖的水华面积也呈现出明显的昼夜改变[1](图 2-1)。水华的这种昼夜变化可能是蓝藻对环境周期作出的被动反应。此外,海洋及海岸菌苔中微生物的丰度或代谢也呈现出显著的昼夜变化特征[2-3]。当然,蓝藻有很多种类,其中只有少数具有内在生物钟,而菌苔里的原核生物也有很多不具备内在节律。由于月球引力的牵引,地球诞生以来自转速度越来越慢。一些远古的贝类化石在 20 多亿年前每年的生长纹可达约 400 条,反映了当时一年有约 400 天、每天的时间短于 24h,而这些软体动物的生长是与这些环境相适应的[4]。

光暗循环条件对生物节律的导引也简称为光导引(photic entrainment),对于哺乳动物而言,光导引是通过 SCN 对节律产生影响的。其他的一些环境因子,如温度、饮食、体育锻炼、社会性因素等对节律的导引作用,统称为非光导引(nonphotic entrainment)[5]。

非光导引可根据 SCN 是否参与分为 SCN 依赖和非 SCN 依赖两种类型[6]。顾名思义,SCN 依赖型非光导引要通过 SCN 才能起到导引的作用,而后者则不需要 SCN 的参与,例如外周组织的生物钟可以被温度和代谢产物等导引,其中体温和代谢产物为体内的环境因子,说明除了外界环境因素外,体内因子也可以影响节律[7]。如前所述,地塞米松是糖皮质激素的类似物,它可以使节律的相位发生移动,表明身体内部环境的一些因子也对节律具有导引作用[8-9]。

小鼠在出生后立即被致盲,然后由另外的母鼠哺育,其中一组仍采用小鼠出生前的光照/黑暗条件,另一组则采用相位相反的光照条件。在出生 6 天后,两组小鼠 SCN 组织里钟基因 *Per1*、*Per2* 的表达出现差异,说明受到了母鼠节律的影响,由于这种调控方式影响了 SCN 的钟基因表达,所以属于 SCN 依赖型非光导引[11]。SCN 依赖型非光导引可能与 SCN 的神经和内分泌调节有关,也可能是通过外周生物钟对 SCN 产生影响[12-13]。非 SCN 依赖型非光导引是环境因

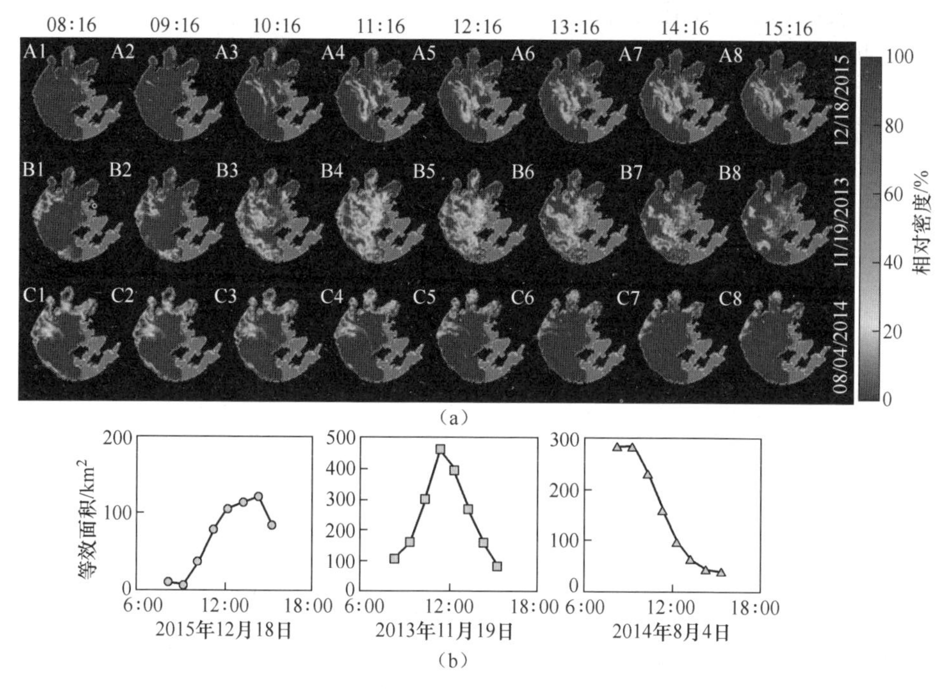

图 2-1　太湖水华面积的卫星图片及分析

(a)2013—2015 年间 3 天的白天时间里太湖水华的卫星图片；

(b)3 天的白天时间里太湖水华面积的变化曲线[1]。

子通过诱导新的振荡通路而产生的，一般来说，SCN 对非光因素不敏感，例如温度的改变对外周组织节律影响很明显而对 SCN 的节律则不明显。

除了自然因素以外，一些社会性因素如行为、摄食、社会接触等也会对主生物钟产生导引作用（表 2-1）[5,14-15]。下面将要介绍的喂食诱导的喂食前活动节律就是属于非 SCN 依赖型的非光导引[16-17]。

表 2-1　不同的授时因子及分类（内容根据文献[10]，有修改。）

<table>
<tr><td rowspan="3">不同分类</td><td>光照因子</td><td colspan="11">非光照因子</td></tr>
<tr><td colspan="7">自然因子</td><td>运动</td><td>食物</td><td colspan="3">社会因子</td></tr>
<tr><td colspan="6">非生物因子</td><td colspan="6">生物因子</td></tr>
<tr><td>授时因子</td><td>光暗周期</td><td>温度</td><td>湿度</td><td>重力</td><td>气压</td><td>磁场</td><td>声音</td><td>运动</td><td>食物</td><td>啄序/生存竞争</td><td>社会接触</td><td>内生/共生</td></tr>
</table>

生物钟对进食和代谢具有调控作用，同时也会反过来受到进食和代谢的影响。对于外周生物钟（尤其是肝脏的生物钟）来说，进食也是一个具有较强导引

作用的授时因子。哺乳动物生物钟的起搏器 SCN 调控外周各组织的节律同步化,同时外周组织也可以影响 SCN 的节律。外周组织产生的一些激素和代谢物,如葡萄糖、生长激素释放肽、瘦素、胰岛素、脂联素、糖皮质激素、盐皮质激素和胰高血糖素样肽-1(GLP1)等,可以作为体内因子反过来调节和影响 SCN 的节律。脑部存在葡萄糖感受器,能够感知血液中葡萄糖的含量,该感受器投射至下丘脑,通过 SCN 对节律产生影响[19-20]。

2.1 环境因子对生物钟的调节作用

2.1.1 光照对节律的影响

环境因子对生物钟至少有两个方面的影响。首先,生物钟的产生和演化是对环境周期性变化的适应。其次,环境因子又对生物钟起重要的调节作用。地球自转造成光照与温度的昼夜变化最为强烈,光照的昼夜变化是对生物钟影响最为明显的环境因子[18]。中午阳光下的光强约为 10^5 lx,手术室约为 5000~10000 lx,办公室的照明一般为 200~500 lx,距离烛火 30cm 远处的光强约为 10 lx,满月时的光强约为 1 lx (图 2-2)[21]。一些盲人由于光感受器或者生物钟的输入通路存在缺陷,他们的节律出现自运行状态,说明他们的节律既不能被光导引,也不能被温度、社会因素等其他环境因子的昼夜变化所导引,这也反映出光是节律最重要的授时因子[22]。

不同波长的光对人的节律有着不同的影响,视杆细胞对 506nm 波长的绿光最为敏感,视锥细胞对 555nm 波长的黄绿光最为敏感(图 1-19)。与此不同,哺乳动物内在光感神经节细胞中黑视素的光吸收峰值为 484nm 波长的蓝光,而给予不同波长的光照刺激时,对体内褪黑素起抑制作用最为明显的为 460nm 波长的光[24-25]。也就是说,蓝光及蓝光附近波谱的光对生物钟的影响最为有效,而波谱距蓝光较远的红光对人的生物钟则没有显著的影响。蔚蓝天空中的光线波长约为 477nm,与 ipRGC 的感光峰值波段接近。光的强度也对节律的导引作用有影响。

在室内,大于 500 lx 强度以上的光才可以对节律产生导引作用,并对褪黑素产生抑制作用[25-26]。在野外,大于 2500 lx 强度以上的光才可以有效地用于改善睡眠,并且 2500 lx 和 10000 lx 两种条件的光照度常被用于治疗季节性情感障碍[27]。对大鼠而言,用不同波长的光进行处理,结果显示波长约为 530nm 的绿光对于体温节律的导引作用最为显著,而波长约为 360nm 的紫外光的作用很不明显[28]。

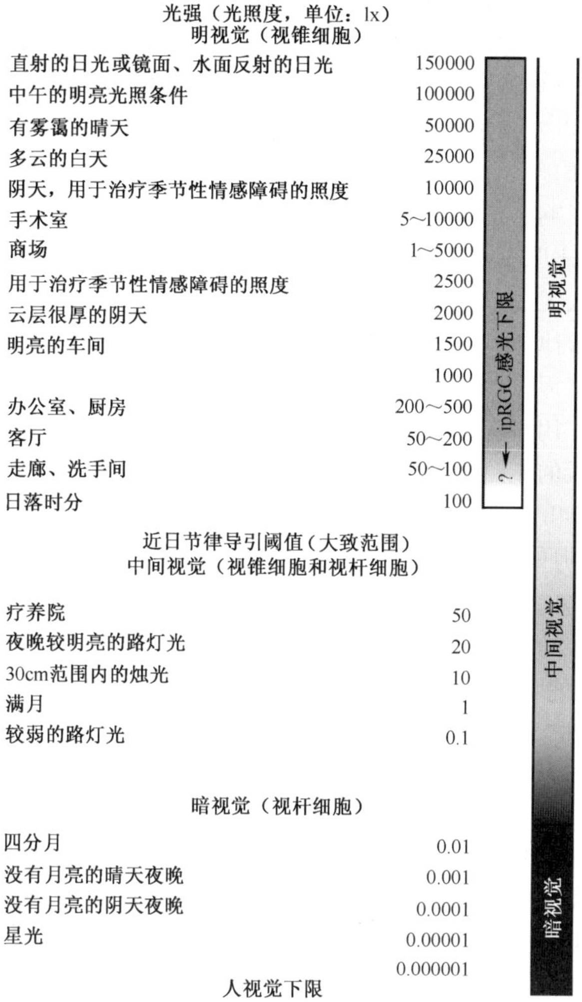

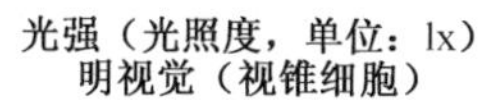

图 2-2　自然和人工环境下的光照度[23]

（从上到下用颜色梯度表示光照强度的变化。“?”表示推测的大致范围。）

在哺乳动物中，光信号从视网膜传递至 SCN，可在分子水平上调节生物钟基因的表达。目前已知光信号可以引起丝裂原和应激激活蛋白激酶（mitogen-and stress-activated protein kinase，MSK）的表达，然后通过 cAMP 反应元件结合蛋白（CREB）激活启动子区域含有 cAMP 反应元件（CRE）的基因如 *Per1* 等，从而对节律起调控作用[29]。此外，Cao 等报道了另外一条不同的通路，光可以通过影响 MAPK/MNK 而调节翻译起始因子 eIF4E 的磷酸化，并进一步对 *Per1* 和 *Per2* 的翻译起调控作用[30]。

在粗糙链孢霉中，含有光-氧-电压(LOV)感知结构域的蛋白 VIVID(VVD)和 WCC 复合物对于粗糙链孢霉的光反应与光适应具有调控作用。光可以通过 VVD 的 LOV 结构域调节 WC-1 和 WC-2 的结合，白天 VVD 的表达与光照强度有关，光照越强 VVD 的表达水平越高。VVD 也可以受到月光的调节，模拟月亮盈亏的实验结果显示，在野生型菌株中，粗糙链孢霉释放无性孢子的节律不会受到月光变化的影响。在敲除 VVD 的菌株中，随着每天月光增强，释放孢子的节律会不断衰减，表明 VVD 可能与月光强度变化的补偿性适应有关[31]。

一部分盲人无法感受到光，但仍然可以感受到其他环境因素的昼夜变化，但是这些盲人的节律却处于自运行状态，无法被环境中非光因素导引。这一事实说明在各种环境因子中，光的导引作用最为显著[32]，同时其他的环境因子也会对节律起导引作用。

自然界每天的光照和黑暗交替循环的周期是 24h，但在生物钟研究中，有时会用到一些非 24h 周期的光暗循环条件，称为 *T* 循环(*T*-cycle)，*T* 循环是指光照和黑暗交替的环境条件，周期不一定为 24h。T 循环用 LD 来表示，其中 L 表示 light，而 D 表示 dark。LD12:10 表示的是光照 12h、黑暗 10h 的 *T* 循环条件。在一些特殊环境条件下，T 循环的周期会很极端，比如在航天员沿近地轨道绕地球飞行时，大约 90min 飞行一圈，其中只有处于地球阴影区域的时候才是“黑夜”，约为 25min。而在其余时间里，都处于太阳可以照射到的“白昼”。

表示光暗交替这种 T 循环条件下的时间可以用授时因子时间(zeitgeber time，ZT)表示。由于光是一种授时因子，对节律有很强的导引作用，在 *T* 循环中，开始暴露在授时因子条件下的时刻标记为 ZT0，如果是在 LD12:12 条件下，则 ZT0 表示开始给予光照的时刻，而 ZT12 表示光照停止的时刻，ZT24 表示下一次光照开始的时刻，ZT36 表示下一次停止光照的时刻，以此类推[33]。其他环境因子的交替处理时间，也可以用 ZT 表示。

在有些研究中要对一个主观日当中的节律进行分析，在这种情况下通常用近日时间(circadian time，CT)来描述。近日时间是指在恒定环境条件下，几乎所有生物的自运行节律都不是准确的 24h。由于环境条件保持不变，所以不再使用 ZT 来表示时间，而是用 CT 来表示[34]。在此情况下，一个非 24h 的自运行周期(τ)可被均分为 24 等份，每个等份称为一个 CT 单位(图 2-3)。

CT 从 12h 开始标记，刚刚开始进入实验(开始自运行状态)的时间记为 CT12。要计算后面几天 CT12 应位于什么时间，则要根据自运行周期和 24h 的差值进行计算。以粗糙链孢霉为例，粗糙链孢霉在持续光照条件下无性孢子的释放没有节律，在持续黑暗条件下孢子释放具有自运行的节律，其自运行周期为 22.5h(表 1-1)。先将粗糙链孢霉置于持续光照或者 LD12:12 条件下生长，对于在持续光照条件下生长的菌株直接转入持续黑暗条件下的时刻即为 CT12，对于在 LD 12:12 条件下生长的菌株，在最后一个光照 12h 结束时转入持续黑暗条件下继续生长。这样菌株的节律就会进入自运行状态，第 2 天的 CT12 = 24-(24-22.5) = 22.5h，即第 2 天的 CT12 应为 DD 条件下的持续第 22.5h。对于自运行周期长于 24h 的节律来说，则第 2 天的 CT12 应在 24h 的基础上加上其自运行周期和 24h 的差值。要计算后面某天的 CT12 对应的是持续黑暗条件下的什么时间，可以依此类推。

要计算任一 CT 时间对应于 DD 的时间，就要先计算 1CT 单位所对应的时间，1CT 单位 = 自运行周期(τ)/24。仍以粗糙链孢霉为例，其自运行周期为 22.5h，则 1CT 单位 = 22.5h/24 = 0.94h。按照图 2-3 中 CT 和 DD 的对应关系，就可以按比例计算出对应的时间，例如要计算 CT 条件下第 16h 对应的 DD 时间是多少，应为(16-12)×0.94 = 3.76h。此外，也有一些研究人员不用近日时间表示 CT，而是把一个主观近日天等分为 360 °，0 °对应 CT0，180 °对应 CT12，360 °对应 CT24。

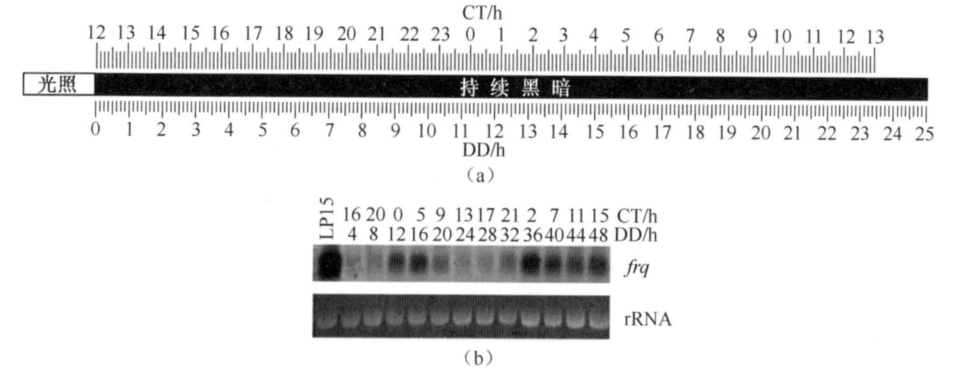

图 2-3　CT 的表示方法

(a)粗糙链孢霉 CT 和 DD 时间的对应关系；(b)粗糙链孢霉 *frq* mRNA 在持续黑暗条件下的表达变化，同时以 CT 和 DD 表示时间。(rRNA 作为上样对照。LP15 表示在持续光照条件下 15h，也就是转入持续黑暗前的时间，相当于 CT12 或 DD0 [34]。)

2.1.2　温度对节律的作用

在自然环境里，温度与光线一样也呈现出显著的昼夜节律性变化特征，温度对生物钟也具有重要的影响作用。前文介绍过，生物钟具有温度补偿的特性，即其周期在一定的温度范围内能保持相对稳定，不会因温度的波动而发生较大的改变。另外，环境温度的昼夜温差也会对节律起导引作用。在保持光照条件恒定的情况下，短时间的高温冲击或者高温/低温循环对节律具有导引作用，也可以改变相位。图2-4显示的是在不同的光照和温度条件下粗糙链孢霉的无性孢子释放节律的变化情况，粗糙链孢霉生长在底部含有培养基的长玻璃管里，从培养基左端接种，粗糙链孢霉只能向右生长，在生长过程中会每隔一段时间释放橘黄色的无性孢子带，两个无性孢子带中心点之间的生长所需的时间就是一个自运行周期，因此可以很方便地计算出粗糙链孢霉的生物钟周期。在DD条件下，无性孢子释放的自运行周期略短于24h，在LD12：12条件下，周期接近24h。在持续黑暗、12h 20℃与12h 30℃温度交替变换条件下（DD 20℃：30℃），周期也接近24h，反映了温度循环的导引作用。在LD12：12 12h 20℃与12h 30℃温度交替变换条件下（LD12：12、20℃：30℃），周期接近24h，但与LD12：12相比，相位显著提前（图2-4）[35]。

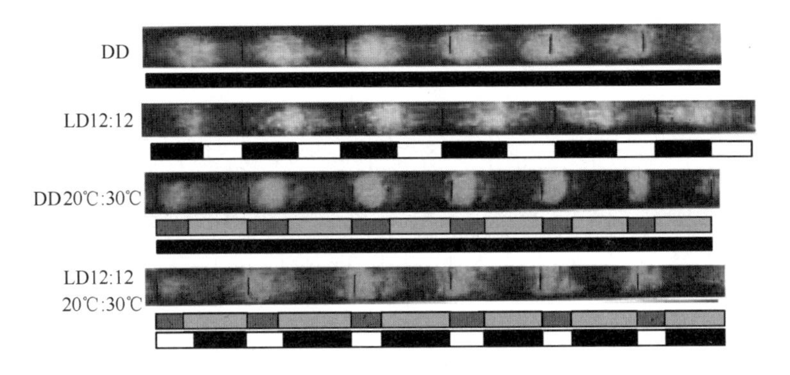

图2-4　温度和光都是生物钟的授时因子

（图中显示的是粗糙链孢霉在不同光照/温度条件下的无性孢子释放节律的变化情况，粗糙链孢霉接种在细长的玻璃管里，玻璃管底部有一层固体培养基。粗糙链孢霉接种在一端，向另一端生长，在生长过程中释放橙色的无性孢子，无性孢子的释放是受到生物钟控制的[35]。）

除了恒温动物以外，其他生物如细菌、真菌、植物及各种变温动物都不能调节自身的温度。小幅度的温度周期性变化，可以对蜥蜴、果蝇和粗糙链孢霉等生物的生物钟起到导引作用。实际上，恒温动物的体温也存在小范围的一定幅度内的昼夜差，例如，人的体温在白天和夜晚最高值与最低值相差近1℃。青春期和生育期的女性体温除了呈现出昼夜节律以外，还呈现出近月节律的波动，是不同节律的叠加。温度的变化也会对鸟的松果体或哺乳动物的SCN的生物钟起导引作用。鸡的褪黑素含量在夜间达到峰值，而在白天降低。在DD恒定条件下，高温使得鸡的褪黑素节律的周期缩短。在LD条件下，高温可使鸡松果体褪黑素节律的相位提前[36]。

在分子水平上，温度的短时间冲击或者温度循环对生物钟基因的表达也具有影响。在果蝇中,在给予短暂的高温冲击后, PER 和 TIM 蛋白的表达量会不断降低[37]。果蝇促离子受体(ionotropic receptor 25a,IR25a)在调节温度对节律的导引作用中发挥重要的作用,在敲除 IR25a 后,温度循环对节律的导引作用明显减弱[38]。在粗糙链孢霉中,随着温度的升高,生物钟核心蛋白 FRQ 的表达总量会随之增加,但是 FRQ 的两种同源异构体(l-FRQ,large FRQ)和 s-FRQ(small FRQ)随温度变化的趋势并不相同,温度从低到高变化时,l-FRQ 的量不断增加,而 s-FRQ 的量则不断降低[39]。在哺乳动物肝脏中,热休克转录因子 1(heat shock transcription factor 1,HSF1)mRNA 和蛋白水平的表达没有节律,但 HSF1 在不同时间进入细胞核的量呈现出节律特征,在主观夜间主要位于细胞核。HSF1 可与含有热休克元件(heat shock elements,HSE)的序列结合,*Per2* 基因启动子区域就含有 HSE。体外培养的小鼠成纤维细胞的节律可以被接近体温幅度的温度变化周期导引,但是缺失 *Hsf1* 基因细胞的节律则不能被正常导引(图 2-5)[40]。

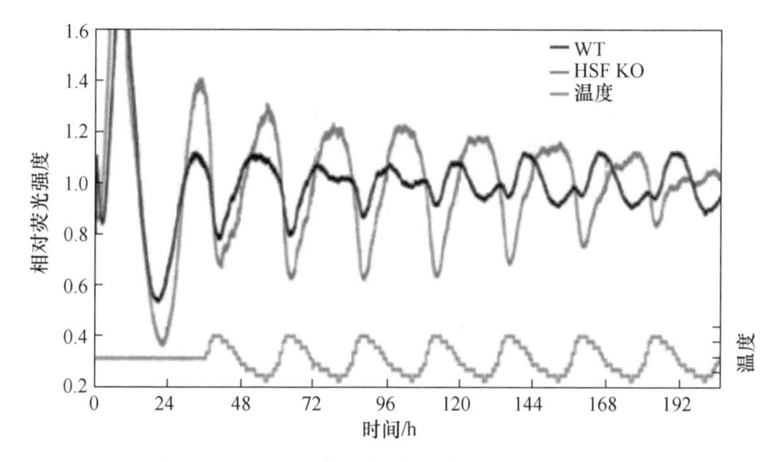

图 2-5 HSF1 对体温节律的同步化具有调控作用

(小鼠的成纤维细胞表达带有 *Bmal1* 基因启动子的荧光素酶报告基因,因此荧光强度受到生物钟的调控。模拟体温的周期变化(灰色虚线)对成纤维细胞的节律具有导引作用,使节律与温度的变化周期同步。但是 *Hsf1* 基因敲除细胞的节律则不被导引,并逐渐去同步化。绿色曲线为野生型对照的实验结果,蓝色曲线为敲除 *Hsf1* 细胞的实验结果[40]。)

在恒温动物中,垂体、肺等外周组织生物节律的相位很容易受温度的导引,不具有温度补偿的特性。与外周组织不同,SCN 组织节律的相位在一定温度范围内是稳定的。但是,如果将 SCN 腹侧与背侧的连接回路切断,则温度补偿特征丧失,说明 SCN 的温度补偿不具有细胞水平的自主性,而是不同区域相互联系、协同调控的结果[41]。一方面,SCN 具有调节体温节律的功能,当 SCN 被切除后,动物的体温变化节律丧失;另一方面,整体的 SCN 不易受环境温度变化的影响,可以在一定的温度变化范围内(近似体温的变化幅度)保持稳定的鲁棒性,而外周组织的振荡器则易于受温度周期的影响。在这种情况下,SCN 可以通过调节体温使外周组织节律相位一致,这也是 SCN 调控外周组织节律并使之同步化的一种方式[6,41]。

2.1.3 食物对节律的作用

哺乳动物的生物钟是由位于下丘脑视交叉上核的主生物钟和各组织中的外周生物钟组成,其中视交叉上核是起搏器,负责调节各组织节律的同步化。光是起主要作用的授时因子,可以对 SCN 的节律起导引作用,另一种环境因子温度也对节律具有导引作用。食物也会通过主生物钟对外周生物钟产生影响,迄今已发现通过受限喂食(restricted feeding,RF)可以改变鱼、鸟类和哺乳类多种动物的节律[42]。与光照相比,食物是一种很弱的授时因子,也就是说在食物随时充足供给的条件下,动物的节律基本不受食物的影响,而是受光的调控[43]。

多数动物的进食本身具有明显的节律性,这种节律性对于维持动物代谢和行为的同步化具有重要意义。由于很多器官和组织的生理功能都需要与动物的进食与饮水行为相适应,对于外周组织来说,食物包括饮水是很重要的授时因子。消化道负责吸收食物的代谢物,胰脏负责分泌消化酶,骨骼肌调节糖原合成和利用,肾脏控制肾小球滤过及尿液生成,这些器官的功能都与动物的进食密切相关。在肝脏中,相当一部分具有节律的基因是编码参与食物消化和能量代谢的酶或调节蛋白的,例如胆酸合成途径中的限速酶胆固醇 7α 羟化酶(cholesterol 7α hydroxylase)、调节解毒的细胞色素 P450、糖类代谢作用过程中的一些酶类以及调节脂肪酸代谢的一些转录因子等。

对于夜行性哺乳动物而言,如果仅在白天很短的时间范围内(2~4h)提供食物,动物就会在每天提供食物前行为变得活跃,称为食物预期行为(food-anticipatory activity,FAA)(图 2-6)[44]。在取消白天喂食后,仍可观察到 FAA,反映了食物可以作为授时因子诱导可持续的振荡。在食物不受限的情况下,SCN 被切除的大鼠在恒定环境里的进食没有节律,但仍然表现出对食物期待的 FAA 特征。这种特征具有 24h 的周期,在非 24h 喂食周期下如 18h 周期则不会出现这种现象,说明这种节律不是通过记忆形成的[45-46]。另外,对 SCN 被切除的大鼠来说,喂食仍然可对它们的节律产生导引作用,表明 FAA 的导引作用是非 SCN 依赖的[47-48]。这些实验说明,尽管 SCN 可以通过神经和内分泌系统将主生物钟与外周生物钟耦联起来,但是食物作为授时因子,一方面可以以非 SCN 依赖的方式对外周组织的节律起导引作用,另一方面可以使外周组织的生物钟与主生物钟去耦联(decoupling)。在持续黑暗条件下,受限喂食还可能通过外周生物钟对啮齿类动物 SCN 的功能产生影响。此外,食物的营养成分也会对生物钟产生影响。用高脂食物饲喂动物,肝脏的节律会发生改变[49]。对于糖尿病小鼠来说,它们的节律更容易受到白天喂食的导引(图 2-7)[50]。

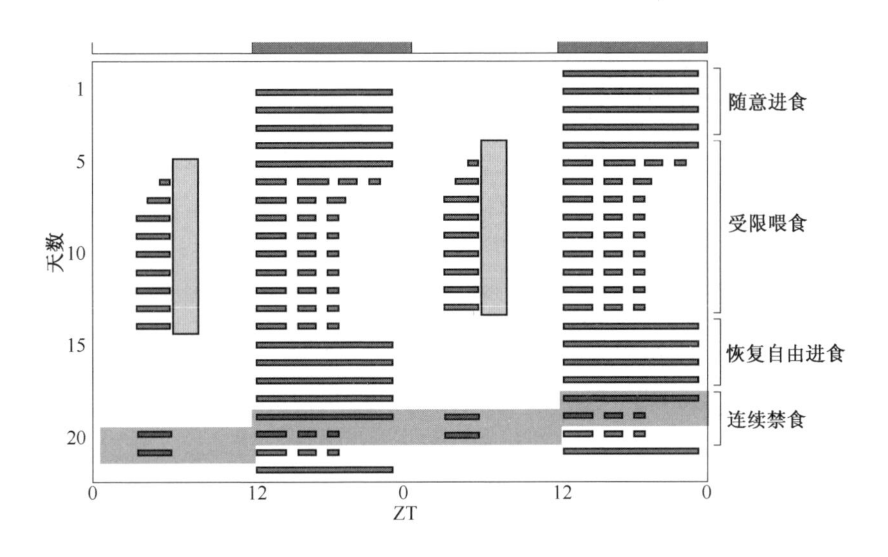

图 2-6　受限喂食引起动物 FAA 的示意活动图[44]

[一个 LD12 ∶ 12 条件下小鼠活动节律的双点示意图。从第 1 天到第 4 天,动物随意进食,基本只在夜间活动。从第 5 天开始至第 14 天,每天只在下午的 2h 时间段喂食(竖的灰色条块),在这段时间里,小鼠在白天喂食前的 2~3h 也逐渐表现出活动规律,称为食物预期活动(FAA),而在夜间尤其是后半夜活动减少。从第 15 天开始恢复自由进食,小鼠的夜间活动显著增加。从第 19 天夜晚开始对小鼠连续禁食 3 天(灰色阴影),小鼠又出现了与第 5~14 天类似的在白天短时间活动的情况。]

对哺乳动物来说,外周各组织也具有各自的节律,但是这些组织不像 SCN 那样能够具有感光色素和感光结构,因此只有非光环境因子才能对它们的节律产生导引作用[51]。SCN 对外周组织节律的同步化起调节作用,去除 SCN 会导致机体各组织的节律消失。离体培养的 SCN 切片在体外的节律可维持长达约 30 天,而肝脏、肺、骨骼肌等外周组织的切片只能维持 2~7 天的节律[52]。大鼠是夜行性动物,主要在夜间进食,在 LD 条件下,只在白天给大鼠喂食,会改变肝脏等组织的节律,持续一周后,大鼠很多器官里受生物钟控制的基因表达的相位都会颠倒过来,但是视交叉上核的节律却不受明显影响(图 2-8)[18]。相比于肾脏、心脏和胰脏,肝脏相位改变得最快,因此这些事实说明限时喂食是多种外周组织生物节律的授时因子[48,53,56]。在敲除 *Bmal1* 基因的小鼠中,活动等近日节律消失,特异性地在小鼠 SCN 表达转入的 *Bmal1* 基因可以使光导引的近日

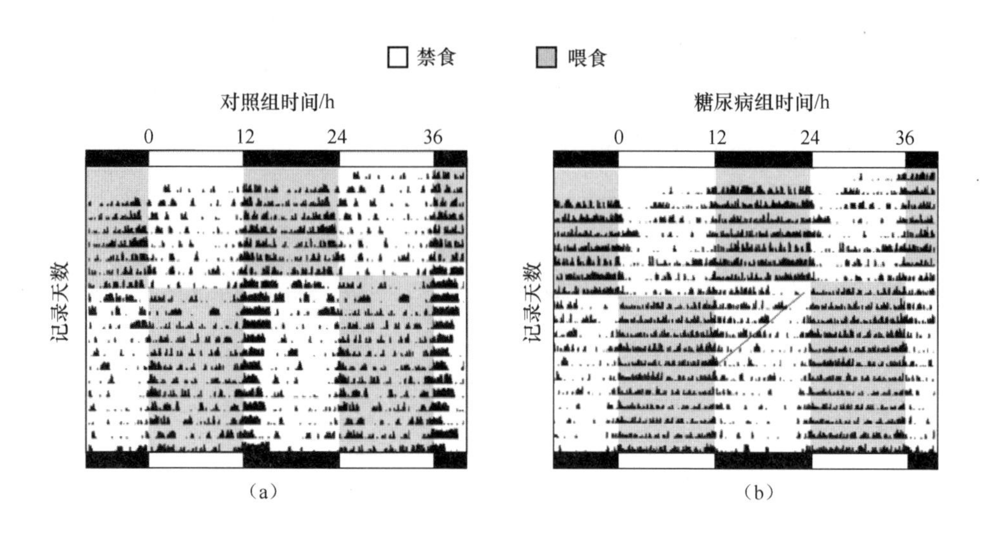

图 2-7　正常小鼠(a)和糖尿病小鼠(b)的双点活动图
(图片顶部和底部的黑条表示夜晚,白条表示白天。
图中的阴影和白色区域分别表示喂食和禁食时间段[50]。)

节律恢复,但并不能恢复食物导引的节律。在 *Bmal1* 基因敲除小鼠下丘脑背内侧核表达 *Bmal1*,则可以使食物导引的节律恢复,但不能使光导引的节律得到恢复。这一研究说明两个问题:一方面,*Bmal1* 基因对于食物导引的节律具有调控作用;另一方面,下丘脑背内侧核而非 SCN 对食物对节律的导引具有调控作用[43]。此外,也有报道认为其他脑区也参与食物对 SCN 的导引作用。

与食物的导引作用类似,甲基苯丙胺(amphetamine)对活动节律的周期、活动开始至结束的时长具有影响。切除 SCN 的大鼠或敲除 *Cry1*/*Cry2* 的小鼠在持续黑暗条件下都不表现出活动的节律性,但是在喂食恒量的甲基苯丙胺后,都可以诱导出明显的活动节律[57-60]。

2.1.4　磁场对生物节律的影响

除了光照、温度和食物外,其他一些自然因子也都能对节律产生导引作用,如磁场、电场、辐射、重力的变化等。其中重力对节律的影响将在第 6 章进行讨论。

涡虫的避光性运动受到月周期的影响,并且其根本原因可能是受到月球运转对地面磁场的周期性变化的影响。当用磁场进行干扰时,涡虫运动的月周期会发生改变[61]。强度在不同地区差异范围内的磁场对老鼠的运动节律具有影响[62]。

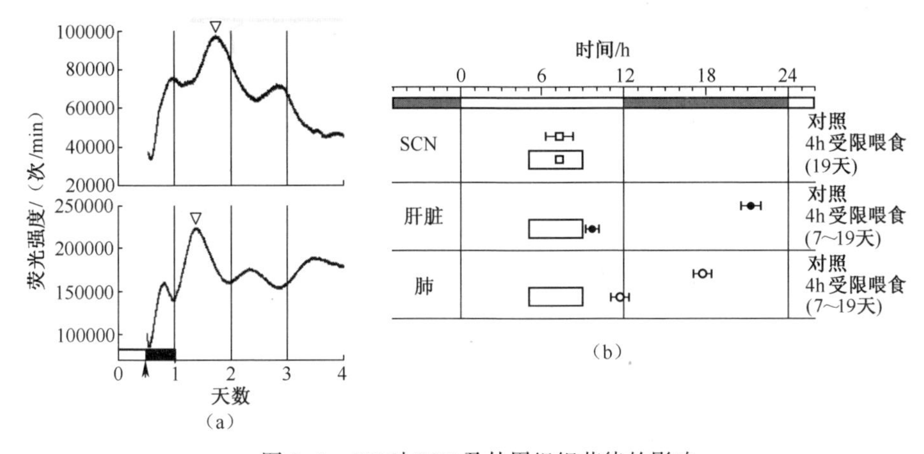

图 2-8 RF 对 SCN 及外周组织节律的影响

(a)对照及 RF 大鼠肝脏在体外培养时荧光节律的变化；

(b)LD12：12 条件下 RF 对 SCN、肝脏和肺基因表达荧光节律的影响。

[受试大鼠被转入了带有 *Per1* 基因启动子的荧光素酶基因(*luciferase*)，可以实时显示荧光节律的变化。大鼠经过连续 7 天、每天经过 4h RF 处理，取出肝脏离体培养，并对荧光节律的相位与对照大鼠肝脏进行比较。图(a)中，箭头指示的是处死大鼠、取出内脏的时间，空心三角形指示的是峰值位置，可以看出肝脏节律的相位在 RF 后发生显著改变。内脏取出后在持续黑暗条件下观察荧光。从图(b)中可以看到 RF 对肝脏和肺的节律有显著影响，但是对 SCN 无显著影响。根据文献[18]改绘]。

表 2-1 环境中的电磁场和辐射[63]

种类	频率范围	辐射来源
静电场	0Hz	地球、视屏、磁共振仪、医疗/科研设备、电解、电焊
极低频磁场	0~300Hz	高压电及家庭供电线路、车内电子引擎、电动汽车和火车、电焊
中频磁场	300Hz~100kHz	视屏、车内及室内防盗装置、读卡器、金属探测器、核磁共振成像仪、电焊
射频辐射	100kHz~300GHz	收音机、电视机、手机、微波炉、雷达、无线电台发射机、磁共振成像仪

在现代社会里，由于电的使用，在我们生活的环境里产生了各种人为的电磁场和辐射(表 2-1)，这些磁场可能会对节律产生影响[63]。可以用热盘检测老鼠对痛觉的阈值，对正常老鼠而言，痛觉的阈值在夜间高而在白天低。用持续20Gs 的磁场处理老鼠可以同时降低其在夜间和在白天的阈值，造成痛觉过敏[64]。人褪黑素(melatonin)、可的松(cortisone)等激素的分泌会受到电磁场和

辐射的影响。褪黑素由松果体分泌,其分泌受生物钟调节。可的松由肾上腺分泌。松果体合成和分泌褪黑素的过程对环境中的电磁场和辐射非常敏感。对电力设备维修工人的调查显示,经常暴露于60Hz电磁场会导致尿液中褪黑素前体的含量下降[65]。对于使用手机影响节律的研究结果不尽一致,有报道称每天使用手机超过25min会造成褪黑素分泌量的降低[66],但也有报道称傍晚使用手机30min后仅对少数受试者的褪黑素含量具有抑制作用,对多数人无明显影响[67]。相比而言,极低频和中频磁场对褪黑素水平基本没有影响[68]。可的松的分泌可能也受到电磁场和辐射的影响,但是在不同的动物和不同的实验当中所报道的结果相差较大,尚无一致的结论[63]。

地震会带来一系列的环境因素变化,如次声波和电磁波扰动等。尽管其中的具体机制尚不清楚,一些证据表明,地震等突发性的自然变故或灾害也会对生物节律产生影响[69]。在2008年汶川地震期间,小鼠的活动节律性受到干扰,甚至丧失了明显的节律[70]。

生物钟调节基因隐花色素(CRY)蛋白可能是磁场的感应因子[71-73]。果蝇暴露于静磁场中,活动节律的周期会发生改变;果蝇暴露在施加蓝光的磁场里节律周期会变化,但是如果暴露在施加红光的磁场里,则周期无明显变化。此外,如果敲除 *Cry* 或引入突变,则周期不受影响。这些结果说明,CRY可能是感知磁场、引起节律变化的感受分子,并且其对磁场的响应受到光照的调节。在果蝇中,低频电磁场会造成果蝇在持续暗光条件下的自运行周期缩短。当敲除 *Cry* 后,果蝇节律的周期不再受低频电磁场影响[74-75]。鸟类可以通过地磁场来定位,CRY1a可能与鸟类的磁场感应有关[76-77]。果蝇中的MagR蛋白可与CRY蛋白形成复合物,会受到包括地磁场在内不同强度磁场的影响,可能在调控动物依靠磁场定向的内在功能方面发挥重要作用[78-79]。

除了上述因素以外,湿度可能也可以作为授时因子,对节律起到调节、导引作用。日本黄姑鱼(*Argyrosomus japonicus*)在非雨季主要是在白天活动,而到了雨季它们主要是在夜晚活动[80]。气压对于节律也具有一定的影响作用,在恒定环境下气压的增加会导致蓝藻KaiC蛋白的磷酸化周期缩短[81]。

2.1.5 社会因素对生物钟的影响

动物都是生活在社会性的群体当中,其中有些动物的社会性程度很高,如蚂蚁、蜜蜂、裸鼢鼠及人类等。在群体当中,个体间的相互影响,也就是社会性因素(social cues),也可能对生物钟产生导引作用,迄今已经在人类、啮齿类动物、鸟类、鱼类、蜜蜂、果蝇等动物中都已发现社会因素会对节律产生影响[79]。

首先,作息安排如睡眠时间、轮班工作、跨越时区产生时差等,对节律具有重要影响。在睡眠受限或不足时,体内生物钟基因的表达节律亦会发生改变[82-83]。睡眠-觉醒周期的改变不但会对行为产生影响,也可能对于主生物钟SCN节律的相位、周期以及对光导引的反应性产生影响[81]。此外,体育锻炼及时间安排对于节律也具有一定的影响[84]。

在自然环境里,同种生物节律的同步化对于群体的捕食、防御、交配和生殖等具有重要意义[85]。盲鼠的活动节律由于不能感光而出现自运行。正常鼠由于受到光暗周期的导引而表现出24h的活动周期,将盲鼠和正常鼠关在一个笼子里,盲鼠活动节律的周期也恢复成为24h[86]。在印度马杜赖地区地下洞穴里有一种蝙蝠叫穴蹄蝠(*Hipposideros speoris*),这些蝙蝠群体间的交流可以对节律起导引作用。这些蝙蝠每天定时飞出洞穴捕食,具有24h的昼夜节律。Marimuthu等在洞穴里诱捕了一些蝙蝠,这些蝙蝠困在笼中,虽然处于持续黑暗中,但它们在笼子里的飞行节律并未出现自运行状态,而是维持24h左右的周期,可能是由于受到了洞穴里其他自由活动蝙蝠的导引[87]。在持续黑暗条件下,群养的果蝇节律的相位要比分开养的果蝇更为一致[88]。Aschoff对在持续4天的短期黑暗环境里生活的受试者的研究也获得了类似的发现,受试者每天同时用餐,同时接受各种测试,在这种情况下虽然缺少光照刺激,他们的节律基本保持一致[89]。母亲会对子代的节律产生影响。一窝西伯利亚仓鼠幼鼠从出生到断奶后仍与母鼠生活在同一笼中,它们的跑轮活动节律的相位较为接近,可能是受了母鼠影响的缘故[42]。

Steiger等对阿拉斯加地区鸟类的活动节律进行了实时遥控记录,发现虽然地处高纬度地区,光照强度仍然具有明显的昼夜节律性,但一些鸟类节律丧失或出现了自运行的情况,推测与鸟类的交配等社会性行为有关[90]。Levine等将节律丧失的突变果蝇放入正常的野生型果蝇群体中,发现相位原本稳定的野生型果蝇的相位变得不再稳定。如果将相位较晚的果蝇与相位较早的果蝇混在一起,则相位较晚的果蝇会受到较为明显的影响,相位会提前,而相位较早的果蝇所受的影响则不明显(图2-9)。这也说明社会因素对节律的影响与光照等自然因素类似,也可能在不同的时间对于相位改变所产生的影响也具有不同的效应[88]。

动物群体中的等级也会对节律产生影响。公鸡在清晨开始打鸣的行为是受生物钟调控的,公鸡群体中的不同个体是分等级的[91]。在同一群公鸡中,每天清晨,总是地位最高的公鸡先开始打鸣,然后等级较低者随后打鸣,等级更低者又次之[92]。雄性大鼠被对手打败后,节律会在一段时间内发生改变;例如体温和活动节律的振幅会显著降低,通过手术处理给予的压力也会诱导振幅的降低[93-95]。

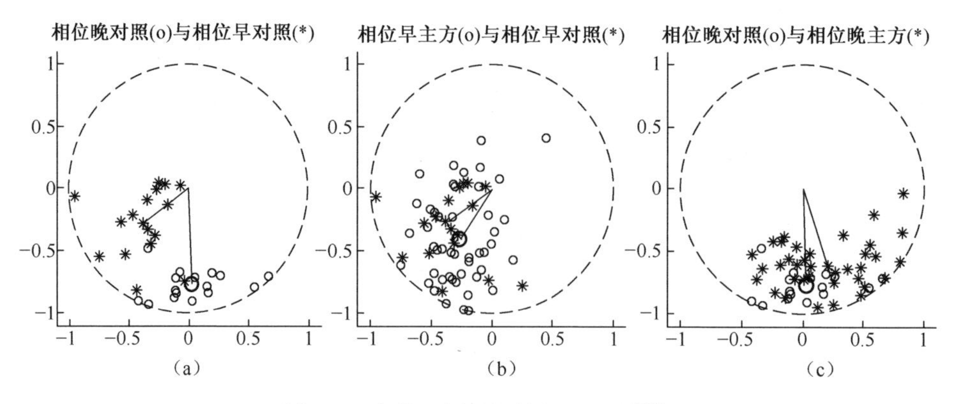

图 2-9 相位不同果蝇的相互影响[88]

(a)经过不同 LD 条件处理使两群果蝇出现不同的相位,用 * 表示的果蝇相位较早,用 o 表示的果蝇相位较晚,箭头方向表示群体平均的相位,箭头的长度表示群体相位的一致性,越长表示一致性越高;(b)将相位晚的果蝇群体(客方)放入相位早的果蝇群体(主方)一段时间后,主方果蝇与(a)图中相位较早果蝇的相位比较;(c)将相位早的果蝇群体(客方)放入相位晚的果蝇群体(主方)一段时间后,主方果蝇与(a)图中相位较晚果蝇的相位比较。

人类在集体生活时个体的节律也会受到相互的影响。在隔离实验中,允许受试者们决定开灯和熄灯的时间。在这种情况下,几个受试者的作息节律会趋于一致,一种可能的解释是:开灯和熄灯的时间可能是由受试者中占主导地位的个体来决定[96-97]。

社会性因素可能是通过个体间的声音、气味、活动及在群体中的地位等多种方式对节律产生导引,其具体机制尚不清楚。金黄刺毛鼠(*Acomys russatus*)和非洲刺毛鼠(*Acomys cahirinus*)共同生活在以色列约旦河谷的干燥地区,当这两种啮齿类动物共存时,金黄刺毛鼠营昼行性生活而非洲刺毛鼠营夜行性生活。当在实验室里让金黄刺毛鼠接触非洲刺毛鼠的气味后,金黄刺毛鼠体温节律的相位会发生明显改变[95]。将雌性智利八齿鼠(*Octodon degus*)的嗅觉球切除,对于动物节律的光导引以及社会因素的导引都会产生影响[98]。这些实验的结果说明气味可以作为社会因素对不同物种间的节律产生影响。

需要注意的是,社会性因素也并不一定总会对节律产生导引作用。Miles 等报道了一位盲人,尽管生活在正常社会中,但他的节律却出现了自运行状态,周期长于 24h,说明周围环境的社会因素无法对其节律起导引作用[22]。Refinetti 等将致盲的金黄地鼠与正常金黄地鼠养在一起,笼子里放有 2 只跑轮,结果发现正常金黄地鼠的跑轮节律受光暗周期的影响,但盲鼠的节律既不受光暗周期影响,也不受正常鼠的影响[99]。其他一些研究亦表明,在长期的共处中,受试者的节律并不同步,而是呈现出自运行的状态[74]。

很多生物的交配、繁殖具有明显的节律特征,例如昆虫性外激素的释放等。相近物种在不同时间的交配会导致物种隔离,例如东非乌干达地区一些不同种类的军蚁交配时间在一天当中明显不同,这可能与它们的物种隔离有关(图2-10)[100]。类似地,不同物种的生物在同一地域的不同时间活动,也可以在时间上将它们隔离开来。但是,另一方面,不同的生物如果活动范围或事件有所重叠,它们的节律也可能会互相影响。一些扁角菌蚊生活在黑暗洞穴里,它们的幼虫可以发出荧光诱捕飞虫。尽管这些扁角菌蚊长期不见光照,但是它们仍然具有接近24h的周期。据推测,这些扁角菌蚊所捕食的飞虫是从洞外地下河流进来的幼虫孵化出来的,这些虫的孵化受生物钟调节,所以孵化具有节律性,并可能因此诱导了扁角菌蚊的节律[101]。在海边,潮汐对于生物存在不同的影响,不同的生物因其生活在潮间带、高于潮间带的陆地和低于潮间带的海水里而表现出不同的节律[102]。

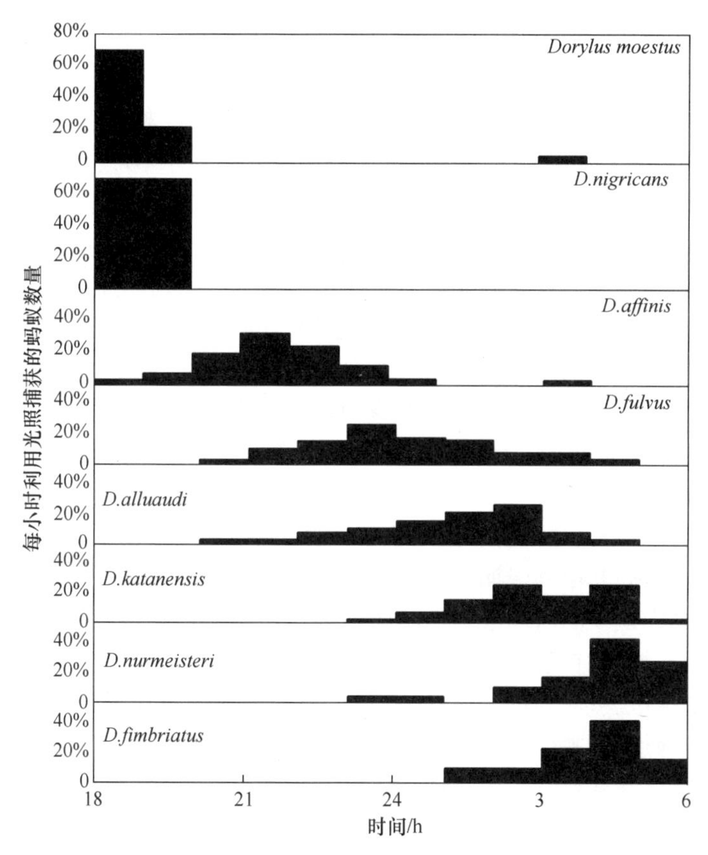

图2-10 乌干达一些不同种类的成熟雄性军蚁在一天里活跃飞行的时间[100]

此外,2020 年以来的一些研究揭示,在由于新冠病毒 COVID-19 引起的隔离期间,普通人群的生物节律、作息也会发生明显改变,其中较多的人会出现睡眠-觉醒相位延迟的现象。这些改变可能与室内光照不足、对疫情的担忧以及狭小或受限环境等因素有关[103-105]。

2.2 生物钟与生存适应性

生物钟系统是进化的产物,也正因如此,生物钟对于生物适应环境的周期性变化具有不可或缺的重要意义。蓝藻具有自运行周期近 25h 的节律,为了对不同周期蓝藻的生存竞争力进行比较,Ouyang 等将周期近 25h 的野生型蓝藻以及周期分别为 23h 和 30h 的突变菌株进行混合培养,结果发现,将 FRP = 23h 的菌株和野生型菌株混合培养,在 LD11:11 光暗条件下,经过 27 天,在原先等比例混合的菌液里,FRP = 23h 的菌株在数量上占据绝对优势,野生型菌株反而不具优势;两种菌混合后在 LD15:15 条件下生长 27 天后,则是野生型菌的数量占优势。将野生型菌株和 FRP = 30h 的菌株混合后在 LD15:15 条件下培养 27 天后,具有长周期特征的菌占据优势;在 LD11:11 条件下情况相反,野生型菌的数量占优势。将 FRP = 23h 和 FRP = 30h 的两种菌混合后,在 LD11:11 条件下培养 27 天后,短周期菌株数量占优势,而在 LD15:15 条件下,则是长周期菌株数量占优势(图 2-11)[106]。这些数据表明,生物钟的周期长短与环境因子的周期密切相关,生物的周期如果与环境周期较为接近,则具有更强的适应性或生存竞争力。

植物的生物钟调节植物的各种生理过程,如叶绿体运动、气孔开放、叶片运动、开花等过程。长周期和短周期的拟南芥植株在同样的 LD10:10 条件下长期培养,结果显示短周期植物的长势显著优于长周期植物,表现为叶绿体数量更多、固碳量更高、生长更快及成活率更高等。相反,在 LD14:14 条件下,长周期植物的长势则更为明显[107]。Goodspeed 等利用拟南芥和粉纹夜蛾为模式生物研究了生物钟对于植物抵御害虫的重要性,发现粉纹夜蛾主要在中午到夜间这一时间取食植物,其中高峰期主要在傍晚。粉纹夜蛾在半夜至中午这一时间段取食较少,其中最少的时间段是在黎明前后。拟南芥产生的茉莉酸(jasmonate)等次生代谢产物具有抵御害虫的作用,茉莉酸的水平在昼夜具有显著差异,因此拟南芥的抗性也表现出昼夜节律的特征。当拟南芥的节律紊乱时,被粉纹夜蛾取食量显著增加,反映出正常的节律对于抵御害虫的重要性[108]。此外,通过长期的人工选育,一些作物与生物钟相关的基因发生了变异,而使得开花提前、产量提高[109]。这些研究表明生物钟对植物及农作物的环境适应性具有重要意义。

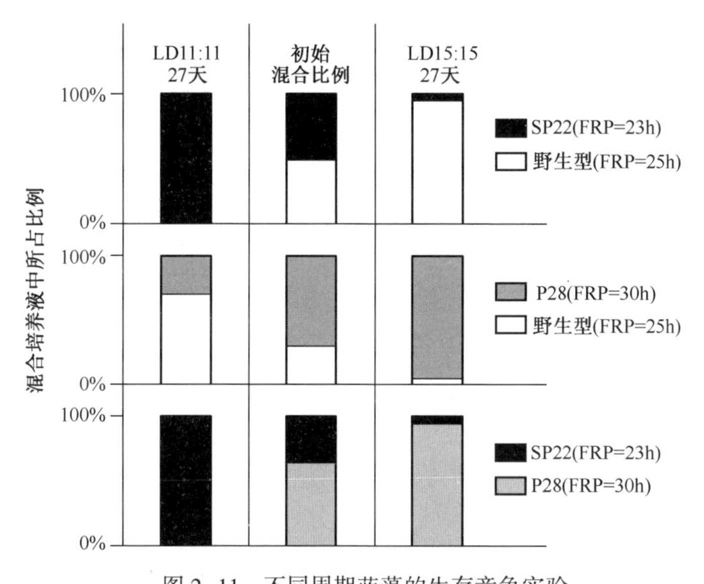

图 2-11　不同周期蓝藻的生存竞争实验

（几种具有不同自运行周期蓝藻的节律进行混合，分别在 LD11∶11 和 LD15∶15 条件下，连续培养 27 天后不同菌株所占比例的变化情况。FRP 表示自运行周期[106]。）

1997 年，DeCoursey 等对部分羚羊地松鼠（antelope ground squirrel）的 SCN 进行了切除，切除了 SCN 的羚羊地松鼠昼夜节律丧失，然后将这些 SCN 被切除的地松鼠以及未切除的对照组动物一起放归野外。羚羊地松鼠是一种昼行性动物，在夜间很少活动，但是 SCN 切除的地松鼠由于节律消失，在夜间也经常出来活动，因而很容易被天敌捕食。一个月下来，SCN 被切除的动物被天敌捕食的比例显著高于对照组[110]。Spoelstra 等将携带 *Tau* 突变基因的短周期小鼠以及数量和性别比例均相近的野生型小鼠放养在一片人工控制的区域，14 个月后将所有小鼠捕获并进行基因型分析，结果显示整个群体里 *Tau* 突变基因的频率从 49%下降至 21%[111]。

繁育能力是体现生物适应性及生存竞争力的一个重要方面，生物钟对于生殖、发育和繁衍也具有重要影响。不少植物的开花及动物的授粉都具有节律的特征，一些植物和授粉动物甚至出现了协同进化[112-113]。一些真菌发出的荧光强度具有昼夜变化的节律，可能具有吸引昆虫、播散孢子的作用[113-114]。昆虫通过信息素（pheromone）识别同类、吸引异性，对于昆虫的生殖非常重要[115]。种类不同的蛾的交配行为受到昼夜节律的影响，并且不同种类的蛾交配的时间亦有所不同，有些蛾在上半夜交配，而另一些蛾在下半夜交配。不同的蛾的交配行为之所以不会混杂，与不同种蛾信息素的差异具有直接关系。昼夜节律、月节律、潮汐节律等不同形式的节律对动物的生殖都可能具有影响[116-118]。在果蝇中，生物钟核心蛋白果蝇 PER 和 TIM 在输精管中呈现周期性的表达，果蝇 PER 和 TIM 蛋白缺失导致其精子产生减少[119]。在蛾类中的研究表明精子的周期性释放和精液的周期性酸化都受到位于睾丸-输精管复合体中的生物钟的调控[120]。哺乳动物的生殖也受到生物钟的调控，但情况较为复杂，并且生物钟对生殖的调节功能与机制迄今尚不是很清楚。在小鼠等哺乳动物中，生物钟核心基因的表达在睾丸组织中是否有节律还不是很明确[121]。雌性银篮子鱼（*Siganus argenteus*）分泌 Oestradiol-17β 具有明显的月节律，雄性银篮子鱼分泌睾酮也具有月节律，并且两种性别银篮子鱼分泌这些激素的节律是同步的，峰值都是位于每月望日，这有利于它们共同进入繁殖状态[122]。

在果蝇的生殖系统里，生物钟基因如 *Per*、*Dclk*、*Tim* 等，在 RNA 或蛋白水平上也呈现出周期性的表达方式。与野生型对照果蝇相比，生物钟基因突变果蝇的繁殖力显著降低[119]。鸵鸟孵蛋也具有明显的节律特征，有些鸵鸟的羽色具有很大的性别差异，黑雄灰雌，雌鸟和雄鸟分别在白天和夜晚轮流孵蛋，这样不易被天敌发现[123]。与鸵鸟类似，斑尾林鸽（*Streptopelia risoria*）也是如此，这都是对环境的适应[124]。

2.3 极端环境下的生物节律

此外，生活在极端环境下的一些生物，它们的生物钟系统发生退化，这也可以反过来说明自然选择对于生物钟的影响[125]。例如，生活在岩洞里的鱼，不但视觉退化，其昼夜节律也基本消失[126-127]。靠近北极圈的驯鹿（*Rangifer tarandus*）在冬季时，虽然接受光照仍然对这些动物体内的褪黑素会起到抑制作用，但是褪黑素的变化不具有明显的昼夜周期性。此外，分子水平的分析结果显示，驯鹿在冬季时 *Bmal1*、*Per2* 等生物钟核心基因的表达也不具有节律（图 2-12）[128]。但是，也有其他研究发现，极地驯鹿在冬季时的活动仍然是具有节律性的[129]。南极地区的夏季处于极昼时段，但是每天日照强度仍有一定幅度的变化。在 11 月至 1 月对南极罗斯岛的阿德利企鹅体内的褪黑素水平进行连续分析的结果揭示，褪黑素的节律在不同个体间差异很大，尽管少数企鹅的褪黑素水平具有节律，但是其峰值并不与光照强度呈现出明显关联。这些数据表明在极地等特殊环境下，生物的节律特征与四季分明的地区存在显著差异[130]。

初到北极的人在极昼或极夜时段仍然表现出明显的节律，而对因纽特人和已经在北极地区生活了一年以上的人的节律进行分析，则发现他们节律的振幅很弱甚至丧失了节律[96]。对极地考察队员的研究揭示，在极夜条件下，人会出现节律相位延后或者自运行等情况[131]。北极地区的果蝇 *C. costata* 和

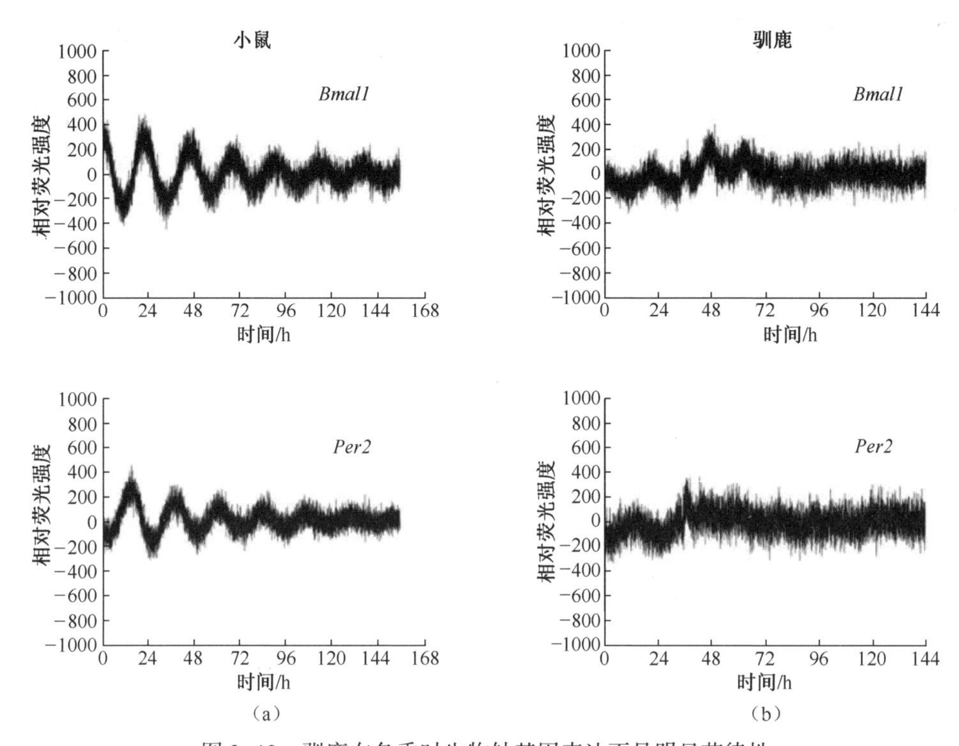

图2-12 驯鹿在冬季时生物钟基因表达不具明显节律性

(a)小鼠;(b)驯鹿。

(生活在实验室的野生型小鼠和驯鹿的成纤维细胞分别转入以 *Bmal1* 和 *Per2* 启动子驱动的荧光素酶报告基因,然后实时检测荧光强度的变化情况[128]。)

D. ezoana 与低纬度地区的果蝇不同,在持续黑暗条件下这些北极果蝇没有活动节律,它们脑中与生物钟调控有关的神经元在数量和形态上也存在明显差异[132]。

地球上的绝大多数生物都是生活在光暗及温度变化的昼夜交替的环境里,那么与被动地适应相比,生物钟系统对生物的生存与适应究竟有何意义?生物钟的一个重要功能是赋予生物可以预测时间的能力,即不需等到环境开始变化才作出反应,而是可以提前准备,提高效率[133]。例如,植物的生物钟使得植物在太阳升起前,编码光合作用所需酶的一些基因就开始表达,如编码捕获光能的叶绿素复合体(light harvesting complex)相关的叶绿素 a/b 结合蛋白(*LHCA/LHCB*)等基因。通过这种方式,植物在日出前已经合成了一些光合作用所需的基因产物,只要太阳一升起就可以开始光合作用,从而可以提高利用阳光的效率[134]。动物的生物钟也具有类似的“预测”特性,像实验室里的大鼠,体温具有节律特征,并且在夜晚来临之前体温就已升高,为开始活动做准备。与此类似,穴居的蝙蝠在傍晚出洞之前体温也已开始升高、苏醒,为外出飞行和捕食做好准备[135]。

除了与适应性有关,生物钟对代谢的时间性调节也具有重要意义。调节代谢的酶当中有相当一部分的限速酶受到生物钟的调控,如胆固醇合成途径中的限速酶 HMGR(HMG-CoAreductase)和(CYP7A),其表达均具有节律性[136]。在不同的时间(如白天和夜晚)进行不同的代谢活动,可以让具有拮抗作用的不同酶类在同一细胞的不同时间表达和发挥功能,避免相互干扰,使得代谢过程更加有序、高效[137]。比如负责糖原合成的糖原合成酶 I(glycogen synthetase I) 以及负责糖原降解的糖原磷酸化酶 a(phosphorylase a,GPa),都具有节律性,但它们的相位不同,从而使它们分别在不同的时间发挥功能,保证代谢过程井然有序[138]。

以上这些情况共同表明,生物钟对不同的生物,包括细菌、真菌、植物及动物的生存适应都具有重要意义。对于人类而言,由于人类具有生活及医疗等保障,生物节律的紊乱或许不会在短时间内直接对生存造成威胁,但是会对生理、心理、健康和行为等方面带来很多负面影响,我们将面对这些问题进行详细介绍。

上述的极端环境都是地球上的,现在人类的脚步已经走出地球,走向太空。空间的很多环境因素都与地面差异很大,其中一些因素也会影响节律,这方面的内容将在第 6 章进行详细介绍。

参考文献

[1] Qi L, Hu C, Visser PM, Ma R. Diurnal changes of cyanobacteria blooms in Taihu Lake as derivedfrom GOCI observations[J]. Limnol Pceanogr,2018,63:1711-1726.

[2] Ottesen E A, Young C R, Gifford S M, et al. Multispecies diel transcriptional oscillations in open ocean heterotrophic bacterial assemblages[J]. Science,2014,345(6193):207-212.

[3] Hörnlein C, Confurius-Guns V, Stal L J,et al. Daily rhythmicity in coastal microbial mats[J]. NPJ Biofilms Microbiomes,2018,4:11.

[4] 周瑶琪, 赵振宇, 冀国盛. 奥陶纪以来生物贝壳生长纹层与地月轨道参数的演化[J]. 生态环境, 2005,14(5):625-630.

[5] HASTINGS M H,DUFFIELD G E,SMITH E J,et al. Entrainment of the circadian system of mammals by nonphotic cues[J]. Chronobiol Int,1998,15(5):425-445.

[6] MOHAWK J A,GREEN C B,TAKAHASHI J S. Central and peripheral circadian clocks in mammals[J].Annu Rev Neurosci,2012,35:445-462.

[7] KALSBEEK A,YI C X,CAILOTTO C,et al. Mammalian clock output mechanisms[J]. Essays Biochem, 2011,49(1):137-151.

[8] BALSALOBRE A,BROWN S A,MARCACCI L,et al. Resetting of circadian time in peripheral tissues by

glucocorticoid signaling[J]. Science,2000,289(5488):2344-2347.

[9] BUIJS R,SALGADO R,SABATH E,et al. Peripheral circadian oscillators: time and food[J]. Prog Mol Biol Transl Sci,2013,119:83-103.

[10] WEINERT D. Ontogenctic development of the mammalian circadian system[J]. Chronobiol Int,2005,22(2):179-205.

[11] OHTA H,HONMA S,ABE H,et al. Effects of nursing mothers on rPer1 and rPer2 circadian expressions in the neonatal rat suprachiasmatic nuclei vary with developmental stage[J]. Eur J Neurosci,2002,15(12):1953-1960.

[12] GLASS J D,GROSSMAN G H,FARNBAUCH L,et al. Midbrain raphe modulation of nonphotic circadian clock resetting and 5-HT release in the mammalian suprachiasmatic nucleus[J]. J Neurosci,2003,23(20):7451-7460.

[13] REPPERT S M,WEAVER D R,EBISAWA T. Cloning and characterization of a mammalian melatonin receptor that mediates reproductive and circadian responses[J]. Neuron,1994,13(5):1177-1185.

[14] CHALLET E,MENDOZA J. Metabolic and reward feeding synchronises the rhythmic brain[J]. Cell and tissue,2010,341(1):1-11.

[15] OROZCO-SOLIS R,SASSONE-CORSI P. Circadian clock: linking epigenetics to aging[J]. Curr Opin Genet Dev,2014,26:66-72.

[16] FEILLET C A,MENDOZA J,PÉVET P,et al. Restricted feeding restores rhythmicity in the pineal gland of arrhythmic suprachiasmatic-lesioned rats[J]. Eur J Neurosci,2008,28(12):2451-2458.

[17] STOKKAN K A,YAMAZAKI S,TEI H,et al. Entrainment of the circadian clock in the liver by feeding[J]. Science,2001,291(5503):490-493.

[18] MASRI S,SASSONE-CORSI P. The circadian clock: a framework linking metabolism,epigenetics and neuronal function[J]. Nat Rev Neurosci,2013,14(1):69-75.

[19] MASRI S. SASSONE-CORSI P. The circadian clock:a framework linking metabolism,epigenetics and neuronal function[J]. Nat Rev Neurosci,2013,14(1):69-75.

[20] MENDOZA J,GRAFF C,DARDENTE H,et al. Feeding cues alter clock gene oscillations and photic responses in the suprachiasmatic nuclei of mice exposed to a light/dark cycle[J]. J Neurosci,2005,25(6):1514-1522.

[21] MASRI S,SASSONE-CORSI P. The circadian clock:a framework linking metabolism,epigenetics and neuronal function[J]. Nat Rev Neurosci,2013,14(1):69-75.

[22] LUCAS R J,FREEDMAN M S,MUÑOZ M,et al. Regulation of the mammalian pineal by non-rod,non-cone,ocular photoreceptors[J]. Science,1999,284:505-507

[23] THAPAN K,ARENDT J,SKENE D J. An action spectrum for melatonin suppression: evidence for a novel non-rod,non-cone photoreceptor system in humans[J]. J Physiol,2001,535:261-267.

[24] BRAINARD G C,HANIFIN J P,GREESON J M,et al. Action spectrum for melatonin regulation in humans: evidence for a novel circadian photoreceptor[J]. J Neurosci,2001,21:6405-6412.

[25] LEWY A J,WEHR T A,GOODWIN F K,et al. Light suppresses melatonin secretion in humans[J]. Science,1980,210:1267-1269.

[26] ZEITZER J M,DIJK D J,KRONAUER R,et al. Sensitivity of the human circadian pacemaker to nocturnal light: melatonin phase resetting and suppression[J]. J Physiol,200,526(Pt 3):695-702.

[27] TERMAN M, TERMAN J S. Principles and Practice of Sleep Medicine Philadelphia. Elsevier, 2005: 1424-1442.

[28] MCGUIRE R A, RAND W M, WURTMAN R J. Entrainment of the body temperature rhythm in rats: effect of color and intensity of environmental light[J]. Science, 1973, 181(4103): 956-957.

[29] CAO R, BUTCHER G Q, KARELINA K, et al. Mitogen- and stress-activated protein kinase 1 modulates photic entrainment of the suprachiasmatic circadian clock[J]. Eur J Neurosci, 2013, 37(1): 130-140.

[30] CAO R, GKOGKAS C G, DE ZAVALIA N, et al. Light-regulated translational control of circadian behavior by eIF4E phosphorylation[J]. Nat Neurosci, 2015, 18(6): 855-862.

[31] MALZAHN E, CIPRIANIDIS S, KÁLDI K, et al. Photoadaptation in Neurospora by competitive interaction of activating and inhibitory LOV domains[J]. Cell, 2010, 142(5): 762-772.

[32] SCHMOLL C. Tendo C, ASPINALL P, et al. Reaction time as a measure of enhanced blue-light mediated cognitive function following cataract surgery[J]. Br J Ophthalmol, 2011, 95(12): 1656-1659.

[33] JUD C, SCHMUTZ I, HAMPP G, et al. A guideline for analyzing circadian wheel-running behavior in rodents under different lighting conditions[J]. Biol Proced Online, 2005, 7(1): 101-116.

[34] BELDEN W J, LOROS J J, DUNLAP J C. Execution of the circadian negative feedback loop in Neurospora requires the ATP-dependent chromatin-remodeling enzyme CLOCKSWITCH. Mol Cell, 2007, 25(4): 587-600.

[35] LIU Y, MERROW M, LOROS J J, et al. How temperature changes reset a circadian oscillator[J]. Science, 1998, 281(5378): 825-829.

[36] BARRETT R K, TAKAHASHI J S. Temperature compensation and temperature entrainment of the chick pineal cell circadian clock[J]. J Neurosci, 1995, 15(8): 5681-5692.

[37] SIDOTE D, MAJERCAK J, PARIKH, et al. Differential effects of light and heat on the Drosophila circadian clock proteins PER and TIM[J]. Mol Cell Biol, 1998, 18(4): 2004-2013.

[38] CHEN C, BUHL E, XU M, et al. Drosophila Ionotropic Receptor 25a mediates circadian clock resetting by temperature[J]. Nature, 2015, 527(7579): 516-520.

[39] DIERNFELLNER A C, SCHAFMEIER T, MERROW M W, et al. Molecular mechanism of temperature sensing by the circadian clock of Neurospora crassa[J]. Genes Dev, 2005, 19(17): 1968-1973.

[40] SAINI C, MORF J, STRATMANN M, et al. Simulated body temperature rhythms reveal the phase-shifting behavior and plasticity of mammalian circadian oscillators[J]. Genes Dev, 2012, 26(6): 567-580.

[41] BUHR E D, YOO S H, TAKAHASHI J S. Temperature as a universal resetting cue for mammalian circadian oscillators[J]. Science, 2010, 330(6002): 379-385.

[42] LINCOLN G A, CLARKE I J, HUT R A, et al. 2010, Characterizing a Mammalian Circannual Pacemaker [J]. Science, 2006. 314(5807): 1941-1944.

[43] FULLER P M, LU J, SAPER C B. Differential rescue of light- and food-entrainable circadian rhythms [J]. Science, 2008, 320(5879): 1074-1077.

[44] CARNEIRO B T, ARAUJO J F. The food-entrainable oscillator: a network of interconnected brain structures entrained by humoral signals[J]. Chronobiol Int, 2009, 26(7): 1273-1289.

[45] WU T, ZHU G F, SUN L, et al. Enhanced effect of daytime restricted feeding on the circadian rhythm of streptozotocin-induced type 2 diabetic rats[J]. Am J Physiol Endocrinol Metab, 2012, 302(9): 1027-1035.

[46] DIBNER C, SCHIBLER U, ALBRECHT U. The mammalian circadian timing system: organization and coordination of central and peripheral clocks[J]. Annu Rev Physiol., 2010, 2: 517-549.

[47] MISTLBERGER R E. Circadian food-anticipatory activity: formal models and physiological mechanisms [J]. Neurosci. Biobehav Rev,1994,18:171-195.

[48] STEPHAN F K,SWANN J M,SISK C L. Anticipation of 24-hr feeding schedules in rats with lesions of the suprachiasmatic nucleus[J]. Behav Neural Biol,1979,25(3):346-363.

[49] HARA R,WAN K,WAKAMATSU H,et al. Restricted feeding entrains liver clock without participation of the suprachiasmatic nucleus[J]. Genes Cells,2001,6(3):269-278.

[50] ECKEL-MAHAN K L,PATEL V R,DE MATEO S,et al. Reprogramming of the circadian clock by nutritional challenge[J]. Cell,2013,155(7):1464-1478.

[51] MENAKER M, TAKAHASHI J S, ESKIN A. The physiology of circadian pacemakers [J]. Annu Rev Physiol,1978,40:501-526.

[52] YAMAZAKI S,NUMANO R,ABE,et al. Resetting central and peripheral circadian oscillators in transgenic rats[J]. Science,2000,288(5466):682-685.

[53] SCHIBLER U,RIPPERGER J,BROWN S A. Peripheral circadian oscillators in mammals: time and food[J]. J Biol Rhythms,2003,18(3):250-260.

[54] REFINETTI R. Circadian rhythm of locomotor activity in the pill bug,armadillidium vulgare (isopoda)[J]. Crustaceana,2000,73(5):575-583.

[55] DAMIOLA F,LE MINH N,PREITNER N,et al. Restricted feeding uncouples circadian oscillators in peripheral tissues from the central pacemaker in the suprachiasmatic nucleus[J]. Genes Dev,2000,14(23): 2950-2961.

[56] ABE H,HONMA S,HONMA K. Daily restricted feeding resets the circadian clock in the suprachiasmatic nucleus of CS mice[J]. Am J Physiol Regul Integr Comp Physiol,2007,292(1):R607-615.

[57] HONMA K,HONMA S,HIROSHIGE T. Disorganization of the rat activity rhythm by chronic treatment with methamphetamine[J]. Physiol Behav,1986,38:687-695.

[58] HONMA K,HONMA S,HIROSHIGE T. Activity rhythms in the circadian domain appear in suprachiasmatic nuclei lesioned rats given methamphetamine[J]. Physiol Behav,1987,40:767-774.

[59] HONMA S,YASUDA T,YASUI A,et al. Circadian behavioral rhythms in Cry1/Cry2 double-deficient mice induced by methamphetamine[J]. J Biol Rhythms,2008,23:91-94.

[60] MASUBUCHI S,HONMA S,ABE H,et al. Circadian activity rhythm in methamphetamine-treated Clock mutant mice[J]. Eur J Neurosci,2001,14:1177-1780.

[61] BROWN F A JR,HASTINGS J W,PALMER J D. The biological clock: two views[M]. New York:Academic Press,1970.

[62] BROWN F A JR,PARK Y H,ZENO J R. Diurnal variation in organismic response to very weak gamma radiation[J]. Nature,1966,211(5051):830-833.

[63] LEWCZUK B,REDLARSKI G,ZAK A,et al. Influence of electric,magnetic,and electromagnetic fields on the circadian system: current stage of knowledge[J]. Biomed Res Int. 2014:169459.

[64] JEONG J H,CHOI K B,YI B C,et al. Effects of extremely low frequency magnetic fields on pain thresholds in mice: roles of melatonin and opioids[J]. J Auton Pharmacol,2000,20(4):259-264.

[65] BURCH J B,REIF J S,NOONAN C W,et al. Melatonin metabolite excretion among cellular telephone users [J]. Int J Radiat Biol,2002,78(11):1029-1036.

[66] BURCH J B,REIF J S,NOONAN C W,et al. Melatonin metabolite levels in workers exposed to 60-Hz magnetic fields: work in substations and with 3-phase conductors[J]. J Occup Environ Med,2000,42(2):

136-142.

[67] WOOD A W, LOUGHRAN S P, STOUGH C. Does evening exposure to mobile phone radiation affect subsequent melatonin production[J]. Int J Radiat Biol, 2006, 82(2): 69-76.

[68] DE BRUYN L, DE JAGER L, KUYL J M. The influence of long-term exposure of mice to randomly varied power frequency magnetic fields on their nocturnal melatonin secretion patterns[J]. Environ Res, 2001, 85(2): 115-121.

[69] YOKOI S, IKEYA M, YAGI, et al. Mouse circadian rhythm before the Kobe earthquake in 1995 [J]. Bioelectromagnetics, 2003, 24(4): 289-291.

[70] LI Y, LIU Y, JIANG Z, et al. Behavioral change related to Wenchuan devastating earthquake in mice [J]. Bioelectromagnetics, 2009, 30(8): 613-620.

[71] YOSHII T, AHMAD M, HELFRICH-FÖRSTER C. Cryptochrome mediates light-dependent magnetosensitivity of Drosophila's circadian clock[J]. PLoS Biol, 2009, 7(4): e1000086.

[72] GEGEAR R J, FOLEY L E, CASSELMAN, et al. Animal cryptochromes mediate magnetoreception by an unconventional photochemical mechanism[J]. Nature, 2010, 463(7282): 804-807.

[73] GEGEAR R J, CASSELMAN A, WADDELL S, et al. Cryptochrome mediates light-dependent magnetosensitivity in Drosophila[J]. Nature. 454(7207): 1014-1018.

[74] FEDELE G, EDWARDS M D, BHUTANI S, et al. Genetic analysis of circadian responses to low frequency electromagnetic fields in Drosophila melanogaster[J]. PLoS Genet, 2014, 10(12): e1004804.

[75] FEDELE G, GREEN E W, ROSATO E, et al. An electromagnetic field disrupts negative geotaxis in Drosophila via a CRY-dependent pathway[J]. Nat Commun. 5: 4391

[76] WILTSCHKO R, STAPPUT K, THALAU P, et al. Directional orientation of birds by the magnetic field under different light conditions[J]. J R Soc Interface, 2010, 7(Suppl 2): S163-177.

[77] WILTSCHKO R, WILTSCHKO W. Sensing magnetic directions in birds: radical pair processes involving cryptochrome[J]. Biosensors, 2014, 4(3): 221-242.

[78] QIN S, YIN H, YANG C, et al. A magnetic protein biocompass[J]. Nat Mater, 2015, 15(2): 217-226.

[79] MISTLBERGER R E, SKENE D J. Social influences on mammalian circadian rhythms: animal and human studies[J]. Biol Rev Camb Philos Soc, 2004, 79(3): 533-556.

[80] PAYNE N, VANDER MEULEN D E, SUTHERS I M, et al. Rain-driven changes in fish dynamics: a switch from spatial to temporal segregation[J]. Marine Ecology Progress Series, 2015, 528: 267-275.

[81] KITAHARA R, OYAMA K, KAWAMURA T, et al. Pressure accelerates the circadian clock of cyanobacteria [J]. Sci Rep, 2019, 9(1): 12395.

[82] MÖLLER-LEVET C S, ARCHER S N, BUCCA G, et al. Effects of insufficient sleep on circadian rhythmicity and expression amplitude of the human blood transcriptome [J]. Proc Natl Acad Sci U S A, 2013, 110(12): E1132-1141.

[83] FOSTER R G, KREITZMAN L. Rhythms of Life: The Biological Clocks that Control the Daily Lives of Every Living Thing[M]. New Haven. Yale University Press, 2004.

[84] MISTLBERGER R E, SKENE D J. Nonphotic entrainment in humans[J]. J Biol Rhythms, 2005, 20(4): 339-352.

[85] BLOCH G, HERZOG E D, LEVINE J D, et al. Socially synchronized circadian oscillators[J]. Proc Biol Sci, 2013, 280(1765): 20130035.

[86] HALBERG F, VISSCHER M B, BITTNER J J. Relation of visual factors to eosinophil rhythm in mice[J].

Am J Physiol,1954,179(2):229-235.

[87] MARIMUTHU G, CHANDRASHERARAN M K. Social synchronization of the activity rhythm in a cave-dwelling insectivorous bat[J]. Sci Nat. 65(11):600.

[88] LEVINE J D, FUNES P, DOWSE H B, et al. Resetting the circadian clock by social experience in Drosophila melanogaster[J]. Science,2002,298(5600):2010-2012.

[89] ASCHOFF J, FATRANSKÁ M, GIEDKE H, et al. Human circadian rhythms in continuous darkness: entrainment by social cues[J]. Science. 171(3967):213-215.

[90] STEIGER S S, VALCU M, SPOELSTRA K, et al. When the sun never sets: diverse activity rhythms under continuous daylight in free-living arctic-breeding birds[J]. Proc Biol Sci,2013,280(1764):20131016.

[91] SHIMMURA T, YOSHIMURA T. Circadian clock determines the timing of rooster crowing[J]. Curr Biol, 2013,23(6):R231-3.

[92] SHIMMURA T, OHASHI S, YOSHIMURA T. The highest-ranking rooster has priority to announce the break of dawn[J]. Sci Rep,2015,5:11683.

[93] HARPER D G, TORNATZKY W, MICZEK K A. Stress induced disorganization of circadian and ultradian rhythms: comparisons of effects of surgery and social stress[J]. Physiol Behav,1996,59(3):409-419.

[94] MEERLO P, SGOIFO A, TUREK F W. The effects of social defeat and other stressors on the expression of circadian rhythms[J]. Stress,2002,5(1):15-22.

[95] VINKERS C H, BREUER M E, WESTPHAL K G, et al. Olfactory bulbectomy induces rapid and stable changes in basal and stress-induced locomotor activity, heart rate and body temperature responses in the home cage[J]. Neuroscience,2009,159(1):39-46.

[96] MOORE-EDE M C, SULZMAN F M. The clocks that time us : physiology of the circadian timing system [M]. Boston: Harvard University Press,1982.

[97] MOORE A J, HAYNES K F, PREZIOSI R F, et al. The evolution of interacting phenotypes: genetics and evolution of social dominance[J]. Am Nat,2002,160(Suppl 6):S186-197.

[98] GOEL N, LEE T M. Olfactory bulbectomy impedes social but not photic reentrainment of circadian rhythms in female Octodon degus[J]. J Biol Rhythms,1997,12(4):362-370.

[99] REFINETTI R, NELSON D E, Menaker M, et al. Social stimuli fail to act as entraining agents of circadian rhythms in the golden hamster[J]. J Comp Physiol A,1992,170(2):181-187.

[100] HADDOW A J, YARROW I H H, LANCASTER G A, et al. Nocturnal flight cycle in the males of African doryline ants(Hymenoptera: Formicidae)[J]. Proc Royal Entomol Soc,1966,41:103-106.

[101] BERRY S E, GILCHRIST J, MERRITT D J. Homeostatic and circadian mechanisms of bioluminescence regulation differ between a forest and a facultative cave species of glowworm, Arachnocampa[J]. J Insect Physiol,2017,103:1-9.

[102] NAYLOR E. Chronobiology of Marine Organisms[M]. New York: Combridge University Press,2010.

[103] LEONE M J, SIGMAN M, GOLOMBEK D A. Effects of lockdown on human sleep and chronotype during the COVID-19 pandemic[J]. Curr Biol,2020,30:930-931.

[104] CHEN S, HUANG T, HUANG Y, et al. A population-level analysis of changes in diel rhythms and sleep and their association with negative emotions during the outbreak of COVID-19 in China[J]. COVID,2022, 2:450-463.

[105] GIBSON R, SHETTY H, CARTER M, et al. Sleeping in a bubble: factors affecting sleep during New Zealand's COVID-19 lockdown[J]. Sleep Adv,2022,3(1):17.

[106] OUYANG Y, ANDERSSON C R, KONDO T, et al. Resonating circadian clocks enhance fitness in cyanobacteria [J]. Proc Natl Acad Sci U S A, 1998, 95(15): 8660-8664.

[107] DODD A N, SALATHIA N, HALL A, et al. Plant circadian clocks increase photosynthesis, growth, survival, and competitive advantage[J]. Science, 2005, 309(5734): 630-633.

[108] GOODSPEED D, CHEHAB E W, MIN-VENDITTI A, et al. Arabidopsis synchronizes jasmonate-mediated defense with insect circadian behavior[J]. Proc Natl Acad Sci U S A, 2012, 109(12): 4674-4677.

[109] SHOR E, GREEN R M. The Impact of Domestication on the Circadian Clock[J]. Trends Plant Sci, 2016, 21(4): 281-283.

[110] DECOURSEY P J, KRULAS J R. Behavior of SCN-lesioned chipmunks in natural habitat: a pilot study[J]. J Biol Rhythms, 1998, 13(3): 229-244.

[111] SPOELSTRA K, WIKELSKI M, DAAN S, et al. Natural selection against a circadian clock gene mutation in mice[J]. Proc Natl Acad Sci U S A, 2015, 113(3): 686-691.

[112] CONCHOU L, CABIOCH L, RODRIGUEZ L J, et al. Daily rhythm of mutualistic pollinator activity and scent emission in Ficus septica: ecological differentiation between co-occurring pollinators and potential consequences for chemical communication and facilitation of host speciation[J]. Plos One., 2014, (8): 500-511.

[113] HERRERA C M. Daily patterns of pollinator activity, differential pollinating effectiveness, and floral resource availability, in a summer-flowering Mediterranean shrub[J]. Oikos, 1990, 58(3): 469-479.

[114] OLIVEIRA A G, STEVANI C V, WALDENMAIER H E, et al. Circadian Control Sheds Light on Fungal Bioluminescence[J]. Curr Biol, 2015, 25(7): 964-968.

[115] GROOT A T, SCHÖFL G, INGLIS O, et al. Within-population variability in a moth sex pheromone blend: genetic basis and behavioural consequences[J]. Proc Biol Sci, 2014, 281(1779): 20133054.

[116] KONDRATOV R V, KONDRATOVA A A, GORBACHEVA V Y, et al. Early aging and age-related pathologies in mice deficient in BMAL1, the core componentof the circadian clock[J]. Genes Dev, 2006, 20(14): 1868-1873.

[117] PALMER J D. The Living Clock: The Orchestrator of Biological Rhythms[M]. xford: Oxford University Press, 2002.

[118] RYMER J BAUERNFEIND, BROWN A L, et al. Circadian rhythms in the mating behavior of the cockroach, Leucophaea maderae[J]. J Biol Rhythms, 2007, 22(1): 43-57.

[119] BEAVER L M, GVAKHARIA B O, VOLLINTINE T S, et al. Loss of circadian clock function decreases reproductive fitness in males of Drosophila melanogaster[J]. Proc Natl Acad Sci U S A, 2002, 99(4): 2134-2139.

[120] GIEBULTOWICZ J M, RIEMANN J G, RAINA A K, et al. Circadian system controlling release of sperm in the insect testes[J]. Science, 1989, 245(4922): 1098-1100.

[121] MORSE D, CERMAKIAN N, BRANCORSINI S, et al. No circadian rhythms in testis: Period1 expression is clock independent and developmentally regulated in the mouse [J]. Mol Endocrinol, 2003, 17 (1): 141-151.

[122] TAKEMURA A, RAHMAN M S, PARK Y J. External and internal controls of lunar-related reproductive rhythms in fishes[J]. J Fish Biol, 2010, 76(1): 7-26.

[123] SAUER E G F, Sauer E M. Social behavior of the south African ostrich, Struthio camelus australis [J]. Ostrich - Journal of African Ornithology, 1966, 37(6): 183-191.

[124] BALL G F,SILVER R. Timing of incubation bouts by ring doves (Streptopelia risoria)[J]. J Comp Psychol,1983,97(3):213-225.

[125] DUNLAP J C,LOROS J J. Yes,circadian rhythms actually do affect almost everything[J]. Cell Res,2016,26(7):759-760.

[126] ROBIN M. Cave-Dwelling Fish Provide Clues to the Circadian Cycle [J]. Plos Biol, 2011, 9(9):e1001141.

[127] BEALE A,GUIBAL C, TAMAI T K, et al. Circadian rhythms in Mexican blind cavefish Astyanax mexicanus in the lab and in the field[J]. Nat Commun,2013,4:2769.

[128] LU W,MENG Q J,TYLER N J,et al. A Circadian Clock Is Not Required in an Arctic Mammal[J]. Curr Biol,2010,20(6): 533-537.

[129] ARNOLD W. RUF T. LOE L E,et al. Circadian rhythmicity persists through the Polar night and midnight sun in Svalbard reindeer[J]. Sci Rep,2018,8(1):14466.

[130] COCKREM J F. Plasma melatonin in the Adelie penguin (Pygoscelis adeliae) under conditions daylight in Antarctica[J]. J Pineal Res,1991,10(1): 2-8.

[131] MOTTRAM V,MIDDLETON B,WILLIAMS P,et al. The impact of bright artificial white and 'blue-enriched' light on sleep and circadian phase during the polar winter[J]. J Sleep Res,2011,20(1pt2): 154-161.

[132] BERTOLINI E,SCHUBERT F K,ZANINI D,et al. Life at High Latitudes Does Not Require Circadian Behavioral Rhythmicity under Constant Darkness[J]. Curr Biol,2019,29(22):3928-3936.

[133] GACHON F,NAGOSHI E,BROWN S A,et al. The mammalian circadian timing system: from gene expression to physiology[J]. Chromosoma,2004,113(113): 103-112.

[134] HARMER S L,HOGENESCH J B,STRAUME M,et al. Orchestrated transcription of key pathways in Arabidopsis by the circadian clock[J]. Science,2000,290(5499):2110-2113.

[135] REFINETTI R. Body Temperature and Behavior of Tree Shrews and Flying Squirrels in a Thermal Gradient[J]. Physiol Behav,1998,. 63(4):517-520.

[136] BOLL M,WEBER L W,Plana J,et al. In vivo and in vitro studies on the regulatory link between 3-hydroxy-3-methylglutaryl coenzyme A reductase and cholesterol 7 alpha-hydroxylase in rat liver. Zeitschrift Fur Naturforschung C,1999,54(54): 371-382.

[137] STRATMANN M,SCHIBLER U. Properties,entrainment,and physiological functions of mammalian peripheral oscillators[J]. J Biol Rhythms,2007,21(6): 494-506.

[138] ISHIKAWA K,SHIMAZU T. Circadian rhythm of liver glycogen metabolism in rats: effects of hypothalamic lesions[J]. Am J Physiol,1980,238(1): 21-25.

第3章 睡眠的生理机制与功能

睡眠-觉醒周期是人类和动物最为明显的昼夜节律。睡眠是指机体失去对外界环境知觉和反应的一种可逆行为,是复杂的生理和行为过程。自古以来,睡眠与梦渗透到社会文化的各个领域,为文学创作提供了大量有趣的话题,同时也为医学研究提出了一道探索不尽的难题。睡眠研究从发现脑电活动、快动眼睡眠和脑内睡眠-觉醒调节系统,经历了100多年的历史。目前认为,中枢神经系统存在睡眠和觉醒两大系统,分别由众多的神经核团和递质组成,同时受内稳态和生物节律因素的调控。本章将介绍睡眠的生理特性、睡眠-觉醒调节的神经生物学机制和睡眠的生理功能。

3.1 睡眠的生理特性

大脑皮质电活动的发现,为睡眠医学研究奠定了基础。1875年英国生理学家 Richard Caton 第一次在家兔和猴脑上记录到电活动。1924年,德国精神病学家 Hans Berger 首次记录到人类的脑电波,开启了客观认识睡眠的过程。

3.1.1 睡眠-觉醒行为的判断标准

在发现脑电活动以前,多采用听觉或痛觉刺激强度来判断睡眠深浅。目前使用脑电波研究睡眠深度和睡眠分期,结果准确可靠,是判断睡眠-觉醒的最客观标准。

脑电波的产生来源于局部皮层区域锥体细胞的胞体和较大的树突所产生的兴奋性或抑制性突触后电位,使该区域与皮层其他位点之间产生了电位差。用脑电图(electroencephalogram, EEG)描记仪在头皮表面记录大脑的自发放电活动,得到的曲线称为脑电图。EEG是目前临床上睡眠-觉醒分类的金标准,对睡眠EEG的研究,使人们能够准确判断和定量分析睡眠过程。

脑电波在不同脑区和在不同条件下的表现有显著差别。脑电活动表现出一定的节律,根据脑电波频率和幅度的不同,通常可以将其分为δ、θ、α、β和γ五个频率段(表3-1和图3-1)。δ波频率为0.5~3Hz,常见于婴儿期和成年人深睡期,在清醒的正常成人中,一般记录不出δ波,但在老年痴呆和昏迷状态会见到。也可以在皮质下横切手术的实验动物的脑上记录到,这种手术使大脑皮质和网状激活系统产生了功能性分离。因此,δ波只在皮质内发生,不受较低位脑神经的控制。δ波在颞叶和枕叶比较明显。频率为4~7Hz的脑电波称为θ波,见于成年人困倦时,在清醒正常成人中,一般记录不出θ波。θ波主要发生在儿童和成人的顶叶和颞叶,从小儿到成人,θ波数量逐渐减少。α波频率为8~13Hz,在枕叶皮层最为显著。常表现为波幅由小变大、再由大变小反复变化的梭形波。α波在清醒、安静并闭眼时出现,睁开眼睛或接受其他刺激时,立即消失,而呈现频率较快、波幅较低的β波,这一现象称为α波阻断。β波频率为14~30Hz,是新皮层处于紧张活动的标志,不受睁、闭眼影响,在额叶、颞叶和中央区较显著。γ波频率在30~60Hz,出现于成人清醒状态。一般EEG使用的信号在30Hz以下,滤除高于30Hz以上的高频信号。比α波频率快的称为快波,比α波频率慢的称为慢波。

表3-1 正常脑电波成分及主要脑区

波段	频率/Hz	幅度/μV	脑区
δ	0.5~3	20~200	颞叶和枕叶
θ	4~7	10~150	顶叶和颞叶
α	8~13	10~100	枕叶和顶叶
β	14~30	5~30	额叶、颞叶和中央区
γ	31~60	无特定	额叶和中央区

3.1.2 睡眠分期

1953年,美国芝加哥大学的Eugene Aserinsky和Nathaniel Kleitman在研究婴儿睡眠时发现,在安静睡眠期间,婴儿出现周期性快速眼球运动,确定了快动眼(rapid eye movement, REM)睡眠的存在,REM睡眠又称为异相睡眠(paradoxical sleep, PS)。相对应地将无快速眼球运动的睡眠阶段,称为非快动眼(non-rapid eye movement, NREM)睡眠。1957年,William Dement和Kleitmen进一步将NREM睡眠分为4期,分别代表入睡期、浅度睡眠、中度睡眠和深度睡眠。1974年,将临床同时记录EEG、肌电图、眼动电图、心电图、呼吸气流与呼吸运动图等多项生理指标的仪器,命名为多导睡眠仪(polysomnography,PSG)[1]。目前,记录的多导睡眠图已经成为睡眠障碍诊断、鉴别诊断和疗效观察的重要手段。

睡眠与觉醒的判断依据是EEG中各种脑波频率和幅度,1968年Alan Rechtschaffen与Anthony Kales(R&K)最先制定了睡眠-觉醒判断标准。根据

EEG 不同特征，将成人睡眠分为 NREM 和 REM 睡眠，NREM 睡眠细分为 4 期，即Ⅰ期（S1）、Ⅱ期（S2）、Ⅲ期（S3）和Ⅳ期（S4）（图 3-2）。

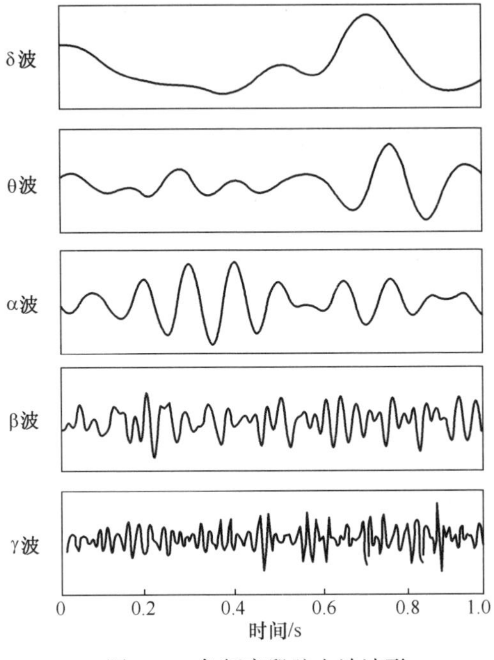

图 3-1　各频率段脑电波波形

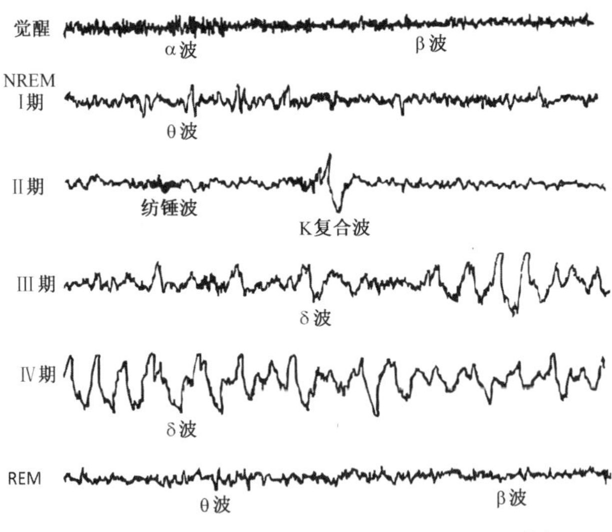

图 3-2　睡眠与觉醒不同阶段的脑电波示意图[2]

NREM 睡眠Ⅰ期 EEG 中,α 波逐渐降低至消失,出现低幅 θ 波,双侧顶部出现特征性顶尖波。此时,人对周围环境的注意力已经丧失,处于似睡非睡、迷迷糊糊状态。此期时间较短,持续约 1~7min 转入下一期。

Ⅱ期在低幅脑电波的基础上,出现周期为 100~300ms、波幅为 100~300μV 的"纺锤波",频率 12~14Hz,并出现 K 复合波。K 复合波常见双相,以负尖波起始(向上),后有一时限长的正尖波(向下)。这一期全身肌肉张力显著降低,几乎无眼球运动,表明已经入睡,但易被唤醒。

Ⅲ期以纺锤波为主,同时出现中或高波幅慢波(δ 波),但 δ 波所占比例在 50%以下。肌电图可以呈现静息,表明肌肉张力明显受抑制。此时,受检者睡眠程度加深,对外界的刺激阈值明显升高,不容易被唤醒。

Ⅳ期出现弥漫性、0.5~3Hz 的高幅不规则慢波。在后期,纺锤波消失,连续出现 0.5~2Hz 的高幅慢波,δ 波所占比例在 50%以上。此时肌肉张力低下,受检者处于深度睡眠,难被唤醒。

REM 睡眠脑电活动的特征与觉醒期相似,呈现低幅 θ 波,但 REM 睡眠时,眼电活动显著增强(50~60Hz),肌电明显减弱甚至消失,尤以颈后及四肢肌肉的抑制更为显著,呈姿势性张力弛缓状态,由此可以与觉醒相区别。

2007 年,美国睡眠医学会(American Academy of Sleep Medicine,AASM)更新了睡眠-觉醒判断标准[3-4]。根据 AASM 分类指南,将原来定义为 4 期 NREM 睡眠分为 3 期,即 N1、N2 和 N3。N1 和 N2 分别对应 R&K 的分类标准中的Ⅰ期和Ⅱ期,反映慢波睡眠的 N3 包括Ⅲ期和Ⅳ期。

3.1.3 睡眠-觉醒周期

正常成年人睡眠时相有规律地发生转换,由 NREM 睡眠开始,首先进入第一个睡眠周期的 N1 期,一般持续 1~7min。随后依次是 NREM 睡眠 N2 和 N3 期(图 3-3)[5]。与睡眠 N1 和 N2 期的唤醒阈值相比,N3 期的唤醒阈值明显增高,这时受试者对一般强度刺激不会产生反应。通常将人的 N3 期称为慢波睡眠(slow wave sleep,SWS)或深睡眠。第一个睡眠周期持续 80~100min 后出现第一次 REM 睡眠。此后 NREM 睡眠和 REM 睡眠每隔 90min 左右交替出现,每晚大约有 4~6 个周期。在整个夜间睡眠的后半程,NREM 睡眠深度逐渐降低,REM 睡眠时间逐渐延长。成人 8h 睡眠内各期的时间分配大约为:NREM 睡眠 N1 期占 5%,N2 期 50%,N3 期 20%;REM 睡眠占 25%。

值得注意的是,除 NREM 睡眠与 REM 睡眠的循环交替外,NREM 睡眠阶段的各期与 REM 睡眠均可以直接转变为觉醒状态。但健康成年人不会直接由觉醒状态进入 REM 睡眠,而只能先转入 NREM 睡眠,再进入 REM 睡眠。

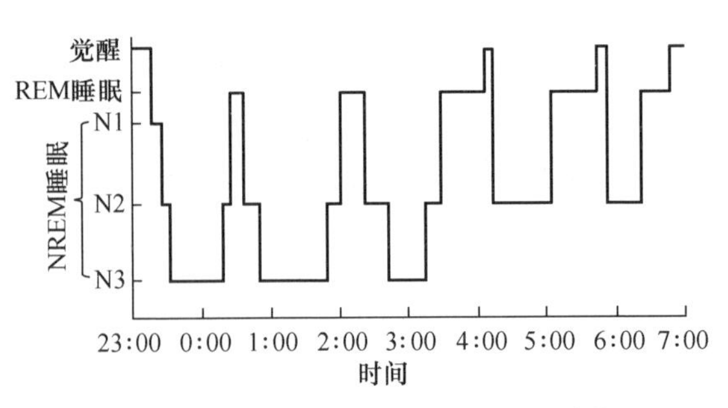

图 3-3 成人夜间睡眠周期模式图[5]

3.1.4 睡眠的发育特征

人类睡眠结构与年龄关系密切。从胎儿期至婴幼儿期,经历着不断的成熟性变化。新生儿 EEG 呈动态发展过程,随孕龄的增长出现睡眠状态分化。孕 38~42 周的足月儿可区分睡眠、觉醒。在婴儿期,睡眠分为活跃、不确定和非活跃阶段,与成人的 NREM 和 REM 睡眠具有相似的特征。活跃睡眠类似于 REM 睡眠,EEG 与清醒时相似;非活跃睡眠类似于深睡眠或 NREM 睡眠。婴儿从第 2 个月开始,出现纺锤波,3 个月时 100%见到纺锤波。3 个月后,头后位枕区出现节律性 θ 波活性。6~8 个月,可区分 REM 睡眠和 NREM 睡眠。

幼儿在 3~5 岁时,随着大脑皮层结构和功能的发育完善,高幅慢波的脑电活动达到最高比例,NREM 睡眠的 N3 期,即慢波睡眠成为该年龄段主要睡眠。从儿童到青春期,慢波睡眠和 REM 睡眠逐渐减少,N1 和 N2 期睡眠比例逐渐增大。从中年起δ波开始减少,60 岁后的老年人 N3 期睡眠明显减少,δ波幅度减低,75 岁以后 N3 期睡眠基本消失。老年人睡眠变化还包括睡眠时相前移、入睡潜伏期延长、睡眠长度变短、睡眠片段化。老年男性的变化早于同龄的女性,70 岁的男性与 55 岁的男性相比,慢波睡眠减少 50%,但同龄女性的慢波睡眠没有明显变化。70 岁以上男性慢波睡眠缺乏的比率是同龄女性的 3 倍。REM 睡眠障碍出现在 80 岁以后,男女没有差异。老年人普遍存在白天小睡,因此,虽然夜间睡眠时间减少,但 24h 内总睡眠时间与年轻人相似。有研究推测这种变化与大脑皮层突触密度减少、突触活动下降和代谢率下降有关,可能代表了中枢神经系统早期老化的生物指标。

在人和动物中,REM 睡眠在生命早期占有重要地位,与大脑发育、生长和加强突触连接密切相关。在新生儿期,REM 睡眠最初呈现优势状态。在个体发生学上,REM 睡眠被认为是原始睡眠,当 NREM 睡眠与觉醒随着个体成熟而增加时,REM 睡眠时间就减少。在生命中的最初一段时间,婴儿入睡时先进入 REM

睡眠,出生后3~4个月这种现象消失。婴儿REM睡眠占总睡眠时间的50%~60%,以后REM睡眠总时间及其占总睡眠时间的百分比随年龄增长而逐渐减少,两岁幼儿REM睡眠的比例占总睡眠时间的30%,以后逐渐稳定于20%~25%。

REM睡眠的间隔时间也随年龄发生变化。早产儿REM睡眠间隔很短,平均约为40~45min;足月新生儿平均间隔约为45~50min;一岁幼儿平均间隔约为50~60min;到6岁时,REM期平均间隔进一步延长,约为60~75min;青春期和青年达到85~110min,此后无明显变化。

婴儿出生时来自母体的褪黑素水平较低,1周后消失。内源性褪黑素直到大约6周才上升到可检测水平,至12~16周时仍然很低,但到6个月时,褪黑素水平稳定地与睡眠-觉醒周期同步。因此,即使在婴幼儿时期,清晨的阳光暴露也很重要,因为晨光会抑制白天褪黑素的产生,使婴幼儿产生睡眠-觉醒节律。

3.1.5 小动物睡眠-觉醒脑电特征

在睡眠基础研究中,使用小动物作为实验对象。简单介绍小鼠和大鼠的睡眠-觉醒记录和解析系统[6]。为避免环境因素对动物睡眠的干扰,小动物自动化睡眠记录系统具有恒温(24±0.5)℃、恒湿(60±2)%、隔音、静电屏蔽和光控(12h明暗交替)等功能。通过植于动物颅骨-脑表面和颈项肌的电极,将大脑细胞群自发性、节律性电活动和颈部肌肉的电活动,经过滤、放大及数模转换后,通过SleepSign软件将数字信号转化为肉眼可见的波形,并同步记录(图3-4)。该系统具有实时、安全、高效、稳定、自动给药、自动记录与分析等特点,并可在不干扰动物的情况下,进行脑室给药、光纤钙信号记录、光遗传或化学遗传学实验,该系统是睡眠基础研究的关键性技术平台。

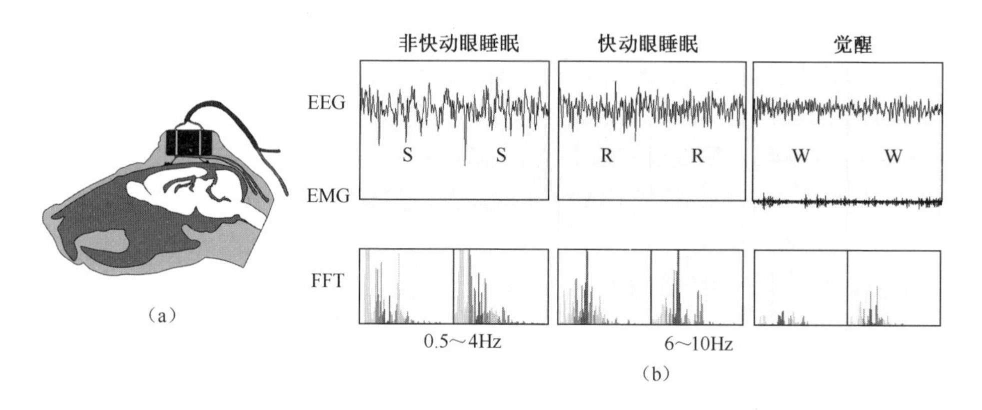

图3-4 小动物睡眠脑波记录解析示意图[7]

(a)动物头部埋置电极;(b)脑波解析示意图。

记录结束后，利用 SleepSign 软件自动进行睡眠时相的判定，根据 EEG / EMG 的波幅及频率，将动物的睡眠-觉醒时相分为 NREM 睡眠、REM 睡眠和觉醒。各时相的判定标准为：NREM 睡眠 EEG 以高幅低频 δ 波（0.5～4Hz）信号为主，EMG 表现为静止或有轻度活动；REM 睡眠 EEG 以高幅 θ 波（6～10Hz）信号为主，EMG 表现为完全静止。觉醒为低幅高频脑电波，肌电活跃（图 3-4）。结合对 EEG 频率和强度的快速傅里叶转换（fast fourier transform，FFT）分析，获得睡眠-觉醒时间、各种脑波出现次数、持续时间和能量强度等数据，科学地判断睡眠的质与量。

3.2 睡眠-觉醒调节机制

人和动物为什么需要睡眠，是神经科学领域的未解之谜，随着现代生物学技术的发展，对睡眠-觉醒机制有了越来越深入的了解。20 世纪之前，大多学者认为睡眠是被动过程，由于感觉传入减少后，大脑活动被动减弱所致。另有学者认为餐后血液向消化道汇聚，导致大脑供血减少，引起睡眠。这种睡眠的"被动"学说，随着脑内睡眠-觉醒相关结构的发现而被否定。自 20 世纪 30 年代起，人们运用损毁与电刺激动物特定脑区、记录脑内神经细胞电活动、免疫组织化学的 c-Fos 染色等方法，探索睡眠-觉醒的调节机制。特别是近年来，随着神经科学新技术的发展，光遗传学、化学遗传学和基因操作动物的使用，睡眠研究飞速进展。目前认为，脑内存在调节睡眠和觉醒两大系统，由众多的核团和神经递质组成，同时受内稳态和生物节律的调控。

3.2.1 睡眠-觉醒调节系统

1. 非快动眼睡眠的神经机制

在非快动眼睡眠发生中占主导地位的睡眠相关系统是下丘脑腹外侧视前区（ventrolateral preoptic area, VLPO）。另外，视前正中核、丘脑、基底神经节、边缘系统的部分结构、大脑皮层和脑干在 NREM 睡眠的启动和维持方面也发挥重要作用。与睡眠促进相关的 GABA 能神经元，通过释放 GABA，抑制觉醒系统的神经元，诱导睡眠。

1）下丘脑腹外侧视前区

VLPO 位于下丘脑前部视前区腹外侧，是调节睡眠的关键核团之一[8]。*c-Fos* 是立早基因，可反应神经元活性。采用免疫组化方法，发现大鼠在睡眠期，VLPO 区域有大量 *c-Fos* 表达，提示 VLPO 的兴奋与睡眠呈正相关。选择性破坏 VLPO，睡眠量下降。VLPO 的不同区域对睡眠的影响并不相同，根据神经元分布方式不同,VLPO可分为“密集区”和“弥散区”。毁损VLPO密集区可使δ波减少60%~70%,NREM时间减少50%~60%。而毁损VLPO弥散区可导致REM睡眠的明显减少,而对NREM睡眠影响很小。

VLPO神经元发出的纤维投射到多个觉醒相关脑区,通过抑制觉醒脑区的活性,促进觉醒向睡眠转化(图3-5)。这些脑区包括:脑桥的背外侧被盖核(laterodorsal tegmental nucleus, LDT)及中脑的脚桥被盖核(pedunculopontine tegmental nuclues, PPT)的胆碱能神经元、中缝背核(dorsal raphe nucleus, DRN)的5-羟色胺能神经元、蓝斑核(locus coeruleus, LC)去甲肾上腺素能神经元、下丘脑的结节乳头体核(tuberomammillary nucleus, TMN)组胺能神经元等。VLPO在睡眠的启动和维持过程中,主要以抑制性的GABA和甘丙肽(galanin)作为神经递质或调质(modulator)。VLPO密集区的神经元发出神经纤维到下丘脑结节乳头体核,弥散区的神经元投射神经纤维到脑干的蓝斑核和中缝核。VLPO也接受组胺能、去甲肾上腺素能和5-羟色胺能神经元的纤维支配。离体脑片电生理研究发现:去甲肾上腺素(noradrenaline, NA)和5-羟色胺(5-HT)可直接抑制VLPO的GABA能神经元。组胺可通过中间神经元,间接抑制VLPO的GABA能神经元。睡眠中枢VLPO与主要觉醒系统之间在解剖上存在着紧密的相互联系,这种结构上的联系可能导致功能上的交互抑制,启动睡眠-觉醒两种稳定型模式交替出现,而避免产生中间状态[8]。

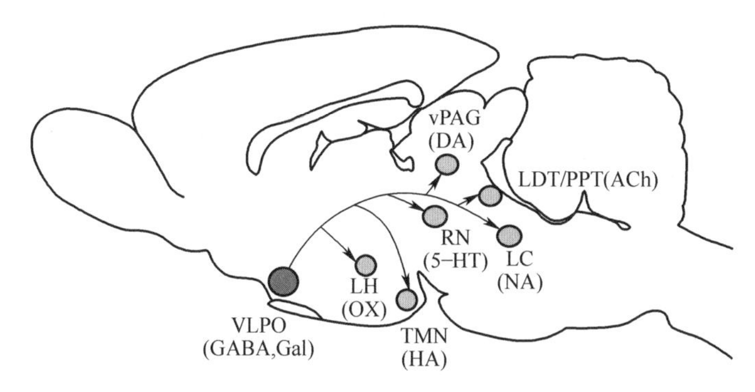

图3-5 睡眠中枢腹外侧视前区VLPO向上行觉醒系统投射模式图
(参考文献[9],并修改。)

虽然VLPO是目前公认的NREM睡眠发生的核心脑区,但研究表明,VLPO被毁损一段时间后,NREM睡眠仍然发生,这提示NREM睡眠发生机制远较人们认识的更复杂。

2)视前正中核

视前正中核(median preoptic nucleus, MnPO)位于下丘脑视前区,主要由

GABA 能神经元和谷氨酸能神经元组成。电生理研究发现,在睡眠时 MnPO 大部分细胞放电增加。动物睡眠剥夺后,该区域 *c-Fos* 表达量增加。毁损大鼠 MnPO,动物睡眠量减少,而觉醒量增加。大鼠睡眠时 MnPO 区的 GABA 能神经元活性升高,*c-Fos* 表达增强,其中 75%以上的 *c-Fos* 阳性细胞都与谷氨酸脱羧酶共标,谷氨酸脱羧酶是 GABA 能神经元的标志物。MnPO 与脑内多个调控睡眠-觉醒的核团有神经纤维联系,MnPO 的 GABA 能神经元投射至外侧下丘脑穹窿区的食欲素(Orexin)能神经元和中缝背核的 5-羟色胺能神经元,食欲素和 5-羟色胺参与觉醒的调节。在 MnPO 区微注射 $GABA_A$受体激动剂,与 MnPO 神经元的 GABA 受体结合,抑制 MnPO 神经元活性,解除对觉醒相关脑区神经元的抑制,引起觉醒。提示 MnPO 区 GABA 能神经可通过抑制觉醒核团来维持睡眠[10-11]。

3) 丘脑

1985 年,Steriade 等在动物实验中发现睡眠期纺锤波产生于丘脑网状核。丘脑网状核中大部分是 GABA 能神经元,NREM 睡眠期纺锤波是丘脑网状核中 GABA 神经元与丘脑-皮层神经元之间相互作用的结果。从脑干投射到丘脑的胆碱能神经纤维,可使网状核 GABA 能神经元超极化,并随即阻断纺锤波的发放。大脑皮层是 NREM 睡眠发生的执行机构,深睡期的 δ 波活动的幅度和数量反映大脑皮层的成熟程度,δ 波只在丘脑-皮层神经元超极化时出现,因此任何使丘脑-皮层神经元去极化的因素皆可阻断 δ 波。

1986 年,Lugaresi 等在致死性家族失眠症患者尸检中发现,丘脑前部腹侧核和内背侧核严重退变,而其他脑区仅有轻度退行性改变。由此推断,丘脑前部在睡眠调节中发挥重要作用。

4) 面旁区

面旁区(parafacial zone,PZ)位于延髓面神经背外侧。2014 年,Anaclet 等利用化学遗传学的方法特异性激活面旁区 GABA 能神经元,能够增加动物的 NREM 睡眠。面旁区 GABA 能神经元通过臂旁核谷氨酸能神经元中继,对觉醒核团基底前脑具有间接投射,可能通过抑制基底前脑中的促觉醒神经元,从而引起睡眠[12]。

5) 大脑皮质和基底核

大脑皮质是覆盖大脑半球表层的灰质,主要由神经元胞体及其树突构成。基底核是埋藏在靠近大脑半球底部白质内的灰质团块,包括纹状体、屏状核和杏仁核。大脑皮质和基底核与睡眠的启动和维持有关[13-14]。1972 年,Villablanca 等发现,去除动物的皮层和纹状体,完整保留低位脑干和间脑前区,睡眠周期发生异常,NREM 睡眠显著减少[15],提示大脑皮质和基底核在睡眠的诱发和维持方面可能发挥了一定作用。另外,电刺激尾状核与额叶皮质,可引发皮质同步化活动和睡眠发生;毁损尾状核或双侧前脑皮质可导致睡眠明显减少。化学遗传学激活小鼠背侧纹状体尾壳核腺苷 A_{2A} 受体阳性神经元,可增加 NREM 睡眠[16],这可能与运动疲劳后睡眠增加有关。而腹侧纹状体伏隔核 A_{2A}受体阳性神经元调控与动机和快感相关的睡眠[17]。神经解剖学研究发现,下丘脑前部、视前区的睡眠相关结构与伏隔核、杏仁核等边缘前脑结构存在联系。许多觉醒脑区接受中央杏仁核的 GABA 能输入,中央杏仁核的神经降压素阳性神经元通过抑制后丘脑的谷氨酸能神经元,促进睡眠[18]。

参与 NREM 睡眠调控的递质主要为 GABA,因此,GABA 受体成为镇静、催眠和麻醉的主要靶点。常用的镇静催眠药和麻醉药可增加 GABA 能神经元的抑制性神经传导,且大都作用于 $GABA_A$受体。$GABA_A$受体是一个五聚体,中间形成氯离子通道,表面有 GABA 识别位点和苯二氮䓬结合部位。地西泮和唑吡坦可结合苯二氮䓬结合部位,通过 $GABA_A$受体的变构,增加氯离子通道的开放次数,使大量氯离子进入细胞内,产生抑制性突触后电位,神经元超极化,抑制觉醒系统的神经元,从而诱发睡眠。

总之,NREM 睡眠促进系统主要为下丘脑腹外侧视前区,含有大量 GABA 和甘丙肽神经元。其他脑区如丘脑、大脑皮层、边缘系统、基底前脑、视前区和脑干 GABA 能神经元,亦在一定程度上参与 NREM 睡眠的发生和维持。

2. 快动眼睡眠神经机制

哺乳动物和鸟类存在 REM 睡眠,REM 睡眠的特征是脑电 EEG 去同步化、海马 θ 波振荡、脑桥-膝状体-枕叶皮层波和肌张力消失,常伴有鲜明的梦境。1962 年 Michel Jouvet 采用猫脑桥后部横断术,首次证明脑桥是产生 REM 睡眠的关键部位。随后,对脑桥区域 REM 睡眠的神经环路进行深入研究,发现延髓的部分结构也参与 REM 睡眠调节[19]。

通过微电极记录脑干和脑桥神经元的电位活动,鉴定出两类神经元:一类神经元的电活动在觉醒期间保持静止,而在 REM 睡眠之前和 REM 睡眠期间明显增加,称为 REM 激活(REM-on)神经元;另一类神经元则相反,在觉醒期间发放频率较高,在 NREM 睡眠中逐渐减少,而在 REM 睡眠中保持静止,称为 REM 抑制(REM-off)神经元。

1975 年,John Allan Hobson 等提出了胆碱能 REM-on 神经元与单胺能 REM-off 神经元交互作用模型(reciprocal interaction model)[20-21]。胆碱能 REM-on 神经元主要分布在脑桥-中脑连接部位的蓝斑下核(peri-locus coeruleus alpha, Peri-LC α)、脑桥和中脑的背外侧被盖核(LDT)及脚桥被盖核(PPT)。REM-off 神经元主要是中缝核的 5-HT 能神经元和蓝斑核的去甲肾上腺素能神经元,神经纤维均投射到 LDT 和 PPT 的 REM-on 神经元。该模型认为,在觉醒期,活化的 REM-off 神经元对 REM-on 神经元起抑制作用。当 REM-off 神经元的放电减少时,REM-on 神经元被解除抑制(disinhibition),局部起始 REM 睡眠。REM-on 神经元兴奋下游脑桥/中脑网状结构谷氨酸能神经元,促进 REM 睡眠的维持。进一步,在 REM 睡眠中,REM-on 神经元逐渐兴奋 REM-off 神经元,而终止 REM 睡眠,形成一个正反馈环路。但是,神经化学损毁 LDT 和 PPT,对 REM 睡眠影响很小[22],表明该模型对解释 REM 睡眠产生的机制,存在不足之处。

Pierre-Hervé Luppi 实验室提出新的 REM 睡眠(异相睡眠,PS)调节学说,认为脑干谷氨酸能 REM-on 和 GABA 能 REM-off 神经元在 REM 睡眠中发挥关键作用[23]。动物实验发现,激活大鼠脑桥被盖核背外侧下部(sublaterodorsal tegmental nucleus, SLD),相当于猫的蓝斑下核的谷氨酸能神经元,促进动物从 NREM 睡眠进入 REM 睡眠[24]。GABA 能 REM-off 神经元位于中脑导水管周围灰质腹外侧(ventrolateral periaqueductal gray, vlPAG)。组织学上,vlPAG 的 GABA 能神经元向 SLD 投射,通过 GABA 抑制 SLD 神经元活性,从而抑制 REM 睡眠的发生。SLD 的 REM-on 神经元不仅对 REM 睡眠有“启动”作用,上行纤维还可以通过丘脑板内核,引起脑电的去同步化波;下行纤维兴奋延髓巨细胞核的 GABA 能神经元和甘氨酸能神经元,后者经腹外侧网状脊髓束,兴奋脊髓的抑制性神经元,引起四肢肌肉松弛和肌电的完全静息(图 3-6)[24]。

REM 睡眠行为障碍患者嗅觉降低,动物实验发现切除嗅球的动物 REM 睡眠增加。化学遗传学法抑制嗅球的腺苷 A_{2A}受体阳性神经元,可增加 REM 睡眠;而激活 A_{2A}受体阳性神经元,减少 REM 睡眠[25],提示嗅球也是调节 REM 睡眠的重要脑区之一。在 REM 睡眠期捕食性气味能更快地诱发觉醒,持续的捕食者应激增加 REM 睡眠量。REM 睡眠期大脑皮层兴奋,动物容易觉醒,因此,动物的 REM 睡眠反应可以抵御捕食者威胁[26]。

另外,大多数觉醒相关结构在 REM 睡眠期活性较高,从而避免了 REM 睡眠在觉醒期间产生。综上所述,在 REM 睡眠的发生和维持以及 REM 睡眠与 NREM 睡眠、REM 睡眠与觉醒状态的互相转化的过程中,胆碱能和谷氨酸能 REM-on 神经元,NA、5-HT 能和 GABA 能 REM-off 神经元起着十分关键的作用[27](图 3-6)。它们之间存在着相互的纤维联系,彼此影响,构成了一个复杂的网络整体结构。

3. 觉醒的神经机制

中枢神经系统有许多神经递质或调质(modulator)对觉醒的启动和维持发挥重要作用。这些系统包括:基底前脑和脑桥-中脑胆碱能、下丘脑后部结节乳头体核组胺能以及下丘脑外侧食欲素能、中脑蓝斑核去甲肾上腺素能、中缝核

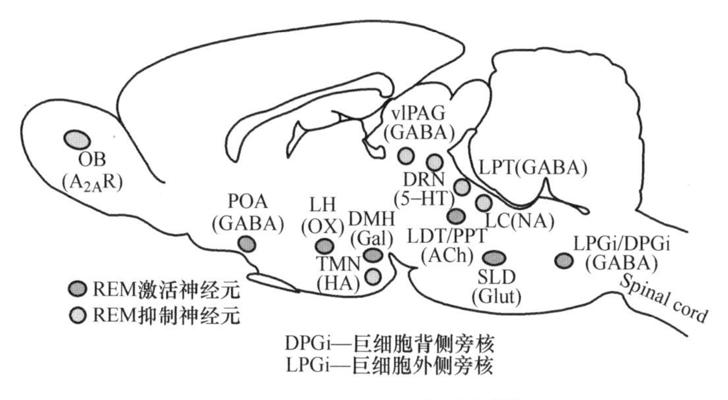

图 3-6　REM 睡眠调节系统[24]

5-羟色胺能、中脑腹侧被盖区（ventral tegmental area, VTA）/黑质致密部（substantia nigra pars compacta, SNPc）多巴胺能神经元。另外，网状结构上行激动系统也与其他脑内觉醒系统共同作用，维持觉醒。

1）基底前脑胆碱能神经元

基底前脑（BF）是指端脑和间脑腹侧的一些结构。主要包括斜角带水平部、无名质区、巨细胞视前核、内侧隔核、斜角带垂直部。基底前脑有 3 种类型的神经元，即胆碱能、谷氨酸能和 GABA 能神经元。

胆碱能神经元占基底前脑细胞总数的 5%，但对维持大脑皮层的兴奋具有重要的作用。它们接受大量来自脑干上行激动系统及下丘脑觉醒系统的信号，并密集投射到皮层。电生理研究显示，基底前脑的胆碱能神经元在觉醒和 REM 睡眠期活跃，放电频率与脑电的γ波及 θ 波的强度呈正相关，与 δ 波的强度呈负相关。光遗传学实验证明，选择性兴奋基底前脑的胆碱神经元，可以导致小鼠 NREM 睡眠向觉醒快速转换[28]。药理遗传学方法选择性活化基底前脑胆碱能神经元，明显降低皮层 δ 波幅度，促进觉醒[29]。另外，谷氨酸能和小清白蛋白（parvalbumin，PV）阳性 GABA 能神经元，在清醒和 REM 睡眠期间更活跃。光遗传学激活这些神经元，促进动物从 NREM 睡眠向觉醒转换，并维持觉醒[30]。以上结果提示，基底前脑可能通过降低皮层 δ 波的强度，启动和维持觉醒。

2）脑桥-中脑胆碱能神经元

脑干内有两群胆碱能神经元，分别位于中脑尾侧的脚桥被盖核（PPT）和脑桥嘴侧的背外侧被盖核（LDT）。二者发出的上行纤维投射到丘脑、下丘脑、基底前脑和大脑皮层等广泛区域，刺激大脑皮层兴奋。在觉醒和 REM 睡眠时，LDT 和 PPT 的神经元放电活跃，NREM 睡眠时减弱。但是，引起大脑皮层兴奋的胆碱能神经元放电，有时并不伴随觉醒或睡眠行为的产生。例如，在脑桥中脑被盖区给予胆碱受体激动剂卡巴胆碱，可兴奋大脑皮层，伴随肌张力迟缓，类似于REM睡眠，但并不诱导睡眠发生。脑干网状结构胆碱能系统被阿托品阻断后，动物脑电呈同步化睡眠慢波，但行为上不表现睡眠。通常，在ACh与NA介导的神经传递中存在着平衡，两类神经元的活性调节着觉醒状态与肌张力及REM睡眠大脑皮层的兴奋性。以上提示，脑桥－中脑胆碱能神经元可能主要调控皮层的δ波强度，但有时不出现相应的睡眠或觉醒行为的变化。

3）下丘脑结节乳头体核组胺能神经元

中枢组胺能神经元的胞体集中在下丘脑后部的结节乳头体核（TMN），其纤维投射到全脑。TMN接受睡眠中枢腹外侧视前区（VLPO）发出的抑制性GABA能神经元及甘丙肽能神经纤维支配。TMN神经元的自发性放电活动随睡眠－觉醒周期而发生变化，觉醒时放电频率最高，NREM睡眠期减弱，REM睡眠期中止。脑内组胺的释放也呈明显的睡眠、觉醒时相依赖性，觉醒期的释放量是NREM睡眠期的4倍。脑内组胺受体主要分为H_1、H_2、H_3亚型。临床使用的抗过敏药含有第一代H_1受体阻断剂，明显副作用是嗜睡。利用H_1受体基因敲除动物，发现H_1受体是控制中途觉醒的重要受体，药物阻断H_1受体，中途觉醒次数显著减少。2010年，美国食品药品监督管理局（FDA）批准抗抑郁药多塞平（Doxepin）用于治疗失眠。动物实验发现，其主要通过阻断H_1受体促进睡眠。食欲素、前列腺素EP_4激动剂和组胺H_3受体拮抗剂等都可激发组胺系统而引起觉醒[31]。

4）下丘脑食欲素能神经元

食欲素（Orexin，又称Hypocretin）是1998年发现的具有促进摄食和觉醒作用的神经肽。食欲素神经元位于下丘脑外侧及穹隆周围，其纤维和受体分布十分广泛。食欲素的两个单体食欲素A和食欲素B均来自前食欲素原，通过两个G蛋白耦联受体（食欲素R1和食欲素R2）发挥作用。食欲素能神经元主要密集地投射到LC、DRN、TMN、LDT和皮层等。投射到TMN的食欲素神经纤维，通过组胺H1受体，促进觉醒[32]。同时，食欲素能神经元作为睡眠中枢VLPO最大的纤维传入者，通过与VLPO的交互联系，在睡眠－觉醒周期的调控中也发挥着重要作用。此外，神经示踪法证明食欲素神经元直接接受来自视交叉上核的投射，这条通路可能是昼夜节律系统参与睡眠－觉醒调节的解剖学基础之一。因此，中枢食欲素系统对促觉醒作用和睡眠－觉醒周期的调控都起着关键的作用[33]。

食欲素神经元变性是人发作性睡病的重要原因，患者表现为白天过度嗜睡、猝倒、入睡前幻觉和睡瘫等。食欲素基因敲除小鼠表现出发作性睡病样症状，包括猝倒和病态REM睡眠。狗*Orexin R2*基因自发突变后，也出现发作性睡病的症状。在小鼠和大鼠的组胺能神经元 TMN 处微透析灌注或在 LC、LDT、脑室内局部给予食欲素,可抑制睡眠,增加觉醒[34]。提示食欲素是强效的促觉醒物质。

5）丘脑室旁核和下丘脑室旁核谷氨酸能神经元

作为觉醒系统背侧上行通路的重要组成部分,丘脑很早就被推测与觉醒维持密切相关。临床发现卒中所致丘脑损害可引起患者出现严重的嗜睡,甚至昏迷。由于丘脑复杂的解剖结构和神经环路联系,参与觉醒调控特定丘脑核团及其神经环路尚未详细阐明。观察动物睡眠/觉醒不同时期丘脑 c-Fos 的表达模式,发现位于丘脑中线核群的丘脑室旁核的活动与觉醒关联紧密,采用多通道放电和光纤钙成像记录技术,发现在睡眠向觉醒转换过程中,丘脑室旁核的兴奋性显著增高,且在觉醒期间持续存在高活性。采用化学遗传学技术短时抑制丘脑室旁核谷氨酸神经元,可明显降低觉醒量,表明丘脑室旁核是丘脑中维持觉醒的关键核团[35]。

下丘脑室旁核(PVH)是下丘脑的重要神经分泌核团,位于下丘脑内侧区、视上核上方,发出室旁垂体束达垂体后叶。临床发现下丘脑室旁核功能受损的患者出现重度嗜睡,每日睡眠量超过 20h[36],提示下丘脑室旁核可能是调控觉醒的关键核团。下丘脑室旁核主要由谷氨酸能神经元构成,分泌催产素(oxytocin,OT)、促肾上腺皮质素释放激素(corticotropin-releasing hormone,CRH)、强啡肽原(prodynorphin,PDYN)等神经激素或调质。采用在体光纤钙信号记录发现小鼠从睡眠向觉醒转换时,下丘脑室旁核谷氨酸能神经元的兴奋性突然增高,且觉醒期间持续维持高水平活动。化学遗传学方法特异性激活 PVH 谷氨酸能神经元,可引起长达 9h 的持续觉醒。光遗传学方法瞬间激活该类神经元,可引发睡眠向觉醒的快速转换。相反,在小鼠活动期,特异性抑制或损毁 PVH 谷氨酸能神经元,可显著增加睡眠时间。由于谷氨酸神经元与多种肽类等神经元存在共标,同时探究了下丘脑室旁核中 CRH^+、$PDYN^+$和 OT^+神经元在睡眠觉醒调控中的作用,化学遗传学激活 CRH^+神经元可增加 3h 觉醒,激活强 $PDYN^+$或 OT^+神经元增加 1h 觉醒[37]。这些结果揭示下丘脑室旁核是调控觉醒起始和维持的关键核团,其功能紊乱会导致严重嗜睡,该研究为探究临床嗜睡症患者的病理生理机制提供了新方向。

6）蓝斑核去甲肾上腺素能神经元

蓝斑核(LC)位于三叉神经中脑核的腹侧、第四脑室底与侧壁交界处的腹外侧区,在脑桥中上部沿界沟向上伸展到中脑下丘下缘平面。在 LC 的腹外侧有一中型细胞散在分布的区域,称为蓝斑下核(peri-LC α)。LC 神经元的轴突分为上、下行纤维,广泛分布于脑及脊髓。LC 发出的上行神经纤维经前脑和脑干,投射至大脑皮层。LC 神经元放电活动在觉醒期活跃,NREM 睡眠时减弱,REM 睡眠时停止,提示 LC 参与觉醒调控。

LC 是脑内去甲肾上腺素能神经元最多、最集中的地方。在大脑和脊髓束,NA 对靶神经元的作用既可以兴奋,也可以抑制,这取决于神经元上的肾上腺素受体的亚型。α_1受体位于其他靶神经元的突触后膜,α_1受体通过关闭钾通道,使细胞膜去极化,使其他神经元活化。NA 能神经元及神经末梢也存在 α_2受体,α_2受体通过开放 K^+通道使细胞膜超极化,降低 NA 能神经元的活性。NA 通过作用于不同的受体而选择性地调控睡眠-觉醒系统。NA 通过 α_1受体可以兴奋基底前脑的胆碱能神经元,或通过 α_2受体抑制视前区的促睡眠神经元,促进觉醒。例如,α_1受体拮抗剂哌唑嗪,阻断位于其他靶神经元的突触后膜 α_1受体,诱发睡眠。α_2受体拮抗剂育亨宾,阻断位于 NA 能神经元突触前膜的 α_2 自身受体,增加 NA 的释放,诱发觉醒。

7) 中缝核 5-羟色胺能神经元

中缝核沿脑干的中线分布,从延髓至中脑,有中缝隐核、中缝苍白核、中缝大核、中缝脑桥核、中央上核、中缝背核等核团。这些神经元的上行纤维主要投射至前脑和皮层,下行纤维投射到脊髓。

中缝核是脑内 5-HT 能神经元分布的主要部位。与 NA 能神经元一样,中缝核的 5-HT 能神经元放电在觉醒期最为活跃,NREM 睡眠时减弱,REM 睡眠时停止,表明其具有促觉醒的作用。但是,5-HT 能神经元的兴奋似乎与缺乏意识的觉醒状态更相关,诸如动物梳理毛发或其他一些刻板的运动。此外,5-HT 受体亚型种类繁多,参与促觉醒作用的受体主要是 5-HT_{1A}和 5-HT_3。例如皮下注射 5-HT_{1A}受体激动剂丁螺环酮可使大鼠觉醒时间延长,各期睡眠均缩短。选择性 5-HT_3受体激动剂 m-氯苯双胍注入大鼠侧脑室可增加觉醒,减少 REM 和 NREM 睡眠。

8) 中脑多巴胺能神经元

中脑多巴胺能神经元主要位于黑质致密部(SNc)和腹侧被盖区(VTA),其神经纤维投射到纹状体、基底前脑及皮层,对维持觉醒具有一定作用。研究发现,多巴胺能神经元活性不随睡眠-觉醒时相出现明显节律变化。但在觉醒和 REM 睡眠期,多巴胺能神经元出现簇放电,表明多巴胺释放增加,神经元活性增强;在 NREM 睡眠期出现有规律的自发放电。中脑黑质多巴胺系统破坏后,动物仍能觉醒,但对新异物刺激不再表现出探究行为。采用化学遗传学和光遗传学方法,激活 VTA 的多巴胺能神经元,可通过 D_2样受体诱导觉醒[38-39]。加强中枢多巴胺系统的药物,可促进觉醒。例如,可卡因通过阻断多巴胺和 NA 的再摄取,增加突触间隙多巴胺含量;安非他明刺激多巴胺的释放,均可以增加觉醒。

莫达非尼主要通过多巴胺 D_2受体介导强效促觉醒作用[3]。因此,以上药物可以用于治疗发作性睡病和多巴胺能功能低下相关的嗜睡症,如帕金森病的白天嗜睡。

9）纹状体 D_1阳性神经元

腹侧纹状体伏隔核是脑内的快乐中枢,在大脑的奖赏、快乐、成瘾、恐惧等活动中起重要作用。利用药理遗传学和光遗传学方法,发现特异性激活伏隔核 D_1受体阳性神经元可将小鼠从睡眠中唤醒,并延长清醒时间。反之,抑制这一类神经元活性,动物表现为睡眠增加。表明伏隔核 D_1受体阳性神经元直接调控觉醒,构成了伏隔核执行运动、学习记忆、奖赏等高级行为的基础[40]。

背侧纹状体作为基底神经节的主要信息入口,整合谷氨酸、多巴胺、腺苷等睡眠-觉醒相关的神经递质及调质的信息,提示其可能调控睡眠-觉醒行为。研究发现光遗传学激活背侧纹状体 D_1神经元诱导小鼠从 NREM 睡眠到觉醒的快速转变;而抑制 D_1神经元活性,显著减少小鼠觉醒时长,提示背侧纹状体 D_1神经元参与调控觉醒。多通道光纤记录发现纹状体 D_1神经元的活动与其上游核团神经元高度同步,包括前额叶皮层(prefrontal cortex,PFC)和背内侧丘脑(mediodorsal thalamus,MD)等。化学遗传学抑制上游 PFC 和 MD 神经元活性,可减弱纹状体 D_1神经元活动度。光遗传学激活上游通路(皮质-纹状体、丘脑-纹状体以及黑质-纹状体)可以诱导小鼠觉醒。进一步研究纹状体 D_1神经元下游通路,发现光遗传激活纹状体-苍白球内侧部(entopeduncular nucleus, EP, 或称为 GPi)和纹状体-黑质网状部(substantia nigra pars reticulata, SNr),通过 D_1神经元释放 GABA 递质,抑制苍白球内侧部和黑质网状部的睡眠核团,促进小鼠觉醒[41]。以上结果表明背侧纹状体 D_1神经元整合上游前额叶皮层信号,通过下游核团苍白球和黑质调控小鼠觉醒。

10）臂旁核谷氨酸能神经元

臂旁核(parabrachial nucleus,PB)是位于脑桥背外侧并包绕于小脑上脚内外侧的神经核团,包括内侧臂旁核和外侧臂旁核,与下丘脑、丘脑、基底前脑、大脑皮层、腹内侧视前区和面神经旁核等有着广泛的神经纤维联系。臂旁核主要与觉醒、血糖、体温等行为调节有关。臂旁核由谷氨酸能、GABA 能和脑啡肽神经元组成。采用化学遗传学和光遗传学激活大鼠内侧臂旁核,而不是外侧部分的谷氨酸能神经元可诱导持续 10h 觉醒。化学遗传学抑制 PB 神经元,降低清醒状态[42]。表明内侧臂旁核谷氨酸能神经元对控制清醒状态至关重要,基底前脑和外侧下丘脑通路是主要的神经回路。另外,外侧臂旁核中的谷氨酸能神经元对 CO_2引起的觉醒是必需的[43]。

11）脑干网状结构

Dieter 最早提出网状结构(reticular formation)概念,网状结构由延髓、脑桥和中脑组成,神经纤维纵横穿行,相互交织成网状纤维束,束间有各种大小不等的细胞和灰白质交织的结构。网状结构组织学特点是神经元的树突分支多而长,说明这些神经元可以接收和加工来自多方面的传入信息。网状结构接受来自几乎所有感觉系统的信息,其传出联系直接或间接地投射到中枢神经系统各个区域。如发自脑桥嘴侧和中脑网状结构的神经元纤维,经丘脑、下丘脑及基底前脑中继,最终投射到前脑,兴奋大脑皮层。发自尾侧脑桥和延髓的网状结构的神经元投射到脊髓,以促进觉醒期的感觉-运动活动。

网状结构的活动可直接影响睡眠、觉醒和警觉等。对猫的研究表明,反复刺激睡眠中猫的延髓、脑桥和中脑网状结构的内侧区,可使其迅速觉醒。刺激外周传入神经,也可诱发行为和脑电觉醒。如果破坏中脑被盖中央区的网状结构,而未伤及周边部的特异性上行传导束,动物可进入持续性昏睡状态,脑电亦呈现持续的慢波。因此,认为在脑内有一上行网状激动系统,维持大脑皮层的觉醒状态。网状结构大部分神经元的上行和下行投射可能是利用谷氨酸作为神经递质。中枢其他觉醒系统释放的递质也会影响谷氨酸能脑干网状结构神经元的活动。

12) 腹侧苍白球和外侧下丘脑的 GABA 能神经元

传统观念认为,兴奋脑内 GABA 能神经元,可诱导睡眠和麻醉。但是,特异性激活腹侧苍白球或外侧下丘脑的 GABA 能神经元,通过抑制下游的 GABA 能中间神经元,解除对觉醒相关神经元的抑制作用,促进觉醒。

伏隔核中的多巴胺 D_1 受体和 D_2 受体阳性神经元分别调控觉醒和睡眠,腹侧苍白球(ventral pallidum,VP)是这两类神经元的下游核团之一。腹侧苍白球中 GABA 能神经元在觉醒期活性升高,而在睡眠期降低,提示 GABA 能神经元可能调控觉醒。毁损或抑制此类神经元显著降低觉醒并抑制动机行为。通过特异性操控神经元活性法,发现腹侧苍白球中 GABA 能神经元通过解除对中脑腹侧被盖区多巴胺能神经元的抑制作用,调控觉醒并增强动机行为[44]。伏隔核与药物成瘾及戒断密切相关,成瘾和戒断均伴有睡眠障碍,该结果可能为临床治疗睡眠障碍、药物成瘾等精神疾病提供新思路。

在 NREM 睡眠期间,丘脑网状核(thalamic reticular nucleus,TRN)的抑制性输入调控丘脑皮层网络中的同步突触活动,产生低频振荡(<4Hz)。外侧下丘脑的 GABA 神经元对丘脑网状核 GABA 神经元具有强烈的抑制作用,在 NREM 睡眠期间,光遗传学激活这类神经元,诱导快速觉醒。在深度麻醉时,这个回路的激活引起持续的皮层觉醒。相反,光遗传学沉默这条通路,能增加 NREM 睡眠的持续时间和 δ 波振幅[45]。这些结果表明,外侧下丘脑 GABA 能神经元在睡眠到觉醒状态的转变过程中发挥重要作用。

综上所述,基底前脑和脑桥-中脑乙酰胆碱能神经元、下丘脑结节乳头体核组胺能神经元和食欲素能神经元、中脑蓝斑核去甲肾上腺素能神经元、中缝核5-羟色胺能神经元和多巴胺能神经元、脑干网状结构以及腹侧苍白球和外侧下丘脑的GABA能神经元等众多脑区和神经递质共同参与对觉醒的调控。没有哪一个因素是绝对必要的,当某一因素的作用被去除或削弱,其他因素将很快发生代偿以维持睡眠-觉醒的发生。

3.2.2 睡眠内稳态调节

睡眠的另一调节因素是中枢内稳态机制,睡眠稳态过程是指随着觉醒时间延长,睡眠压力会逐渐增加,EEG的δ波增强,当达到一定阈值时将启动睡眠,EEG的δ波强度是反映睡眠需求的标志。人类因白天积累的睡眠压力,夜间入睡后大约1.5h,NREM睡眠最深。睡眠的量和深度与之前的觉醒时间和强度成正比,缺失的睡眠可以通过延长之后的睡眠时间和强化慢波活动来部分补偿。睡眠内稳态调节主要包括内源性睡眠促进物质以及睡眠稳态的局部调节。

1. 内源性睡眠促进物质

众所周知,人或动物长时间觉醒后,会产生睡眠需求。早在20世纪初,法国生理学家Piéron和日本生理学家石森国臣等做了相似的实验,将剥夺睡眠犬的脑脊液或血清注射到其他正常犬的脑室,结果这些接受注射的动物发生睡眠,因此,首次提出了催眠素(hypnotoxin)的概念。随着生物技术的发展,已发现脑内存在20多种内源性睡眠促进物质(表3-2),其中腺苷和前列腺素D_2作用最强。

表3-2 主要的内源性促眠物质及其睡眠调节作用

分类	化合物	NREM睡眠	REM睡眠
前列腺素	前列腺素D_2	+	+
核苷	腺苷	+	+
	尿苷	+	+
胺类衍生物	褪黑素	+	+
细胞因子/生长因子	干扰素-γ(interferon-γ,IFN-γ)	+	+/-
	白介素-1β	+	-
	肿瘤坏死因子-α	+	-
	成纤维细胞生长因子(fibroblast growth factor,FGF)	+	-
	粒细胞-巨噬细胞集落刺激因子(granulocyte-macrophage colony-stimulating factor,GM-CSF)	+	+
	神经生长因子(nerve growth factor,NGF)	+	+
	脑源性神经营养因子(brain derived neurotrophic factor,BDNF)	+	+

续表

分类	化　合　物	NREM 睡眠	REM 睡眠
神经肽/肽类激素	生长激素释放激素(growth hormone releasing hormone, GHRH)	+	+
	生长激素抑制素(somatostatin,SRIF)	-	+
	血管活性肠肽(vasoactive intestinal polypeptide,VIP)	+/-	+
	氧化型谷胱甘肽(oxidized glutathione,GSSG)	+	+
	催乳素释放肽(prolactin-releasing peptide,PRRP)	+	+
	胰岛素	+	+/-
	生长激素	+/-	+
	催乳素	+/-	+
甾体激素	糖皮质激素	+/-	-
	孕烯醇酮(pregnenolone)	+	+/-
	黄体酮(progesterone)	+	+/-

注:+—促进; -—抑制; +/-—不确定或两种作用均存在。

1) 腺苷

腺苷(adenosine)是由腺嘌呤的 N-9 与 D-核糖的 C-1 通过β-N9-糖苷键构成的核苷。腺苷形成于胞内或者细胞膜表面,主要来自于胞内、外核苷酸的分解。腺苷作为神经调节物质,调节多种神经生物学功能。在众多内源性促眠物质中,腺苷是迄今为止报道的最有效的内源性睡眠诱导物质之一。在猫脑室内注射微摩尔量的腺苷,可增加睡眠,且睡眠 EEG 性质与自然睡眠类似[46]。随后的研究发现,基底前脑及大脑皮层细胞外腺苷水平可随着觉醒时间的延长而升高,在睡眠期显著降低。因此,腺苷被认为是调节睡眠的内稳态因子之一[47]。哺乳动物脑中存在 4 种腺苷受体亚型,即 A_1、A_{2A}、A_{2B}和 A_3,目前已知 A_1和 A_{2A}受体与腺苷的睡眠调节有关。

A_1受体在脑中广泛分布,激活 A_1受体可抑制神经传递。在大鼠的基底前脑局部给予腺苷或者 A_1受体激动剂可增加 NREM 睡眠[48]。然而在小鼠的侧脑室灌注 A_1受体的激动剂环戊腺苷(N6-Cyclopentyladenosine,CPA),却不能显著改变 NREM 和 REM 睡眠量[49]。下丘脑后部结节乳头体核 TMN 组胺能神经元是脑内重要的觉醒中枢,TMN 表达 A_1受体。大鼠 TMN 双侧注射 A_1受体的激动剂 CPA 或腺苷,均明显增加 NREM 睡眠量[50]。表明 TMN 区内源性腺苷通过 A_1受体抑制组胺能系统,促进睡眠。这些结果表明:A_1受体调节睡眠-觉醒作用呈脑区依赖性。

A_{2A}受体主要在纹状体、伏隔核、嗅结节和嗅球中表达水平较高,越来越多

的证据表明 A_{2A}受体在腺苷调节睡眠中发挥重要作用。通过在体微透析和同步记录自由活动大鼠的脑电发现:基底前脑灌流 A_{2A}受体激动剂 CGS21680,能显著增加 NREM 睡眠,剂量依赖性地抑制前额叶皮层和下丘脑内侧视前区组胺的释放,选择性升高 TMN 区 GABA 的释放[51],表明 A_{2A}受体激动剂可能通过提高 TMN 区 GABA 的释放而抑制组胺能觉醒系统,诱发睡眠。

采用药理遗传学或光遗传学激活腹侧纹状体伏隔核核心区的 A_{2A}受体神经元,小鼠睡眠量增加。而当小鼠出现行为动机时,伏隔核内腺苷 A_{2A}受体神经元活性明显被抑制,小鼠觉醒量增加[17]。以上研究结果表明,伏隔核内腺苷 A_{2A}受体阳性神经元直接调节缺乏动机行为导致的睡眠。该研究很好地解释为什么从事单一性、重复性操作的流水线工人、长途司机等,容易困倦甚至进入短暂睡眠状态。

帕金森病是一种严重的基底神经节病变疾病,白天过度嗜睡严重影响患者日常生活。背侧纹状体是基底神经节的主要输入核团,其神经元大量表达腺苷 A_{2A}受体。利用药理遗传、光遗传、免疫电镜和电生理等技术发现,小鼠背侧纹状体头端和中部的腺苷 A_{2A}受体阳性神经元通过控制外侧苍白球中的小清蛋白阳性神经元,调控动物活动期睡眠[16]。这一调节作用,可能为治疗帕金森病人的白天嗜睡提供新的思路。

咖啡因是咖啡、茶和可乐等提神饮料中起促觉醒作用的主要物质。低剂量时,咖啡因与腺苷 A_1受体和 A_{2A}受体具有相似的亲和力,是这两种受体的非特异性拮抗剂。利用 A_1受体和 A_{2A}受体基因剔除动物,发现咖啡因的促觉醒作用只出现在野生型小鼠和腺苷 A_1受体基因剔除小鼠,而腺苷 A_{2A}受体基因剔除小鼠无此作用[52]。该结果清楚地表明,咖啡因的促觉醒作用由 A_{2A}受体所介导。利用条件性基因剔除和局部基因沉默方法发现,伏隔核中的 A_{2A}受体在咖啡因促觉醒作用中发挥关键作用[53]。

2) 前列腺素 D_2

前列腺素 D_2(prostaglandin D_2,PGD_2)由前列腺素 D 合成酶催化 PGH_2转化而成,该酶主要分布在大脑蛛网膜和脉络丛。生成的 PGD_2在脑室系统和蛛网膜下腔中循环,与基底前脑腹内侧面的 PGD_2受体(DP_1R)结合,增加 DP_1R 密集区局部细胞外腺苷水平,可能通过活化腺苷 A_{2A}受体,将促眠信号传入并激活睡眠中枢腹外侧视前区 VLPO,抑制位于觉醒中枢 TMN 的组胺能神经元,诱导睡眠。相反,PGD_2的同分异构体 PGE_2具有促觉醒作用。组胺能神经元 TMN 表达 PGE_2受体亚型 EP_4,激动 EP_4受体能增加脑内组胺的释放,促进觉醒[54-55](图 3-7)。

PGD_2或腺苷能兴奋 VLPO 的 GABA 能神经元,抑制觉醒系统的 TMN 的组

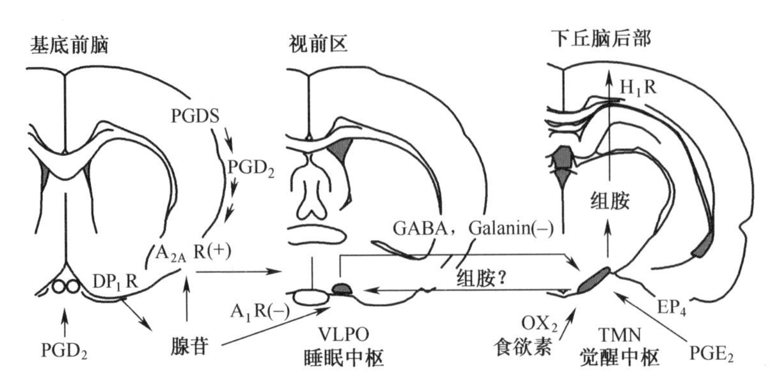

A_1R—腺苷 A_1受体；$A_{2A}R$—腺苷 A_{2A}受体；DP1R—PGD_2受体；

EP4—PGE_2受体亚型；Galanin—甘丙肽；H_1R—组胺 H_1 受体；OX_2—食欲素受体；

PGD_2—前列腺素 D_2；PGE_2—前列腺素 E_2；PGDS—前列腺素 D 合成酶。

图 3-7　PGD_2、腺苷和组胺调节睡眠-觉醒的机制

（参考文献[55]，修改）

胺能、LC 的 NA 能、DRN 的 5-HT 能神经元，促进睡眠；反之，LC 的 NA 能、DRN 的 5-HT 能神经元又有神经纤维投射到 VLPO，可以通过抑制 VLPO，促进觉醒。PGD_2和腺苷是迄今为止已知的最强大的睡眠促进物质，且诱导睡眠的性质与生理性睡眠一致，与目前临床常用的镇静催眠药有着本质的差异。对内源性诱导睡眠物质的开发，有望为睡眠障碍病人提供高效且低副作用的治疗药物，但尚有很多问题需要解决。

3）细胞因子

脑内存在各种细胞因子，在生理或病理情况下调节睡眠[56]。研究较多的是白介素-1（interleukin-1，IL-1）和肿瘤坏死因子（TNF-α）。正常脑内 IL-1β 和 TNF-α 的 mRNA 水平呈现昼夜节律变化，与睡眠量呈正相关。人血浆的 IL-1β 水平在睡眠期明显高于觉醒期[57]。多种动物脑室或腹腔给予 IL-1，都可增加 NREM 睡眠，提示 IL-1 参与生理性睡眠调节。下丘脑表达 IL-1 β受体，IL-1 可能通过该区域的睡眠-觉醒相关神经元参与睡眠-觉醒的调节。细胞因子也参与病理性睡眠反应，最常见于感染性疾病，睡眠量的增加有利于机体的康复。另外，睡眠呼吸暂停综合征患者白天嗜睡，也可能与高水平的细胞因子有关。

2. 睡眠内稳态的局部调节

以往认为，睡眠和觉醒是机体两种不同的活动状态。动物觉醒时，双眼睁开，探索周围的环境并对外界的刺激做出及时的反应，皮层脑电波呈现低幅高频

的特征。而进入睡眠状态后,双眼闭合,对外部刺激敏感度急剧降低,皮层脑电波以高幅低频的慢波为主。

睡眠慢波和纺锤波能够在觉醒动物的大脑皮层局部出现。局部睡眠最典型的例子是鲸类的双侧大脑半球可交替睡眠。2011 年,Vyazovskiy 等分析了长时间觉醒大鼠整体皮层脑电波和局部皮层神经元电活动之间的差异,发现行为上处于觉醒状态的大鼠,皮层中部分神经元却会零散地出现“掉线”现象,就像单独进入睡眠状态一样。此种状态下的大鼠,获取食物的准确度明显下降,提示局部入睡的大脑区域活性降低[58]。

大脑局部睡眠现象可能是睡眠内稳态对部分脑区的调节所引起的。脑内神经元和神经胶质细胞的活动依赖于细胞外 ATP。局部 ATP 浓度的上升,可激活附近神经胶质细胞的嘌呤 2 型受体,释放睡眠促进物质,包括腺苷、一氧化氮、肿瘤坏死因子、脑源性神经营养因子和生长激素释放激素等。这些睡眠促进物质可改变细胞内基因转录翻译的过程,调节细胞膜上谷氨酸和腺苷受体数目,影响细胞电生理特性;也可以直接作用睡眠促进物质的受体,调控细胞活性。这些神经递质功能依赖的释放,可能导致局部皮质突触权重的改变和皮质 NREM 期脑电 δ 波活动的改变。

3.2.3 昼夜节律对睡眠的调节

哺乳动物的睡眠-觉醒周期存在昼夜节律。下丘脑前区的 SCN 是哺乳动物最主要的昼夜节律中枢,主要通过相邻核团的中继,将昼夜节律信号传到多个睡眠-觉醒脑区,调控睡眠-觉醒的时相转换。在分子水平,昼夜节律是通过高度保守的转录水平反馈环路进行调控,昼夜节律的核心基因在调控昼夜节律以及维持睡眠-觉醒周期方面发挥了重要的作用。

1. SCN 调节睡眠-觉醒的机制

Cohen 和 Albers 等[58]报道一例颅咽管瘤患者,手术切除肿瘤,同时也切除了视交叉及部分 SCN 组织。患者术后的睡眠-觉醒以及体温、意识、行为的节律都受到了严重的影响,睡眠-觉醒节律基本消失,睡眠质量下降[59]。动物实验发现,切除松鼠猴的 SCN 后,其饮水、睡眠-觉醒周期、脑部温度的昼夜节律都丧失。每天总睡眠时间增加了约 4h,但深度睡眠及 REM 睡眠总时长无明显改变[60]。但是,不同实验室对于大鼠或小鼠切除 SCN 的实验结果不完全一致,有影响睡眠总时长或睡眠结构,也有报道这些参数没有显著改变[61]。这些研究结果提示在不同动物中,生物钟对睡眠的调控方式可能存在差异。

SCN 与已知的睡眠-觉醒核团之间有广泛神经纤维联系。SCN 有小部分纤维直接投射到睡眠中枢 VLPO、下丘脑外侧食欲素神经元、下丘脑后部结节乳头体核组胺能神经元,大部分纤维投射至下丘脑的亚室旁区(subparaventricular zone,SPZ)、下丘脑室旁核和下丘脑背内侧核(dorsomedial nucleus,DMH)。SCN 接受中缝核和下丘脑后部结节乳头体核的传入支配。这些通路可能是昼夜节律系统参与睡眠-觉醒调节的解剖学基础。

动物实验发现,SCN 通过邻近核团参与睡眠-觉醒的调节[9]。特异性毁损位于 SCN 上方的亚室旁区腹侧,能消除睡眠-觉醒节律。SCN 的另一重要靶点是下丘脑背内侧核 DMH,该区域接受大量来自亚室旁区的传入。细胞特异性毁损 DMH,极大消除睡眠-觉醒节律。DMH 发出 GABA 能纤维投射到睡眠中枢 VLPO,通过抑制睡眠,促进觉醒。向外侧下丘脑食欲素能神经元投射的 DMH 神经元含有谷氨酸和甲状腺素释放激素,也具有促觉醒作用。免疫组化 c-Fos 染色发现,DMH 神经元活性在觉醒期高于睡眠期。另外,激活 SCN 的 GABA 能神经元,能抑制下丘脑室旁核的 CRF 神经元,促进睡眠。以上提示,SCN 通过亚室旁核区和下丘脑背内侧核 DMH 等中继站,或直接支配下丘脑室旁核调控睡眠-觉醒(图 3-8)。

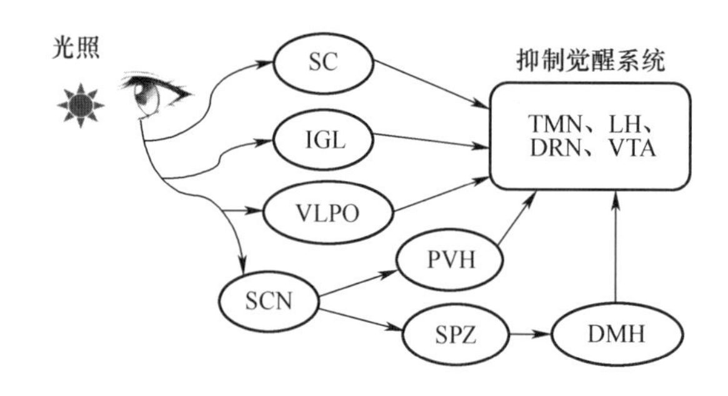

IGL—膝状体间小叶; SC—上丘。

图 3-8 光调控睡眠-觉醒模式图[9]

(图中箭头显示神经传导通路,不表示兴奋或抑制)

2. 生物钟基因调控睡眠-觉醒

在分子水平,昼夜节律是通过高度保守的转录水平反馈环路进行调控的,因此转录因子在昼夜节律及睡眠-觉醒周期的调控方面发挥了重要的作用。昼夜节律的核心基因包括 *Clock*、*Bmal1*、*Npas2*、*Per1-3* 和 *Cry1-2*。生物钟调控睡眠的重要证据是生物钟基因的异常会导致各种睡眠障碍。

研究表明,选择性敲除小鼠核心生物钟基因不仅会导致自主昼夜节律的改变,同时引起动物睡眠异常[62],表 3-3 显示了一些生物钟基因突变与睡眠障碍的关系。*Clock* 基因突变小鼠无论白天或夜间,NREM 睡眠显著减少,而 REM 睡眠不受影响。与此相反,*Bmal1* 或 *Cry1/2* 敲除的小鼠,夜间 NREM 睡眠量显著增加。*Per1/2* 和 *Npas2* 等基因突变也对小鼠的睡眠量产生影响。但是,钟基因敲除的小鼠在睡眠剥夺后的恢复期,睡眠量都增加,NREM 睡眠的 δ 波也增强,说明钟基因不参与睡眠的内稳态调节。

表 3-3　小鼠生物钟基因突变对睡眠和节律的影响[69]

基因突变	节律	NREM 睡眠 光照/黑暗	REM 睡眠 光照/黑暗	参考文献
Clock$^{-/-}$	长周期	减少/减少	正常/正常	[59]
Bmal1$^{-/-}$	无节律	正常/增加	正常/增加	[60]
Npas2$^{-/-}$	短周期	正常/减少	正常/正常	[61]
Per1$^{-/-}$	长周期	正常/减少	正常/减少	[62]
Per2$^{-/-}$	短周期	减少/正常	减少/正常	[62]
Per1/2$^{-/-}$	无节律	减少/正常	减少/正常	[63]
Cry1/2$^{-/-}$	无节律	正常/增加	减少/增加	[64]

人类睡眠障碍中,遗传学研究已经揭示蛋白激酶基因(*casein kinase 1*,*Ck1*)、*Per2* 的突变是引起家族性睡相提前综合征的直接原因。*Per3* 基因中的数目可变串联重复序列(variable number of tandem repeat polymorphism,VNTR)的重复数目与生物节律及睡眠相位的偏早或偏晚有关。*Dec2* 通过影响生物钟主要调控元件 BMAL1/CLOCK 活性从而影响人类睡眠长短[69]。这些数据充分说明,生物钟对于调节睡眠具有重要的作用。

3. 褪黑素对睡眠-觉醒的调节作用

褪黑素是哺乳动物体内最为重要的授时因子之一,人类的褪黑素是由松果体产生的一种吲哚类激素。松果体位于第三脑顶部、中脑上丘的上方,借两个脚(缰)连于脑,主要由松果体细胞和神经胶质细胞构成,其中松果体细胞占多数,具有分泌褪黑素的功能。褪黑素合成和分泌受光线和 SCN 的调节。其分泌呈现节律性,白天体内的褪黑素含量很低,而夜间较高,约占一天总量的 80%。

褪黑素在光和生物钟之间发挥中介作用,将内源性生物节律的周期和相位调整到与环境周期同步,具有催眠、镇痛、调节睡眠-觉醒周期、改善时差反应综合征的作用。外源性给予褪黑素可重新调定人体的许多生理、生化过程以及某些行为如睡眠-觉醒的时间。褪黑素对睡眠和昼夜节律有重要的调节作用。研究发现,给猫、鸡和小鼠注射褪黑素,均诱导睡眠的发生。人体试验也发现静脉注射适量褪黑素,可使入睡潜伏期明显缩短,显著促进睡眠。褪黑素主要改善时差变化引起睡眠时相延迟综合征及昼夜节律失调性睡眠障碍。但褪黑素半衰期约 30min,效应维持时间较短。

哺乳动物的褪黑素受体包括 MT1 和 MT2 受体,都属于 G 蛋白耦联受体家族(参见第 4 章)。人的 MT1 受体分布于 SCN、小脑、丘脑、海马和大脑皮层等,MT2 在人的 SCN、海马、丘脑、视网膜中都有分布。褪黑素与 MT1 的亲和性较强,与 MT2 的亲和性较弱[70]。动物实验发现,基因敲除 MT2 受体(MT2-KO)的小鼠明显减少白天安静期的 NREM 睡眠量,而 MT1-KO 小鼠的睡眠-觉醒量不变[71-72]。MT2 受体高表达在睡眠-觉醒相关脑区 SCN 和丘脑网状核[68]。丘脑网状核微注射 MT2 受体部分激动剂 UCM765,能促进大鼠和小鼠的 NREM 睡眠;腹腔注射 UCM765,能增加丘脑网状核神经元放电。预处理 MT2 受体拮抗剂或使用 MT2-KO 小鼠,可完全消除此作用[72]。这些结果提示,褪黑素及其受体激动剂可能是通过 MT2 受体参与睡眠调节。

由于外源性褪黑素体内半衰期短,药效不可靠。2005 年,FDA 批准武田制药的雷美尔通(Ramelteon)治疗失眠。雷美尔通是一种高选择性的褪黑素 MT1/MT2 受体激动剂,对 MT1 的选择性大于 MT2。雷美尔通能明显缩短患者睡眠潜伏期,延长总睡眠时间,且对睡眠结构没有明显的影响。主要用于治疗倒班工作或时区改变(jet lag)等昼夜节律紊乱所致的入睡困难。疗效显著,不良反应少,长期用药不产生药物依赖。

4. 光暴露对睡眠-觉醒的影响

光信息是形成昼夜节律的主要外部条件。视网膜-下丘脑束将视网膜的光信号直接传给 SCN,SCN 根据视网膜-下丘脑束传来的外界光信息,对昼夜节律做出重新调定的指令,使生理功能适应外界明暗环境的变化。视网膜上负责视觉形成的细胞有视锥细胞和视杆细胞,位于感光细胞层。但是,盲人虽然视觉丧失,他们体内的褪黑素水平仍然会受到周围环境光照的影响,说明视觉和生物钟的感光系统存在不同的通路。2002 年,Berson 等发现了哺乳动物视网膜的第三类感光细胞,即"视网膜内层光感神经节细胞"(ipRGC)。它包含一种新发现的感光蛋白黑视素,这种细胞参与昼夜节律的调节、激素的分泌以及瞳孔的扩大和缩小,但并不形成视觉。ipRGC 通过视网膜-下丘脑束主要投射到下丘脑、外侧膝状体、橄榄顶前核和上丘。在下丘脑中,视交叉上核、亚室旁区、腹侧视前区和下丘脑外侧区均接受视网膜-下丘脑束支配。

小鼠是生命科学研究中最常用的实验动物,啮齿类属于夜行性动物,夜间(暗期)活动,白天(明期)休息。当暴露在光照下,小鼠的活动度迅速降低并进入睡眠。研究发现,急性光暴露可通过膝状体间小叶(intergeniculate leaflet,IGL)和视前区的 GABA 能神经元诱导小鼠睡眠[73-74];而上丘至中脑腹侧被盖区通路参与急性黑暗暴露诱导的觉醒[75](图 3-8)。传统观念认为,小鼠缺乏红色色觉感知,为避免夜间光照对小鼠行为的干扰,在夜间实验时,常采用红光照明。但照度大于或等于 20 lx 的红光与对照组白光一样,能显著增加小鼠睡眠量,并干扰睡眠结构。当红光照度降低到 10 lx 时,短时或长时间红光暴露都不再影响小鼠的睡眠[76]。该结果提示在夜间需要对小鼠等夜行性动物实施短期光照时,应选择照度为 10 lx 或以下的红光,既方便实验人员操作,又可避免光照对睡眠-觉醒行为的影响。同时对家用夜视灯光源的开发具有指导意义。

不同波长的光对人的节律有着不同的影响,视杆细胞对 506nm 波长的绿光最为敏感,视锥细胞对 555nm 波长的黄绿光最为敏感,而视网膜神经节细胞中吸收黑视素的蓝光吸收峰值为 484nm 波长。对体内褪黑素抑制作用最明显的光照波长为 460nm,表明蓝光及附近波谱的光对生物钟的影响最为有效。在室内,照度大于 500 lx 的光才能对节律产生导引作用,并对褪黑素产生抑制作用。因此,采用光照治疗睡眠障碍,照度通常在 1000~10000 lx。

睡眠稳态与昼夜节律都参与睡眠-觉醒周期的调节,已提出了多种睡眠-觉醒周期的调节模型,其中以 1982 年 Borbely 等提出的双过程模型(two-process model)理论最为引人注目。在 24h 昼夜节律中,人类白天清醒,夜间睡眠。该模型认为:在睡眠稳态方面,睡眠压力随觉醒时间延长而增强,在睡眠期间逐渐减弱。昼夜节律振荡促进白天清醒和夜间睡眠,觉醒期间睡眠压力增加与昼夜节律信号发生整合,随后启动睡眠,但昼夜节律过程不依赖于睡眠和觉醒[77](图 3-9)。该整合过程可能发生在间脑水平,其可能的结构包括内侧视前区、丘脑室旁核前部和下丘脑内侧核。

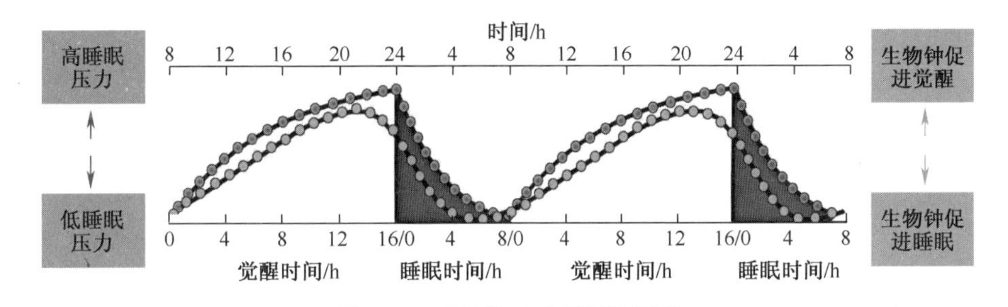

图 3-9 睡眠的双过程调控模型

[在 24h 昼夜节律条件下,随觉醒时间延长,睡眠压力(蓝色)增加;而随睡眠时间延长,睡眠压力(蓝色)下降。生物钟的震荡(黄色)在白天促进觉醒,在夜间促进睡眠。引自文献[62],略修改。]

3.3 睡眠的生理功能

与昼夜节律一致的安静-活动周期可能是睡眠-觉醒周期的原始状态。不仅中枢神经系统发育良好的生物有睡眠，一些低等生物果蝇，甚至蠕虫、水母都有“睡眠”样行为。尽管做了大量的研究，睡眠的功能仍然不完全清楚。目前多数观点认为睡眠能储存能量、增强免疫力、促进记忆的巩固和增加脑内代谢产物的排出。

3.3.1 降低代谢率和增加能量储存

睡眠时人的代谢降低，在 NREM 睡眠期基础代谢维持在最低水平，耗能最少。正电子发射断层扫描显示，人脑内葡萄糖的消耗量在觉醒期是 NREM 睡眠期的 2 倍。但脑的代谢降低只发生于 NREM 睡眠期，在 REM 睡眠时，脑的代谢率高于觉醒期[78]。

长期以来，睡眠被认为是大脑补充能量的过程。此时副交感神经活动占优势，合成代谢加强，有助于能量的贮存。糖原是大脑的主要能量储备物，随着觉醒时间延长，脑糖原水平逐渐降低。睡眠剥夺时，脑糖原水平会进一步降低。睡眠后，脑糖原水平恢复。

ATP 是大脑和许多组织的能量来源。2010 年，Markus Dworak 及其同事发现[79]，大脑皮层等区域的 ATP 水平在自发睡眠的最初几小时逐渐升高并达到峰值，ATP 激增与 NREM 睡眠的 δ 波强度呈正相关。如果剥夺 3h 睡眠，能明显降低前额叶皮层和外侧下丘脑的 ATP 水平，这些脑区含有大量觉醒和 REM 睡眠相关的神经元。细胞能量代谢相关的磷酸化 AMP 活化蛋白激酶（phosphorylation AMP activated protein kinase，P-AMPK）与 ATP 的水平成反比，当 ATP 被大量消耗产生 AMP，使 AMP/ATP 比例升高时，可以使 AMPK 磷酸化成为有活性的 P-AMPK。因 P-AMPK 顺序磷酸化下游诸多目标蛋白，减少 ATP 的降解，增加 ATP 的合成，从而调控细胞的能量代谢。检测大鼠基底前脑细胞和前额叶皮层在进入睡眠 3h 后 P-AMPK 的表达量，发现 P-AMPK 较清醒状态显著下降。在睡眠中，大脑大量合成 ATP，这有助于细胞的合成代谢。因此，充足的睡眠可消除人体疲劳，恢复体力。

3.3.2 增加免疫力

人或动物在发生感染时常会有嗜睡现象，增加睡眠量有助于康复。机体在感染时，免疫系统产生大量细胞因子。在中枢神经系统，神经元和胶质细胞也能合成和释放多种细胞因子，研究比较深入的是 IL-1 β和 TNF-α，两者都能增加 NREM 睡眠量，抑制 REM 睡眠，但导致 NREM 睡眠片段化。使用细菌细胞壁成分脂多糖，能模拟病原体感染，诱导动物或志愿者产生大量细胞因子，并增加睡眠量。IL-1 β和 TNF-α 免疫阳性神经元位于下丘脑和脑干等与睡眠-觉醒调节相关脑区,参与睡眠-觉醒的调节。

睡眠状态下免疫系统的生理功能变化通常用睡眠剥夺的方式来研究。长期睡眠剥夺可显著影响宿主防御能力。若持续剥夺 80%的睡眠,2~3 周后大鼠就会死亡,从其血液样本中检测到较多的致病菌。部分剥夺睡眠也会在肠系膜淋巴中检出活菌。人睡眠剥夺 48h 后,淋巴细胞 DNA 合成降低;剥夺 72h 后,吞噬细胞功能降低。即使剥夺一夜睡眠,也可抑制 CD4、CD16、CD56 和 CD57 阳性淋巴细胞功能。因此,推测睡眠是机体免疫系统发挥正常功能的基本保证。

有趣的是,少量的睡眠剥夺能加强免疫。睡眠剥夺可增加肠壁对细菌和细菌产物的通透性,进入体内的少量细菌细胞壁产物如内毒素和肽聚糖能激活免疫细胞,从而有效地增强宿主非特异性防御功能。神经系统与免疫系统交互影响,睡眠剥夺改变免疫功能,而免疫应激也改变睡眠。因此,由疾病引起炎性介质释放,可能导致 CNS 代谢包括睡眠在内的行为变化。

3.3.3 促进生长发育

睡眠稳态和昼夜节律影响内分泌功能,在睡眠和睡眠-觉醒转换时,激素和代谢出现周期性变化。生长激素促进脂肪分解和肌肉生长,在睡眠的早期阶段生长激素升高,大约 70%的生长激素分泌发生在慢波睡眠期,而在睡眠后期下降。自发的觉醒打断睡眠后,生长激素的分泌立即受到抑制。因此,睡眠片段化可降低夜间生长激素的分泌。促性腺激素的 24h 释放模式和性激素的水平与性别和年龄相关。睡眠开始时,儿童的促黄体生成素和促卵泡激素水平脉冲性增加。年轻成年男性的循环睾酮水平存在显著的昼夜节律,通常在睡眠开始时睾酮水平上升,到凌晨时达到峰值。每晚至少需要 3h 的深睡眠来维持高的睾酮水平,睡眠片段化或 REM 睡眠不足,都阻止夜间睾酮的增加。因此,睡眠障碍可能是降低睾酮水平的危险因素之一。胰岛素的分泌在白天高,夜间低。白天脂肪组织胰岛素的敏感性也较高,睡眠不足可能诱导胰岛素抵抗。另外,流行病学和实验室研究表明,睡眠障碍对激素、糖代谢和体重调节产生有害影响。

3.3.4 加强认知功能

学习记忆是最基本的认知功能,获得、巩固、存储与再现是学习记忆过程的 4 个环节。记忆的编码和再现大多发生在觉醒期,而记忆的巩固主要受睡眠的影响。无论 NREM 睡眠还是 REM 睡眠对记忆巩固都有作用,且作用各不相同。NREM 睡眠对陈述性空间记忆(依赖海马的)更为重要,而 REM 睡眠影响程序性记忆和情绪记忆(不依赖海马的)。但另有研究表明,REM 睡眠在依赖海马的空间记忆中起重要作用,对于不依赖海马的程序记忆任务,NREM 和 REM 睡眠都是必需的。

睡眠有助于睡前所学内容的记忆。学习后立即睡眠，即使 6min 的睡眠，也可改善记忆，8h 的夜间睡眠对记忆影响最显著。长时间睡眠产生更有效的记忆巩固作用，特别是对程序性记忆[80]。另外，学习新内容前，短暂的睡眠也有助于提高处理新信息的能力，促进新记忆痕迹的提取和编码[81]。因此，无论学习前、后的睡眠，都有利于记忆的巩固。

睡眠对认知活动的影响可能有赖于睡眠中一些与记忆相关的神经元活动，即睡眠特异性脑电振荡波，包括慢振荡波、纺锤波和 Ripples 波等。目前有两种似乎矛盾的假说用于解释睡眠对学习和记忆的作用：一是主动系统巩固理论（active system consolidation theory）[82]，认为在睡眠中，对睡前学习时激活过的神经元选择性地再激活，使记忆的内容得到巩固。二是突触稳态假说（synaptic homeostasis hypothesis）[83]，认为在觉醒学习期间，许多神经环路中的突触连接广泛增强，同时诱发睡眠需要。睡眠的作用是使这些增强的突触适当地减弱，使每个神经元的总突触强度返回到基线水平，维持突触稳态。

主动系统巩固理论认为海马可能储存短期记忆，而更长时的记忆被存储在新皮层当中。清醒时编码存储在海马和皮层中的信息，在睡眠中被不断再现和激活，同时海马信息向皮层转移，选择性地使新皮层网络中编码新信息的突触产生长时程可塑性改变，从而使短期记忆向长期记忆不断转化。海马位置细胞是与动物行为活动所处位置密切相关并具有复杂锋电位的锥体神经元，常作为记忆研究的细胞模型。当大鼠觉醒时被长时间限制在某个位置细胞的位置野时，这个细胞强烈放电，同时记录另一个不放电的神经元，发现觉醒期间放电活跃的神经元在随后的睡眠中放电也增多，而不活动的神经元仍然处于静息状态[84]。采用非创伤性功能影像技术发现，学习时激活的脑区在随后的 REM 睡眠中活动也增强[85]。之后的一系列研究发现，非陈述性任务训练时激活的脑区，在 REM 睡眠中被重新激活，而陈述性任务训练后海马活动在 NREM 睡眠中被重新激活。睡眠过程中特异性脑区活动越强，记忆检测时，掌握的程度越高，说明记录到的脑区活动与记忆巩固作用相关。

2014 年，Yang 等发现，小鼠进行运动性训练后立即睡眠，可导致运动皮层产生新的突触棘。检测同一树突的两个分支，发现一个分支上突触棘数量明显多于另一分支，不同的学习类型可能诱发增加特定树突分支突触棘数量。学习后剥夺睡眠，皮层中突触棘数量明显少于睡眠组[86]。这些结果进一步证明，睡眠可加强记忆的巩固。

多巴胺能神经元活性与遗忘成正相关。唤醒可以加强多巴胺信号，加速遗忘。反之，采用催眠药物或激活脑内睡眠回路，增加睡眠，都可以减少多巴胺介导的信号活动,同时增进记忆保存。睡眠进入到越深的层次,多巴胺神经元对刺激的反应越低,记忆就越稳定[87]。该研究结果阐明了多巴胺系统在睡眠改善记忆中的作用。

睡眠也可能通过突触稳态的方式促进学习记忆的过程。利用双光子显微镜在体发现,觉醒持续一定时间后,与学习记忆有关的突触通路会出现突触数量增多、体积增大、膜上受体过多等现象。这可能占有较多的脑空间,增加能耗,从而使突触传递效率下降。而睡眠期突触数量减少,通过一定的睡眠过程,特别是NREM 睡眠,移除觉醒期膜上增加的受体,减小突触体积,恢复突触权重(synaptic weight),即恢复到觉醒初始状态水平,保证突触稳态,增加突触传递效率[88]。幼龄小鼠大脑皮层突触数量在觉醒期增多,睡眠时减少。但成年小鼠在睡眠-觉醒周期中,主要改变突触权重,而不是突触数量。另外,长时间觉醒的动物,上调与长时程增强相关的基因和蛋白的表达,而与长时程抑制相关的基因或蛋白的水平则在睡眠期间增加。

睡眠也可影响情感相关的记忆。在 NREM 睡眠中反复暴露与恐惧记忆相关的条件线索,可显著降低恐惧反应[89-90]。动物在 REM 睡眠期间特异性沉默内侧隔阂的 GABA 能神经元,阻断 REM 睡眠过程中海马内 θ 波振荡,可消除小鼠的场景记忆,并减弱恐惧记忆[91]。提示睡眠能抹去恐惧记忆,为创伤后紧张性精神障碍的非药理学治疗开辟了新途径。

3.3.5 清除脑内代谢产物

大脑与身体其他系统一样,具有清除代谢产物的能力。人们在睡觉时,清除脑中废物的系统最活跃,好的睡眠质量使大脑更清醒。大脑在觉醒状态时功能活跃,产生有毒的代谢产物,如 β-淀粉样蛋白(amyloid-β,Aβ)可导致阿尔茨海默氏症(老年痴呆症)。大多数神经退行性疾病都与细胞废物的积累有关,因此,从大脑及时移除这些废物对维持正常脑功能非常必要。正常成人和小鼠脑脊液中 Aβ 水平呈现昼夜节律,傍晚时最高,睡眠后 Aβ 降低,提示睡眠有助于 Aβ 的清除[92]。2013 年,Xie 等发现,大脑排出代谢产物的部位位于细胞间隙,类似于淋巴系统。觉醒期间,细胞代谢产生的废物积聚在细胞间液。睡眠时,脑脊液沿着动脉周围间隙流入脑组织内,与脑组织间液不断交换,并将细胞间液中的代谢废物带至静脉周围间隙,随即排出大脑[93]。研究者还发现,细胞间隙在觉醒与睡眠时的状态迥异。觉醒时,细胞间隙的体积占全脑体积的 14%,而在正常睡眠和麻醉时,其体积分别增至 60% 和 23%,因而显著增加了脑脊液的流动。另外,觉醒时,脑脊液的流动局限于脑的表层,而睡眠和麻醉时,其流动达到脑组织深层,使得觉醒期脑脊液的流动只有睡眠和麻醉时脑脊液流动的 5%。

因此,在睡眠时能高效清除脑内产生的 Aβ。这种差异可能是由于觉醒时去甲肾上腺素水平较高,引起细胞外钾离子浓度升高,造成细胞肿胀所致。成人夜间睡眠时间建议在 7h,睡眠时间不足或过长的人,脑脊液中淀粉样蛋白沉积较多[94]。减少慢波睡眠是升高脑脊液中可溶性 Aβ 的重要因素[95],这可能增加 Aβ 斑块的风险,并随后发展为阿尔茨海默病。

目前,已发现脑内有淋巴管,有利于脑细胞外液及毒性代谢产物的排除[96]。抑制代谢产物的排出,可能是睡眠剥夺致死的原因之一。但是,代谢产物如何经脑内的这种淋巴系统进行清除还有待进一步研究。

良好的睡眠是机体健康的保证,睡眠剥夺作为一种较强的应激源,对机体造成多方面的影响,如生理功能及情绪的改变、抵抗力下降和脑功能的损伤等。睡眠剥夺不仅来自工作压力或家庭相关的问题,也与人们的生活方式有关,如夜晚频繁查看手机,长时间面对电脑或电视屏幕。另外,夜间过多、过强的人工光源也会干扰生物钟,影响睡眠。

镇静催眠药虽然能改善睡眠,但长期使用可能出现药物耐受、依赖和停药反跳等副作用。理想的方式是重建自然睡眠-觉醒周期,白天尽可能多地暴露于自然光下,适当运动并尽量避免白天小睡。晚上调暗室内照明强度,包括计算机、电视和手机的屏幕,更好地维护睡眠健康。

参考文献

[1] NOWACK W J. Neocortical dynamics and human EEG rhythms [J]. Neurology, 1995:45(9):1793-1793a.

[2] RECHTSCHAFFEN A. A manual of standardized terminology, techniques and scoring system of sleep stages in human subjects [Z]. Los Angeles:UCLA Brain Information Services, 1968.

[3] SCHULZ H. Phasic or transient? Comment on the terminology of the AASM manual for the scoring of sleep and associated events[J]. J Clin Sleep Med,2007, 3(7):752.

[4] IBER C, ANCOLI-ISRAEL S, CHESSON A, et al. The AASM Manual for the Scoring of Sleep and Associated Events: Rules, Terminology and Technical Specifications [R]. Westchester, Ill: American Academy of Sleep Medicine. 2007.

[5] PATTYN N, NEYT X, HENDERICKX D, et al. Psychophysiological investigation of vigilance decrement: boredom or cognitive fatigue? Physiol Behav. 2008,93(1-2):369-78.

[6] QU W M, Huang Z L, XU X H, et al. Dopaminergic D1 and D2 receptors are essential for the arousal effect of modafinil[J]. J Neurosci,2008, 28(34):8462-8469.

[7] 邱红梅,岳小芳,徐昕红,等.小鼠睡眠生物解析系统与应用[J].中国药理学通报,2008,24(1):20-23.

[8] SAPER C B, SEHGAL A. New perspectives on circadian rhythms and sleep. Curr Opin Neurobiol 2013, 23(5):721-723.

[9] SAPER C B, SCAMMELL T E, Lu J. Hypothalamic regulation of sleep and circadian rhythms[J]. Nature, 2005, 437(7063):1257-1263.

[10] 王典茹，黄志力，曲卫敏．视前正中核神经元调节睡眠-觉醒的研究进展[J]．复旦学报(医学版)，2015，42(6)：780-785.

[11] MCKINLEY M J，YAO S T，USCHAKOV A，et al. The median preoptic nucleus：front and centre for the regulation of body fluid，sodium，temperature，sleep and cardiovascular homeostasis[J]. Acta Physiol (Oxf)，2015，214(1)：8-32.

[12] ANACLET C，FERRARI L，ARRIGONI E，et al. The GABAergic parafacial zone is a medullary slow wave sleep-promoting center[J]. Nat Neurosci，2014，17(9)：1217-1224.

[13] 汪慧菁，曲卫敏，黄志力．基底核中腺苷 A_{2A} 受体和多巴胺 D_2 受体调节睡眠-觉醒作用机制[J]．世界睡眠医学杂志，2014，1(1)：27-29.

[14] LAZARUS M，CHEN J F，URADE Y，et al. Role of the basal ganglia in the control of sleep and wakefulness[J]. Curr Opin Neurobiol，2013，23(5)：780-785.

[15] VILLABLANCA J，MARCUS R. Sleep-wakefulness，EEG and behavioral studies of chronic cats without neocortex and striatum：the 'diencephalic' cat[J]. Arch Ital Biol，1972，110(3)：348-382.

[16] YUAN X S，WANG L，DONG H，et al. Striatal adenosine A2A receptor neurons control active-period sleep via parvalbumin neurons in external globus pallidus[J]. eLife，2017，6：e29055.

[17] OISHI Y，XU Q，WANG L，et al. Slow-wave sleep is controlled by a subset of nucleus accumbens core neurons in mice[J]. NatCommun，2017，8(1)：734.

[18] MA C，ZHONG P，LIU D，et al. Sleep Regulation by Neurotensinergic Neurons in a Thalamo-Amygdala Circuit[J]. Neuron，2019，103(2)：323-334.

[19] JOUVET M. Research on the neural structures and responsible mechanisms in different phases of physiological sleep[J]. Arch Ital Biol，1962，100：125-206.

[20] HOBSON J A，MCCARLEY R W，Wyzinski PW. Sleep cycle oscillation：reciprocal discharge by two brainstem neuronal groups[J]. Science，1975，189(4196)：55-58.

[21] AMATRUDA T T，BLACK D A，MCKENNA T M，et al. Sleep cycle control and cholinergic mechanisms：differential effects of carbachol injections at pontine brain stem sites[J]. Brain Res，1975，98(3)：501-515.

[22] LU J，SHERMAN D，DEVOR M，et al. A putative flip-flop switch for control of REM sleep[J]. Nature，2006，441(7093)：589-594.

[23] LUPPI P H，CLEMENT O，SAPIN E，et al. Brainstem mechanisms of paradoxical (REM) sleep generation[J]. Pflugers Arch，2012，463(1)：43-52.

[24] CLEMENT O，SAPIN E，BEROD A，et al. Evidence that neurons of the sublaterodorsal tegmental nucleus triggering paradoxical (REM) sleep are glutamatergic[J]. Sleep，2011，34(4)：419-423.

[25] WANG Y Q，LI R，WANG D R，et al. Adenosine A2A receptors in the olfactory bulb suppress rapid eye movement sleep in rodents[J]. BrainStruct Funct，2017，222(3)：1351-1366.

[26] TSENG Y T，ZHAO B，CHEN S，et al. The subthalamic corticotropin-releasing hormone neurons mediate adaptive REM-sleep responses to threat[J]. Neuron，2022，110(7)：1223-1239.

[27] WANG Y Q，LIU W Y，LI L，et al. Neural circuitry underlying REM sleep：A review of the literature and current concepts[J]. Prog Neurobiol，2021，204：102106.

[28] HAN Y，SHI Y F，XI W，et al. Selective activation of cholinergic basal forebrain neurons induces immediate sleep-wake transitions[J]. Curr Biol，2014，24(6)：693-698.

[29] CHEN L，YIN D，WANG T X，et al. Basal Forebrain Cholinergic Neurons Primarily Contribute to Inhibition

of Electroencephalogram Delta Activity, Rather Than Inducing Behavioral Wakefulness in Mice[C].The 9th Annual Conference of the Chinese Sleep Research Association,Shanghai,2016.

[30] XU M, CHUNG S, ZHANG S, et al. Basal forebrain circuit for sleep-wake control[J]. Nat Neurosci, 2015, 18(11):1641-1647.

[31] HUANG Z L, URADE Y, HAYAISHI O. Prostaglandins and adenosine in the regulation of sleep and wakefulness[J]. CurrOpin Pharmacol,2007, 7(1):33-38.

[32] HUANG Z L, QU W M, LI W D, et al. Arousal effect of orexin A depends on activation of the histaminergic system[J]. Proc Natl Acad Sci USA,2001, 98(17):9965-9970.

[33] MIEDA M. The roles of orexins in sleep/wake regulation[J]. Neuroscience research,2017, 118:56-65.

[34] KOHLMEIER K A, TYLER C J, KALOGIANNIS M, et al. Differential actions of orexin receptors in brainstem cholinergic and monoaminergic neurons revealed by receptor knockouts: implications for orexinergic signaling in arousal and narcolepsy[J]. FrontNeurosci,2013, 7:246.

[35] REN S, WANG Y, YUE F, et al. The paraventricular thalamus is a critical thalamic area for wakefulness[J]. Science,2018, 362(6413):429-434.

[36] WANG Z, ZHONG Y H, JIANG S, et al. Case Report: Dysfunction of the Paraventricular Hypothalamic Nucleus Area Induces Hypersomnia in Patients[J]. FrontNeurosci,2022, 16:830474.

[37] CHEN C R, ZHONG Y H, JIANG S, et al. Dysfunctions of the paraventricular hypothalamic nucleus induce hypersomnia in mice[J]. eLife,2021, 10:e69909.

[38] OISHI Y, SUZUKI Y, TAKAHASHI K, et al. Activation of ventral tegmental area dopamine neurons produces wakefulness through dopamine D2-like receptors in mice[J]. BrainStruct Funct,2017, 222(6): 2907-2915.

[39] EBAN-ROTHSCHILD A, ROTHSCHILD G, GIARDINO W J, et al. VTA dopaminergic neurons regulate ethologically relevant sleep-wake behaviors[J]. Nat Neurosci,2016, 19(10):1356-1366.

[40] LUO Y J, LI Y D, WANG L, et al. Nucleus accumbens controls wakefulness by a subpopulation of neurons expressing dopamine D1 receptors[J]. Nat Commun,2018, 9(1):1576.

[41] DONG H, CHEN Z K, GUO H, et al. Striatal neurons expressing dopamine D1 receptor promote wakefulness in mice[J]. Curr Biol,2022, 32(3):600-613.

[42] XU Q, WANG D R, DONG H, et al. Medial Parabrachial Nucleus Is Essential in Controlling Wakefulness in Rats[J]. Front Neurosci ,2021, 15:645877.

[43] KAUR S, PEDERSEN N P, YOKOTA S, et al. Glutamatergic signaling from the parabrachial nucleus plays a critical role in hypercapnic arousal[J]. J Neurosci,2013, 33(18):7627-7640.

[44] LI Y D, LUO Y J, XU W, et al. Ventral pallidal GABAergic neurons control wakefulness associated with motivation through the ventral tegmental pathway[J]. Mol Psychiatry,2021, 26(7):2912-2928.

[45] HERRERA C G, CADAVIECO M C, JEGO S, et al. Hypothalamic feedforward inhibition of thalamocortical network controls arousal and consciousness[J]. Nat Neurosci,2016, 19(2):290-298.

[46] FELDBERG W, SHERWOOD S L. Injections of drugs into the lateral ventricle of the cat[J]. J Physiology, 1954, 123(1):148-167.

[47] LAZARUS M, CHEN J F, HUANG Z L, et al. Adenosine and Sleep[M]// Handbook of experimental pharmacology. Heidelberg:Springer,2017.

[48] SCHWIERIN B, BORBELY A A, TOBLER I. Effects of N6-cyclopentyladenosine and caffeine on sleep regulation in the rat[J]. Eur J Pharmacol,1996, 300(3):163-171.

[49] URADE Y, EGUCHI N, QU W M, et al. Sleep regulation in adenosine A2A receptor-deficient mice[J]. Neurology,2003, 61(11 Suppl 6):S94-96.

[50] OISHI Y, HUANG Z L, FREDHOLM B B, et al. Adenosine in the tuberomammillary nucleus inhibits the histaminergic system via A1 receptors and promotes non-rapid eye movement sleep[J]. Proc Natl Acad Sci USA,2008, 105(50):19992-19997.

[51] HONG Z Y, HUANG Z L, QU W M, et al. An adenosine A receptor agonist induces sleep by increasing GABA release in the tuberomammillary nucleus to inhibit histaminergic systems in rats. J Neurochem, 2005, 92(6):1542-1549.

[52] HUANG Z L, QU W M, EGUCHI N, et al. Adenosine A2A, but not A1, receptors mediate the arousal effect of caffeine[J]. Nat Neurosci,2005, 8(7):858-859.

[53] LAZARUS M, SHEN H Y, CHERASSE Y, et al. Arousal effect of caffeine depends on adenosine A2A receptors in the shell of the nucleus accumbens[J]. J Neurosci,2011, 6;31(27):10067-10075.

[54] HUANG Z L, SATO Y, MOCHIZUKI T, et al. Prostaglandin E2 activates the histaminergic system via the EP4 receptor to induce wakefulness in rats[J]. J Neurosci,2003,23(14):5975-5983.

[55] HUANG Z L, URADE Y, HAYAISHI O. The role of adenosine in the regulation of sleep[J]. Curr Top Med Chem,2011, 11(8):1047-1057.

[56] OPP M R, KRUEGER J M. Sleep and immunity: A growing field with clinical impact[J]. Brain Behav Immun,2015, 47:1-3.

[57] GUDEWILL S, POLLMACHER T, VEDDER H, et al. Nocturnal plasma levels of cytokines in healthy men[J]. Eur Arch Psychiatry Clin Neurosci,1992, 242(1):53-6.

[58] VYAZOVSKIY V V, OLCESE U, HANLON E C, et al. Local sleep in awake rats[J]. Nature,2011, 472(7344):443-447.

[59] COHEN R A, ALBERS H E. Disruption of human circadian and cognitive regulation following a discrete hypothalamic lesion: a case study[J]. Neurology,1991, 41(5):726-729.

[60] EDGAR D M, DEMENT W C, FULLER C A. Effect of SCN lesions on sleep in squirrel monkeys: evidence for opponent processes in sleep-wake regulation[J]. J Neurosci,1993, 13(3):1065-1079.

[61] MISTLBERGER R E. Circadian regulation of sleep in mammals: role of the suprachiasmatic nucleus[J]. Brain Res Brain Res Rev,2005, 49(3):429-454.

[62] LANDGRAF D, SHOSTAK A, OSTER H. Clock genes and sleep[J]. Pflugers Arch,2012, 463(1):3-14.

[63] NAYLOR E, BERGMANN B M, KRAUSKI K, et al. The circadian clock mutation alters sleep homeostasis in the mouse[J]. J Neurosci,2000, 20(21):8138-8143.

[64] LAPOSKY A, EASTON A, DUGOVIC C, et al. Deletion of the mammalian circadian clock gene BMAL1/Mop3 alters baseline sleep architecture and the response to sleep deprivation[J]. Sleep,2005, 28(4):395-409.

[65] DUDLEY C A, ERBEL-SIELER C, ESTILL S J, et al. Altered patterns of sleep and behavioral adaptability in NPAS2-deficient mice[J]. Science,2003, 301(5631):379-383.

[66] KOPP C, ALBRECHT U, ZHENG B, et al. Homeostatic sleep regulation is preserved in mPer1 and mPer2 mutant mice[J]. Eur J Neurosci,2002, 16(6):1099-1106.

[67] SHIROMANI P J, XU M, WINSTON E M, et al. Sleep rhythmicity and homeostasis in mice with targeted disruption of mPeriod genes[J]. Am J Physiol Regul Integr Comp Physiol,2004, 287(1):R47-57.

[68] WISOR J P, O' Hara B F, Terao A, et al. A role for cryptochromes in sleep regulation[J]. BMC Neurosci 2002, 3:20.

[69] HE Y, JONES C R, FUJIKI N, et al. The transcriptional repressor DEC2 regulates sleep length in mammals[J]. Science,2009, 325(5942):866-870.

[70] VON GALL C, STEHLE J H, WEAVER D R. Mammalian melatonin receptors: molecular biology and signal transduction[J]. Cell Tissue Res,2002, 309(1):151-162.

[71] OCHOA-SANCHEZ R, COMAI S, LACOSTE B, et al. Promotion of non-rapid eye movement sleep and activation of reticular thalamic neurons by a novel MT2 melatonin receptor ligand[J]. J Neurosci,2011, 31(50):18439-18452.

[72] COMAI S, OCHOA-SANCHEZ R, GOBBI G. Sleep-wake characterization of double MT(1)/MT(2) receptor knockout mice and comparison with MT(1) and MT(2) receptor knockout mice[J]. Behav Brain Res,2013, 243:231-238.

[73] ZHANG Z, BEIER C, WEIL T, et al. The retinal ipRGC-preoptic circuit mediates the acute effect of light on sleep[J]. Nat Commun,2021, 12(1):5115.

[74] SHI H Y, XU W, GUO H, et al. Lesion of intergeniculate leaflet GABAergic neurons attenuates sleep in mice exposed to light[J]. Sleep,2020, 43(2) :zsz212.

[75] ZHANG Z, LIU W Y, DIAO Y P, et al. Superior Colliculus GABAergic Neurons Are Essential for Acute Dark Induction of Wakefulness in Mice[J]. Curr Biol,2019, 29(4):637-644 e3.

[76] ZHANG Z, WANG H J, WANG D R, et al. Red light at intensities above 10 lx alters sleep-wake behavior in mice[J]. Light Sci Appl,2017, 6(5):e16231.

[77] REICHERT C F, MAIRE M, SCHMIDT C,et al. Sleep-Wake Regulation and Its Impact on Working Memory Performance: The Role of Adenosine[J]. Biology,2016, 5(1) :11.

[78] BRAUN A R, BALKIN T J, WESENTEN N J, et al. Regional cerebral blood flow throughout the sleep-wake cycle. An H2(15)O PET study[J]. Brain,1997, 120 (Pt 7):1173-1197.

[79] DWORAK M, MCCARLEY R W, KIM T, et al. Sleep and brain energy levels: ATP changes during sleep[J]. J Neurosci,2010, 30(26):9007-9016.

[80] LEEMBURG S, VYAZOVSKIY V V, OLCESE U, et al. Sleep homeostasis in the rat is preserved during chronic sleep restriction[J]. Proc Natl Acad Sci USA,2010, 107(36):15939-15944.

[81] MANDER B A, SANTHANAM S, SALETIN J M, et al. Wake deterioration and sleep restoration of human learning[J]. Curr Biol,2011, 21(5):R183-R184.

[82] STICKGOLD R. Sleep-dependent memory consolidation[J]. Nature,2005, 437(7063):1272-1278.

[83] TONONI G, CIRELLI C. Sleep and the price of plasticity: from synaptic and cellular homeostasis to memory consolidation and integration[J]. Neuron,2014, 81(1):12-34.

[84] RASCH B, BORN J. Maintaining memories by reactivation[J]. Curr Opin Neurobiol,2007, 17(6):698-703.

[85] MAQUET P, LAUREYS S, PEIGNEUX P, et al. Experience-dependent changes in cerebral activation during human REM sleep[J]. Nat Neurosci,2000, 3(8):831-836.

[86] YANG G, LAI C S, CICHON J, et al. Sleep promotes branch-specific formation of dendritic spines after learning[J]. Science,2014, 344(6188):1173-1178.

[87] BERRY J A, CERVANTES-SANDOVAL I, CHAKRABORTY M, et al. Sleep Facilitates Memory by Blocking Dopamine Neuron-Mediated Forgetting[J]. Cell,2015, 161(7):1656-1667.

[88] MARET S, FARAGUNA U, NELSON A B, et al. Sleep and waking modulate spine turnover in the adolescent mouse cortex[J]. Nat Neurosci,2011, 14(11):1418-1420.

[89] Ai S Z, CHEN J, Liu J F, et al. Exposure to extinction-associated contextual tone during slow-wave sleep and wakefulness differentially modulates fear expression[J]. Neurobiol Learn Mem,2015, 123:159-167.

[90] HAUNER K K, HOWARD J D, ZELANO C, et al. Stimulus-specific enhancement of fear extinction during slow-wave sleep[J]. Nat Neurosci,2013, 16(11):1553-1555.

[91] BOYCE R, GLASGOW S D, WILLIAMS S, et al. Causal evidence for the role of REM sleep theta rhythm in contextual memory consolidation[J]. Science,2016, 352(6287):812-816.

[92] KANG J E, LIM M M, BATEMAN R J, et al. Amyloid-beta dynamics are regulated by orexin and the sleep-wake cycle[J]. Science,2009, 326(5955):1005-1007.

[93] XIE L, KANG H, XU Q, et al. Sleep drives metabolite clearance from the adult brain[J]. Science,2013, 342(6156):373-377.

[94] XU W, TAN L, SU B J, et al. Sleep characteristics and cerebrospinal fluid biomarkers of Alzheimer's disease pathology in cognitively intact older adults: The CABLE study[J]. Alzheimers Dement,2020, 16(8):1146-1152.

[95] JU Y S, OOMS S J, SUTPHEN C, et al. Slow wave sleep disruption increases cerebrospinal fluid amyloid-beta levels[J]. Brain,2017, 140(8):2104-2111.

[96] LOUVEAU A, SMIRNOV I, KEYES T J, et al. Structural and functional features of central nervous system lymphatic vessels[J]. Nature,2015, 523(7560):337-341.

第4章

生物钟对生理和行为的调控

公元前4世纪,古希腊医生希波克拉底(公元前460—公元前370年)发现一些疾病症状表出节律的特征,如伤寒、疟疾等。公元2世纪的古罗马御医盖伦(130—200年)记录了一些疾病"阵发"的描述,如疟疾、伤寒的寒战。我国古代医学书籍里也提到人的节律问题,成书于战国至秦汉时期的《黄帝内经》就有"人与天地相参也,与日月相应也"的说法。古代中医针灸提出了子午流注的学说,认为针灸治疗应当遵循医学穴位的开合时间[1]。

1614年,意大利医生Sanctorius Santorio(1561—1636年)设计并制造了一个很大的台秤,并在秤盘上建了一个简易的小房间,可供人坐在里面进行日常生活。他在这个装置里,对饮食量的变化、人体的体重、尿液浑浊度等指标进行了长达30年的检测。在研究中他发现,人体每天重量的减少数值远比通过粪便排出的重量要大,提示有部分物质可能是通过汗液蒸发和呼吸排出体外。此外,Santorio还发现人体的体重、尿液浑浊度等指标呈现出昼夜或者月节律的变化方式,人的体重每个月都会在0.45~0.91kg的范围内呈现出节律性变化,这是较早关于人体生理节律的研究记载[3-4]。德国医生Christoph Wilhelum Hufeland(1762—1836年)在其著作《使生命延长的艺术》中,表达了很多生理节律的概念,注意到地球自转24h周期会对生命过程及一些疾病产生影响。迄今,已发现人体很多生理指标和行为都表现出昼夜节律的变化特征,图4-1显示了人的多种组织不同指标的生理节律[3]。Lopez-Otin和Kroemer近年提出人体健康的8个重要指征,包括局部病变调控、分子回收与更新、调节网络集成、节律振荡、稳态恢复、毒物兴奋效应调节、修复与再生、生理屏障以及生物节律[5]。

睡眠是一种基本的生理活动,睡眠存在于多种动物当中,从果蝇到人类。但是人们对为什么要睡眠这一问题迄今还知之甚少。生物钟与睡眠密切相关并相互影响,两者对于人的生理、心理和行为都具有重要的调节作用[6]。事实上,睡眠-觉醒周期是最为人所知的一种昼夜节律,具有显著的近24h周期。

除了生理水平的节律外,生物钟与睡眠还调控着心理和行为水平的节律。对节律的观察与研究,最早都是从行为开始的,比如植物叶片在白天和黑夜的运动以及动物活动的节律等。生物钟基因可以在分子水平上对行为产生作用,如

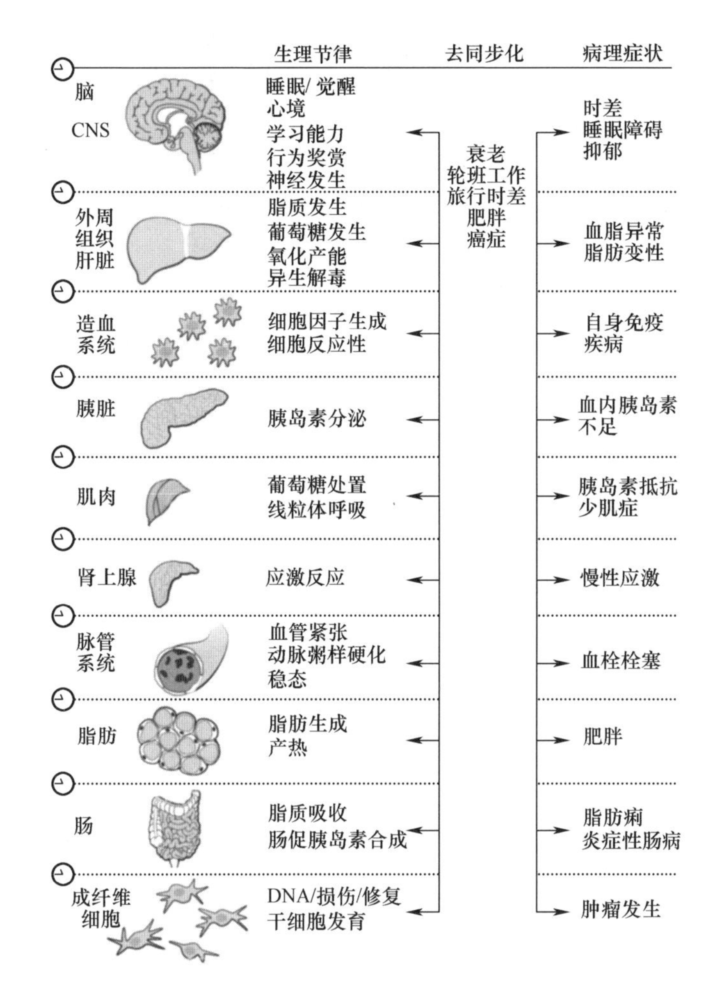

图 4-1 生理过程的节律性及相关疾病

(主生物钟调节外周组织生物钟,当节律出现去同步化时,机体会产生各种疾病[2]。)

果生物钟基因发生异常,则会对生物的生理和行为产生影响[7]。

生物钟对于生物的环境适应性非常重要,并调节各种生物几乎所有的生理、代谢和行为[9]。如果发生紊乱会导致罹患肿瘤的风险增加、出现代谢紊乱、免疫力下降等健康问题。长期处于持续光照条件下的小鼠,神经系统、运动系统及免疫系统等都会出现一系列的问题,导致机能衰退[10-11]。生物钟还对心理和行为具有调控作用,其中包括情绪、认知等,节律的紊乱也会导致心理和行为能力的下降,包括疲惫、抑郁、躁狂、注意力和警觉度下降、记忆力下降以及决策能力降低等(图 4-2)[8]。

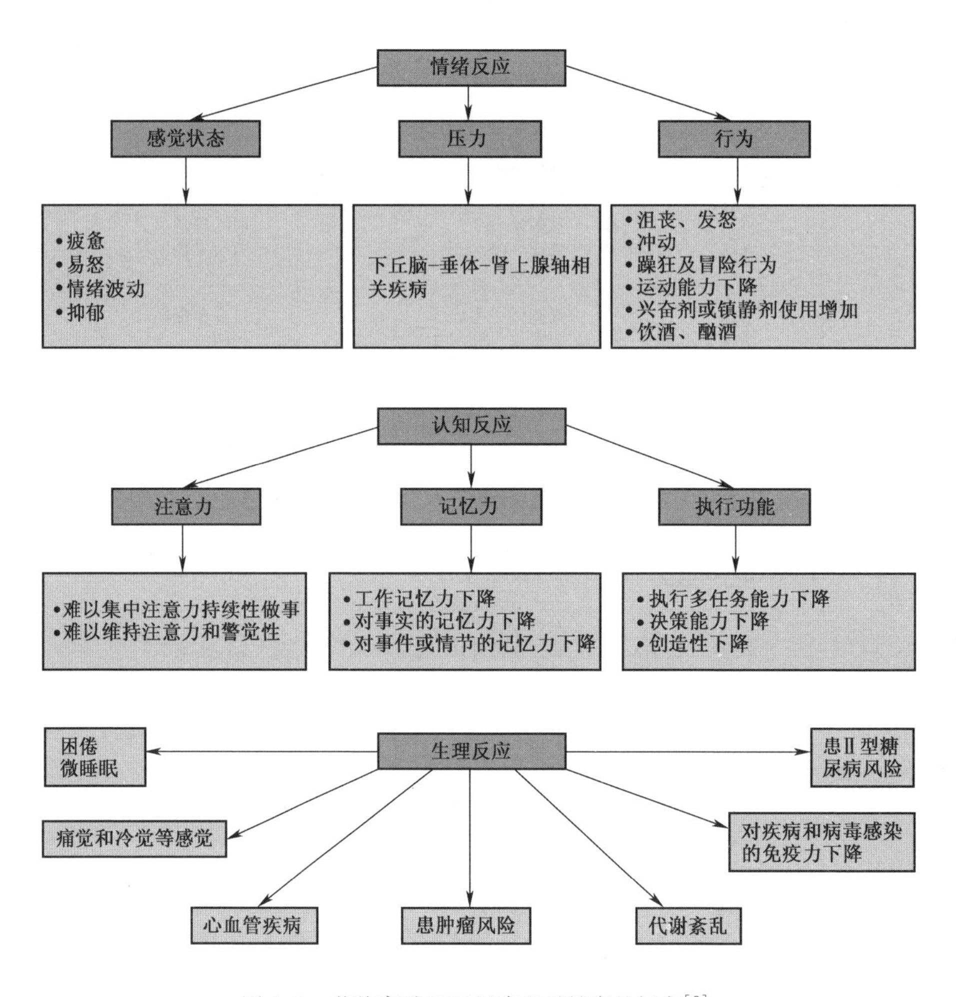

图 4-2　节律紊乱和睡眠障碍对健康的损害[8]

本章将主要讨论生物钟与生存适应性、生物钟对动物及人代谢、心理、行为等方面的影响,并将介绍生物钟与一些疾病的联系。

4.1　生物钟与睡眠

睡眠对于人的健康至关重要,但其中的机理尚不清楚。关于睡眠的功能,目前为多数人接受的是突触稳态假说,该假说认为在白天当中,经过学习或工作,脑中神经突触的密度显著增加,而突触密度增加会消耗大量能量。在夜间,突触的密度会降低,从而减少能量消耗。昼行性动物夜晚睡眠、白天觉醒的周期称为睡眠-觉醒周期(sleep-wake cycle),对于夜行性动物来说,睡眠-觉醒周期的相位与昼行性动物基本相反。

睡眠具有消除疲劳、恢复体力、保护大脑、稳定情绪、增强免疫、促进生长发育等重要的生理作用,并与人的高级思维和学习记忆密不可分。流行病学调查揭示,睡眠不足或轮班工作导致的睡眠障碍会造成一系列的健康问题[5]。睡眠障碍严重影响身心健康,出现易怒、情感脆弱、多愁善感、自我封闭、人际关系紧张、生活缺乏兴趣、性欲减退、焦虑、抑郁等精神症状,自杀率增加,成为家庭和社会不安定的重要因素。失眠与躯体疾病关系密切,睡眠不足会使人体免疫力下降,抗病和康复疾病的能力低下,加重其他疾病或诱发原有疾病,睡眠障碍影响康复,增加家庭及社会医疗支出。

睡眠同时受到生物钟和睡眠稳态两种因素的调控,双进程调控模型认为,睡眠是由生物钟和睡眠稳态两种进程共同调控的(图 3-9)。在白天,保持觉醒状态的时间越长,则睡眠的压力(也称为睡眠债)就会不断积累和增加。另外,生物钟对睡眠具有调节作用,夜晚褪黑素开始分泌,会起到促进睡眠的作用。夜晚的睡眠会缓解睡眠债的压力,尤其是非快速眼动睡眠和慢波睡眠,对于睡眠债释放的作用非常显著[12]。如果经历睡眠剥夺,则睡眠压力因得不到释放而积累更多。如果生物钟和睡眠稳态两者间的互相作用被破坏,比如经历时差或轮班工作时,睡眠的质和量都会受到影响。

总之,生物钟有助于提高动物在觉醒期的活动量,而在休息期促进睡眠[13]。生物钟调控睡眠的重要证据就是生物钟基因的异常会导致出现不同的睡眠障碍[14-15],第 3 章表 3-3 显示了一些文献中报道的生物钟基因突变与睡眠障碍的关系。

Cohen 和 Albers 等报道了一个 SCN 被部分切除患者的睡眠情况,该患者的 SCN 被切除后睡眠/觉醒以及体温、意识、行为的节律都受到了严重的影响[16]。该患者蝶鞍上区域生长有颅咽管瘤,肿瘤在被切除的同时,相邻的视神经束及部分 SCN 组织也有部分被切除。手术后患者的睡眠/觉醒基本没有明显节律,患者的睡眠质量也受到了严重影响,快速眼动睡眠显著增加(REM:37%),IV 期睡眠占 35%,而 I 期和 II 期睡眠分别为 10%和 12%。为了缓解患者的症状,对其作息时间进行了严格安排,每天早晨起床和晚上休息的时间都按照严格的时间表进行,在治疗后患者的睡眠/觉醒节律得到了明显的改善,但她的体温和行为节律的混乱未能有明显改善。将松鼠猴的 SCN 去除后,松鼠猴的饮水、睡眠-觉醒周期、脑部温度的昼夜节律都丧失了。松鼠猴睡眠-觉醒的 24h 周期消失,出现了超日节律,每天总睡眠时间增加了约 4h,但深度睡眠及 REM 睡眠总时长无明显改变[17]。与此不同的是,在大鼠中,去除 SCN 后尽管睡眠-觉醒节律丧失,但睡眠的总时长和各睡眠阶段的比例无明显改变,另外不同实验室对于大鼠或小鼠切除 SCN 的实验结果则不尽一致,有发现切除 SCN 影响睡眠总时长或睡眠结构的,也有报道里没有发现这些参数显著改变的[18]。这些研究结果提示在不同动物中,生物钟对睡眠的调控方式可能存在差异。

睡眠和生物钟相互调控,如果要分清两者对生理和行为的影响,需要将它们进行剥离,独立进行分析。在 24h 光暗条件下,正常人的生物钟周期与睡眠-觉醒周期基本同步;在持续黑暗或恒定弱光条件下,人的生物钟会出现自运行。如果处于环境变化周期显著偏离 24h 的条件下(例如 $T=28h$ 或 $T=20h$),人的睡眠-觉醒可以保持与外界环境一致的非 24h 周期,但生物钟则出现自运行,也就是睡眠-觉醒周期和生物钟周期出现去同步化。在这种去同步化条件下,由于睡眠总量不变,就可以分析出生物钟对生理和行为的影响。而在 24h 光暗条件下,如果进行睡眠受限实验,则可以推断出睡眠是否可以独立于生物钟对生理和行为起调节作用[19]。需要注意的是,即使在上述条件下,睡眠和生物钟尽管出现去同步化,但它们之间仍然存在联系,例如睡眠受限同样会对生物钟产生影响,包括影响生物钟基因的表达[20]。

4.1.1 生物钟相关的睡眠障碍

睡眠障碍通常分为相位异常类型和睡眠时长异常类型,前者包括睡眠相位提前(ASPS)或延迟综合征(DSPS)、入睡困难型失眠(sleep onset insomnia)、早醒型失眠(terminal insomnia)以及非 24h 周期的睡眠等,后者主要指过度睡眠,过度睡眠常与季节性情感障碍有关联(图 4-3)[21]。上述的几种障碍主要表现为相位异常或睡眠量不足,除了这些类型以外,还存在其他周期不稳定的睡眠障碍类型,比如节律自运行是指患者生活在 24h 周期的环境里,但是所表现的节律周期却是恒定条件下的近 25h 周期,也就是说他们的睡眠/觉醒时间每天都比前一天要推迟 1~2h,这就会与社会环境及其他人的生活节奏去同步化[22]。节律自运行的症状主要出现在一部分的盲人当中,由于他们无法感光,同时又对社会性环境因素的导引作用不敏感,而出现自运行状态。时差会导致旅行者与当地环境的相位出现差异,令人在白天昏昏欲睡而在夜晚失眠,通常需要数天的时间才能将相位调整过来。轮班工作也可以对节律和睡眠产生影响,比如夜班工作人员需要在白天进行充分睡眠,以便在夜间工作,但多数人在白天难以入睡,导致在夜间工作时表现出困倦,工作效率降低[23]。

与节律有关的睡眠障碍,主要包括睡眠-觉醒相位延迟或提前、节律自运行、节律丧失,以及因轮班工作、时差等因素造成的睡眠异常等。图 4-4 显示的

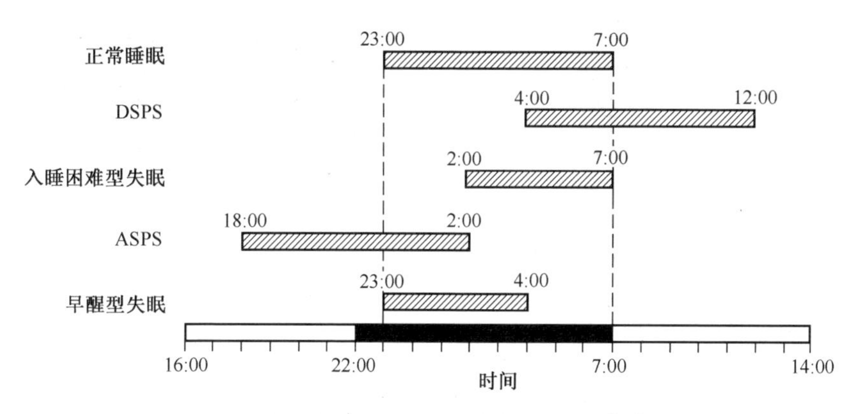

图4-3 几种节律相关睡眠障碍的类型[21]
(该图显示的几种睡眠障碍主要表现为相位异常或睡眠量不足,除了这些类型以外,还存在其他周期不稳定的睡眠障碍类型。)

是几种睡眠障碍患者的睡眠-觉醒活动图,其中图4-4(a)为正常的睡眠-觉醒情况,注意每到周末的时候,受试者就会睡得稍晚、起得稍迟。图4-4(b)显示的是睡眠相位延迟症状的活动图,受试者每天都在午夜0时以后入睡,但每天早晨按时起床,在周末时则起床很晚,要睡到午后。由于睡眠债的累积,每过几天后患者会在周末的白天睡很多觉。图4-4(c)显示的是无明显周期的睡眠主觉醒症状,丧失了明显的节律特征。图4-4(d)显示的是睡眠主觉醒周期异常症状,周期或相位每过一段时间就会变化,一些精神性疾病如双相情感障碍等会表现出这种症状。

一些睡眠障碍病症与生物钟相关基因在分子水平上的异常具有关联。Tol等报道了因*Per2*基因突变引起的一个家族性睡眠相位提前综合征(FASPS)家系,该家系中的患者每天晚上7:30左右就要睡觉,每天早晨4:30左右就要起床,相位比常人要提前约3h。研究揭示患病个体中PER2的662位丝氨酸(S)残基发生了突变,成为甘氨酸(G)。S662是蛋白激酶CKIδ/ε可能的作用靶点,在人和小鼠的PER家族中高度保守,当发生突变后不能再被磷酸化,使PER2蛋白的稳定性降低,导致在恒定条件下的自运行周期缩短,而在光暗交替环境下节律的相位显著提前。将小鼠*Per2*基因对应位点突变后,小鼠运动节律的相位在持续黑暗条件下也会发生明显缩短,而在光暗交替环境下相位会有所提前(图4-5),说明生物钟基因*Per2*对睡眠调控具有保守性[26-28]。无独有偶,后来Xu等在另一个FASPS家系里发现了CKIδ的突变也可以导致睡眠相位的提前,进一步支持了生物钟对睡眠的影响作用[29]。此外,*Per3*基因的多态与人的时间型具有关联,*Per3*基因的多态睡眠相位延迟综合征的发病机制具有一定关联[30]。

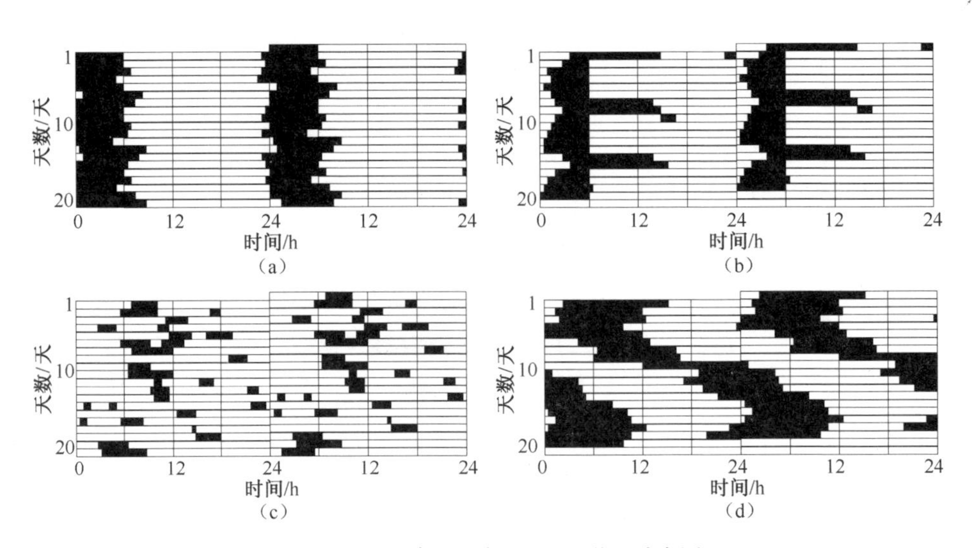

图 4-4　睡眠障碍患者的睡眠-觉醒动态图

(a)正常的睡眠-觉醒情况;(b)睡眠相位延迟导致的失眠;(c)无明显周期的睡眠-觉醒;

(d)周期异常的睡眠-觉醒周期。

(图中,黑色框部分表示睡眠,白色框部分表示觉醒[24-25]。)

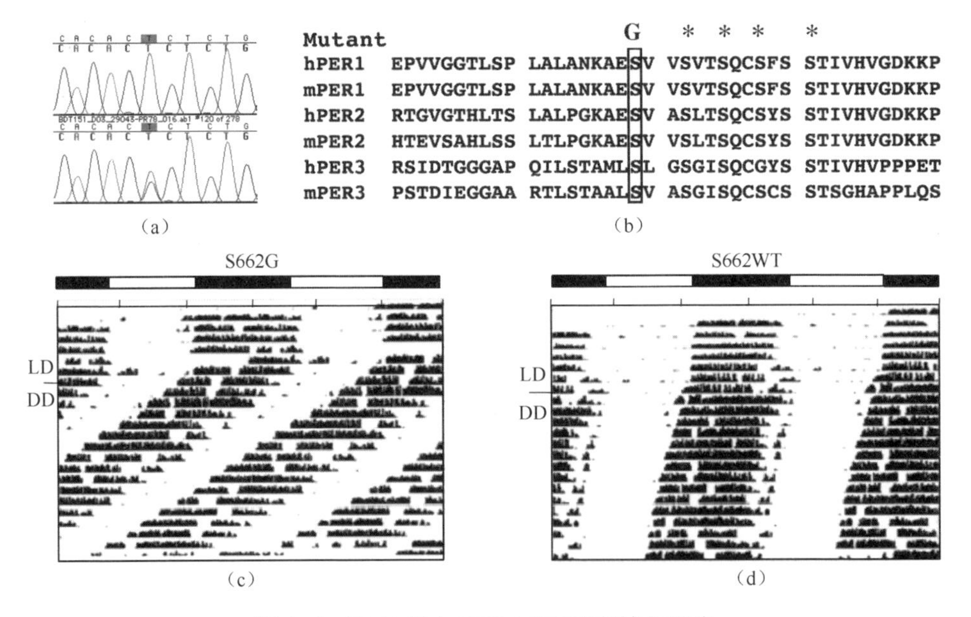

图 4-5　PER2 蛋白 S662G 突变对节律的影响

(a)FASPS 家系患者的 *PER2* 基因位点突变;(b)人 *PER2* 蛋白 S662 位点附近序列与人及鼠 *PER2*、*PER3* 的序列比对;

(c)S662G 小鼠的运动节律;(d)S662WT 小鼠的运动节律。

(小鼠分别处于 LD 和 DD 条件下[28-29]。)

在小鼠中,同时敲除 *Cry1* 和 *Cry2* 会显著增加 NREM 睡眠[31]。生物钟核心基因 *Cry*1 的 c. 1657+3A>C 多态的频率约为 0.6%,这种多态可导致睡眠相位显著延迟。这一多态可产生功能获得性突变,会导致近日节律周期变长,通常来说,内在节律周期越长,在昼夜条件下相位会越晚[32]。Shi 等在两个家族性自然短睡眠家系里鉴定出代谢型谷氨酸受体 1(metabotropic glutamate receptor 1, GRM1)存在突变,GRM1 的突变影响其酶活。这两个家系的受累个体的日均睡眠时长不到 6h,远少于对照的 7 个多小时。在小鼠中引入该突变,小鼠的日均睡眠时长也显著缩短;突变小鼠脑部齿状回的电生理出现明显改变[33]。

睡眠也反过来会对生物钟产生影响。首先,睡眠-觉醒周期可以对节律起到导引的作用,例如在治疗一些睡眠障碍患者过程中,对睡眠-觉醒时间的调整也会增强体温、褪黑素水平等其他节律的鲁棒性[34]。在不同的睡眠阶段,SCN 神经元的电活动也有所不同,例如在 REM 睡眠阶段,SCN 神经元电活动增加,而在 NREM 睡眠阶段 SCN 神经元电活动降低[35]。长期睡眠剥夺可导致 SCN 的神经元活性降低约 40%,其中在 REM 和 NREM 阶段降低最为显著[36]。在分子水平上,睡眠限制或轮班工作不仅会影响人的活动节律,也会对生物钟基因的表达产生影响。与每天 8.5h 睡眠的对照相比,连续一周每天 5.7h 的受限睡眠引起了 700 多个基因表达的改变,其中包括生物钟基因(*Per1*、*Per2*、*Per3*、*Cry2*、*Clock*、*Nr1d1*、*Nr1d2*、*Rora*、*Dec1*、*Csnk1e*),睡眠稳态相关基因(*Il6*、*Stat3*、*Kcnv2*、*Camk2d*)等[20]。在分子水平上,睡眠限制或者不规律睡眠除了影响生物钟基因的表达,还会影响与转录、翻译、温度调控基因及表观遗传调控等有关基因的表达。

总之,睡眠-觉醒周期同时受到生物钟和睡眠稳态的调控。生物钟基因对生物节律具有调控作用,同时节律也会受到光照等外界环境因子的影响,反过来,睡眠-觉醒周期也可以对生物钟产生影响。此外睡眠-觉醒周期还受到一些社会因素的调控,例如工作安排、作息制度等(图 4-6)[37]。

4.1.2 褪黑素对生物节律及睡眠的影响

褪黑素最早是在 1958 年被鉴定出来的,Lerner 最早从牛的松果体里分离出能够导致两栖类动物皮肤有漂白作用的物质,并将其命名为褪黑素。褪黑素可以使蛙类皮肤里的含黑色素颗粒从分散状态趋向聚集,使颜色变浅[38-39]。对于褪黑素的发现和研究,以及对垂体的研究,开辟了神经内分泌学的研究领域。1959 年褪黑素的分子结构被解析出来[40]。褪黑素最早是从皮肤研究的实验室里被发现,但是后来的研究表明,褪黑素在对生物节律的调节具有重要作用,在这方面受到了更多的关注。褪黑素普遍存在于不同的生物中,包括单细胞藻类、

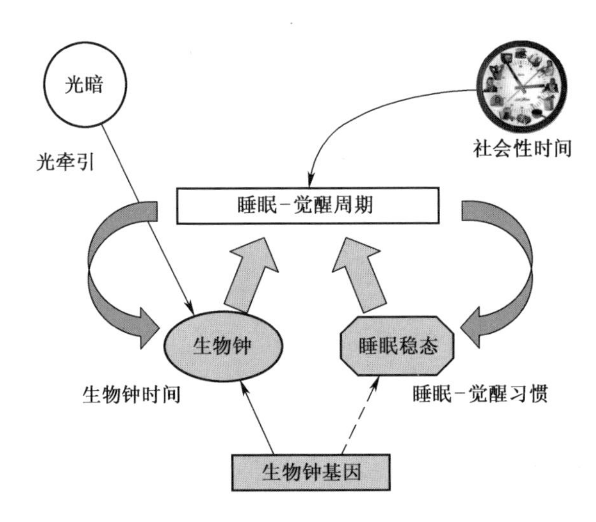

图 4-6 生物钟和睡眠稳态调节睡眠

(生物钟受到光等环境因子及基因的调节,生物钟和睡眠稳态共同调节睡眠-觉醒周期,睡眠情况也可以反过来影响生物钟和睡眠稳态。社会生活也会对睡眠-觉醒周期产生影响。本图片仿文献[37]。)

植物和各种动物。褪黑素的广谱作用可能与细胞内的抗氧化过程有关[4]。

哺乳动物和人的褪黑素是由松果体合成和分泌的,主要在夜间分泌,也被称为黑暗激素(hormone of darkness)。哺乳动物和人的褪黑素主要有两方面的生理功能:调节昼夜节律和睡眠以及调节季节性节律。人的松果体长度约 5mm,宽和厚约 1~4mm,质量约为 100mg,松果体主要由神经胶质细胞(neuroglial)和松果体细胞(pinealocyte)两种不同类型的细胞构成,其中松果体细胞占多数,具有分泌褪黑素的功能[41]。交感神经调节松果体的生理功能,其轴突终止于松果体细胞的肾上腺素能受体[42]。与核心体温类似,血液或唾液中褪黑素含量的变化通常被作为生物节律的标志。褪黑素的分泌受到 SCN 的控制,其在体液中的节律非常稳定,但是光照处理会在短时间内使体内褪黑素的水平显著降低。不同个体间褪黑素水平和节律特征差异较大,但对每个人来说,褪黑素的节律特性,包括周期、相位和节律曲线模式等都较为稳定[42]。

松果体合成褪黑素的过程已经了解得非常清楚。左旋色氨酸(l-tryptophan)通过血液循环进入松果体,被色氨酸羟化酶(trypto-phan hydroxylase,TPH)转化为 5-羟色氨(5-HT),5-HT 被芳基烷基胺-N-乙酰基转移酶亚型褪黑素合成酶(arylalkylamine N-acetyltransferase,AA-NAT)转化为 N-乙酰基-5-羟色胺(N-acetyl-5-hydroxytryptamine),然后进一步被羟基吲哚-氧-甲基化转移酶(hydroxyindole-O-methyltransferase,HIOMT)转化为褪黑素(图 4-7)[43]。AA-

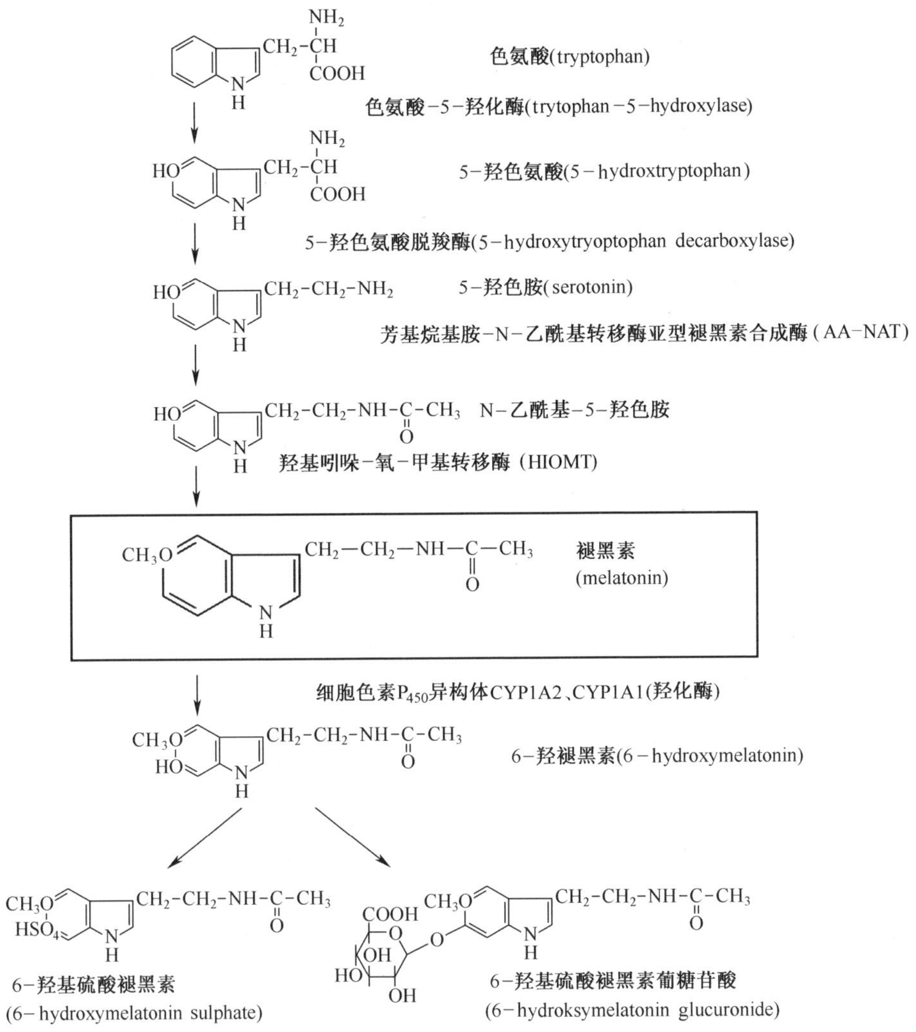

色氨酸(tryptophan)

色氨酸-5-羟化酶(trytophan-5-hydroxylase)

5-羟色氨酸(5-hydroxtryptophan)

5-羟色氨酸脱羧酶(5-hydroxytryoptophan decarboxylase)

5-羟色胺(serotonin)

芳基烷基胺-N-乙酰基转移酶亚型褪黑素合成酶(AA-NAT)

N-乙酰基-5-羟色胺

羟基吲哚-氧-甲基转移酶(HIOMT)

褪黑素 (melatonin)

细胞色素P_{450}异构体CYP1A2、CYP1A1(羟化酶)

6-羟褪黑素(6-hydroxymelatonin)

6-羟基硫酸褪黑素 (6-hydroxymelatonin sulphate)

6-羟基硫酸褪黑素葡糖苷酸 (6-hydroksymelatonin glucuronide)

图 4-7 褪黑素的合成途径

(图中标出了不同步骤起催化作用的酶[43]。)

NAT 是褪黑素合成过程中的限速酶,在脊椎动物中,AA-NAT 的表达和活性受到生物钟的调节,但在不同的动物里调节的机制不同。比如在大鼠中,AA-NAT 的节律同时受 mRNA 和蛋白水平的调控,绵羊和恒河猴的 AA-NAT 在 mRNA 水平上没有节律,而是在翻译后水平上受到生物钟的调节,其蛋白水平和活性呈现出节律性。人的 AA-NAT 的 mRNA 也没有明显的节律,可能受到翻译或翻译后水平的调节[44]。松果体的褪黑素一旦合成,就迅速被分泌到血液中,不会在松果体中贮存。褪黑素除了存在于血液以外,还存在于其他不同的体液当中,包括唾液、脑脊液、胆汁、精液、羊水等,在尿液中也可以检测褪黑素。平均而言,每个人每天分泌的褪黑素总量约为 30μg,但褪黑素在一天中的分泌水平并不是均匀的,而是主要在夜晚分泌并呈现出节律性,白天体内的褪黑素含量很低,而夜间较高,约占一天总量的 80%[43]。

SCN 通过丘脑背内侧核(dorsomedial hypothalamic nuclei)、上胸椎脊髓中间外侧柱(upper thoracic intermediolateral cell column)以及颈上神经节(superior cervical ganglia,SCG)调控松果体,使得褪黑素的分泌具有节律性。松果体细胞含有β1 肾上腺素能受体,当用拮抗剂心得安(propanolol)阻断后,褪黑素含量受到抑制,其节律也受到影响。此外,这种受体蛋白的含量也呈现出节律性变化,在傍晚的时候表达量最高。交感神经参与褪黑素分泌的调控,甲状腺肿大可能压迫颈上神经节,从而影响褪黑素的分泌。多汗症患者在接受神经节切除手术后,脑脊液和血清中的褪黑素水平显著降低且节律丧失[45]。

一方面,褪黑素的分泌受到 SCN 的调节,反过来,褪黑素对生物钟及其节律也具有调节作用(图 4-8)[46]。褪黑素对节律的调节作用主要表现在两个方面,包括快速抑制 SCN 神经元放电以及对外周组织的节律产生导引作用[47]。由于对节律具有导引作用,褪黑素已经被广泛用于节律紊乱和睡眠障碍的治疗。

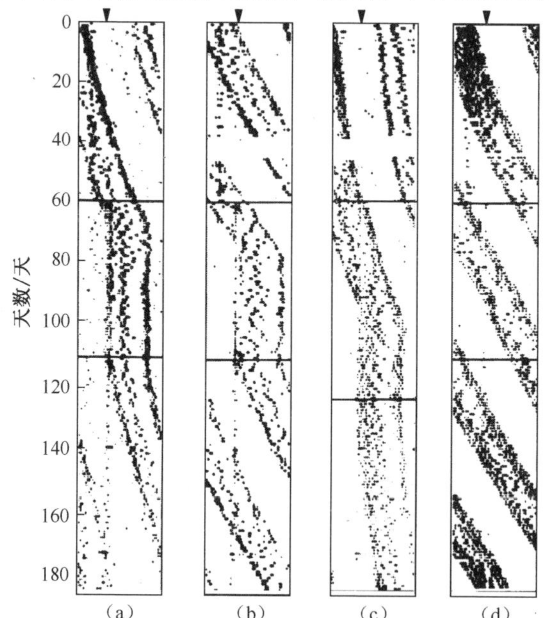

图 4-8　褪黑素对大鼠自运行节律的导引作用[44]

(a) ~ (c)注射褪黑素的大鼠;(d)对照大鼠。

(每只大鼠都分为处理前、中、后三个阶,用黑色横线表示。箭头表示在注射期间里每天的注射时间。)

血清中褪黑素的半衰期在不同的研究中有所差异,范围约为30~60 min。褪黑素主要在肝脏中被代谢和降解,在肝脏中褪黑素经羟基化变为6-羟基褪黑素,然后与硫酸根结合变为6-羟基硫酸褪黑素,或者与葡萄糖苷酸结合变为6-羟基葡萄糖苷酸褪黑素。在这两种不同的代谢途径中,约有90%的褪黑素被转化为6-羟基硫酸褪黑素,剩余的转化为6-羟基葡萄糖苷酸褪黑素,这两种代谢产物都经过尿液排出体外。此外,约有5%的褪黑素通过尿液直接排出体外。

褪黑素的受体既有位于细胞膜上的受体也有位于细胞核内的受体,包括MT_1和MT_2受体,这两种受体都属于G蛋白耦联受体家族。人的MT_1受体分布于SCN、小脑、丘脑、海马和大脑皮层等组织中,MT_2在人的SCN、海马、视网膜中都有分布。人的褪黑素受体除了在中枢神经系统以外,在心血管系统、肾脏、肝脏、胆囊、肠、脂肪组织、卵巢的颗粒细胞、子宫、乳腺细胞、前列腺和皮肤中都有分布[48]。哺乳动物还存在MT_3受体,可以与褪黑素结合,但是MT_3受体不是G蛋白耦联受体,而是一个苯醌还原酶(quinine reductase,QR_2)。MT_3受体的具体生理作用尚不清楚,推测可能与褪黑素的抗氧化功能有关。褪黑素与MT_1的亲和性较强而与MT_2的亲和性较弱,并且褪黑素与MT_1的结合具有节律性[49]。

褪黑素可以通过多条信号通路发挥功能。MT_1和MT_2与褪黑素的结合对百日咳毒素敏感,说明它们可与Gi蛋白($G\alpha_i$、$G\beta\gamma_i$)耦联,也可与对百日咳毒素不敏感的Gq/11耦联。MT_1受体被褪黑素激活后,会通过Gi蛋白抑制受毛喉素(forskolin)调节的cAMP的生成,进一步抑制蛋白激酶PKA的活性以及PKA对环腺苷酸应答元件结合蛋白CREB的磷酸化调节作用。CREB是一个转录激活因子,与生物钟调控有关[50]。MT_1受体的激活也会促进促分裂原活化蛋白激酶1(mitogen-activated protein kinase or extra-cellular signal-regulated kinase 1,MEK1)和MEK2的磷酸化,并进一步促进ERK1/2 (extracellular signal-regulated kinase 1 and 2)的磷酸化。Gq/11可以调节磷酸酯酶C (phospholipase C,PLC),进一步通过二磷酸磷脂酰肌醇(phosphatidylinositol 4,5-bisphosphate,PIP2)促进Ca^{2+}从内质网进入细胞质而使细胞质内的Ca^{2+}浓度升高,Ca^{2+}浓度升高会促进蛋白激酶C(protein kinase C,PKC)的活性。在平滑肌中,褪黑素与MT_1结合还会通过抑制钙激活的钾通道(calcium-activated potassium channel,BK_{Ca})诱导血管紧张,BKCa受到cAMP和蛋白激酶A(protein kinase A,PKA)的调节(图4-9)[51]。

与MT_1受体类似,MT_2受体也具有调节cAMP的功能,当褪黑素与MT_2结合后会通过抑制cAMP而对CREB起抑制作用。与MT_1不同的是,MT_2受体的激活还会通过影响鸟苷酸环化酶(guanylyl cyclase)抑制cGMP的水平[49,51]。在对节律特征的调节方面,褪黑素MT_1受体可以直接抑制视下丘脑交叉区域的神经放电，对节律的振幅起调节作用，褪黑素 MT_2受体的主要功能是对节律的导引起调节作用[52]。除了 MT_1和 MT_2受体外，褪黑素还可以与 MT_3受体结合，但亲和性较低，目前对 MT_3的生物功能及作用机制研究得还很少[49]。

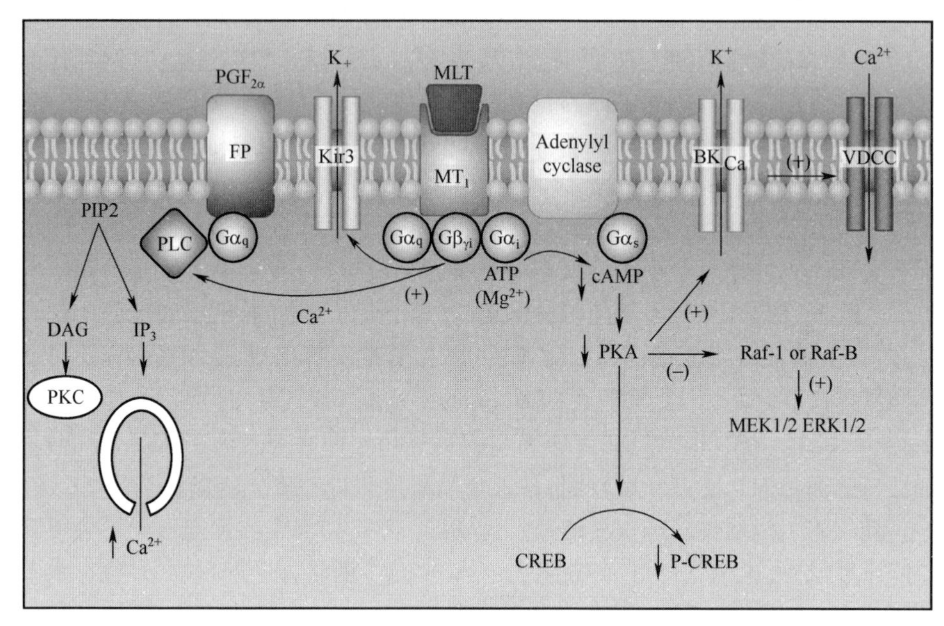

图 4-9　褪黑素通过激活 MT_1和 MT_2受体调节的信号通路

MLT—褪黑素；PLC—磷酸酯酶 C；DAG—甘油二酯；PKA—蛋白激酶 A；CREB—cAMP 反应元件结合蛋白；VDCC—电压依赖的钙离子通道；FP—前列腺素受体 F2α；$PGF_2α$—前列腺素 F2α。

褪黑素的分泌受到光的调节，光对褪黑素分泌具有抑制作用。松果体的功能也受到 SCN 的调控，因而褪黑素的水平表现出昼夜节律的变化特征[53]。SCN 存在褪黑素的受体，因此褪黑素可以通过反馈的方式调节 SCN 的功能，例如影响昼夜节律的相位等。由于褪黑素对生物钟的调节作用，因此被用于治疗盲人的节律紊乱以及因疾病引起的节律紊乱与睡眠障碍，褪黑素也被广泛用于调整因旅行或轮班工作造成的时差。褪黑素还可以通过调节下丘脑和垂体结节部（pars tuberalis，PT）的功能对季节性节律进行调控[49]。因患肿瘤松果体被切除的病人表现出长期睡眠紊乱、严重失眠等症状，褪黑素治疗可以明显改善这些症状[54,55]。

此外，高浓度的褪黑素可以作为电子供体而起到抗氧化的作用，去除氢氧自由基[56]，褪黑素也可以激活抗氧化防御系统的一些酶而间接发挥促进抗氧化的作用。在爪蟾等两栖动物中，褪黑素还调节皮肤中载黑素细胞中黑色素的运动，对肤色的改变起调控作用[57]。

4.1.3　5-羟色胺对睡眠和节律的影响

除了褪黑素以外,5-羟色胺(5-HT)在调节光对 SCN 影响的过程中也发挥着重要作用。5-HT 主要是在脑干的背侧缝核(dorsal raphe nucleus,DRN)和中缝核(medial raphe nucleus,MRN)合成和分泌(参见第 3 章)。5-HT 的合成途径是从色氨酸开始,通过色氨酸羟化酶(TPH)转变为 5-羟色氨酸(5-HTP),再经过脱羧酶脱去羧基转变为 5-HT。在胞外分泌释放到突触间空隙后,5-HT 被单胺氧化酶(monoamine oxidase,MAO)和醛脱氢酶(aldehyde dehydrogenase)代谢成为 5-羟基吲哚乙酸(5-hydroxyindoleacetic acid,5-HIAA)[58]。

5-HT 受体有 17 个受体,多数为 G 蛋白耦联受体,其中 5-HT_{2C} 在调节节律、睡眠及进食行为等方面都具有重要作用,在临床上也具有应用价值。在神经的突触前膜上,还存在 5-HT 的转运蛋白(serotonin transporter,SERT),可以将突触缝隙里的 5-HT 吸收回突触前神经元。在离体的 SCN 组织中,激活 5-HT_{2C} 受体可以快速诱导 *Per*1 基因的表达[59]。

5-HT 的水平在脑的不同区域或核团,包括 SCN、松果体、缝核和纹状体,都呈现出节律性的变化特征。此外,*SERT* mRNA 的表达及神经突触缝隙里 5-HT 的吸收也都表现出时间依赖的特征。在仓鼠中,5-HT 代谢产物 5-羟基吲哚乙酸的水平也表现出明显的昼夜节律。5-HT 具有广泛的生物学功能,对于消化与代谢、心血管、生殖及泌尿等系统的功能都具有影响。5-HT 参与神经系统的发育,5-HT 功能紊乱与多种神经或精神疾病具有关联。此外,5-HT 还对行为和应激反应有影响,高水平的 5-HT 与攻击性行为有关。

在脑中,5-HT 由中缝背核和中缝中核分泌,分泌 5-HT 的神经元投射到脑的很多区域,包括下丘脑的一些核团。5-HT 在 SCN、松果体、中缝核、纹状体等核团的含量呈现出节律性的变化特征[59]。对 5-HT_{2C}受体进行抑制可以模拟睡眠剥夺的生理效应,在引起 5-HT 活性减弱的同时,导致慢波睡眠的增加。总之,5-HT 系统对生物节律、睡眠都具有影响,其异常与抑郁症具有相关性[60]。

5-HT 对生物节律也具有重要的调节作用。首先,5-HT 对相位也具有影响,体内和体外实验都显示,5-HT 可以改变 SCN 组织节律的相位,甚至在根据相位响应曲线(PRC)推断的光对相位的不敏感阶段,5-HT 也可以改变相位[61]。在独立于光照的条件下,5-HT 受体的激动剂可以使得 SCN 的节律相位发生改变。在夜行性啮齿类动物中,在主观白昼给予 5-HT 会使 SCN 节律的相位提前,而在主观夜晚则会使相位延迟。光从生物钟的感受器传入到 SCN 的过程中,5-HT 及其受体发挥着重要的功能。

4.2 生物钟对心理的影响

人的行为是生理、心理和活动等多个方面协调统一的过程,人类能够认识世界、改造世界都与心理的存在与发展密不可分。心理学的研究范畴广泛,涵盖了个体和群体的各种心理现象[60]。

人的认知状态在一天当中具有明显的周期性波动与变化,也受到生物钟的影响。生物钟直接调节体内分子、细胞、组织和整体水平的生理活动,而生理活动是心理活动的物质基础,因此生物钟对于心理活动也具有调控作用。不同形式的生物钟,包括昼夜节律的生物钟、月节律的生物钟等,在影响人的生理活动的同时,也影响着人的心理活动。图 4-10 显示的是生物钟对生理和心理活动的网络状调控模型,从中可以看到生物钟可以通过神经系统影响心理活动的多个方面。生物钟与人的心境、情绪也有重要关联,节律的紊乱在一定程度上是导致抑郁等一些情感性疾病的诱因。脑部不同区域或核团对心理、认知、情绪和行为的调节功能各异,如海马与学习、记忆以及心境有关,杏仁核与焦虑、恐惧等情绪有关,大脑皮层与注意力、决策及执行功能有关,而下丘脑在调控进食、代谢和压力等方面具有重要作用(图 4-10)[62]。

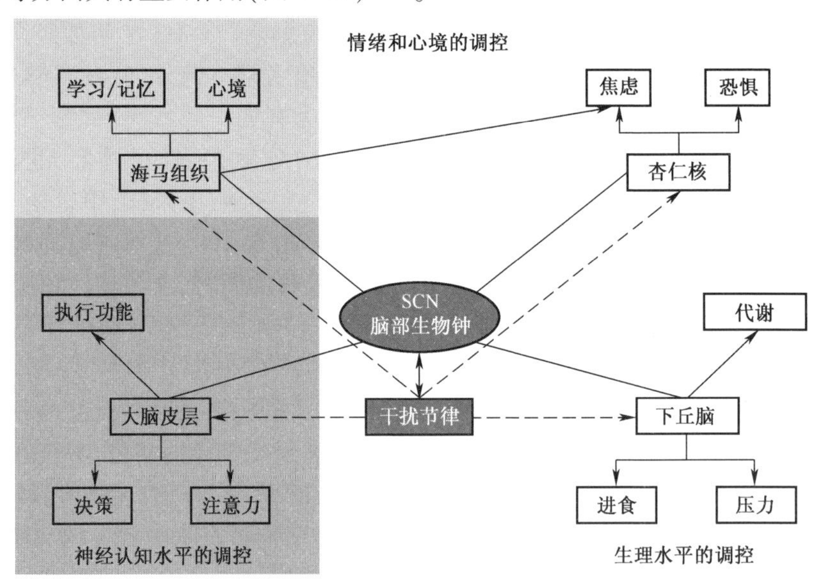

图 4-10 生物钟对神经行为的调控

[主生物钟 SCN 通过神经和内分泌调节外周组织和器官的生物钟,进而调节生理、神经认知、情绪和心境等。当节律受到干扰(虚线),会对生理、心理和行为造成诸多影响[62]。]

生物节律的紊乱会导致学习、记忆、认知和行为都受到显著影响。因摘除脑部肿瘤而对 SCN 造成损伤的病例不仅睡眠-觉醒、体温等节律都出现了紊乱,同时出现了心理问题[16]。睡眠对认知及操作能力也具有重要影响,睡眠剥夺会导致认知和操作能力的显著降低,而补充睡眠则可令认知和操作能力得到明显恢复[63]。

SCN 对于海马组织的功能可能存在多种调节方式,包括通过 γ-能神经元对海马进行调节,以及通过肾上腺糖皮质激素对海马的神经发生进行调节[64]。第 1 章中介绍过,SCN 通过神经和内分泌的方式对于下丘脑许多核团都具有调节作用。此外,生物钟对于大脑皮层及杏仁核等组织的功能都具有调控作用,在杏仁核中 *Per2* 等生物钟基因的表达具有明显的节律[65]。生物钟基因的突变对于学习和记忆具有不同程度的影响。但是生物钟基因的突变所造成的后果并非一定是生物钟受到影响而造成的,需要从不同角度综合分析。生物钟基因对于发育具有调节作用,而且这个作用可能与调节节律本身无关,因此缺失生物钟基因或者带有生物钟突变基因的动物可能身体和脑的发育受到影响,而不是由节律紊乱引起的。

心理是行为的决定因素,对人的精神状态和工作效率也具有重要影响。历史上有很多重大的灾难性事故都是在夜晚发生的,这可能与夜间人的心理和行为效率降低具有关联,也说明生物钟对心理和行为起着重要的调控作用。

4.2.1　生物钟对感知觉的影响

感知觉包括感觉(sensation)和知觉(perception)两种心理过程,感觉是指脑对客观刺激作用于感受器官所产生对事物个别属性的反映,包括形状、颜色、大小、重量、气味等[66]。知觉是指在感觉基础上,脑对事物的各种不同属性进行整合,并结合以往经验而形成的整体印象。受试者面对桃子,对桃子形状、大小、颜色等单独特征的认识,就是感觉;而根据桃子的形状、气味、颜色等特征,结合以往对桃子的认识,在人的大脑中产生的桃子的印象就是一种知觉。人的感知觉在很大程度上受到生物钟的调控,许多神经活动及敏感性都表现出昼夜节律的特征,包括嗅觉、视觉、味觉、痛觉、听觉以及对温度的感觉等[67]。

早在 1962 年,美国国立健康研究院的 Henkin 等就对人的味觉进行了研究,对正常受试者连续 36h 的研究发现,人的味觉、嗅觉、听觉和视觉在凌晨 3:00 左右敏感度最低,而在下午 5:00—7:00 敏感度最高[3]。与此研究相一致,另一项研究显示人对盐味的感觉阈值最低的时间段为每天的下午,并且与唾液中盐含量呈正相关,即唾液中盐含量低时对盐更为敏感[68]。Nakamura 等测试了受试者对蔗糖、葡萄糖和糖精的甜味的敏感度,发现人对甜味在早晨 8:00 左右的敏感度显著高于晚上 10∶00，与体内瘦素的变化情况相一致[69]。人的饥饿感也呈现出昼夜节律的变化趋势，其中在早晨 8∶00 左右饥饿感最低，而峰值位于晚上 8:00 左右[70]。

嗅觉对于动物的觅食、躲避天敌、社会接触、交配和生殖等行为都具有重要的调节作用[72]。果蝇、海灰翅夜蛾和蜚蠊等昆虫的嗅觉以及与嗅觉相关的电生理和行为反应都受到生物钟的调节。在圆口纲、硬骨鱼、两栖类、鸟类和哺乳类等许多动物中，气味受体分子都是含有 7 次跨膜结构的 G 蛋白耦联受体（G-protein-coupled receptors，GPCR）。在低等的线虫和果蝇中，气味受体也是 GPCR 家族成员[73]。在果蝇中，受到气味刺激时，正常个体在 24h 光暗交替及持续黑暗条件下，模拟食物气味的乙酸乙酯触发的触角电图（electroantennogram，EAG）呈现出昼夜节律的特征，但是这种节律在 *Per* 或者 *Tim* 敲除的果蝇中不复存在（图 4-11）[71]。果蝇的嗅觉受体的功能受到生物钟的调节，G 蛋白耦联受体激酶 2（G protein-coupled receptor kinase 2，Gprk2）mRNA 和蛋白的水平都呈现出明显的节律特征。除了果蝇以外，蜚蠊及一些蛾类昆虫的嗅觉也受到生物钟的调控[67]。

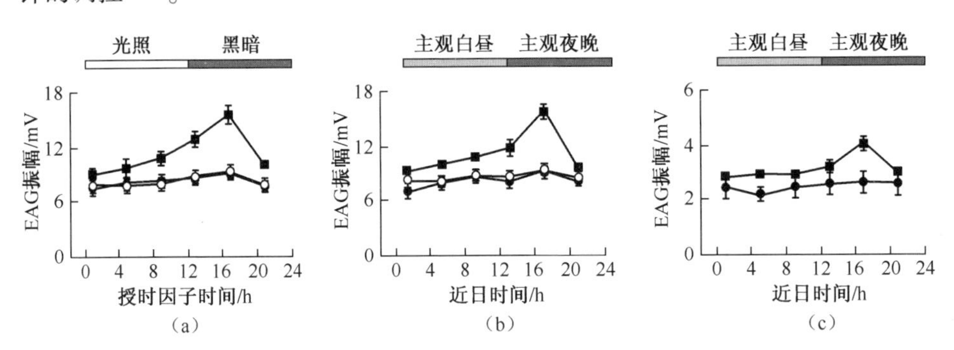

图 4-11　果蝇嗅觉反应的节律特征[71]

(a)果蝇处于 LD12:12 条件下；(b)、(c)果蝇处于持续黑暗条件下。

（黑色方块表示野生型。黑色圆圈表示 Tim^{01}，白色圆圈表示 Per^{01}，分别为两个基因的敲除品系。）

在持续黑暗条件下，大鼠的嗅觉能力在主观夜晚明显优于主观白昼[74]。小鼠体外培养嗅球神经元的放电也呈现出昼夜节律的变化特征[75]。切除雄性智利八齿鼠的嗅球（olfactory bulb，OB）会导致动物对光导引的适应性减弱，提示嗅球对于 SCN 的功能具有一定的影响，并且大鼠的嗅球具有投射至 SCN 的通路[76]。Nordin 等检测了 H2S 嗅觉灵敏度的变化情况，发现受试者敏感程度最高的时间段为下午 4∶00，敏感度最低的时间为凌晨 4∶00 左右，与口腔温度的变化相一致，而与睡眠趋势的相位相反[77]。香柏油的气味能够刺激大鼠的嗅球、嗅前核（anterior olfactory nucleus，AON）和梨状皮层（piriform cortex，PC）等组

织表达 *c-Fos* 基因，这几个组织都与嗅觉相关。对于生活在持续黑暗条件的大鼠，在未经香柏油气味刺激的情况下 *c-Fos* 基因在主观黑夜和主观白昼的表达水平很低，无明显差别。如果用香柏油气味进行刺激可诱导 *c-Fos* 基因表达显著增高，且在主观夜晚 *c-Fos* 基因的表达显著高于主观白昼时段，说明嗅球的嗅觉能力可能受到生物钟的调节[74]。通过电损毁去除大鼠 SCN，导致大鼠的活动等节律丧失，但是通过香柏油仍然能够诱导出嗅球和梨状皮层等组织中 *c-Fos* 基因的表达节律，而当把嗅球去除后 PC 组织中 *c-Fos* 基因的表达节律随之消失。同时，嗅球去除动物活动的自运行节律的周期缩短，对光暗循环相位提前的适应能力增强，而对光暗循环相位延迟的适应能力减弱。这些结果一方面说明嗅球可能会对 SCN 的功能产生影响，另一方面提示嗅球自身可能是一个生物钟的起搏器[75]。

Nordin 等用高浓度 CO_2 刺激产生三叉神经痛，产生痛觉的阈值最低时间为下午 4：00，而最高值为凌晨 4：00[77]。一些研究表明，受试者在夜间对冰水刺激产生的疼痛感要比在白天更为明显[78]。安乃静具有镇痛作用，且白天的镇痛效果显著好于夜间[24]。对痛觉的研究较多。昼行性的金黄地鼠对热造成的痛觉在夜晚阶段要显著高于在白天的时间段。而夜行性的小鼠可以用热板检测小鼠对痛觉的阈值，热板放置在很小的空间里并保持在 55℃，动物从放到热板上至难以忍受开始舔后爪的时间计为痛觉反应时间（pain response latency）。对正常小鼠而言，痛觉反应时间在夜间低而在白天高[79]。

生物钟对于动物对温度的感觉也具有很大的影响。将昼行性灵长类动物树鼩饲养在长形的笼子里，笼子从一端至另一端存在 14～33℃ 的温度梯度。树鼩在夜晚倾向于在笼子里选择温度较高的区域（图 4-12）[80]。爬行类动物对环境温度的依赖性更强，美洲大蜥蜴笼子温度为 22 °C，在笼子旁边放置一个电加热器，并在蜥蜴腹部植入一个热敏无线电装置，可以监控蜥蜴体温的变化。蜥蜴会在每天的特定时段靠近或远离电加热器，而使体温表现出昼夜节律性的变化特征[78]。与此类似，某些蚂蚁会在每天的不同时间将蛹从较冷的地方移动到较暖的地方，然后在其他的特定时间段再将这些蛹从较暖的地方移回较冷的地方。无脊椎动物和脊椎动物的皮肤上存在一些感光的受体，蜥蜴等变温生物，每天会在白天的一段时间爬出来晒太阳以升高身体温度。研究表明，蜥蜴皮肤的光受体可能对调节蜥蜴晒太阳的行为节律具有调节作用[78,81]。生物对冷的感觉也受到生物基因的调控，缺失 *Per2* 基因的小鼠对冷觉更为敏感，在低温条件下体重丢失降低，棕色脂肪组织代谢减少。*Per2* 基因在棕色脂肪细胞里具有调节脂肪代谢、产生热量的功能，缺失 *Per2* 基因使得棕色脂肪组织的能量代谢出现异常[82]。

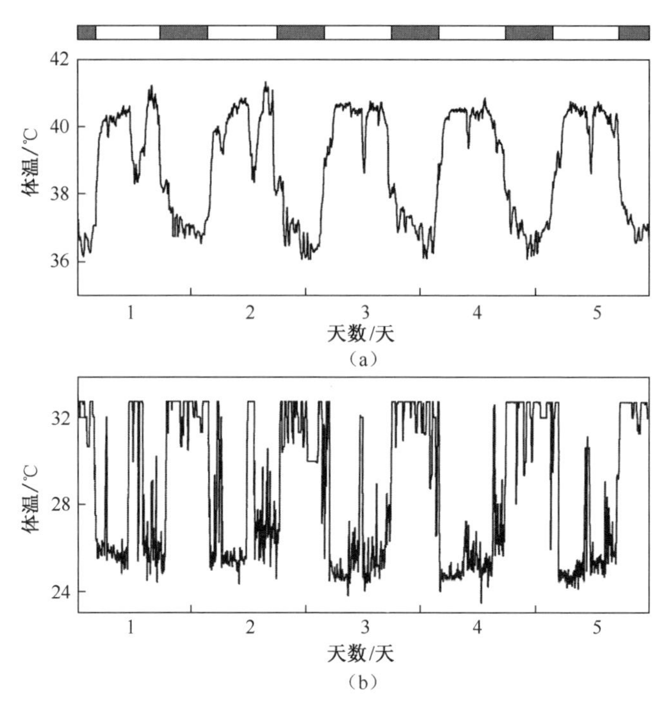

图 4-12　树鼩在光暗循环(LD14:10)条件下温度选择的节律

(a)树鼩体温的节律性变化;(b)树鼩对温度的选择[80]。

(黑白条纹表示光暗变化。)

动物无疑也具有感知时间的能力,动物的许多生理和行为都受到生物钟的调控。在一项研究中,将蜜蜂置于一个光照和温度恒定的废矿井中,尽管无法根据光照和温度变化来判断时间,但这些蜜蜂却可以学会在每天特定的时间进食。在另一项也是以蜜蜂为研究对象的研究中,先训练蜜蜂学会在每天的早晨 8:00—11:00 采蜜,然后连夜将蜂巢从法国运到美国东部,这些蜜蜂就变成在每天凌晨 3:00 采蜜,仍然按照法国的时间。在大约一周后,蜜蜂才调整了时差,适应了美国东部的时间[3]。

人估算时间的知觉也会受到生物钟的影响。1962 年,法国人 Michel Sifre 在地下洞穴中居住了 2 个月,与外界的环境隔离。在睡醒以后他每过一段时间就估算 2min 的长度,在电话里向地面研究人员从 1 数到 120。对他的估算结果进行分析表明,他有时估算过快,有时估算则过慢,这种变化呈现出节律的特征[3]。一项研究表明,受试者在 1 天中 4 个不同的时间进行时间估算,发现在早晨的误差最大[83]。另一项研究让受试者按自己喜欢的节奏打节拍,发现每天平均的敲击次数为 2.3 次/s,均值每日波动幅度约为 30%,最高值出现在下午

7 时左右[84]。有人认为,对时间的估算能力与一天当中警觉度的峰值时间有关[3]。

Thor 等对 450 名受试者进行了测试,让他们在每天不同的时间段不看钟表估算出现在的时间,结果显示受试者在早晨 8：00—10：00 和下午 4：00 左右估算得较为准确,在中午时估算的准确性最差。在中午受试者对时间的估算偏早,在傍晚对时间的估算则偏晚[3]。1968 年,洛克菲勒大学的 Pfaff 等通过研究表明,对短时间的估计能力的变化与体温变化具有联系,而体温同样受到生物钟的调控[85]。除了时间,生物钟对于空间知觉也具有调控作用,对节律的干扰,例如长期经历时差会导致乘务员的颞叶发生萎缩,空间认知能力降低[86]。

4.2.2　生物钟对学习和记忆的影响

人的大脑是各种心理活动的基础,包括思考、感觉、欲望、学习、记忆等,并对这些心理活动起决定作用。在各种心理活动中,记忆起着重要的作用,是其他心理活动的基础,因为丧失了记忆力,我们将只能对环境的变化作出低级的反应和简单的行为。记忆是根据经验而做出的行为改变,学习是获得记忆的过程[87]。颞叶中部及其皮层下结构海马和杏仁核、前额叶等脑区都与记忆的形成有关[66]。按时间长短将记忆分为长期记忆、中期记忆和短期记忆等类型,生物钟对这些不同类型的记忆都具有调控功能[88-92]。

生物钟对学习、记忆和操作能力的影响主要表现在三个方面:①节律因轮班工作、时差受到干扰或因衰老引起节律减弱、一些疾病造成节律受到干扰时,会导致出现认知障碍;②认知和操作能力具有时间依赖性,其效率在一天中不同时间差异明显;③生物节律的相位可能为学习、记忆等过程提供了外界或内在环境的线索,例如第 2 章介绍过的食物预期行为等[93]。甚至在植物中,也存在类似记忆的现象:拟南芥的叶片在夜晚会合拢,如果在夜晚给予短暂的光照,叶片会张开,然后在光照停止后叶片又合拢。在随后的几天时间里,夜间不再给予光照刺激,但叶片仍然会在相同的时间叶片张开再合拢,这种现象持续数日后消失。也就是说,生物可以将周期性的环境变化(包括外界环境和体内环境)的时间信息与学习、记忆过程进行耦联[80]。

软体动物海兔在受到电击等刺激时会收起吸管,如果反复给予刺激,海兔吸管收缩的持续时间会延长。在持续黑暗的条件下对海兔进行刺激,发现在 CT9 的时间段刺激后海兔吸管持续收缩的时间最长。进一步在 CT9 对海兔进行刺激,然后在下一个主观日的 CT9 和 CT21 进行测试,CT9 时的收缩持续时间要长于 CT21,但相比前一个主观日的 CT9 下降非常明显。对另一组海兔在 CT21 时给予刺激,在下一个主观日的 CT21 进行观测,也可以看到吸管收缩现象,但其持续时间要比在第一个主观日的 CT9 进行刺激、在下一个主观日的 CT21 检测的结果要短。这些实验表明，海兔的学习能力而非记忆能力受到生物钟的影响[90,94]。

在条件位置性回避测试(conditioned place avoidance task)中，大鼠对位置的记忆力在隔 24h、48h 等 24h 的倍数时间后表现最好，当将 SCN 切除后，这种记忆变化的 48h 变化特征消失，说明记忆可能受到生物钟的调控[95]。仓鼠在条件位置性偏好测试(conditionedplace preference task)以及条件位置性回避测试实验中，金黄仓鼠(*Mesocricetus auratus*)的记忆力也表现出类似的 24h 及其倍数变化的特征，在接受训练后相隔 24h、48h 表现出较高的记忆力[90]。通过特殊的光照处理可以诱导仓鼠的节律在较长一段时间内丧失，Ruby 等利用这一方法诱导仓鼠丧失节律后对依赖海马的学习任务进行了测试，结果发现丧失节律的仓鼠学习和记忆力显著降低。值得注意的是，这一工作还发现睡眠与仓鼠的学习、记忆力降低没有明显关联[96]。

对于轮班工作来说，轮班时间越久，则记忆行为的降低趋势越为明显[97]。相对而言，猫头鹰型的学生在校成绩较差，可能是因为这些学生睡得晚但是早晨又必须与其他同学一起起床、上课，长此以往会造成睡眠不足而对学习能力产生负面影响[98]。通过改变光暗循环周期的相位或者对光照条件进行黑白颠倒，令大鼠的节律相位发生移位，会导致大鼠出现记忆障碍，获得的记忆丧失加快[99]。

海马对学习和记忆具有重要的调节作用，包括对记忆的形成、强化以及提取等各个方面。海马突触效应的长时程增强(long-term potentiation, LTP)对于调节神经突触可塑性以及增强记忆具有重要作用，LTP 也表现出时间依赖的特性，前面提到的条件性偏好或回避实验中动物的学习、记忆都与 LTP 有关[101]。在哺乳动物中，海马组织对于短期和长期记忆的强化具有重要作用，此外，海马还影响着定向能力。长期对节律进行干扰会妨碍大鼠海马相关的记忆力，大鼠在水迷宫实验中的表现明显比对照组大鼠要差。通过对人及动物的研究还发现，当节律受到干扰，会引起海马区域神经发生受损，从而影响学习和记忆[64]。依赖海马组织的长期记忆的形成，明显受到生物钟的调节，在一天当中呈现出周期性的变化特征，海马和颞叶受损的病人学习、记忆力显著降低[101-102]。在哺乳动物中，生物钟核心基因包括 *Per1*、*Per2*、*Cry1*、*Cry2*、*Clock*、*Bmal1* 等，在海马各区域的表达都具有显著的节律特征。对野生型大鼠和 *Clock*$^{\Delta19}$ 大鼠进行条件关联恐惧实验(contextual fear)，结果显示野生型和突变大鼠建立起关联恐惧的时间无明显差异，但突变大鼠恐惧消退的时间比野生型大鼠短。*Clock*$^{\Delta19}$ 突变可导致多巴胺的升高，这可能是突变大鼠恐惧消退较快的原因[103]。海马组织中生物钟基因的时空表达特征可能与控制记忆形成的基因表达的功能具有相关性,在八臂迷宫测试中,*Per1* 敲除的小鼠在依赖海马的长期学习、记忆方面表现出明显的障碍(图 4-13)[100]。$Cry1^{\Delta 11}$ c.1657+3A>C 在欧洲人群里的频率约为 1%,与注意力缺陷/多动症(attention deficit/hyperactivity disorder,ADHD)和失眠有关[104]。

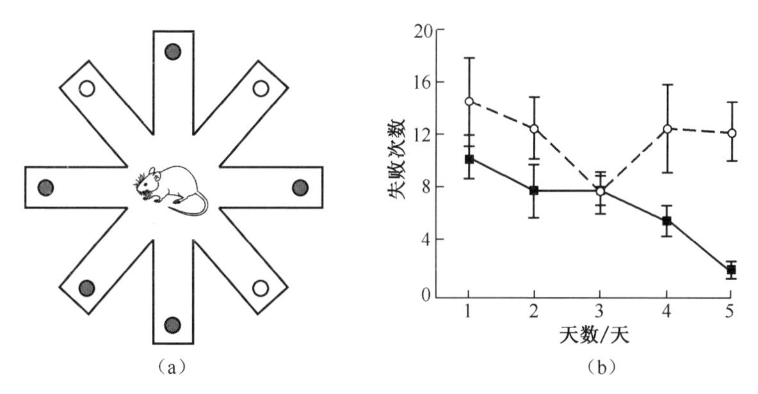

图 4-13 $Per1^{-/-}$ 小鼠空间学习能力显著降低

(a)八臂迷宫实验装置示意图;(b)$Per1^{-/-}$ 小鼠(○)及野生型对照小鼠(■)在训练后数天内走迷宫的失败次数[100]。(在不同的臂里放置食物或进行不同的刺激,让小鼠经过学习后,可以通过小鼠对某些臂的偏好或回避效率对其学习和记忆能力进行分析。)

在分子水平上,cAMP/MAPK/CREB 途径对于记忆的形成具有重要的调节作用。在 LTP 中,N-甲基-D-天冬氨酸受体(NMDA receptor,NMDA-R)介导突触后细胞的胞外 Ca^{2+} 内流,Ca^{2+} 可以激活环腺苷酸(cAMP),cAMP 进一步激活蛋白激酶 A(protein kinase A,PKA)。PKA 可以通过 Ras、Rap1、Raf 等因子间接激活丝裂原活化蛋白激酶(mitogen-activated protein kinase,MRPK)通路,后者可以对下游靶基因的功能进行调节。MRPK 被激活后进入细胞核,可调节 CREB 等底物的磷酸化,进而调节含有 CREB 结合元件基因的表达[105]。MAPK 的基因表达受到生物钟的调控,呈现出昼夜节律的特征,干扰 MAPK 蛋白的磷酸化节律会对记忆的维持造成妨碍[106]。雄性果蝇在求偶时会表现出朝向并追随雌性果蝇的方向飞行、用前肢轻触雌性身体、舔雌蝇生殖器和交配等行为。交配后的雌蝇会分泌抑制雄蝇求偶的物质,雄蝇对此分别具有短期和长期的记忆能力,在一定时间范围内即使和未交配的处女雌蝇放在一起求偶次数也会显著减少。CREB 对于雄蝇的求偶行为具有重要影响,高表达 CREB 可促进果蝇的长期记忆,而降低 CREB 的表达则会起到抑制作用。果蝇长期求偶行为也受到生物钟的影响,高表达 *Per* 基因也会对果蝇的长期记忆起增强作用,而 *Per* 基因突变的果蝇长期记忆则明显减弱。睡眠对于白天形成的记忆的加工具有重要的作用与意义,慢波睡眠和快速眼动睡眠有助于神经突触的稳固与记忆的存储[107-108]。除了 CREB 外,细胞外信号调节激酶 Erk1/2、MAPK 对于依赖海马区的长期记忆(long-term memory,LTM)形成具有促进作用。

近年来发现表观遗传修饰可以调控染色质重塑,并对调节记忆相关基因的表达具有重要作用。在 $Per1^{-/-}$ 小鼠的海马组织中,CREB 蛋白的磷酸化消失殆尽。此外,$Per1^{-/-}$ 小鼠的海马组织中组蛋白修饰的昼夜节律也出现异常[109]。与组蛋白去乙酰化相关的 SIRT1、HDAC3 以及甲基转移酶 MLL1 等因子与钟控基因启动子区域的结合受到生物钟的调控,具有节律特征[110]。

4.2.3 生物钟对认知与操作能力的影响

内在的生物钟机制不仅参与学习、记忆的调节,也对警觉度、认知及操作能力具有重要的调节作用。在内在节律与环境周期步调一致时,动物的认知和操作能力表现最佳。当节律发生紊乱时,记忆力、认知和操作能力都会受到较为严重的影响[111]。

早在 20 世纪 30 年代,生物钟研究的先驱人物 Nathaniel Kleitman 对认知和操作能力的速度和准确性的节律特征开展了研究,分析了发扑克牌速度及扑克牌分类速度、镜像画图速度及准确性、破译密码速度及准确性、乘法计算速度及准确性等指标的节律特征,发现尽管这些指标在一天中的峰值时间存在差异,但都具有较为明显的节律特征。研究对象的速度与准确性在上午至傍晚时段处于最佳状态,而在早晨及深夜时段表现最差。他还注意到认知和操作能力的变化趋势与体温及心率的变化趋势较为接近(图 4-14)[112]。

对于 SCN 切除或钟基因敲除动物,其行为变化较为明显,而对于正常个体来说,要观察其行为水平的昼夜节律则非常困难,因为在不同条件下一些变量的变化幅度可能非常有限。因此,要观察节律对行为的影响,要选择合适的条件,例如实验的难度应当适中,如果难度太低或太高,则会产生心理学上的天花板效应(ceiling effect)或地板效应(floor effect),导致无法检出节律对行为的影响[113]。一般来说,威斯康星卡片分类测验(Wisconsin card sorting test)、伦敦塔测试(tow of London test)和逻辑与推理测试(logical reasoning test)难度适中,且对节律变化和睡眠剥夺敏感[114]。

在检测认知或操作能力变化的节律性特征时,练习效应(practice effect)也是需要考虑的因素。练习效应是指在实验过程中受试者在测试过程中通过多次练习,效率不断提高而掩盖时间因素的作用。为了克服练习效应的影响,可以采取在实验开始前对受试者进行一段时间的训练、增大样本量以及根据对照组对数据进行均一化等措施。除了实验难度与练习效应外,任务持续的时间、任务的

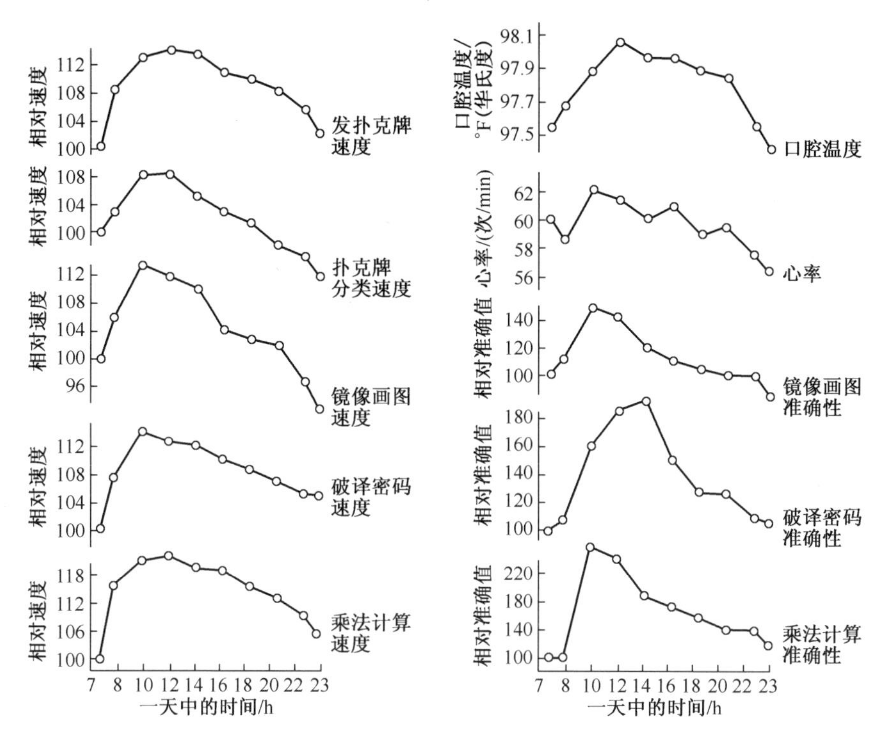

图 4-14　一个受试者反应速度和准确性变化的节律特征

（从 7：00 开始测试至 23：00，每天测试 10 个时间点，取平均值。纵坐标为相对速度，7：00 测得的数据作为 100。对连续测试 20 天以上的数据进行统计[112]。）

复杂性、个体差异及年龄等因素也会造成对操作能力测试的困难，在测试时都需要加以考虑[114]。

如上所述，人的认知和行为在很大程度上受到生物钟的调节，因此如果节律出现紊乱或者睡眠出现障碍，则会对人的认知和行为造成影响。

Wever 等在隔离环境下研究了不同昼夜时长条件下受试者的生理和行为节律，结果显示在 24h 光暗周期条件下，人的活动、直肠温度、可的松浓度及计算速度等节律的周期都为 24h。在昼夜时长为 28h 的条件下，人的活动周期（反映了睡眠-觉醒周期）出现了 28h 的周期，但也出现了 24.8h 的周期，后者反映的是人体的自运行周期[115]。直肠温度和可的松浓度的周期维持在 24.8h，也体现了自运行周期。计算速度则存在两个周期，一个是 28h，另一个是 24.8h，说明计算速度同时受到生物钟和睡眠的调节（图 4-15）。

人在傍晚体温最高时，根据声音或图像信息作出操作的反应时间也最短，即反应速度最快。对操作反应时的操作失误进行统计发现，操作失误率最高的时

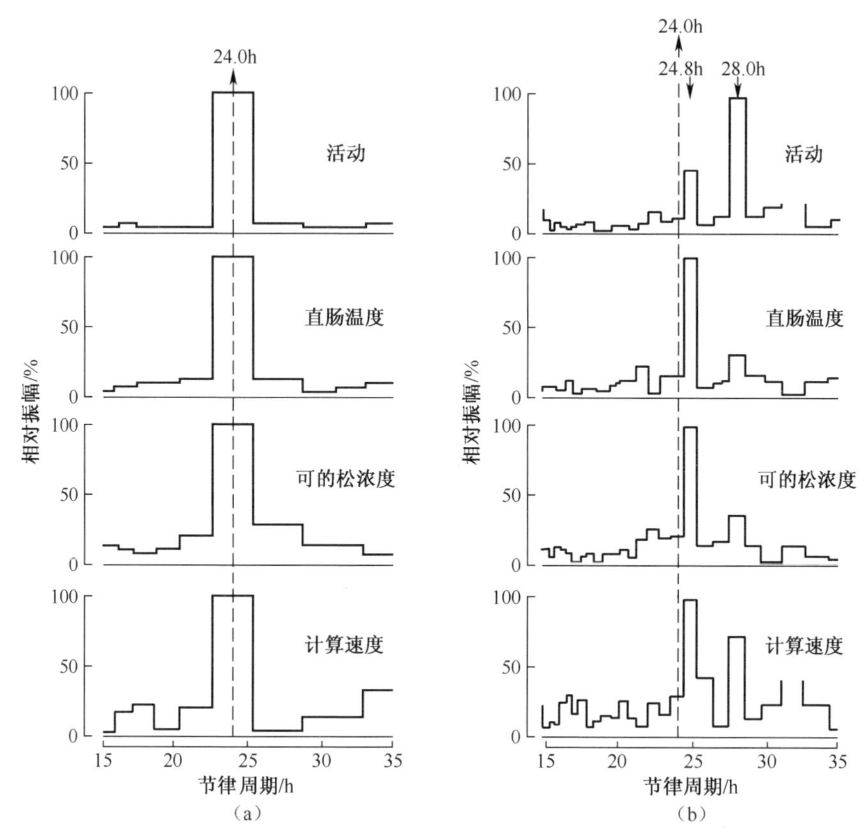

图 4-15 人的活动、直肠温度、可的松浓度和计算速度的节律特征[115]
(a)处于正常的 24h 周期条件下;(b)在 28h 的周期条件下。

段是在早晨[116]。体温等内在节律可能与人的认知、行为能力具有正关联。根据声音或图像作出简单反应的速度在傍晚最快,此时体温也处于峰值阶段。与反应速度不同,操作准确性通常是在下午至傍晚时段表现最差,一般来说,在上午一些对精确运动控制要求较高的任务容易取得较好的效果,如保持手的稳定或保持身体平衡等。对于涉及复杂行为的计算和短期记忆等任务,一般来说也是在上午效率较高[117]。

姿态控制是指中枢神经系统通过整合来自视觉、本体感觉、前庭平衡觉等系统的信息,协同调控肌肉以维持身体和姿态平衡,较高的警觉度和注意力对于姿态控制非常重要[118]。姿态控制力在早晨 5∶00—8∶00 处于低谷,在午餐后也有所降低,在接近中午和下午至傍晚时段处于峰值[119]。书写行为也与姿态控制有关,书写特征可以通过写字速度、笔迹流畅性、字的大小等因素来反映。对于 40h 睡眠剥夺的受试者进行研究,从早晨 9∶00 开始每 3h 要进行一次复杂的书写任务,然后对书写速度、书写流畅性和字体大小进行评价,结果显示其中写字速度具有昼夜节律性,尽管振幅很低,但是写字速度从晚上褪黑素开始分泌开始减慢,至凌晨3:30最慢[120]。

反应速度和操作准确性受到肌肉的协调性、紧张度以及小脑皮层的代谢活动的影响。精神运动警觉性任务(psychomotor vigilance performance,PVT)是一种检测完成简单的指定动作所需反应时间的方法,常用于人警觉性的检测。在PVT测试中,提示任务即将开始到发出指令正式开始执行任务之间的时间是随机设定的,一般为2~10s。在接收到开始指令后,受试者要盯住计算机屏幕的一个小区域,当该区域变亮时应迅速按下指定的键,按键后屏幕上会显示从指令发出到受试者按键所需的时间,即反应时间,一般以毫秒为单位。在屏幕上的同心圆区域并未变亮的情况下,受试者若是按了键,则记录为操作错误。

PVT的结果很大程度上受到生物钟和睡眠的影响。在图4-16中:图(a)显示了人的困倦程度、反应速度、PVT及核心体温都具有明显的昼夜节律特征,其中PVT在夜间至凌晨为低谷阶段;图(b)显示的是对一组连续78h睡眠剥夺受试者PVT的测试结果,从结果中可以看出,首先在每天早晨的7:00—8:00,实验组成员的反应时间都明显延长,而错误率也显著增加,说明警觉性和反应速度都受到生物钟的影响,在早晨7:00—8:00的警觉性和反应速度处于低谷。同时从这些数据中也可以看出,随着睡眠剥夺时间的不断增长,实验组成员的平均反应时间也越来越长,而操作出错率也越来越高,说明睡眠对于警觉性和反应速度也具有明显的影响[122]。长期的睡眠不足也会导致警觉度的降低[123]。

与此一致,Van Dongen等的研究也发现在连续4天的睡眠剥夺时间里,PVT操作所需的时间呈现出节律性的变化特征,同时随着睡眠剥夺的延长PVT操作时间也不断增加。在4天的睡眠剥夺后,让受试者恢复正常睡眠,随后再进行PVT检测,结果显示操作时间显著缩短。Van Dongen等的研究还发现,在持续4天的睡眠受限时间里,每天允许受试者睡眠2h,可以显著缩短进行PVT操作所需的时间。但是在每次醒来后都表现出明显的睡眠惯性,完成PVT操作时间显著延长,然后在很短时间里又显著缩短[123]。此外,在早晨和下午分别对PVT操作引起脑功能的变化进行比较和分析,结果提示不同的时间进行PVT测试引起脑功能区的激活范围有所差异[121]。

在睡眠剥夺过程中,如果每隔大约1天时间让受试者小憩2h左右,会在整体趋势上使受试者的反应速度显著加快。但是短暂的睡眠也会带来一些负面影响,由于睡眠惰性(sleep inertia),在小憩后刚醒来后的检测数据显示受试者的反应速度非常显著地减慢。睡眠惰性的影响在睡眠剥夺过程中的小憩刚醒来后以及夜间刚觉醒后表现得最为明显[123]。

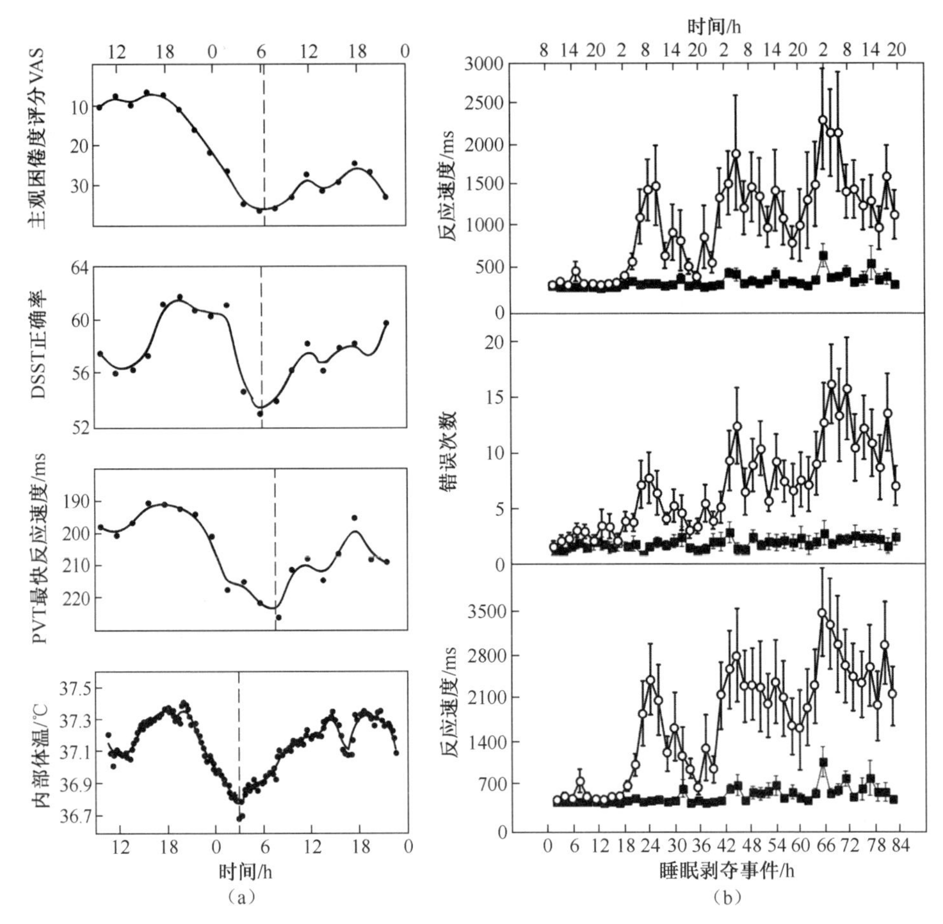

VAS—困倦度采用视觉模拟量表(visual analog scale);DSST—数字符号替换测试(digit symbol substitution test)。

图 4-16　节律和睡眠对作业能力的影响

(a)人一天当中困倦度、反应速度、核心体温的节律曲线;(b)连续 78h 睡眠剥夺对受试者反应速度和操作准确性的影响,黑色方块连线表示对照组,白色圆圈连线表示睡眠剥夺组[121]。

一项对疲劳驾驶引起的6052起交通事故的分析表明,交通事故发生率最高时段主要集中在午夜后数小时内人体体温和操作效率最低的时候。其中,约有200次事故发生在傍晚6:00,900起发生在午夜,1100起发生在凌晨2:00,900起发生在凌晨4:00,700起发生在早晨6:00。相比于夜晚,白天的交通事故发生率则显著低于夜间。此外,司机持续驾驶时间也是一个需要考虑的因素[124]。对瑞典1987—1991年导致伤亡的所有交通事故进行的分析表明,每天的交通事故高发时段为上午8:00和下午5:00,排除白天车辆数量的因素,如果考察事故的发生率,则分析结果显示,事故发生率最高时段为下半夜的4:00

左右(图4-17)[78]。当然,除了节律因素外,夜间光照不足影响视线也是需要考虑的一个重要因素。

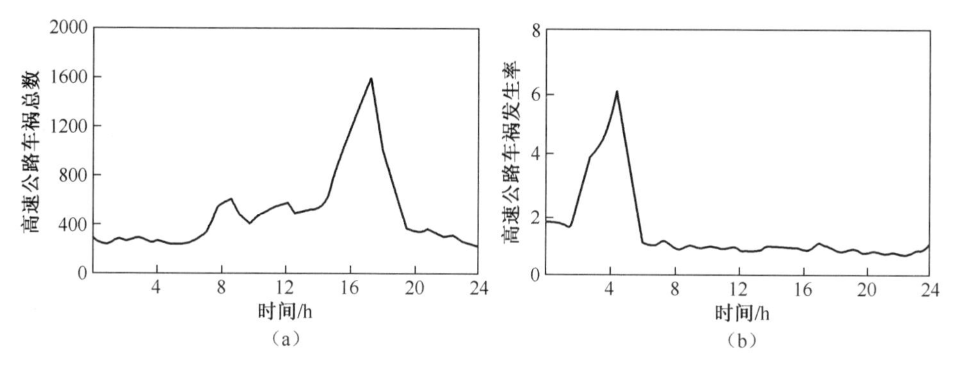

图 4-17　交通事故每日时间分布图

(a)车祸发生的总数,为每小时统计一次的结果;(b)车祸发生率,即每个时间点车祸次数。(这里计算车祸发生率用的统计方法是指让步比,如果数值大于 1,说明具有车祸发生的风险,数值越高表示风险越大[78]。)

水上交通事故发生率的时间分布情况与陆地交通事故的趋势类似,但相位有所差异,轮船事故最高发生率一般是在早晨 6:00 左右。工业事故发生率一般在晚上 10：00 至凌晨 6：00 为高发时段,其中峰值位于凌晨 2：00—4：00 时段。很多重大的灾难性事故,如泰坦尼克号沉没、苏联切尔诺贝利核电站爆炸等也都发生在深夜或凌晨,这些事故的发生在不同程度上与夜间警觉度降低具有一定关联[125]。总之,睡眠和生物钟对于人的心理和认知都具有重要影响,受到睡眠和节律影响的注意力、认知能力及执行力等的心理指标很多,详细信息可参见相关参考文献[126]。

4.2.4　生物钟对定向能力的影响

许多动物都会在每年特定的时节迁徙,包括昆虫、鸟类、爬行类、哺乳类动物等。动物在迁徙过程中会依据地形、磁场和天体的位置来确定方向,对于不少动物来说,生物钟对于动物迁徙过程中的定向能力也是起重要调节作用的。对于鸟类和哺乳动物而言,海马对它们的空间记忆与行为具有调控作用,对于动物在迁徙中定向也具有重要影响[127]。

从 20 世纪 40 年代后期开始,德国生物学家 Kramer Gustav (1910—1959 年)最先开始对鸟类的太阳罗盘进行研究。实验表明,椋鸟的定向与太阳的方向有关,当用镜子对阳光进行不同角度的反射时,椋鸟的飞行方向会随之改变(图 4-18)[128]。从图中可以看出,在同一时间如果光照从不同方向照入仓房,椋鸟会朝不同方向飞，但其飞行方向与射入光线的夹角是相近的。也就是说，椋鸟是依靠在不同时间依据光线的夹角来判断飞行方向的，这种定向方式称为太阳罗盘定向（sun-compass orientation）。假定某种鸟类要向南迁飞，由于相对地球而言，太阳每天都在东升西落，而非静止不动，因此鸟类在采用太阳罗盘进行定向时，就必须时刻依据不同的时间对飞行方向进行调整，这种定向方式称为时间补偿的太阳罗盘定向（time-compensated sun compass orientation）。

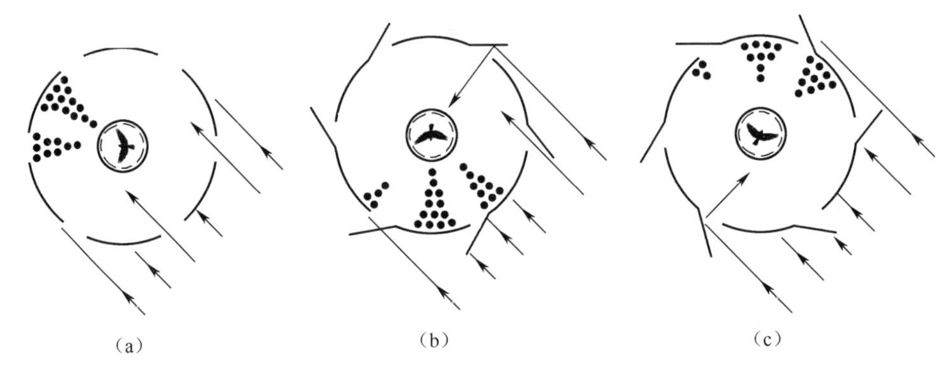

图 4-18　椋鸟的定向受光照方向影响

（a）对照实验；（b）窗户按顺时针方向打开的情形，每个窗户内侧装了一面镜子用来反射阳光；（c）窗户按逆时针方向打开的情形，每个窗户内侧装了一面镜子用来反射阳光。（实验场所为圆形的大仓房，周围有 6 个窗户。图中，每个黑色圆点表示每 10s 时间内所观察到鸟飞方向的平均值，箭头表示阳光照射方向[128]。）

蜜蜂是一种社会性昆虫，只要有一只蜜蜂在某个地方发现蜜源，很快就会有大批同伴"蜂拥"而来。早在古希腊时期，亚里士多德就注意到了蜜蜂的这种特性。同时，蜜蜂也具有很强的方向感，将蜂巢放置在一个陌生的地方，并在离蜂巢 100m 的西北方放一个小桌子，下午时在桌子上放置蜜糖水，招引蜜蜂前来饱餐。在当天夜晚，将整个蜂巢迁至一个新的地点，周围环境完全不同，并在西北、东北、西南、东南四个方向距离蜂巢 180m 处都放了小桌子和蜜糖水，在翌日早晨将蜜蜂放出来，早晨太阳的位置与前一天下午太阳的位置是不同的，而四周的景物也是陌生的。实验结果发现，绝大多数蜜蜂仍会飞向西北方的饲喂点[129]。

在北半球，如果面对南方，则看到的太阳是每天东升西落，走的是顺时针的方向。与此相反，在南半球，太阳每天则走的是逆时针方向。一些研究者将蜜蜂从北半球带至南半球或者从南半球带至北半球，观察蜜蜂的"太阳罗盘"是否还能发挥正常功能。实验结果显示，在从北美洲带至巴西后，蜜蜂仍然想当然地按照北半球太阳的运动规律去定向，这样的定向当然是错误的。进一步的研究发现，在从北美洲带至巴西蜜蜂的子 1 代，是按照南半球太阳的运行规律来正确定位。这些实验说明,蜜蜂的太阳罗盘是一种内在的机制,但蜜蜂要想具备正确的定向能力,还要经过学习将太阳的运动轨迹、速度等和体内的生物钟联系起来。

在各种动物当中,对于生物钟与定向能力研究得最为清楚的是美洲的帝王蝶,也称为黑脉金斑蝶(*Oanaus plexippus*)。每年秋季,每天的日照时间越来越短,气温越来越低,作为帝王蝶食物来源的马利筋等植物也逐渐枯萎。生活在美国和加拿大交界区域的帝王蝶,会在秋季时集群向南迁飞 4000 多千米,一直到达墨西哥中部的跨墨西哥灿带的森林地区,在该地区的山里过冬。帝王蝶也是采用依赖时间补偿的太阳罗盘进行定向,而非简单追随太阳的方向。一天当中,随着太阳在天空中不断移动,天空中的偏振光以及光谱梯度都在不断改变,帝王蝶等动物可以利用这种信息进行定向。为了方便地研究帝王蝶的迁飞,Reppert 等发明了飞行模拟器,模拟器上有一横槽,可允许偏振光透过,帝王蝶在里面可以感知外面太阳的方位。模拟器上方中间有一垂直方向的细杆,可在垂直方向上自由转动。在测试过程中,蝴蝶背部被粘在杆的下方,蝴蝶可以扇动翅膀,可以任意旋转,但不能前进和后退。蝴蝶扇动翅膀旋转的角度会通过计算机记录下来,另外也通过视频记录蝴蝶的模拟飞行情况。通过模拟器对蝴蝶进行实验,由于依赖时间补偿的太阳罗盘依赖生物钟才能定向,结果显示蝴蝶在不同的时间飞行的方向明显不同(图 4-19)[130-131]。帝王蝶的触角与生物钟有关,当剪掉或者用颜料将触角涂黑使之无法接受光照时,帝王蝶的定向能力就会受到影响[130]。

当第二年春天来临,在墨西哥地区过冬的帝王蝶会沿相反路线向北迁飞。在飞行过程中,这些蝴蝶会产卵、繁殖并死去,经过二三代,后代又返回到北部地区。春天的黑脉金斑蝶向北迁飞,也是依靠同样的时间补偿的太阳罗盘来进行定向的,但秋天的罗盘和春天的罗盘方向是相反的[130]。

沙蚤(*Talitrus saltator*)既可以根据地形也可以根据时间补偿的太阳罗盘进行定位。沙蚤是生活在沙滩的一种甲壳动物,白天潜藏在沙下,当缺水时就会沿最短距离快速奔向海水,润湿身体后再返回沙滩,生活在地势平坦沙滩的沙蚤主要依靠太阳罗盘进行定位,找到从栖身之所往返海边的最短路径。生活在地势复杂海岸的沙蚤主要依靠地形记住往返海边的捷径。低等的扁形动物涡虫避光运动的定向能力受到月节律的调节,在每月朔和望的时候,涡虫的定向能力会出现变化,呈现出月节律的特征。涡虫定向的月节律可能与月球对地磁场的影响有关,对涡虫施加磁场干扰时,其定向能力的月节律就会受到干扰[132]。无独有偶,软体动物海蛞蝓(*Tritonia diomedea*)也可以通过月节律来确定地磁场的方向[133]。

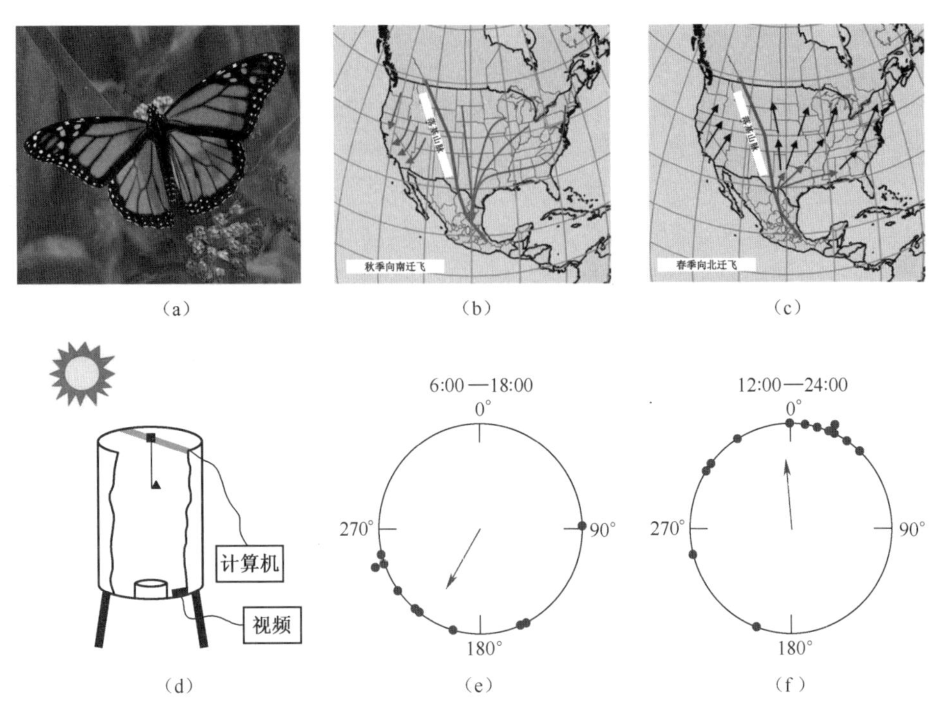

图 4-19　帝王蝶在每年迁飞过程中依赖生物钟进行定向[130-131]

(a)帝王蝶;(b)帝王蝶秋季的南迁路线图;(c)第二年春季,帝王蝶向北迁飞(第一代蝴蝶的迁徙方向用红色箭头表示,后代的迁飞方向用黑色箭头表示);(d)飞行模拟器装置图;(e)和(f)帝王蝶的迁飞方向统计图。

(美国北部的帝王蝶每年秋季向南迁飞,到达墨西哥中部山区。落基山脉以西地区的帝王蝶只进行短距离迁飞。(e)、(f)图中,大的黑色圆圈表示各个方向,蓝色圆点表示蝴蝶在各个方向上的分布,蓝色箭头表示不同蝴蝶平均的飞行方向,箭头的长度表示统计的显著性。(e)图中 06：00—18：00 以及(f)图中 12：00—24：00 表示的是有光照的白天时间,(f)图中的光照时间相位比(e)图晚 6h。将两种光照条件下的蝴蝶放入飞行模拟器中,记录蝴蝶的飞行方向,发现(e)、(f)条件下的飞行方向存在显著偏差。)

4.3　生物钟对活动的影响

通过前面的介绍,我们已经知道生物钟与生物的行为具有密切关系。在哺乳动物中,破坏 SCN 后,会导致活动、饮水、饮食等一系列行为节律的紊乱,并会对生物的环境适应及生存竞争力产生影响,因此生物钟在活动的调节中发挥着重要功能。甚至在植物当中,植物的一些运动如拟南芥、含羞草等植物叶片的运动等，也受到生物钟的调控。实际上，植物叶片周期性的舒张和合拢是人类注意到的最早的生物节律之一。在 de Marian 发现含羞草在持续黑暗条件下叶片的自主运动节律之前，提出进化论的达尔文就在《植物的运动》中对植物叶片运动的昼夜节律进行过描述。

本部分内容主要讨论的是生物钟对动物活动的调控机制，主要从生物钟对神经系统、心肺功能、骨肌系统、身体柔韧度等与活动、运动紧密相关的生理基础的影响，最后介绍生物钟对体育运动及竞技体育的影响。

4.3.1　生物钟对神经系统的影响

在已经研究较为清楚的生物当中，生物钟起搏点几乎都是神经系统的组成部分。哺乳动物及人的起搏点 SCN 位于下丘脑前端视交叉上方，并且通过神经和内分泌途径调节其他脑区及身体各组织、器官的外周生物钟。

SCN 与其他脑区存在非常复杂的联系，许多核团投射至 SCN，而 SCN 也对其他核团的功能具有直接或间接的调节作用。在脑部的许多核团中，生物钟核心基因的表达都具有显著的节律性，例如松果体及下丘脑的一些核团等。一些针对中枢神经系统的药物对于生物钟也会产生影响，药物成瘾和抗抑郁都与中枢神经系统的生物节律异常有关[134]。例如氟西汀和咖啡因处理可使海马和纹状体皮层的钟基因的表达发生改变。一些奖赏相关行为具有节律特征，如自身给药、成瘾药物引发的行为敏感化等。生物钟基因 *Clock* 突变小鼠中脑腹侧被盖区（VTA）多巴胺能活动显著增多，有类似躁狂症状的表现[135]。用可卡因处理后，果蝇会表现出反射性的行为，如抓挠或梳理行为、伸嘴以及不正常绕圈飞行等，与一些脊椎动物服药后的表现相似。可卡因还具有致敏作用，重复低剂量喂食会导致症状的加重。在果蝇中，生物钟基因 *Per*、*Clk*、*Cyc* 及 *Dbt* 对这种致敏作用具有影响，缺失这些基因都会使可卡因对果蝇的致敏作用明显减弱甚至消失，但是 *timeless* 基因对果蝇可卡因的致敏作用没有影响[136]。生物钟基因的突变与过量饮酒存在一定的关联，*Per2* 基因突变的大鼠对酒精的耐受程度增加了 1 倍[137]。此外，过量饮酒除了会对中枢神经系统产生影响外，也会影响生物钟基因的表达。

生物钟对于运动相关神经也具有明显的调节作用。在果蝇中，与飞行相关的运动神经元 MN5 位于胸部背侧区，MN5 的轴突分布于背部纵向飞行肌。飞行运动神经元 1~4（MN1~4）通过末梢控制背部纵向飞行肌 1~4（DLM1~4），MN5 神经末梢控制 DLM5、DLM6。MN5 与肌肉相连的突触结的大小在 LD 和 DD 条件下都呈现出节律变化的特征，突触结在白天尺寸较大而在夜晚则较小（图 4-20）。在 *Tim* 和 *Per* 基因突变果蝇中，突触结尺寸变化节律消失。此外，生物钟基因对于MN5神经末梢的分枝数目也有影响[139]。另一项研究揭示,果蝇的飞行相关运动神经元末梢的突触结大小和数量变化在一天当中与飞行活动的频率成正比,并且不受睡眠剥夺的影响。果蝇通常在清晨时段活动最为活跃,但是,在这一时段即使限制果蝇不让其飞行,突触结的数量仍然会增加,提示突触的变化不是运动影响的结果[140]。这些数据表明,生物钟可以通过调节神经的可塑性及功能对果蝇的飞行起调控作用。

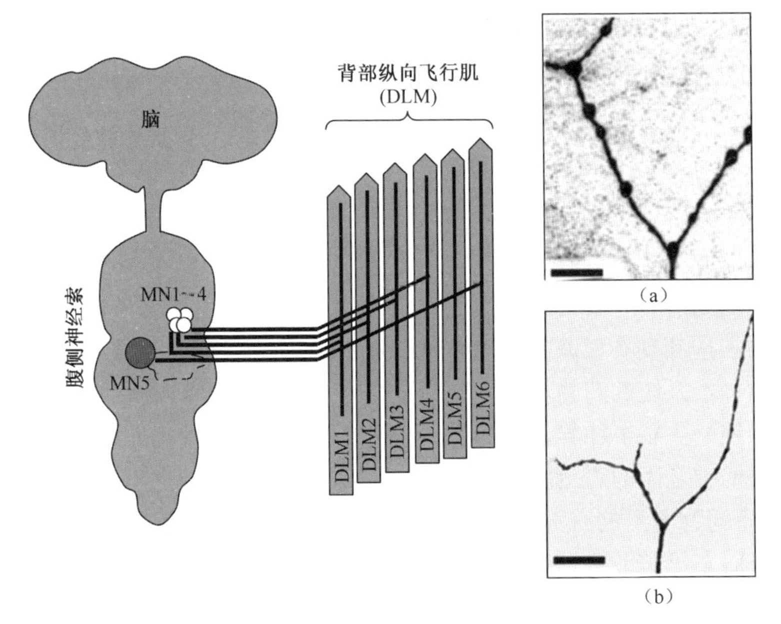

MN1~5—飞行运动神经元1~5;DLM—背部纵向飞行肌,由6部分组成(DLM1~6)。

图4-20 果蝇飞行肌中MN5神经末梢免疫染色结果

(a)白天;(b)夜晚。

(神经末梢的突触结在白天(a)和夜晚(b)的大小变化显著。图片根据文献[138-139]绘制。)

4.3.2 生物钟对心肺功能的影响

心血管系统的重要功能是将氧和营养成分通过血液输送到全身组织,一天当中,心血管系统的机能如同睡眠-觉醒节律一样,也具有显著的节律特征。心血管系统受人的活动状态影响非常显著,在睡眠时期心血管系统处于非活跃状态,在人起床后工作或运动期间则处于活跃状态。生物钟系统使得心血管系统可以预测并为这些转换做好准备[141]。

心血管机能受到神经内分泌系统的节律性调控,其中自主神经系统对心脏起重要的调节作用。心脏收缩、心率、QT间期、血压、血小板数量、血管上皮细胞功能在一天当中都表现出明显的节律特征。离体小鼠心脏的生理功能在恒定条件下也会表现出节律[142]。

此外,一些与心血管功能异常有关的疾病,如缺血性中风、心肌梗死、心绞痛、心源性猝死、室性心律失常等发病或死亡主要是在早晨时段,其中具有睡眠窒息症状的心肌梗死患者的发病在晚上也有一个峰值,呈现出双峰的特征[143]。在早晨醒来前,人的血压、心率、凝血功能及血管张力都开始上升,是导致不良心脏事件的重要原因。与此相反,应激性心肌病是一种急性心脏病,可由情绪压力引发,该疾病发作的高峰时段位于下午[144]。急性主动脉炎的发作则在一天当中存在两次峰值,分别位于早晨(8：00—11：00)和傍晚(17：00—19：00)两个时间段。在一些实行夏令时或冬令时的国家,在时间改动后数天内,患急性冠状动脉综合征大约会上升 30%[145]。

呼吸系统功能也受到生物钟的调节,呼吸频率和肺活量的变化都表现出明显的昼夜节律特征[146]。肺气道阻力也呈现出昼夜节律变化的特征,气道阻力是指气道内单位流量所产生的压力差,这一数值在夜晚降低。气道阻力的振幅通常很低,不会对呼吸产生显著影响,但在支气管哮喘病人当中,由于支气管剧烈收缩而导致呼吸困难,支气管哮喘患者支气管收缩在早晨 6：00 左右程度最为明显[25]。

4.3.3 生物钟对骨肌系统的影响

骨、骨连接和骨骼肌是运动系统的重要组织,其中肌肉的力量与速度对完成动作很重要,同时肌肉的紧张度与协调性对于速度和准确性也具有重要影响。在这些组织当中,其中肌肉总数超过 600 块,约占体重的 45%,比例最高。肌肉不仅与运动、姿态维持和呼吸有关,也是重要的代谢器官[147-148]。

手掌的握力在白天要大于夜间,呈现出昼夜节律的特征[149]。与早晨相比,人体肌肉的扭矩在 16：00—18：00 明显增加,而且这一改变主要受肌肉自身的调控,而与神经调控无关[150]。对肌电(electromyography,EMG)的数据分析表明,恒河猴后肢肌肉的最大自主收缩力在下午时段约为 900N,在上午约为 600N,下午显著高于上午(图 4-21)[151]。对内侧腓肠肌肌腱力量的连续测试表明肌腱的力量也呈现出节律性的变化,在一天当中多数时间处于较低状态,其峰值与腓肠肌的肌电峰值接近[152]。

通过植入电极和无线遥测系统对恒河猴的内侧腓肠肌、比目鱼肌和股外肌的肌电进行了连续检测,结果显示这些肌肉的肌电的变化呈现出昼夜节律的特征,峰值基本上都出现在 8：00—10：00,而最低值位于 22：00—2：00 时段。其中比目鱼肌的平均值为 1245mV/s,一天中的平均振幅约为 14μV。在一天当

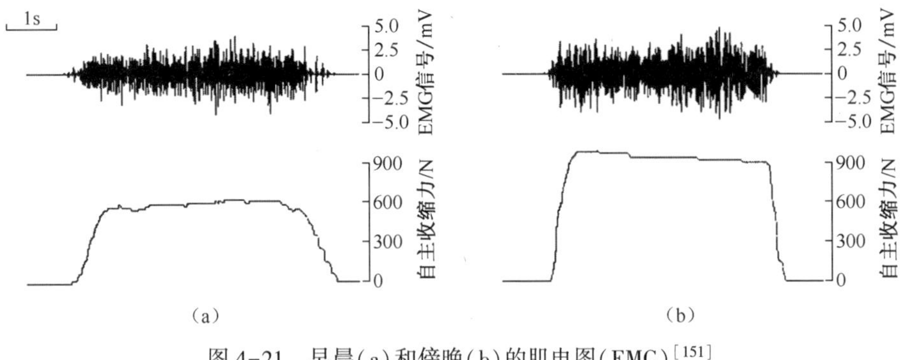

图 4-21　早晨(a)和傍晚(b)的肌电图(EMG)[151]

中,与维持姿势有关的肌肉如比目鱼肌只有约 9%的时间处于活跃状态,而其他较不活跃的肌肉在一天中处于活跃状态的时间仅占约 4%。比目鱼肌与腓肠肌是一对拮抗性肌肉,在同处于活跃状态的一个时间段内,它们处于活跃/非活跃状态的时间大致相反[152]。对猫后腿等肌肉的连续肌电记录结果显示,腓骨长肌、比目鱼肌和外侧腓肠肌等肌肉主要在白天处于活跃状态,在夜间处于静息状态[153]。兔子咀嚼肌的活动在一天当中呈现出明显的节律特征,但是个体差异也很明显,有的兔子只有一个明显的峰值,有的兔子峰值则出现双峰,分别位于日出前和日落前两个时段[154]。大鼠是夜行性动物,对大鼠下颚的咀嚼肌和二腹肌的肌电连续检测数据显示,咀嚼肌和二腹肌的活动峰值主要都出现在夜间。当小鼠长期处于持续光照条件下时,抓力会明显减弱[155]。

在分子水平上,肌肉组织中钟基因的表达具有明显的节律性。在 *Bmal*1 敲除或 *Clock* 突变小鼠中,肌肉发育较弱,对于肌肉的结构和代谢起重要调节作用的基因表达也出现异常。肌肉组织中有超过 2000 个基因的表达都受到生物钟的调节,这些基因功能广泛,包括调节肌肉生成和代谢等。在小鼠的肌肉组织中,多数基因的表达峰值位于 ZT18 附近。除了光照可以导引肌肉组织中基因表达的节律以外,进食和活动也对肌肉基因的节律性具有导引作用。肌肉组织的生物钟不但要与外界环境保持同步,也要与身体其他组织的节律保持同步[148]。

转录组分析结果显示,*Myod1*、*Ucp3*、*Atrogin1* (*Fbxo32*)和 *Myh1*(myosin heavy chain IIX)等与肌肉密切相关的基因都受到生物钟的调控。在 Clock 缺失小鼠的肌纤维中,*Actin*、*Titin* 以及很多线粒体基因的表达都显著降低[156]。调控肌肉生成的 *MyoD* 基因也受到生物钟的调节,*Clock* 缺失和 *Bmal1* 敲除小鼠的最大肌力都比野生型小鼠降低约 30%,单纤维力也有类似程度的降低。电镜分析结果显示,*Clock* 突变和 *Bmal1* 敲除小鼠的肌丝结构异常,野生型小鼠肌肉横切面显示的肌纤维呈六角形排列,而在 *Clock*、*Bmal1* 和 *MyoD* 基因缺失或敲除小鼠中这种结构被破坏了。此外,肌肉中的线粒体数量也下降了约 40%,而且线粒体的结构和功能出现异常,呼吸活性降低(图 4-22)[157]。生物钟被干扰后,不但肌纤维结构及线粒体会出现异常,白肌纤维、红肌纤维的比例也会改变,这些事实都表明生物钟对肌肉的结构和功能都具有调节作用。

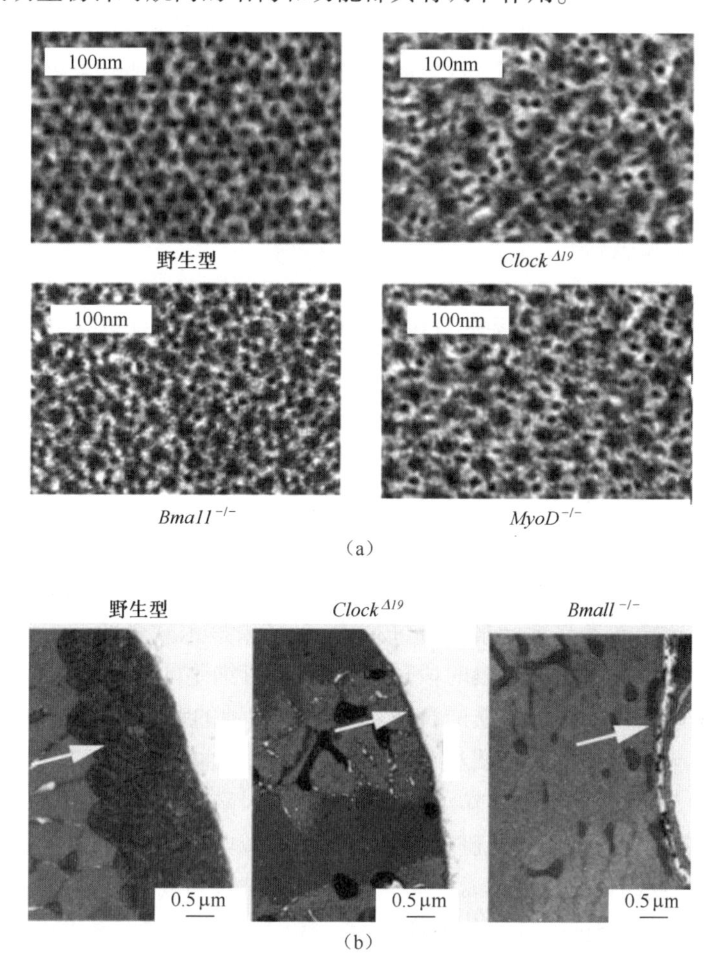

图 4-22　生物钟基因对肌纤维的影响

(a) 野生型、$Clock^{\Delta 19}$、$Bmal1^{-/-}$ 和 $MyoD^{-/-}$ 小鼠腓肠肌横切面的电子显微镜照片(43000 倍)。与野生型相比,突变小鼠肌纤维结构异常;(b) 小鼠腓肠肌横切组织在低倍镜下(4000 倍)的照片。深灰色颗粒表示线粒体,白色箭头指示的是肌纤维膜下的线粒体。与野生型相比,$Clock^{\Delta 19}$、$Bmal1^{-/-}$ 的线粒体显著减少[157]。

生物钟除了调控肌肉的结构与功能外,对骨的代谢与功能也起着重要的调控作用。长期生活在持续光照条件下的小鼠,会较早出现骨质疏松的现象[155]。生物钟核心基因在骨组织中都有表达,并控制一些与骨生理、功能有关的钟控基因的表达,例如骨形态发生蛋白(bone morphogenetic protein,BMP)、成纤维细胞生长因子(fibroblast growth factor,FGF)、Wnt 信号途径、整合素样金属蛋白酶(A disintergrin and metalloproteinase,ADAM)等[158]。对缺失生物钟核心元件 *Per1/2* 和 *Cry1/2* 的小鼠进行的研究揭示,突变小鼠的骨质明显增加,说明生物钟参与骨质稳态的调节。进一步的研究表明,生物钟可通过交感神经系统影响骨代谢的平衡。成骨细胞的分裂受到生物钟的调节,正常小鼠的成骨细胞分裂周期大约为 24h,而 *Per1/2* 基因敲除的小鼠成骨细胞分裂周期短于 24h。因此,在 *Per1/2* 基因敲除小鼠中,成骨细胞的分裂会加快[159]。此外,*Bmal1* 基因缺失的小鼠骨量明显偏低[160]。

在肌肉组织中,约 7%的基因表达受到生物钟的调控。$Clock^{\Delta 19}$ 小鼠中很多与肌肉结构、收缩和代谢相关的基因出现节律相位的改变或节律丧失。肌原性分子 1(myogenic determination factor 1,MyoD)是肌肉组织特异表达的一个基因,是一个含有 bHLH 结构的转录因子。MyoD 对于肌肉的生理和功能发挥着重要的调节作用,参与肌细胞分化、肌肉组织再生及代谢等重要过程的调控。CLOCK:BMAL1 复合物可以结合至 MyoD 启动子的 E-box 序列,在转录水平调节其节律性表达[162]。

生物钟不仅影响肌肉与骨组织,对软骨结构与功能也具有调节作用。对大鼠胫骨骺板的磷元素与钙元素含量进行测定,结果显示软骨的矿化主要发生在夜间。软骨细胞的增殖在早晨时段最为活跃,软骨细胞的增殖使骺板增厚,其峰值位于中午时段。骨胶原基质的合成也受到生物钟的调控,其相位与骺板的生长同步[147]。生物钟还调节肌腱组织中 BMP 信号通路中关键基因表达,BMP 信号途径参与肌腱钙化的调节,*Bmal1*、*Clock* 基因敲除小鼠的肌腱钙化出现异常。此外,衰老也会使小鼠肌腱钟基因表达振幅减弱,调节钙化基因表达受到影响,并可能导致钙化也出现异常[161]。在 *Bmal1* 敲除小鼠中,骨的总重量明显降低[163]。总之,生物钟通过调节生理、饮食、体温、激素及神经输出等的节律性,可以对肌肉、骨、软骨及肌腱等与运动相关组织的代谢、结构和功能产生广泛影响(图 4-23)[147]。

4.3.4 身体柔韧度的节律性

身体素质由柔韧性、力量、速度、耐力和灵敏度等要素构成。柔韧性可通过肢体围绕关节转动的范围来表示,身体柔韧性在一天当中有节律性的变化,一般来说,肢体的僵硬感在早上更强烈一些[164]。Scott 等对类风湿性关节炎患者手

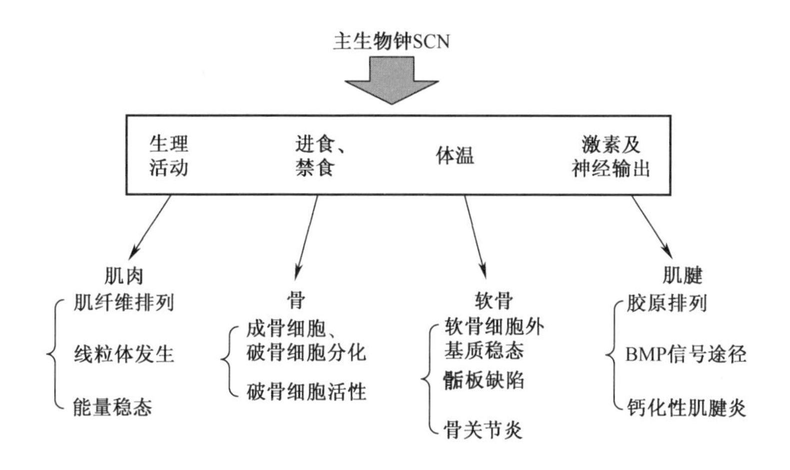

图 4-23 生物钟对骨肌系统的调控[147]

指的僵直程度进行了分析,发现手指的活动范围在早晨时段最小[165]。腰部的柔韧性、腿筋的柔韧性、盂肱关节转动的灵活性以及身体的前屈性都表现出昼夜节律的特征,在下午至傍晚时段柔韧性最好,其中腰椎的前后向、侧向弯曲度以及延伸性都是在白天较高,而在夜间较低。颈椎的柔韧程度也是在下午高而在早晨低[164]。对立位体前屈和腰部伸展性的分析结果显示,腰背部的柔韧性在中午到傍晚时段程度最高,在夜间至凌晨最低(图 4-24)[149]。有人对膝盖僵直程度的昼夜变化进行了分析,发现僵直程度在清晨时最低而在白天高,与体温节律的趋势类似[166]。对 14 名游泳选手的柔韧性分析结果显示,躯干的柔韧性在 13:30 最高而在 6:30 时最低[167]。

需要注意的是,尽管身体柔韧性的峰值位于白天,但是个体差异也很大,不同个体的精确范围可能有所不同。考虑身体柔韧性变化的节律因素,对于选择最佳运动状态和运动保健方面具有实用意义。对于竞技体育来说,选择在身体和运动状态的峰值进行比赛,更可能取得好的成绩;对于从事复杂工作的人来说,在认知、操作能力的峰值期进行工作效率会更高,同时也可以提高安全性。

4.3.5 生物钟对体育运动的影响

很多与人的运动能力相关的心理和生理指标都受到生物钟的调节,并且其趋势与体温的变化趋势较为吻合,如肌力、无氧动力输出、关节柔软度、工作效率等[116]。许多行为、运动节律的峰值都出现在下午至傍晚时段,与体温的峰值时

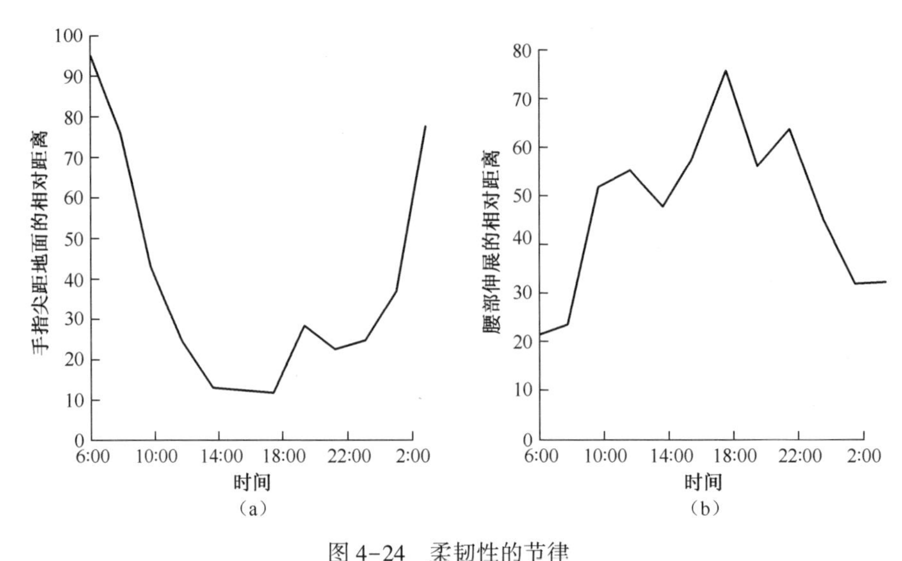

（a） （b）

图 4-24 柔韧性的节律

(a)一天中不同时间立位体前屈动作时幅度变化情况；

(b)一天中不同时间腰部伸展幅度的变化情况[149]。

段一致。在体育运动的热身过程中,体温升高 1℃会使神经传导速度加快,血管舒张及血流量增加,糖原分解和糖酵解加快,关节的柔韧性、肌肉力量增强等[168]。

诸多因素都会对体育运动的成绩产生影响,包括内在因子、外在的环境因子以及作息规律等因素,在各种因素当中,生物钟和睡眠起了很大的作用。与体育运动有关的生理或主观指标如力量、耐力、缺氧运动能力、疲劳感等,都表现出一定的近日节律特征。全力计时游(all-out swimming)、自行车等项目的运动员的运动状态和能力都具有明显的昼夜节律性。对技能要求高的体育项目一般在早晨时段状态较好,而对于大肌肉运动技能要求较高的运动项目来说,一般最佳时段为下午[116]。对有氧运动来说,运动的最佳状态一般是在傍晚时段,而在早晨时的状态最差。对运动员一天中不同时间的 80m 短跑成绩进行分析,发现在傍晚 19 点时成绩最好。在睡眠-觉醒周期和用餐时间提前或推迟的情况下,出现最佳成绩的时间也会随之变动[169]。对于竞技体育而言,运动员每天运动表现的差异可能大于不同选手之间的平均差异,因此在训练和比赛时节律都是一个需要考虑的重要因素。在体育运动节律性的研究中,除了考虑节律本身以外,其他一些因素,如温度、风速和风向等环境因子的变化、受试者人数等,甚至电视台在何时进行直播,都会对运动员的成绩产生影响,因此也需要对这些因素进行分析[170]。

睡眠障碍也会对运动状态和能力产生明显影响。一名 31 岁运动员在长达 100h 的时间里持续运动,饮食主要是食用受控的葡萄糖糖浆,对其各项生理和运动参数进行连续监测的结果显示,心率起初升高,转而下降,在 44h 后达到新的稳定状态,提示自主神经功能发生改变,肺活量及反应速度亦持续降低。此外,该运动员还表现出操作失误不断增加以及与短期记忆有关的心理任务完成能力不断下降[172]。Reilly 和 Walsh 对一场持续约 90h 的五人制足球赛进行了连续的监测,发现运动员的表现呈现出明显的节律特征[173]。在连续的睡眠剥夺实验中,人的焦虑感随睡眠剥夺时间的延长而更为显著,而在每天当中焦虑感最高值的时段位于中午前后,而最低值时段位于每天的午夜前后。人的反应速度的变化总趋势与焦虑感的趋势接近,反应速度随睡眠剥夺时间的延长而减慢。在一天当中,人的反应速度最快的时段位于中午前后,最慢的时段位于午夜[174]。总体说来,很多运动相关指标的节律特征与核心体温的变化趋势一致(表 4-1)[171],但是在一天当中,技巧性运动的最佳时段早于粗大运动技能的最佳时段,这可能是由于人警觉度的相位早于体温的相位[173]。

表 4-1　体育运动相关的节律特征[171]

场所	检测项目	可能受睡眠-觉醒周期及生物钟调控的指标
运动场	比赛结果	跨时区飞行后运动能力峰值的变化情况
实验室	模拟的计时运动或比赛	跑步、游泳、自行车和跳高/跳远
	运动项目	与网球、羽毛球、足球相关的技能
	肌肉群	腿部、背部、手臂部肌肉力量
	一些运动相关生理指标	最大有氧/无氧能力,最大每分钟换气量、血浆乳酸含量、核心体温、抓力、反应时间

时差也会对体育运动产生影响。美国东部和西部相差 4 个时区,跨时区旅行的客队会经受时差的困扰。对于美国国家橄榄球联盟在 1970—1994 年 25 年间比赛成绩的统计表明,相比于跨越东西部的客队,主队获胜的概率要高[174]。

与体育运动相关的很多参数都具有节律特征,因此生物钟对于体育锻炼具有重要意义[110]。羽毛球和网球发球的准确性和稳定性在一天当中也表现出节律性的变化特征,在 14：00—18：00 时段准确性最高。足球运动中削球、运球盘带和停球等动作的准确性也受到节律的影响[170]。训练效果也会受到训练时间的影响,在早晨训练可以提高早晨这一时间段的表现,而在傍晚时段的训练则会提高傍晚时段的竞技状态,从而进一步加大早晨和傍晚运动状态的差距[175]。相对而言,50 岁以上的运动员倾向于在早晨时段具有更好的运动状态[116]。

对于运动的节律性研究有时会受到受试者样本数等因素的影响,而在不同研究中出现难以确定甚至出现矛盾的结果。例如,Callard 等认为骑自行车的人右膝伸肌的扭矩变化呈现出节律性的变化方式，但是 Dalton 等的研究却认为骑车运动不受节律的影响[176-177]。

合理安排运动时间和保障睡眠质量对于调整运动员状态和提高比赛成绩具有重要作用，尽管睡眠对于运动成绩的重要性已经广为人知，但是不少运动员在实际训练中并未能充分重视这一问题。一项针对澳大利亚从事不同项目的优秀运动员的调查表明，在训练季开始前运动员的睡眠量不足，导致训练时的疲劳感增加[178]。反过来，体育运动也会对节律和睡眠产生影响，适当的体育锻炼有助于改善睡眠质量，但是过度的锻炼则适得其反，会造成肌肉疲劳、皮质醇增加、免疫力下降以及抑郁等症状[179]。

总体来说，体育运动受到多种因素的影响，主要包括外部因素、内在因素以及作息规律等。其中时差的适应、运动员的节律特征以及睡眠情况会对体育运动的成绩产生一定的影响(图 4-25)[171]。

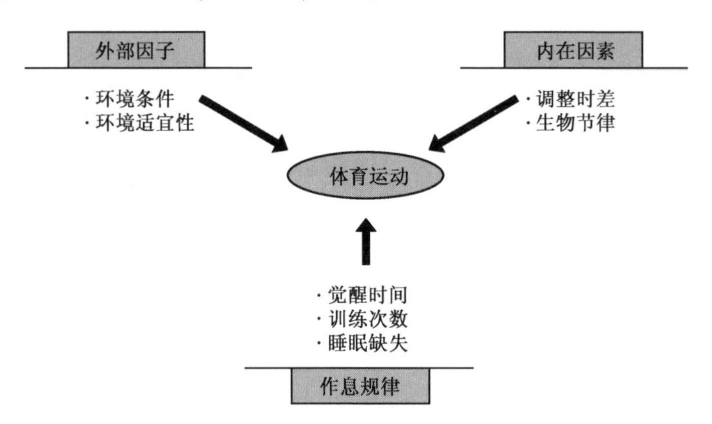

图 4-25　节律和睡眠等因素对体育运动的影响[171]

4.4　时间型对生理和行为的影响

人类活动-睡眠的相位偏向性称为时间型(chronotype 或 circadian type)，依据早晚偏好型特征(morningness-eveningness preference)，表现为早睡早起的特征常被称为早晨型(morning type)或百灵鸟型("lark" type)，而表现为晚睡晚起的特征常被称为夜晚型(evening type) 或猫头鹰型("owl" type)，处于两种类型之间的为中间型[180]。时间型主要反映在对工作时间及睡眠时间的偏好。除了睡眠-觉醒周期外，百灵鸟型人的体温、褪黑素、可的松等内在节律的相位也都早于猫头鹰型。

不同的时间型不仅存在于人类中,一些动物也存在不同的时间型,比如对一个约 50 只尼罗草鼠(*Arvicanthis niloticus*)群体进行分析发现,在 LD12：12 条件下,大多数草鼠每天在黑暗结束前 40~60min 开始活动,但有少数草鼠的活动是在黑暗结束前 80min 时就已经开始活动,属于偏早型,而另一些草鼠则在黑暗结束前 20min 才开始活动,属于偏晚型[181]。

果蝇也存在类似"百灵鸟""猫头鹰"的时间型,从图 4-26 可以看出,在 LD 条件下,偏早型果蝇在每天早晨较早开始活动、在傍晚较早停止活动,而偏晚型果蝇则与之相反(图 4-26)[182]。一些动物的时间型甚至还可以转换。智利八齿鼠(*Octodon degus*)的时间型可以被诱导成在白天活动的白昼型,也可以被诱导成为在夜间活动的夜间型,除了活动节律以外,智利八齿鼠的体温节律也可以被诱导为白天型或夜间型。在 LD 条件下,智利八齿鼠有的个体表现为白天活动,有的表现为夜间活动。在白天型的智利八齿鼠笼子里放入转轮后,它们的时间型会逐渐变成夜间型,而在 LD 条件下表现为夜间型的八齿鼠则不受转轮的影响[183]。

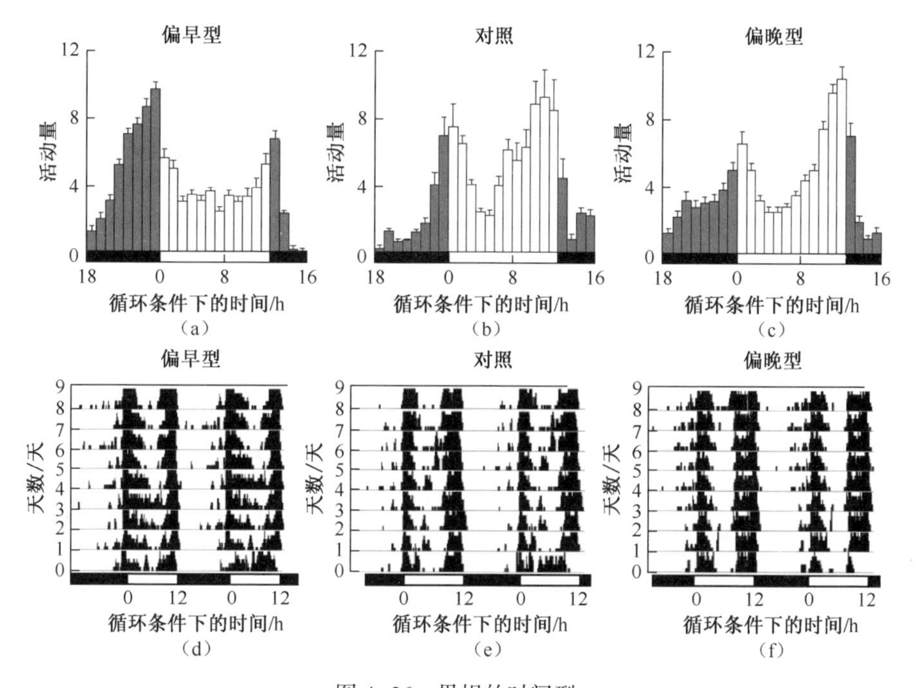

图 4-26　果蝇的时间型

(a)～(c)LD 条件下不同时间型果蝇的活动节律;

(d)～(f)LD 条件下不同时间型果蝇的活动图[182]。

需要指出的是,这里所讨论的不同时间型的个体的差异属于正常范围,因此与前面所提到的睡眠提前综合征等病症是不同的。那些病症的表现与人群的平均范围相差过大[37]。

分析时间型一般可以通过主观问卷来判断，目前较为常用的问卷主要有百灵鸟型-猫头鹰型问卷(morningness-eveningness questionnaire, MEQ)(见附录3)、慕尼黑时间型问卷(Munich chrono type questionnaire, MCTQ)(见附录2)以及早晨型综合量表(composite scale of morningness, CSM)[174,181,184-185]等。其中MEQ问卷见附录。在人群中，从时间型分类来看，约60%的人是中间型，其余的为百灵鸟型或猫头鹰型。广州穗宝集团睡眠研究中心联合其他一些单位进行中国网民睡眠质量大调查，并连续数年公布了《中国网民睡眠质量白皮书》[186-187]。2012年和2013年的调查结果显示，超6成网友晚上在10点与12点之间睡觉，近2成网友睡觉较晚，另2成网友似乎睡觉过早(图4-27)。由此可见，我国和国外人群中不同时间型的分布情况非常接近。

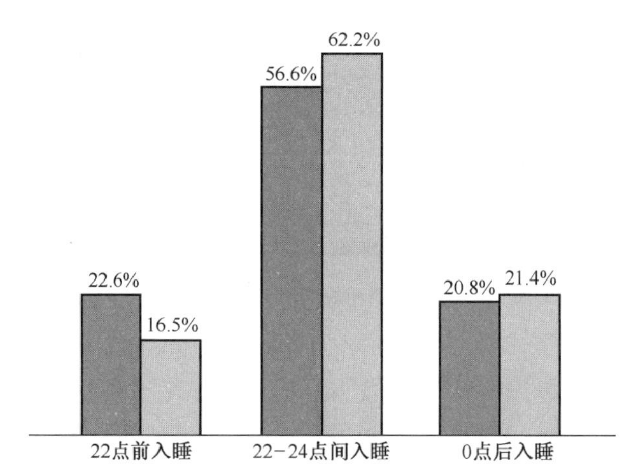

图4-27 中国网民入睡时间

(深灰色表示2012年统计数据，浅灰色表示2013年统计数据[186-187]。)

遗传、年龄及光照条件等因素都可能对时间型具有影响。对孪生子群体进行的统计分析等实验显示，约有一半的时间型是可以遗传的[188]。对百灵鸟型和猫头鹰型个体口腔黏膜细胞的钟基因表达节律进行分析，发现百灵鸟型*Per*1、*Per*2等基因节律的相位比猫头鹰型要早[189]。*Per*3是*Per*家族的基因之一，存在于脊椎动物中[37]。在小鼠中，*Per*3在SCN、下丘脑终板血管区(organum vasculosum lamina terminalis, OVLT)、弓状核(arcuate nucleus)及下丘脑腹内侧核(ventromedial hypothalamic nucleus)的表达具有节律性。*Per*3在

OVLT 里表达节律的相位与在 SCN 中相同。OVLT 与调节体内激素、自主神经系统以及睡眠有关，提示 *Per*3 可能参与睡眠调控。

人和其他灵长类动物 *Per*3 的编码区存在可变数目串联重复多态(variable-num ber tandem repeats, VNTR)，称为 *Per3*$^{5/5}$，不同等位基因分别含有 4 个或 5 个长度为 54 个核苷酸的重复片断(图 4-28)，含有 4 个或 5 个等位基因的纯合子分别记为 *Per3*$^{4/4}$ 和 *Per3*$^{5/5}$[26,190]。*Per3*$^{5/5}$ 基因型的人多为百灵鸟型，而 *Per3*$^{4/4}$基因型的人群里猫头鹰型较多。人群中大约有 10%的人为 *Per3*$^{5/5}$基因型，约 50%为 *Per3*$^{4/4}$基因型[37]。*Per1* 基因的同义单核苷酸多态 T2434C 也与时间型有关，C 位点在百灵鸟型的人群中频率较高[191]。

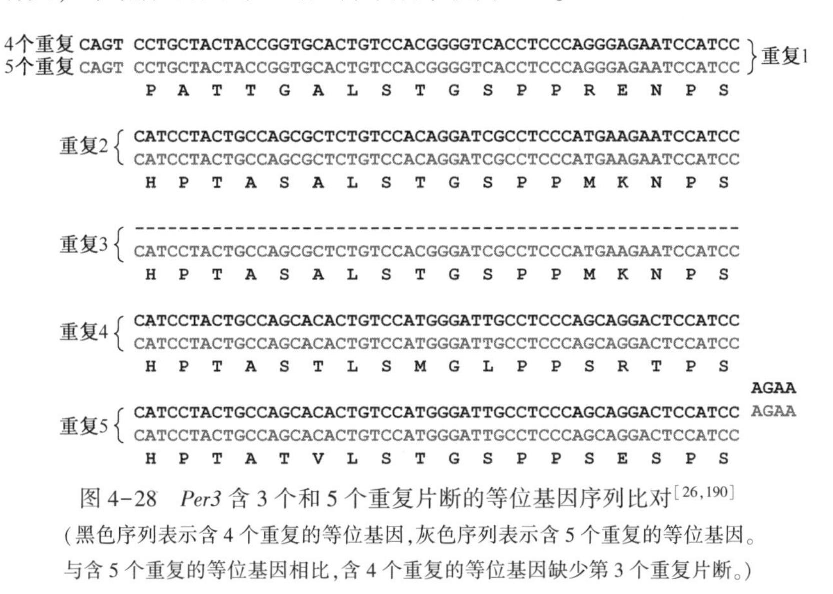

图 4-28　*Per3* 含 3 个和 5 个重复片断的等位基因序列比对[26,190]

(黑色序列表示含 4 个重复的等位基因，灰色序列表示含 5 个重复的等位基因。与含 5 个重复的等位基因相比，含 4 个重复的等位基因缺少第 3 个重复片断。)

时间型也与年龄有关，儿童中百灵鸟类型较多，从青春期开始猫头鹰型逐渐增多，而在老年人当中，百灵鸟型又有明显增加[181,192]。在 50 岁以后，不同性别之间的时间型分布没有显著差异。前面提到的年龄大的运动员的最佳运动状态更多出现于早晨也反映了时间型与年龄相关性。对我国部分受试者的调查表明，1990 年以后的被调查者约有 85%有熬夜的习惯，而在 20 世纪 50 年代以前出生的被调查者中有熬夜习惯的仅有一半左右[186]。

光照条件也是影响时间型的一个重要因素。人们在早晨接受室外光照时间较长的人相位能更偏早[193]。对 1507 名德国青少年进行的研究发现，生活在城市夜间照明条件较好、光亮充足地区的青少年更倾向于猫头鹰型，夜间使用带发光屏幕电子设备的青少年也倾向于晚睡[194]。不同经纬度等地理因素以及气候因素也可能对时间型具有影响[195]。例如，石首鱼(*Argyrosomus japonicus*)在雨季时主要在夜间活动,而在非雨季则白天活动居多;一些蝙蝠在冬季和夏季的活动相位差异很大;野生仓鼠主要在晨昏时段活动,但是被驯养后变成主要在夜间活动。此外,宗教、文化等社会性因素也会对人的时间型产生不同程度的影响[196]。

此外,性别也可能与时间型有关。平均而言,在青少年及成年人中,男性中猫头鹰型的比率要显著高于女性[188]。时间型的检测结果还可能与检测时间或工作性质有关,例如,在工作日和休息日检测会获得不同的结果,通常在工作日人们倾向于早起早睡,而在休息日晚起晚睡[181]。文化、社会、宗教等因素可能也会对时间型产生影响,但这些方面的研究并不多[196]。

人体中的血糖平衡是由葡萄糖控释和葡萄糖利用两个相反过程决定的,其中葡萄糖控释主要是来自肝脏的葡萄糖和来自消化道的餐后葡萄糖。胰岛素在调节血糖平衡中发挥着重要作用,主要是通过抑制肝脏葡萄糖的产生和促进骨骼肌、脂肪组织的葡萄糖摄取。睡眠剥夺和生物钟紊乱会导致代谢异常,如胰岛素分泌减少、睡眠期间代谢率降低等[195]。一些研究发现,猫头鹰型的人用餐时间较晚,早餐吃得少或不吃早餐,每天用餐次数较少,但总的食量要大于百灵鸟型的人[192,198]。

调查表明,相比于百灵鸟型的人,猫头鹰型的人有更多的人反映自己存在健康问题,汇报自己有健康问题的猫头鹰型人是百灵鸟型人的2.5倍[199]。比较而言,猫头鹰型的人罹患糖尿病、肥胖、代谢综合征、少肌症等代谢相关疾病的风险高于百灵鸟型的人。还有研究显示2型糖尿病患者入睡和起床时间都显著早于正常人,也说明时间型可能与调节葡萄糖代谢过程有关联[200]。此外,性别对于时间型也是一个重要的影响因素,在受试者当中,男性猫头鹰型的人罹患糖尿病和少肌症较多,而女性猫头鹰型的人主要罹患代谢相关综合征[201]。

不同时间型对人的作息习惯、睡眠、生理、心理和行为等方面具有广泛的影响。除了在生物节律相位方面存在差异外,不同时间型的人睡眠压力形成的速度也不同,百灵鸟型的人在白天产生睡眠压力的速度更快,并且在夜间睡眠过程中释放睡眠压力的速度也更快。猫头鹰型的人由于晚睡,其平均睡眠时间要短于百灵鸟型的人,在工作日会累积更多的睡眠债[199]。由于睡眠张力的增加,人在傍晚时的操作效率会降低。另一项研究对 $Per3^{4/4}$ 和 $Per3^{5/5}$ 的受试者进行测试,发现不同的基因型对睡眠结构有影响,与 $Per3^{4/4}$ 相比,基因型为 $Per3^{5/5}$ 的受试者慢波睡眠(SWS)和非快速眼动睡眠过程中的脑电图(EEG)慢波睡眠、觉醒和REM睡眠中的θ和α活性均显著增加。此外,在同样的睡眠缺失条件下,基因型为 $Per3^{5/5}$ 的受试者认知能力降低更为显著[202]。功能性磁共振成像(functional magnetic resonance imaging,fMRI)的研究结果显示,要维持注意力,猫头鹰型脑部视交叉区域(suprachiasmatic area, SCA)的活性显著高于百灵鸟型[203]。

对于百灵鸟型的人来说,他们起床较早,在傍晚时要保持高度的注意力要比猫头鹰型的人更为困难。反之,猫头鹰型的人在早晨时段的睡眠压力更大,操作效率不及百灵鸟型的人[204]。在一项研究里,研究人员让不同时间型的人分别轮早班和晚班,结果显示百灵鸟型的人在轮晚班期间睡眠会缩短,表现出类似时差反应的不适。猫头鹰型的人在值早班期间也出现了类似的问题[205]。

已有一些证据表明,不同的时间型会对人的运动、操作能力、冒险倾向产生影响,也会影响人的个性,还与行为及情感的一些障碍具有关联[206]。与百灵鸟型相比,猫头鹰型的人的情绪更容易产生波动,也更易罹患抑郁症[207]。脸书(Facebook)已经成为国际上最流行的网上社交网络,对 663 个脸书使用者的调查表明,猫头鹰型的人更喜爱使用脸书,并且更多地入侵他人资料[208]。一项对美国 8000 余青年的调查还表明,时间型的不同以及是否有社会性时差,与人的抽烟习惯也有关联,在不同的年龄段中,猫头鹰型的人抽烟比率显著高于百灵鸟型[209]。因此,根据时间型安排工作,可能会在一定程度上提高工作效率。

4.5　轮班与时差对生理和行为的影响

过去半个多世纪的快速工业化和城市化给人类的生活方式带来了翻天覆地的变化,最近数十年,随着互联网和通信业的迅猛发展,人类的生活习惯已经发生了重大的改变。生活环境和方式的改变对人的节律产生了影响,而节律的紊乱又与精神方面的疾病相关联,如焦虑、抑郁、认知功能障碍及睡眠障碍等。与 50 年前相比,人们每天的平均睡眠时间减少了约 2h[210]。因此最近数十年,环境的改变在伴随社会进步的同时,也对人类的健康产生了重要的影响,其中也包括对节律的影响。

人类社会的发展甚至对其他动物的节律也产生了影响,由于受光照、噪声等环境因素的影响,生活在城市同种鸟类与野外鸟类相比,节律发生了明显的改变。Doinoni 等采用无线电遥感测量技术,对德国慕尼黑市区及附近森林中的两个乌鸫(*Turdus merula*)鸟群进行了比较研究,发现城市中的鸟早晨开始活动的时间比野外的鸟要早。在恒定条件(光照/温度)下,与森林乌鸫相比,市区的乌鸫仍然活动较早,自运行周期较快,但振幅较弱[211]。由于科技进步、人口增加等因素,人类的活动范围不断扩展,包括耕作、旅游、狩猎等。这些因素对很多夜行动物的相位影响,导致原本白天活动的动物倾向于改在夜晚活动,这种变化在大型动物里更为明显[212]。

4.5.1 轮班工作与时差对行为的影响

现代工业化国家里,大约有 15%~30%的人需要上夜班、从事昼夜轮班工作或者乘坐飞机进行跨时区国际旅行。在现代社会中,从事轮班工作的人员主要集中在零售、制造、医护、旅馆、餐饮等行业,此外,商务、建筑、娱乐、资讯、文艺、仓储、物流等行业的一些人员也需要从事轮班工作[208-210]。

第一次世界大战期间,兵工厂昼夜不息,工人经常轮班。作息不规律损害了他们的健康,他们经常抱怨胃痛,这可能是最早关于轮班影响健康的记录[213]。流行病学调查数据显示,在轮班工人当中,乳腺癌的发生率增高,达 36%~60%。Davidson 等以年老小鼠为研究对象,让小鼠分别经历光暗周期提前或延迟的模拟时差的条件,发现小鼠的死亡率升高,其中相位提前的小鼠的死亡率显著高于相位延迟的小鼠[214]。

轮班工作的工人在白天休息时段由于容易受到环境干扰因而睡眠质量通常不高,在夜晚工作期间却又是处于最困倦和效率最低的时段。但是一些特殊工作,如重症监护病房的护士及核电站控制室的操作人员,需要他们能够适应夜间的工作需要。当与外界环境相对隔离,不太受外界光照条件的影响,轮班工人的节律会比较容易适应[215]。对轮班工作的适应也具有个体差异性,相对而言,猫头鹰型的人更容易适应夜间轮班工作[216]。

与轮班工作类似,时差也会对人体正常的生物节律产生不良影响。在快速跨越时区旅行过程中会经历时差反应(jet-lag),时差造成的不适表现通常包括疲劳、难以入睡、注意力下降、轻度抑郁,时差还会导致警觉度降低、白昼时段的疲劳程度增加、食欲不振、认知能力降低和睡眠-觉醒周期紊乱等症状。需要指出的是,时差造成的不适并非是由睡眠不足引起的,因为睡眠不足可以通过补充睡眠而消除睡眠债,但是由于时差是由内在节律与外界环境不同步而造成的,因此补充睡眠对于改善时差带来的不适没有明显效果[217]。

一些动物也有时差,不同动物调节时差的能力不同。就调节 12h 时差而言,不同动物达到同步化所需的天数为:蜚蠊和麻雀约需 4 天,鸡需 3~7 天,螃蟹约需 6 天,小鼠约需 9 天(图 4-29),大鼠约需 5~8 天,人约需 11 天[218-219]。在调整时差的过程中,同一个体的不同的生理和行为节律所需时间也可能不同,这也可能导致失同步化。例如在光暗条件改变 12h 后,大鼠的心率节律需要约 9 天才能调整过来,而饮水、摄食节律则约为 7 天[78]。

在光暗循环相位改变后,生物钟基因 *Per1*、*Per2*、*Cry1* 在大鼠 SCN 腹外侧的相位随环境变化而迅速改变,而在背内侧的表达相位则改变较慢,需要较长时间才能调整过来,重新达到同步状态。从图 4-30 可以看出,SCN 背内侧中 *Per1*

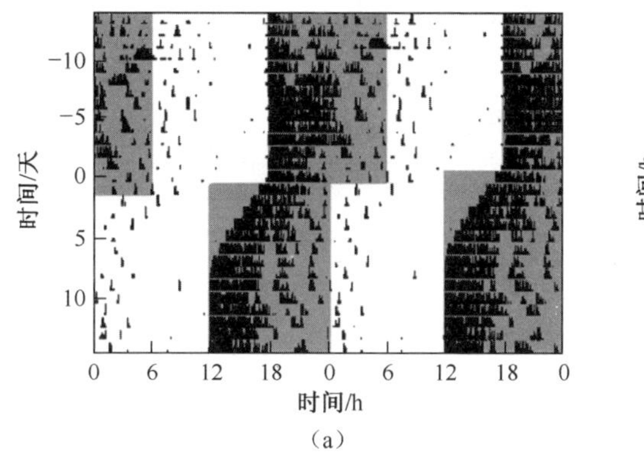

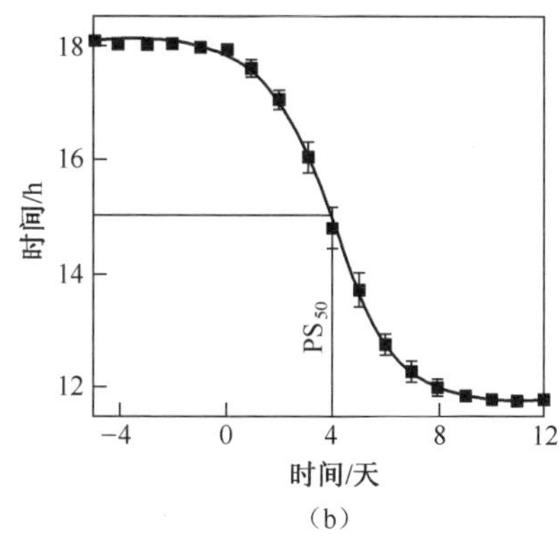

图4-29 小鼠调整6h时差的情况

(a)小鼠活动节律的双点图;(b)9只小鼠活动节律相位调整的曲线图。(a)图中,小鼠生活在LD12:12条件下,白色无阴影部分表示一天中处于光照条件下的时段,阴影部分表示处于黑暗条件下的时段,光暗循环提前6h的当天设为第0天。从第0天开始起,光照/黑暗循环提前了6h,小鼠经过约8天时间活动节律才调整过来。(b)图中,原先每天黑暗时段始于18:00时,后来提前为12:00时,小鼠每天开始活动的时间从第0天开始不断提前,至第4天时相位前移约1/2(PS50),至第8天左右,活动节律与新的光暗条件达到同步状态[218]。

mRNA的表达相位在1天后即与新的光暗循环相位同步,而腹外侧则在5天后才达到同步状态[220]。外周组织对于时差的适应性也存在很大差异。Yamazaki等用转入荧光素酶报告基因的小鼠进行实验,当光照条件改变后将小鼠各组织进行离体培养并观察荧光节律,结果显示SCN整体的节律相位能在短时间内得以调整,但是肝脏、肺和肌肉等外周组织的节律相位则需要较长时间才能调整过来(图4-30),这可能是组织水平上导致出现时差的原因[221]。生物钟基因表达相位在SCN不同部位的异质性以及在外周组织中的差异性导致SCN背侧和腹侧部分的节律去同步化,可能是造成时差症状的原因。

表观遗传修饰对于生物钟基因的表达与功能发挥着重要作用[232]。时差或轮班工作除了影响不同组织中生物钟基因表达的相位改变外,也会影响生物钟基因的表观遗传修饰,夜间轮班工人的生物钟基因如*Cry2*和*Clock*的甲基化会出现改变[233]。

除了跨越时区的地理因素以及轮班工作会造成时差,作息时间的改变也会造成时差,这种时差称为社会性时差(social jetlag),因娱乐或工作的熬夜、白天睡眠过多都会造成社会性时差。实际上由于每周5天的工作周期,如果对人群的活动节律进行分析,就会发现多数人在周末会睡得晚、起得迟,这也会造成短暂的社会性时差,如果这种时差很明显,就可能会影响下一周的工作。社会性时差对健康的影响与因跨越时区或轮班工作造成的时差类似,也会导致慢性节律

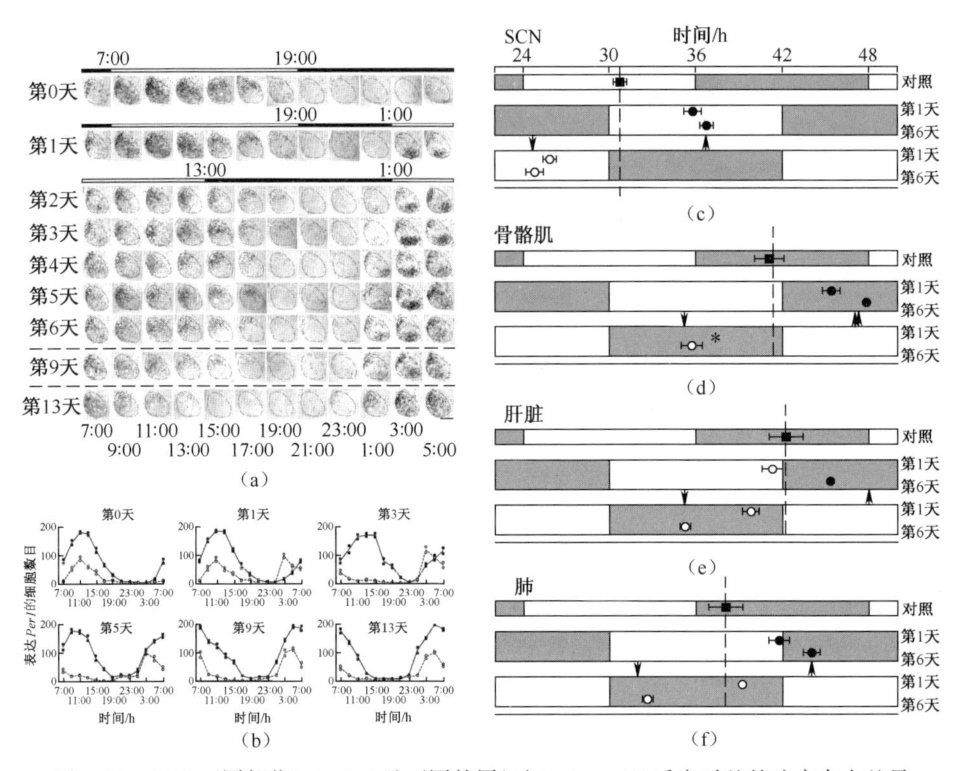

图 4-30 SCN 不同部位(a)、(b)及不同外周组织(c) ~ (f)适应时差的速率存在差异
(a)、(b)大鼠在经历 6h 光暗相位提前后 SCN 不同部位 *Per1* mRNA 的表达情况,
(a)图为原位杂交结果,(b)图为 SCN 腹外侧(■)和背内侧(□)表达 *Per*1 mRNA
的细胞数目,结果来自各 2 组重复;(c) ~ (f)在经历 6h 前和经历 6h 时后
(第 1 天、第 6 天) SCN(c)、骨骼肌(d)、肝脏(e)、肺(f)等组织中节律
相位的变化情况,包括 LD 相位提前 6h 和延迟 6h 两种实验条件。(c) ~ (f)图中,
黑色方块表示经历时差前的节律峰值所在时间的均值,黑色圆圈表示经历 LD 相位延迟 6h
后的节律峰值所在时间的均值,白色圆圈表示经历 LD 相位提前 6h 后的情况。
箭头指示的是完全调整后的相位,星号表示无明显节律。误差线为标准误差。
(a)、(b)图参照文献[220],(c) ~ (f)图参照文献[221],有改动。)

失调,并可能导致抑郁、心血管代谢异常,还可能对学生的学习造成影响[209]。一些国家实行夏令时,我国也曾实行过一段时间。夏令时是在将要入夏时,将时间调前 1h,而在入秋后将时间调回。研究显示,夏令时的时间调整会影响人的睡眠,此外,在春季调前 1h 可能会造成在夏令时开始后 1~2 天内心肌梗死和中风的发生率轻微上升[224]。

经常飞国际航班的乘务员唾液中可的松的含量显著增高,但是在她们飞国内航班时则观察不到可的松含量的明显变化。体内可的松水平长期过高,可能导致颞叶体积缩小,空间学习与记忆能力的下降[86]。海马对生物钟与学习、记忆起到整合的作用,生物钟可能通过直接或间接的方式调节海马组织的神经发生。时差对于海马的神经发生也会产生影响,通过改变光暗循环周期的相位模拟时差,会抑制仓鼠海马的神经发生,并对长期的学习、记忆产生负面影响[226]。

轮班工作或时差对学习、记忆和行为也会产生影响。Cho用小鼠模拟相位提前时差的生理和行为效应,发现经受时差仓鼠海马神经元增殖被抑制近50%。海马神经发生与学习、记忆有关,对经受时差的仓鼠进行条件性位置偏好实验分析(conditioned place preference,CPP),将仓鼠放置在两间有小门相连的笼子里,一间处于光亮区而另一间处于黑暗区,正常小鼠会选择待在黑暗区的笼子,但是经受时差的仓鼠对黑暗区和光亮区没有明显的偏好性。将仓鼠放在两边相通、一边有转笼的笼子里,撤走转笼后,正常仓鼠仍偏向待在曾经有转笼的区域,而经受时差的仓鼠在两边区域的时间没有显著差异。这些结果表明,时差可以对学习和记忆能力产生影响[80]。时差还会对运动员竞技水平的发挥造成影响[207]。时差对人的认知和行为同样会产生影响,与地面工作人员相比,经历时差的人反应速度明显减慢。但是,作为对照,南北向飞行的乘务员在认知和行为方面则没有显著差异[86,227]。

时差会造成困倦与疲惫,导致工作效率降低,事故发生率增加。对困倦度的测量可以用卡罗林斯卡困倦度主观问卷(Karolinska sleepiness scale,KSS)进行,该量表将困倦程度分为1~10个等级,供受试者对自己的状态进行主观评判(表4-2)[225]。Lee等对前一天经过轮班在夜间工作的人的驾驶情况进行了测试和分析,发现与正常睡眠组相比,经过轮班的人有明显的困倦感,表现为眨眼的时间增长,眼睛转动减慢。经过轮班的人在驾驶中发生可致交通事故的失误概率显著增高,主要表现为越线驾驶事件增加(图4-31)[228]。运动员在经历时差后,竞技水平和运动成绩可能会出现明显下降。如果在国际旅行后时差不适强烈,对于处理一些棘手的商务活动或者复杂的外交事务也可能会带来不利影响[229]。

表4-2 卡罗林斯卡主观困倦度分类表[225]

等级
1级:警觉度极高(extremely alert)
2级:警觉度很高(very alert)
3级:警觉(alert)
4级:较为警觉(rather alert)
5级:既不警觉也不困倦(neither alert nor sleepy)
6级:有点困倦(some signs of sleepiness)
7级:困倦,但保持清醒没问题(sleepy, but no effort to keep awake)
8级:困倦,要努力才能保持清醒(sleepy, some effort to keep awake)
9级:非常困倦,要很努力才能保持清醒(very sleepy, great effort to keep awake)
10级:极度困倦,处于睡眠状态(extremely sleepy, falls asleep all the time)

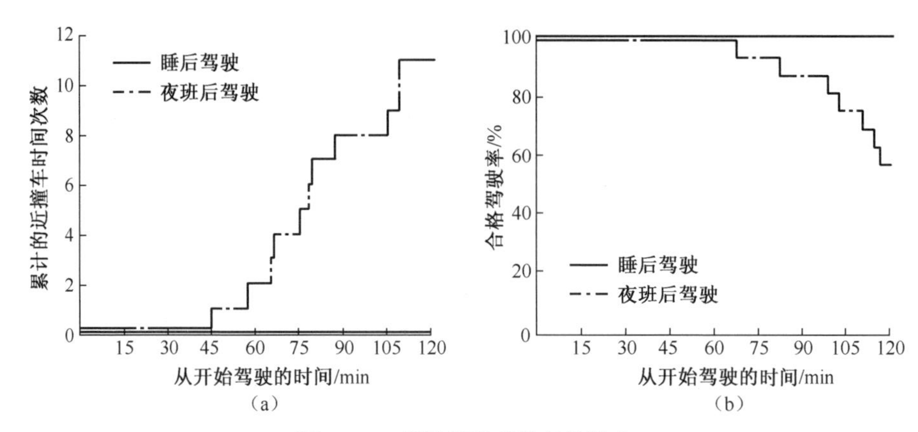

图 4-31　夜间轮班对驾车的影响

(a)由于困倦导致驾驶者操作失误而出现接近撞车状态;(b)驾驶中止。

[点画线表示经过夜间轮班的受试者,实线表示正常睡眠的受试者。可能引发交通事故的驾驶失误(a)和因驾驶失误而遭停车(b)都只发生在经过夜间轮班的受试者当中[228]。]

近年来,一些与时差具有密切关联的基因陆续被鉴定出来。利血平(reserpine)具有清除脑中单胺的作用,用利血平处理小鼠,会使得小鼠一方面活动减少、相位提前,也使得小鼠适应时差所需的时间显著缩短[230]。*V1a* 和 *V1b* 基因是编码精氨酸加压素(AVP)受体的基因,同时敲除 *V1a* 和 *V1b* 会减弱时差反应。将光暗循环相位提前 8h,野生型小鼠须经历大约 7 天才能将活动节律的相位调整过来,与光暗循环条件重新同步化,而 *V1a* 和 *V1b* 基因双敲除小鼠没有明显时差(图 4-32)[231]。盐诱导激酶 1,(salt inducible kinase 1,SIK1)是一个丝/苏氨酸激酶,对于哺乳动物节律的导引也具有调节作用。光照等授时因子可以刺激受 CREB 调节的转录共激活因子 1(CREB-regulated transcription coactivator 1,CRTC1),使之激活 CREB,CREB 进一步可激活 *Per1* 和 *Sik1* 的转录。*Sik1* 可以通过磷酸化而降低 CRTC1 的活性,从而抑制生物节律相位对授时因子的过度变化。通过 RNA 干扰降低 *Sik1* 的表达也会使小鼠调整节律适应时差的时间显著缩短[232]。

与上面两种情况相反,敲除编码丝裂原和应激激活蛋白激酶 1(Mitogen-and stress-activated protein kinase 1,MSK1)的 *Msk1* 基因的小鼠,受到光照节律的相位改变幅度降低,适应时差所需的时间也显著延长[233]。

尽管时差会给人带来生理上的不适,但生物钟毕竟是长期演化而来的。时差的存在或许有着尚不为人知的重要作用,换句话说,如果在节律上适应时差太快,可能在生理上会带来更大的损害。这一问题需要更多的研究才能阐释清楚。

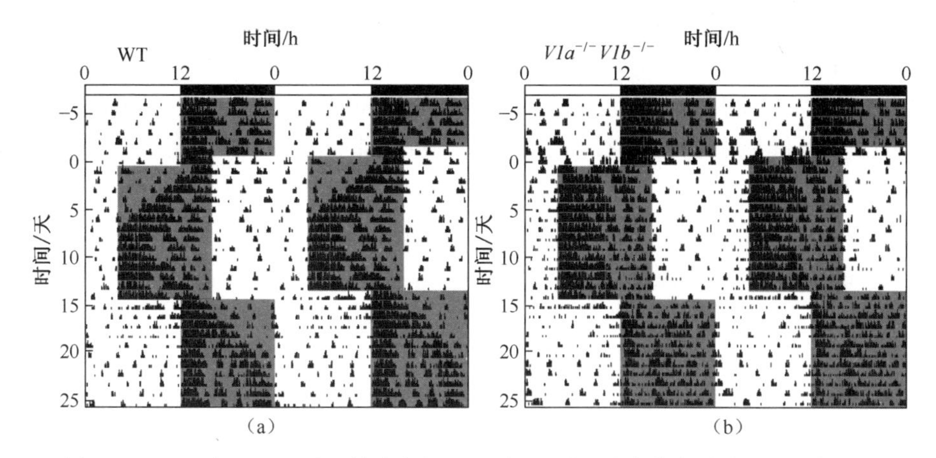

图4-32 *V1a* 和 *V1b* 基因双敲除小鼠($V1a^{-/-}V1b^{-/-}$)活动节律对时差的适应差异
(a)正常小鼠;(b)基因敲除小鼠。
(正常小鼠和基因敲除小鼠前5天生活在LD12:12条件下,然后将光照
时间提前12h,分析小鼠对时差的适应情况[231]。)

与轮班工作类似,夜间过度的照明可抑制褪黑素的分泌,这可能是引起肿瘤高发病率的原因,因此被认为是一种光污染。在现代社会中,夜间的过度照明已经对公共健康产生了很大的危害,这一问题正在日益得到重视。现在手机、平板电脑、电子阅读器等设备非常流行。研究表明,与阅读印刷本的书籍相比,夜间使用电子阅读器的受试者入睡更为困难,次日早晨醒来后警觉度降低。对褪黑素的节律变化进行分析发现,褪黑素的分泌量受到抑制,并且使用电子阅读器的受试者节律的相位有所延迟[234]。

4.5.2 轮班、时差及ALAN对生理和健康的影响

在跨时区飞行中,超过半数的人会感受到失眠、疲劳和肠胃不适等痛苦[227]。Wright等的一项调查结果显示,在一次跨时区飞行后,50%的人有明显的疲惫感和睡眠障碍,40%的人反映身体有虚弱感[166]。1994年新西兰的一项针对乘务员的调查中,发现96%的乘务员经受了时差的不适,90%以上在到达目的地后的5天内感到疲惫,53%认为方向感变差,73%有脱水现象,94%感觉体力下降,93%睡眠不连续。在2004年的一项针对乘务员的调查中,显示被调查者中有91%的人经受了时差的不适[235]。

流行病学研究结果揭示,轮班工作会导致一系列健康问题,包括引起胃溃疡、冠心病、代谢综合征等疾病以及导致一些肿瘤的发生率增加,令精神状态和认知功能受到影响,疲惫感增加,还会影响生活满意度和幸福感[236]。体重超重

和肥胖是根据体质指数(body mass index,BMI)来定义和区分的,BMI 是根据体重(kg)除以身高(m)^{2}来计算的,正常人的 BMI 值范围为 18.5~24.9kg/m^2,当 BMI 值处于 25~29.9kg/m^{2}范围内为体重超重,BMI 值超过 30kg/m^{2}为肥胖。根据美国全国健康和营养调查(national health and nutrition examination surveys,NHANES)的统计,2007—2008 年期间,美国体重超重或肥胖人群达 68%,其中肥胖人群约为 34%[237]。2002 年我国居民超重率和肥胖率之和为 23.2%,接近总人口的 1/4,2005 年发布的《中国慢性病报告》显示我国有近 3 亿人超重或肥胖[238]。

很多研究已经表明,生物钟和睡眠对调节内分泌和葡萄糖代谢具有重要作用,节律紊乱和睡眠障碍会导致糖尿病和肥胖的风险增加。而社会性时差也会导致代谢紊乱,诸如血脂异常(如高甘油三酯、高密度脂蛋白胆固醇偏低等)[239]。

小鼠是夜行性动物,如果在白天小鼠处于不活跃的状态下喂食高脂饲料,比在夜间喂食等量高脂饲料的小鼠更易长胖[240],提示当外界环境与内在节律失同步化时会造成代谢和健康的损害。在实验室里可以通过将光暗周期等环境因素人为提前或推迟来模拟时差,模拟时差会导致人或实验动物出现代谢水平的节律紊乱,例如葡萄糖耐受性发生改变[241]。时差也会导致肠道微生物菌群的变化,对代谢和免疫均会造成影响[242]。

对轮班工作妇女进行的一项调查揭示,夜间工作可导致尿液中 6-羟基硫酸褪黑素(6-sulfatoxymelatonin,aMT6s)含量的显著降低,aMT6s 是褪黑素的主要代谢产物,可以反映体内褪黑素水平的变化情况[243]。对夜班和白班护士夜间血清褪黑素含量进行一项分析发现,夜班护士夜间血清褪黑素含量显著低于白班护士,即使让夜班护士恢复为夜间休息,其夜间血清褪黑素水平也不能迅速恢复[244]。此外,长期的轮班工作对于妇女的怀孕、妊娠也有一定的不良影响[245]。

生物钟失调还会导致生殖周期紊乱以及多种生殖系统相关的疾病。对于在国际航班工作的女性乘务员的调查结果还显示,大约有 30%~35%的人出现排卵延迟和月经不调,经常飞国际航班的女性乘务员出现宫颈糜烂的风险也较高[246]。

免疫系统是机体抵抗细菌、病毒、寄生虫以及肿瘤细胞等感染源的防御机制,免疫系统包括先天免疫和适应性免疫,都受到生物钟的调节,例如调节先天免疫相关的单核细胞和巨噬细胞的基因表达和功能与募集、细胞因子反应、自然杀伤细胞的免疫功能、T 细胞亚群分布、T 细胞免疫反应等[247]。在人的血液里,淋巴细胞、T 淋巴细胞和 B 淋巴细胞数量在夜晚要高于白天,而 NK 细胞的数量在白天更高(图 4-33)[247]。*Bmal1* 敲除小鼠外周血、脾脏和骨髓组织中的 B

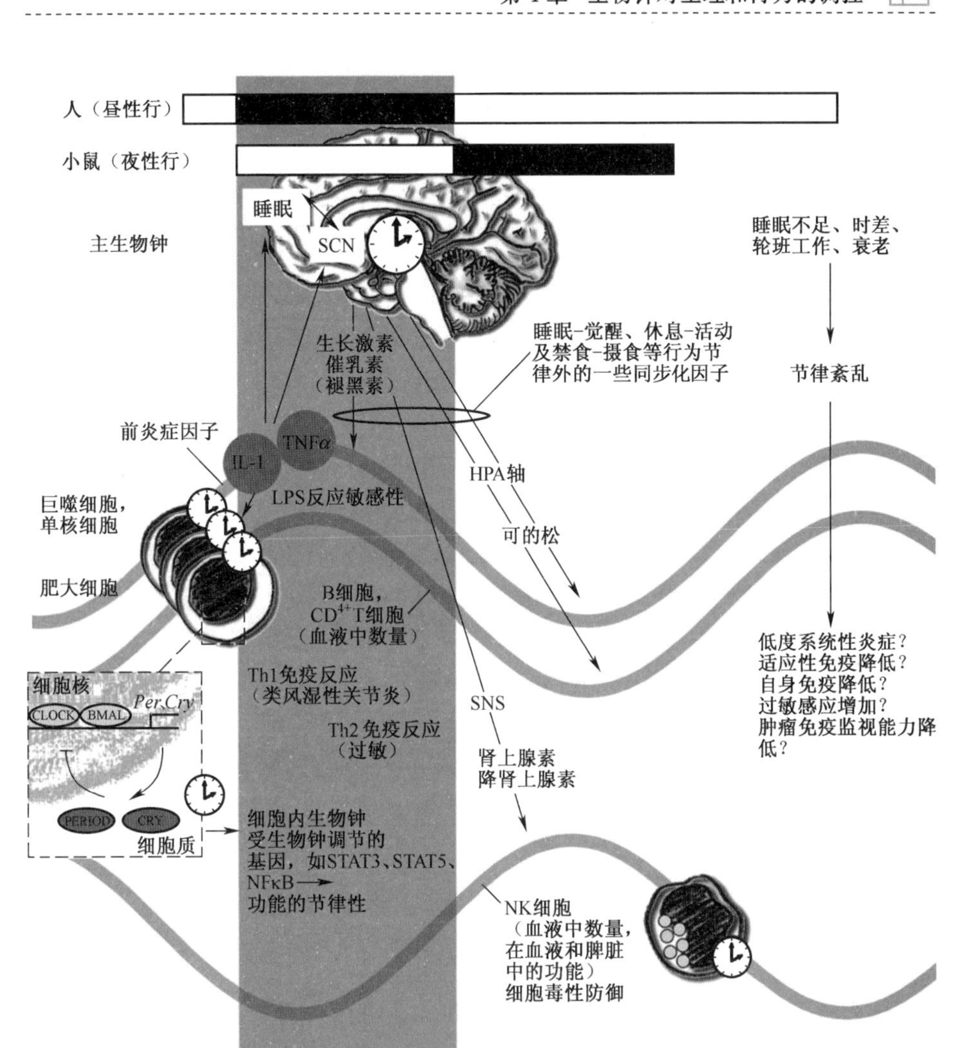

图 4-33 生物钟与免疫的相互调控作用[247]

[巨噬细胞、单核细胞、肥大细胞、B 细胞以及 CD^{4+}T 细胞都受到生物钟的调节，这些细胞在血液中的数量在一天当中呈现周期性的变化。SCN 通过下丘脑-垂体-肾上腺轴(HPA)分泌的激素以及交感神经系统(sympathetic nervous system, SNS)调节免疫系统功能，并调节免疫细胞的节律使之同步化。节律、睡眠如果受到干扰，可能导致免疫力下降。]

淋巴细胞数量显著降低，BMAL1 可能对 B 细胞的发育起调节作用[248]。Born 等对睡眠剥夺受试者的免疫细胞变化情况进行了分析，发现在睡眠期间，对照组单核细胞、NK 细胞、淋巴细胞的数量在入睡后很快下降，睡眠剥夺受试者的免疫细胞数量也有节律。所不同的是，在第 2 天下午和傍晚时段，睡眠剥夺组的 NK

细胞和淋巴细胞数量显著低于对照组,这些数据说明节律和睡眠对免疫发挥着共同调节的作用[249]。

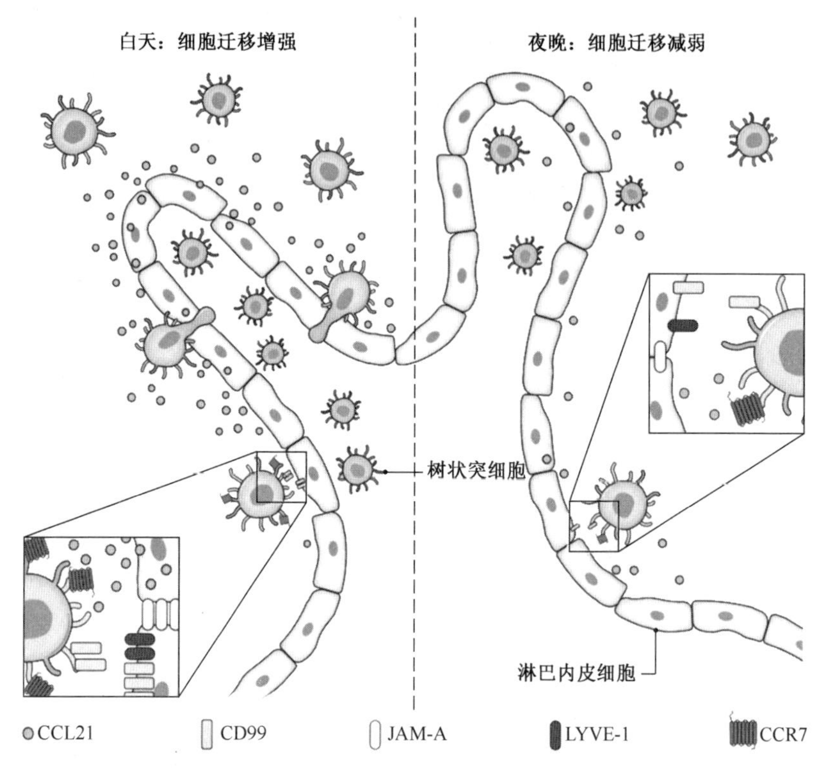

图 4-34　小鼠树突状细胞(DC)迁移进入皮下淋巴管的行为具有昼夜差异[251]

20 世纪 60 年代,Halberg 等发现小鼠对大肠杆菌内毒素的敏感性在一天当中呈现出节律性变化,在白天时较为敏感,一定剂量的大肠杆菌内毒素可以杀死小鼠;在午夜时段敏感性较低,要用更大剂量的大肠杆菌内毒素才可以杀死小鼠,这反映出小鼠的免疫力、代谢和解毒能力可能都受到生物钟的调节[250]。免疫分为非特异性免疫和特异性免疫,特异性免疫更多地受到生物钟的调节,包括免疫细胞的数量、迁移及功能等。在白天时,进入淋巴管的树突状细胞数量达到峰值,在夜晚则显著减少(图 4-34)。这种昼夜差异受到淋巴内皮细胞(LEC)节律性地分泌 CCL21 的调节,并且与树突状细胞(DC)表达的 CCR7 受体、LEC 表面的黏着分子 LYVE-1、CD99 和 JAM-A 的影响。所有这些因子的表达都在白天出现高峰,而在夜晚降低。这些因子编码基因的启动子区域含有 BMAL1 的结合位点,在转录水平上受到生物钟的调控[251]。

人的一些重要的免疫因子如白介素-1β(IL-1β)、肿瘤坏死因子-α(TNF-α)、干扰素-γ(IFN-γ)、IL-2、IL-6 及 IL-12 等,主要都是在夜晚睡眠期间分泌的,而抗炎症因子 IL-4、IL-10 则是在白天分泌的。生物钟对于神经炎症反应程度也有影响,用引起亚感染剂量的脂多糖分别在白天和夜晚感染大鼠,在白天受感染大鼠的疾病反应要比夜间受感染大鼠更加明显。此外,白天受感染大鼠海马区分泌的细胞因子量也显著高于夜间受感染大鼠。免疫因子的节律性可能是由生物钟基因通过 NF-κB、JAK-STAT 等信号通路进行调控的[252]。

反过来,免疫系统对于节律与睡眠也具有影响,在因感染引发的嗜睡症的兔子当中,它们的睡眠时间增长、慢波睡眠密度增高、REM 睡眠显著减少,体温节律也出现异常[253]。一些免疫因子对睡眠具有影响,外源的 IL-1 β可以增加兔子、猫、小鼠、猴子的 NREM 睡眠,IL-1 和 TNF 诱导人类的睡眠,使慢波睡眠增加[254]。

4.5.3 生物钟与肿瘤发生

生物钟对肿瘤发生也具有重要影响。节律紊乱也会增加罹患肿瘤的风险,生物钟之所以对肿瘤发生具有影响,主要是由于生物钟具有调节细胞增殖、DNA 损伤反应和细胞衰老以及代谢平衡和免疫应答等重要生理过程的功能,但这些功能受到影响或破坏,就会导致肿瘤发生率的增加[256]。另外,在不少肿瘤当中,生物钟基因具有遗传变异或表达异常。细胞周期也受到生物钟的调控,一些对细胞周期起调节作用的因子本身就是钟控基因如 *Wee1*、*c-Myc*、*Cyclin D1* 等,其表达受到生物钟直接的影响[257]。

生物钟核心基因多与肿瘤发生有关,如 *Per1/2*、*Cry1/2*、*Npas2* 及 *Bmal1* 等。过表达 *Per1* 会导致肿瘤细胞 DNA 损伤引起的细胞凋亡更为敏感,而如果抑制 *Per1* 的表达则会阻碍肿瘤细胞的凋亡。*Per1* 基因的异常会导致细胞分裂检验点(checkpoint)功能异常,增加发生癌变的风险[183]。在接受γ射线辐射条件下,与普通小鼠相比,缺失 *Per2* 基因的小鼠生瘤率显著增加,而胸腺细胞凋亡显著降低。参与调节细胞周期和肿瘤抑制的基因如 *c-Myc*、*Cyclin D1*、*Cyclin A*、*Mdm-2* 和 *Gadd45α* 等的表达都出现异常。P53 蛋白与辐射造成的 DNA 断裂损伤的修复有关,而辐射对 *Per2* 基因突变小鼠胸腺细胞的 P53 蛋白诱导作用也明显减弱[258]。长期的轮班工作也会导致众多 miRNA 的表达变化,Shi 等对长期从事轮班工作受试者的 miRNA 组的启动子甲基化进行了分析,发现约 30 个 miRNA 的启动子甲基化发生改变,其中包括对生物钟有调节作用的 miR-219。长期轮班工作导致 miR-219 等 miRNA 基因的表达改变,可能与一些肿瘤的发生具有关联[259]。

一些大范围的流行病调查数据显示,轮班工作人群罹患非霍奇金淋巴瘤、乳腺癌、子宫内膜癌、膀胱癌、大肠癌的风险明显增加，并且与轮班的频率呈正相关[260]。在女性乘务员当中，乳腺癌的发生率略有增加，可能是由节律紊乱或睡眠障碍造成的，但也可能是由于飞行环境所受的辐射等因素造成的，因此还需要更多的研究加以确定[261]。此外，节律与肿瘤患者的生存时间也具有关联，相对而言，昼夜节律异常的肿瘤患者存活率要低于节律正常的患者[262]。

乳腺癌是世界范围内导致女性死亡率最高的癌症，并且发病率有不断增高的趋势。乳腺癌在工业化国家发病率最高，在各种因素中，由于轮班工作(artificial light at night，ALAN)或夜间人工光照或(light exposure at night，LEN)导致的节律紊乱是乳腺癌的一个重要诱因。此外，轮班工作或 ALAN 也会引起生物钟基因表达的异常，而生物钟因子 PER1/2 具有抑制肿瘤的作用，这可能也是 ALAN 引发肿瘤的重要原因[263]。ALAN 会抑制褪黑素的分泌，在乳腺癌细胞中过表达褪黑素 MT_1 受体对细胞增长具有抑制作用。褪黑素水平的降低会导致雌激素的升高，可能也是引发乳腺癌的一个原因[264]。轮班工人在夜间接受光照较多，因此罹患乳腺癌的概率显著高于对照人群，并且从事轮班工作时间越久，罹患乳腺癌的风险越高。值得注意的是，盲人妇女由于不受光照影响，发生乳腺癌的概率较低[265]。一项对 192 名转移性结直肠癌患者的观察显示，平时节律明显的患者术后 2 年存活率显著高于节律异常或丧失节律的患者[266]。

4.6 其他节律对生理和行为的影响

除了昼夜周期的节律外，其他不同类型的节律也对生物的生理和行为起重要调节作用，如季节节律、潮汐节律、月节律等。在这些节律中，一些节律也具有自主性等特征，如前面提到的非洲鹟鸟，在长期的恒定条件下，换羽、激素分泌等生理特征仍然接近一年的节律性，因此是一种近年节律。

季节性节律调节动物的内分泌、摄食、体重变化和生殖等，对于有冬眠习性的动物来说，冬眠这一行为显然也是受到年节律生物钟的调控的。对于生活在温带的人来说，不同季节的节律会有所差异，比如直肠温度、体内褪黑素水平的相位一般在冬季要比在夏季时有所延迟[267-268]。图 4-35 显示的绵羊和人分别在夏季和冬季时体内褪黑素的昼夜变化情况，夏季日照时间长而冬季日照时间短，光照对褪黑素的分泌具有抑制作用，因此在夏季时绵羊在一天中褪黑素分泌的时间范围比较窄，但峰值较高；而在冬季的一天当中，绵羊褪黑素的分泌时间范围则比较宽，但峰值较低。需要指出的是，人工光照对人的褪黑素节律具有明显的影响，尽管冬季日照时间较短，在冬季人工照明的使用时间会延长，从而对冬季的日照时间偏短起到弥补作用。因此,对人类而言,夏季和冬季一天当中褪黑素的分泌趋势差异不是非常明显(图4-35)[42]。

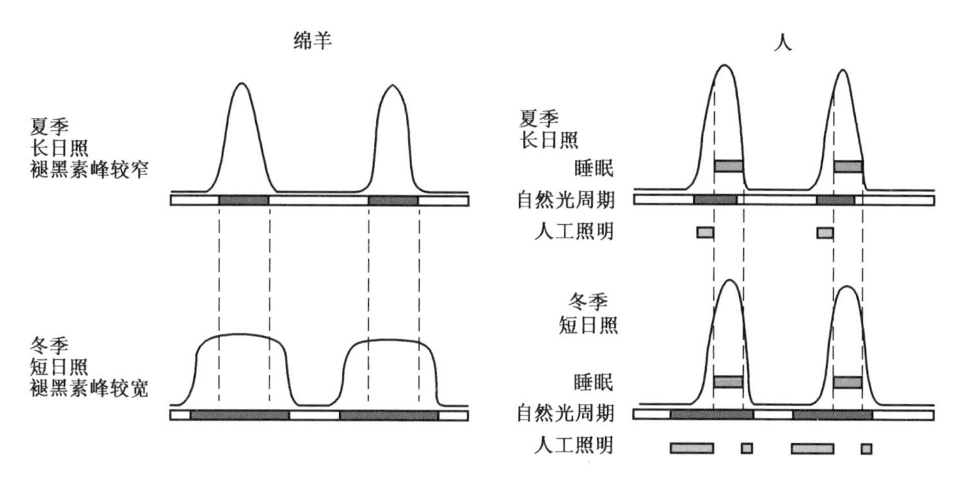

图4-35 绵羊和人的褪黑素在夏季和冬季的变化模式图
(曲线表示褪黑素的节律性变化情况,绵羊和人在不同季节褪黑素的变化情况不同,人工照明对人的褪黑素节律的相位有影响[42]。)

对于生活在北极圈的因纽特人来说,由于极地环境的特殊性,他们的节律也表现出特殊性。对因纽特人的尿量、尿液中 Na^+、Cl^-、K^+等离子的近日节律进行分析,发现在夏季中间时段和冬季中间时段存在差异。大多数受试者的体温和眼-手协调性节律的周期与其他地区的人群没有明显差异,但是他们的心率、血压、时间估算能力以及力量等参数的节律性较弱。受试者体温、眼-手协调性、心率、血压、对时间的估计在每年的下半年尤其是秋季处于峰值,但是握力的峰值位于春季。近几十年来,随着北极地区生活条件的改善,用电开始普及,人工照明使得当地居民在不同季节生理和行为的差异有所减小。在极地地区,合理的工作安排可能对调节节律具有帮助[268]。

月球的引力会造成潮汐现象,对生活在潮间带附近生物的活动会产生显著影响。另外月球的运动对地球表面的磁场具有影响,也可以对地球上生物的行为产生影响。为了获得更为充足的食物或养料、躲避天地捕食以及寻找异性进行繁殖等原因,生活在海边的一些藻类、招潮蟹、沙蚕和鱼类等动物的活动或繁殖具有明显的月节律特征。沙蚕的生殖和发育受到月节律的影响,在朔月时多数沙蚕发育成熟,并开始交配和繁衍,在满月时成熟虫体数量则很少(图4-36)[269]。前文提到过,涡虫避光运动的运动方向呈现出月节律的变化特征,当用磁铁施加人工磁场时,这种月节律会受到影响[132]。

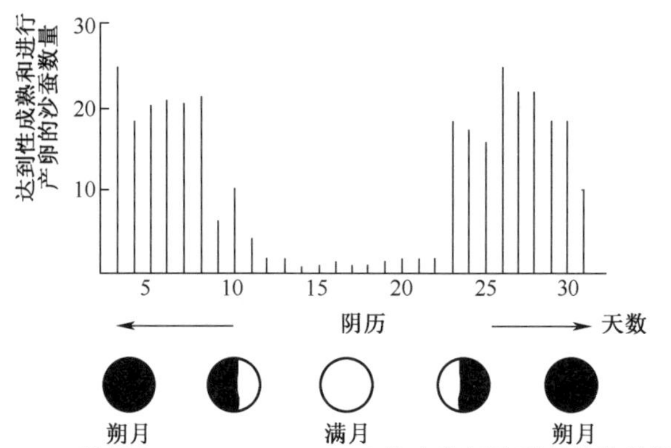

图 4-36　沙蚕(*Platynereis dumerilii*)的产卵行为受月节律的调节

(横坐标为连续一个月的时间[269]。)

有研究揭示,月节律对人的生殖也有影响,包括受孕、月经和出生率,人褪黑素水平的变化也受到月节律的影响。图 4-37 显示的是一位女性持续 32 年的月经周期记录情况,从中可以看出除了怀孕期外,从青春期到绝经期都具有月经周

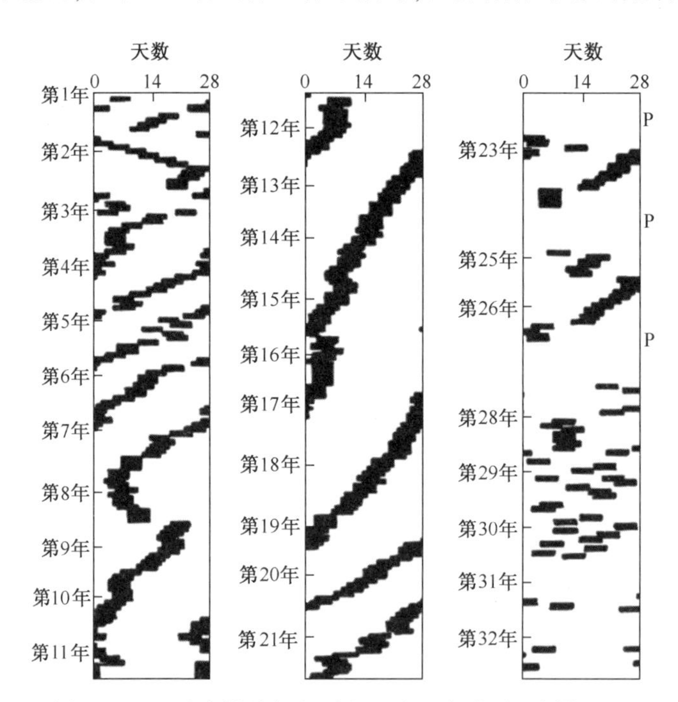

图 4-37　一个女性从初潮到绝经月 32 年的月经周期记录

(图中黑色条块表示连续 5 天的经期,纵坐标数字表示从初潮开始的年份,

上方数字表示天数,P 表示三次怀孕[24]。)

期。月经周期除了在第2年和第8年大于28天外,在其他多数时间都短于28天[24]。月周期也会与其他类型的周期一起对生理产生叠加影响,例如成年女性的体温既表现出昼夜的节律变化,也随月经周期表现出月节律的变化,是至少两种节律的叠加。与行为有关的事件,诸如交通事故、犯罪率、自杀率等也与月节律具有一定关联。但是,也有其他一些研究声称月节律对人的生殖和行为没有显著影响[270],由此看来这些研究还不是很一致,仍有待深入研究。一般来说,哺乳动物的甲状腺素可能参与季节性节律的调控[271]。

太阳和月球对地球的潮汐都有影响,其中月球的影响更为明显。生活在海边的生物并非都具有潮汐节律,生活在潮间带的生物多具有潮汐节律,而生活在潮间带以上或潮间带以下的生物则受潮汐的影响不是很明显。此外,需要注意的是,在不同地区,潮汐类型也有不同,如半日潮、全日潮和混合潮[272]。

生活在潮间带的很多生物都受到潮汐节律的影响,海滩的很多生物,如旋涡虫、硅藻、沙蚕、招潮蟹等,它们会在潮水退去后从泥沙下钻出来,在淤泥表面进行光合作用,而在涨潮前又钻入泥沙。即使将这些微生物培养在恒定条件的实验室里,它们仍然会表现出这种节律。生活在潮间带的招潮蟹,分布于世界各地。招潮蟹的行为受到月节律的调节,如图4-38所示,每过约2周时间,招潮蟹活动的时间范围就会经历一次增加和减少的过程,说明受到了月节律的调控。同时,招潮蟹也受到潮汐节律的调节,表现为每天24h内,大约在对应于退潮至涨潮的两个时间段活动表现出活动节律的特征(图4-39)[273]。

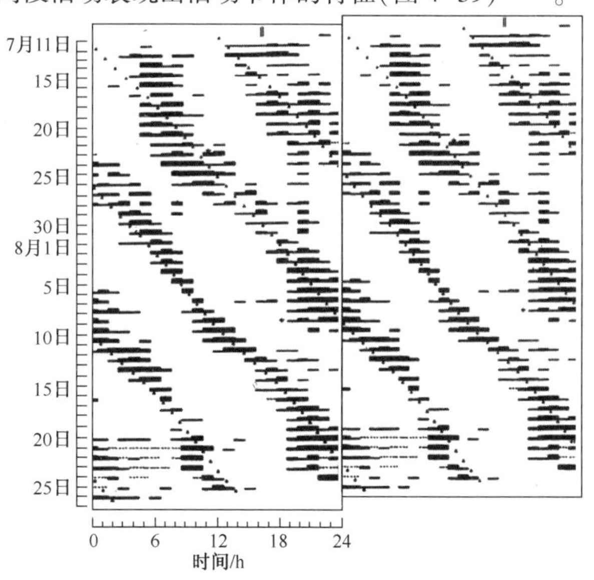

图4-38 实验室自然光照条件下招潮蟹(*Uca minax*)活动节律的双点图

(黑点组成的线表示招潮蟹所在海滩的高潮时段[273]。)

参考文献

[1] 史广宇,杜国强. 浅谈子午流注与时间医学[J]. 河南中医,1994,14(03):171.

[2] BASS J, LAZAR M A. Circadian time signatures of fitness and disease[J]. Science,2016,354(6315):994-999.

[3] LUCE G G. Biological rhythms in human and animal physiology[J]. Dover Publications,1971,45(6):513-517.

[4] 冼励坚. 生物节律与时间医学[M].郑州:郑州大学出版社,2003.

[5] LOPEZ-OTIN C, KROEMER G. Hallmarks of health[J]. Cell,2021,184: 33-63.

[6] ARCHER S N, OSTER H. How sleep and wakefulness influence circadian rhythmicity: effects of insufficient and mistimed sleep on the animal and human transcriptome[J]. J Sleep Res,2015,24(5): 476-493.

[7] MILLER G. Sleeping to Reset Overstimulated Synapses[J]. Science,2009,324(5923): 22-22.

[8] MITTERAUER B. Clock genes, feedback loops and their possible role in the etiology of bipolar disorders: an integrative model[J]. Medical Hypotheses,2000,55(2): 155-159.

[9] WULFF K, GATTI S, WETTSTEIN J G, et al. Sleep and circadian rhythm disruption in psychiatric and neurodegenerative disease[J]. Nat Rev Neurosci,2010,11(8): 589-599.

[10] OLIVEIRA A G, STEVANI C V, WALDENMAIER H E, et al. Circadian Control Sheds Light on Fungal Bioluminescence[J]. Curr Biol,2015,25(7): 964-968.

[11] LUCASSEN E A, COOMANS C P, VAN PUTTEN M, et al. Environmental 24-hr Cycles Are Essential for Health[J]. Curr Biol,2016,26(14):1843-1853.

[12] BECHTOLD D A, GIBBS J E, LOUDON A S. Circadian dysfunction in disease[J]. Trends Pharmacol Sci, 2010,31(5): 191-198.

[13] BORBÉLY A A. A two process model of sleep regulation[J]. Hum Neurobiol,1982,1(3): 195-204.

[14] MISTLBERGER R E, BERGMANN B M, WALDENAR W, et al. Recovery sleep following sleep deprivation in intact and suprachiasmatically lesioned rats[J]. Sleep,1983,6(3):217-233.

[15] LANDGRAF D, SHOSTAK A, OSTER H. Clock genes and sleep[J]. Pflügers Arch,2012,463(1): 3-14.

[16] HE Y, JONES C R, FUJIKI N, et al. The Transcriptional Repressor DEC2 Regulates Sleep Length in Mammals[J]. Science,2009,325(5942): 866-870.

[17] COHEN R A, ALBERS H E. Disruption of human circadian and cognitive regulation following a discrete hypothalamic lesion: a case study[J]. Neurology,1991,41(5): 726-729.

[18] EDGAR D M, DEMENT W C, FULLER C A.Effect of SCN lesions on sleep in squirrel monkeys: evidence for opponent processes in sleep-wake regulation[J]. J Neurosci,1993,13(3):1065-1079.

[19] MISTLBERGER R E. Circadian regulation of sleep in mammals: Role of the suprachiasmatic nucleus[J]. Brain Res Rev,2005,49(3):429-454.

[20] BOIVIN D B, CZEISLER C A, DIJK D J, et al. Complex interaction of the sleep-wake cycle and circadian phase modulates mood in healthy subjects[J]. Arch General Psychiatry,1997,54(2):145-152.

[21] MÖLLER-LEVET C S, ARCHER S N, BUCCA G, et al. Effects of insufficient sleep on circadian

rhythmicity and expression amplitude of the human blood transcriptome[J]. Proc Natl Acad Sci U S A, 2013,110(12): E1132-E1141.

[22] TOUITOU Y, BOGDAN A. Promoting adjustment of the sleep-wake cycle by chronobiotics[J]. Physiol Behav,2007,90(2-3):294-300.

[23] TERMAN M, LEWY A J, DIJK D J, et al. Treatment for sleep disorders: consensus report. IV. Sleep phase and duration disturbances[J]. J Biol hythms,1995,10(2):167-176.

[24] LEE K H, KIM S H, LEE H R, et al. RNA-185 oscillation controls circadian amplitude of mouse Cryptochrome 1 via translational regulation[J]. Mol Bol Cell,2013,24(14): AB433.

[25] MOORE-EDE M C, SULZMAN F M. The clocks that time us: physiology of the circadian timing system[M]. Cambridge:Harvard University Press,1982.

[26] EBISAWA T, UCHIYAMA M, KAJIMURA N, et al. Association of structural polymorphisms in the human period3 gene with delayed sleep phase syndrome[J]. Embo Rep,2001,2(4):342-346.

[27] VANSELOW K, VANSELOW J T, WESTERMARK P O, et al. ,2001, Differential effects of PER2 phosphorylation: molecular basis for the human familial advanced sleep phase syndrome (FASPS)[J]. Genes Dev,2006,20(20): 2660-2672.

[28] XU Y, TOH K L, JONES C R, et al. Modeling of a human circadian mutation yields insights into clock regulation by PER2[J]. Cell,2007,128(1):59-70.

[29] XU Y, PADIATH Q S, SHAPIRO R E, et al. Functional consequences of a CKIdelta mutation causing familial advanced sleep phase syndrome[J]. Nature,2005,434(7033):640-644.

[30] KYRIACOU C P, HASTINGS M H. Circadian clocks: genes, sleep, and cognition[J]. Trends Cogn Sci, 2010,14(6):259-267.

[31] WISOR J P, O'HARA B F, TERAO A, et al. A role for cryptochromes in sleep regulation[J]. BMC Neurosci,2002,3:20.

[32] PATKE A, MURPHY P J, ONAT O E, et al. Mutation of the Human Circadian Clock Gene CRY1 in Familial Delayed Sleep Phase Disorder[J]. Cell. 2017,169(2):203-215.

[33] SHI G, YIN C, FAN Z, et al. Mutations in Metabotropic Glutamate Receptor 1 Contribute to Natural Short Sleep Trait[J]. Curr Biol,2021,31(1):13-24.

[34] SOUÊTRE E, SALVATI E, BELUGOU J L, et al. Circadian rhythms in depression and recovery: Evidence for blunted amplitude as the main chronobiological abnormality[J]. Psychiatry Res, 1989, 28(3): 263-278.

[35] DEBOER T, DÉTÁRI L, MEIJER J H. Long term effects of sleep deprivation on the mammalian circadian pacemaker[J]. Sleep,2007,30(3):257-262.

[36] DEBOER T, VANSTEENSEL M J, DéTÁRI L, et al. Sleep states alter activity of suprachiasmatic nucleus neurons[J]. Nat Neurosci,2003,6(6):1086-1090.

[37] DIJK D J, ARCHER S N. PERIOD3 , circadian phenotypes, and sleep homeostasis[J]. Sleep Med Rev, 2010,14(3):151-160.

[38] LERNER A B, CASE J D, TAKAHASHI Y, et al. Isolation of melatonin, the pineal gland factor that lightens melanocytes[J]. J Am Chem Soc,1958,80(10):2587.

[39] JOHNSTON J D, SKENE D J. 60 YEARS OF NEUROENDOCRINOLOGY: Regulation of mammalian neuroendocrine physiology and rhythms by melatonin[J]. J Endocrinol,2015,226(2):187-198.

[40] LERNER A B, CASE J D. Part Ⅲ: General Considerations of Skin Pigmentation: Pigment Cell Regulatory

Factors[J]. J Invest Dermatol,1959, 32(2): 211-221.

[41] HASEGAWA A, OHTSUBO K, MORI W. Pineal gland in old age; quantitative and qualitative morphological study of 168 human autopsy cases[J].Brain Res,1987,409(2):343-349.

[42] ARENDT J. Melatonin and the pineal gland: influence on mammalian seasonal and circadian physiology[J]. Rev Reprod,1998,3(3):13-22.

[43] KARASEK M. Melatonin in humans[J]. Endokrynologia Polska,2006,57 Suppl 5(6): 315-322.

[44] ACKERMANN K, STEHLE J H. Melatonin synthesis in the human pineal gland: advantages, implications, and difficulties[J]. Chronobiol Int,2009,23(1-2): 369-379.

[45] STOSCHITZKY K, SAKOTNIK A, LERCHER P, et al. Influence of beta-blockers on melatonin release[J]. Eur J Clin Pharmacol,1999,55(2):111-115.

[46] LIU C, et al. MOLECULAR dissection of two distinct actions of melatonin on the suprachiasmatic circadian clock[J]. Neuron,1997,19(1):91-102.

[47] REDMAN J, ARMSTRONG S, NG K T. Free-running activity rhythms in the rat: entrainment by melatonin[J]. Science,1983,219(4588):1089-1091.

[48] EKMEKCIOGLU C. Melatonin receptors inhumans: biological role andclinical relevance . Biomedicine & pharmacotherapy[J]. Biomedc Pharmacother,2006,60(3):97-108.

[49] VON GALL C, STEHLE J H, WEAVER D R. Mammalian Melatonin Receptors: Molecular Biology And Signal Transduction[J]. Cell & Tissue Research,2002,309(1):151-162.

[50] SAKAMOTO K, NORONA F E, ALZATE-CORREA D, et al. Clock and light regulation of the CREB coactivator CRTC1 in the suprachiasmatic circadian clock[J]. J Neurosci,2013,33(21): 9021-9027.

[51] MASANA M I, DUBOCOVICH M L. Melatonin receptor signaling: finding the path through the dark[J]. Sci STKE,2001,2001(107):39.

[52] SAN L, ARRANZ B. Agomelatine: A novel mechanism of antidepressant action involving the melatonergic and the serotonergic system[J]. Eur Psychiatry,2008,23(6):396-402.

[53] LEWY A J, WEHR T A, GOODWIN F K, et al. 2008,Light suppresses melatonin secretion in humans[J]. Science,1980,210(4475):1267-1269.

[54] JAN J E, TAI J, HAHN G, et al. Melatonin replacement therapy in a child with a pineal tumor[J]. J Child Neurol,2001,16(2):139-140.

[55] MITTAL V A, KARLSGODT K, ZINBERG J, et al. Identification and Treatment of a Pineal Gland Tumor in an Adolescent with Prodromal Psychotic Symptoms[J]. Am J Psychiatry,2010,167(9):1033-1037.

[56] REITER R J, TAN D X, OSUNA C, et al. Actions of melatonin in the reduction of oxidative stress[J]. A review. J Biomed Sci,2000,7(6):444-458.

[57] SUGDEN D, DAVIDSON K, HOUGH K A, et al. Melatonin, Melatonin Receptors and Melanophores: A Moving Story[J]. Pigment Cell Res,2004, 17(5):454-460.

[58] VERSTEEG R I, SERLIE M J, KALSBEEK A, et al. Serotonin, a possible intermediate between disturbed circadian rhythms and metabolic disease[J]. Neurosci,2015,301:155-167.

[59] VARCOE T J, KENNAWAY D J. Activation of 5-HT 2C receptors acutely induces Per1 gene expression in the rat SCN in vitro[J]. Brain Res,2008, 1209(20):19-28.

[60] SALVA M A Q, HARTLEY S. Mood disorders, circadian rhythms, melatonin and melatonin agonists[J]. J Cent Nerv Syst Dis 2012,4(4):15-26.

[61] REGHUNANDANAN V, REGHUNANDANAN R. Neurotransmitters of the suprachiasmatic nuclei[J]. J

Circadian Rhythms,2006,4:2.

[62] KARATSOREOS I N. Effects of Circadian Disruption on Mental and Physical Health[J]. Curr Neurol Neurosci Rep,2012,12(2):218-225.

[63] VAN DONGEN H P, DINGES D F. Sleep, circadian rhythms, and psychomotor vigilance[J]. Clin Sports Med,2005,24(2):237-249.

[64] SMARR B L, JENNINGS K J, DRISCOLL J R, et al. A time to remember: the role of circadian clocks in learning and memory[J]. Behav Neurosci,2014,128(3):283-303.

[65] AMIR S, STEWART J. Behavioral and hormonal regulation of expression of the clock protein, PER2, in the central extended amygdala[J]. Prog Neuro-psychopharmacol Biol Psychiatry,2009,33(8): 1321-1328.

[66] 彭聃龄. 普通心理学[M].4版. 北京:北京师范大学出版集团,2016.

[67] TANOUE S, KRISHNAN P, CHATTERJEE A, et al. G protein-coupled receptor kinase 2 is required for rhythmic olfactory responses in Drosophila[J]. Curr Biol,2008,18(11):787-794.

[68] FUJIMURA A, KAJIYAMA H, TATEISHI T, et al. Circadian rhythm in recognition threshold of salt taste in healthy subjects[J]. Am J Physiol,1990,259(259):931-935.

[69] NAKAMURA Y, SANEMATSU K, OHTA R, et al. Diurnal variation of human sweet taste recognition thresholds is correlated with plasma leptin levels[J]. Diabetes,2008,57(10):2661-2665.

[70] SCHEER F A, MORRIS C J, SHEA S A. The internal circadian clock increases hunger and appetite in the evening independent of food intake and other behaviors[J]. Obesity,2013,21(3):421-423.

[71] KRISHNAN H C, LYONS L C. Synchrony and desynchrony in circadian clocks: impacts on learning and memory[J]. Learn Mem,2015,22(9):426-437.

[72] EMERY P, FRANCIS M. Circadian rhythms: timing the sense of smell[J]. Curr Biol,2008,18(13): R569-571.

[73] DRYER L,BERGHARD A. Odorant receptors: a plethora of G-protein-coupled receptors[J]. Trends Pharmacol Sci,1999,20(10):413-417.

[74] AMIR S, CAIN S, SULLIVAN J, et al. In rats, odor-induced Fos in the olfactory pathways depends on the phase of the circadian clock[J]. Neurosci Lett,1999,272(3):175-178.

[75] GRANADOS-FUENTES D, SAXENA M T, PROLO L M, et al. Olfactory bulb neurons express functional, entrainable circadian rhythms[J]. Eur J Neurosci,2004,19(4):898-906.

[76] GOEL N, LEE T M, PIEPER D R. Removal of the olfactory bulbs delays photic reentrainment of circadian activity rhythms and modifies the reproductive axis in male Octodon degus[J]. Brain Res,1998,792(2): 229-236.

[77] NORDIN S, LÖTSCH J, MURPHY, et al. Circadian rhythm and desensitization in chemosensory event-related potentials in response to odorous and painful stimuli[J]. Psychophysiology,2003,40(4):612-619.

[78] REFINETTI R. Circadian physiology[M].Boca Raton:CRC Press,2000.

[79] KONECKA A M, SROCZYNSKA I. Circadian Rhythm of Pain in Male Mice[J]. General Pharmacology the Vascular System,1998,31(5):809-810.

[80] REFINETTI R. Body Temperature and Behavior of Tree Shrews and Flying Squirrels in a Thermal Gradient[J]. Physiol Behav,1998,63(4):517-520.

[81] TOSINI G, AVERY R A. Dermal photoreceptors regulate basking behavior in the lizard Podarcis muralis[J]. Physiol Behav,1996,59(1):195-198.

[82] CHAPPUIS S, RIPPERGER J A, SCHNELL A, et al. Role of the circadian clock gene Per2 in adaptation to cold temperature[J]. Mol Metab,2013,2(3):184-193.

[83] KURIYAMA K, UCHIYAMA M, SUZUKI H, et al. Circadian fluctuation of time perception in healthy human subjects[J]. Neurosci Res,2003, 46(1):23-31.

[84] BOUGARD C, BESSOT N, MOUSSAY S, et al. Effects of waking time and breakfast intake prior to evaluation of physical performance in the early morning[J]. Chronobiol Int,2009,26(2):307-323.

[85] PFAFF D. Effects of temperature and time of day on time judgments[J]. J Exp Psychology,1968,76(3):419-422.

[86] CHO K. Chronic 'jet lag' produces temporal lobe atrophy and spatial cognitive deficits[J]. Nat Neurosci,2001,4(6):567-568.

[87] OKANO H, HIRANO T, BALABAN E. Learning and memory[J]. Proc Natl Acad Sci U S A,2000,97(23):12403-12404.

[88] AHMED S M, MALIK M N, GHANI U, et al. Diurnal Variation of Visual Short-term Memory[J]. Journal of Young Investigators,2013,(8): 101-107.

[89] FOLKARD S, MONK T H. Circadian rhythms in human memory[J]. Br J Psychology,2011,71(2):295-307.

[90] LYONS L C, RAWASHDEH O, KATZOFF A, et al. Circadian modulation of complex learning in diurnal and nocturnal Aplysia[J]. Proc Natl Acad Sci U S A,2005,102(35):12589-12594.

[91] LYONS L C, GREEN C L, ESKIN A. Intermediate-term memory is modulated by the circadian clock[J]. J Biol Rhythms,2008,23(6):538-542.

[92] LYONS L C, ROMAN G. Circadian modulation of short-term memory in Drosophila[J]. Learning & Memory,2009,16(1):19-27.

[93] CAIN S W, CHOU T, RAlPH M R, et al. Circadian modulation of performance on an aversion-based place learning task in hamsters[J]. Behav Brain Res,2004,150(1-2):201-205.

[94] FERNANDEZ R I, LYONS L C, LEVENSON J, et al. Circadian modulation of long-term sensitization in Aplysia[J]. Proc Natl Acad Sci U S A,2003,100(24):14415-14420.

[95] STEPHAN F K, KOVACEVIC N S. Multiple retention deficit in passive avoidance in rats is eliminated by suprachiasmatic lesions[J]. Behav Biol,1978,22(4):456-462.

[96] RUBY N F, HWANG C E, WESSELLS C, et al. Hippocampal-dependent learning requires a functional circadian system[J]. Proc Natl Acad Sci U S A,2008,105(40):15593-15598.

[97] ROUCH I, WILD P, ANSIAU D, et al. Shiftwork experience, age and cognitive performance[J]. Ergonomics,2005,48(10):1282-1293.

[98] GIANNOTTI F, CORTESI F, SEBASTIANI T, et al. Circadian preference, sleep and daytime behaviour in adolescence[J]. J Sleep Res,2002,11(3):191-199.

[99] FEKETE M, VAN REE J M, NIESINK R J, et al. Disrupting circadian rhythms in rats induces retrograde amnesia[J]. Physiol Behav,1985,34(6):883-887.

[100] JILG A, LESNY S, PERUZKI N,et al. Temporal dynamics of mouse hippocampal clock gene expression support memory processing[J]. Hippocampus,2010,20(3):377-388.

[101] GERSTNER J R, LYONS L C, WRIGHT K P JR, et al. Cycling behavior and memory formation[J]. J Neurosci,2009,29(41):12824-12830.

[102] SCOVILLE W B, MILNER B. Loss of recent memory after bilateral hippocampal lesions[J]. J Neurol

Neurosurg Psychiat,1957,20(1):11-21.

[103] BERNARDI R E, SPANAGEL R. Enhanced extinction of contextual fear conditioning in Clock$^{\Delta19}$ mutant mice[J]. Behav Neurosci,2014,128(4):468-473.

[104] ONAT O-E, KARS M E, GÜL Ş, et al. Human CRY1 variants associate with attention deficit/hyperactivity disorder[J]. J Clin Invest, 2020,130(7):3885-3900.

[105] ATKINSON G, SPEIRS L. Diurnal variation in tennis service[J]. Perceptual & Motor Skills, 1998, 86(2):1335-1338.

[106] ECKEL-MAHAN K L, PHAN T, HAN S, et al. Circadian oscillation of hippocampal MAPK activity and cAmp: implications for memory persistence[J]. Nat Neurosci,2008,11(9):1074-1082.

[107] SAKAI T, TAMURA T, KITAMOTO T, et al. A clock gene, period, plays a key role in long-term memory formation in Drosophila[J]. Proc Natl Acad Sci U S A,2004,101(45):16058-16063.

[108] SWEATT J D. Mitogen-activated protein kinases in synaptic plasticity and memory[J]. Curr Opin Neurobiol,2004,14(3):311-317.

[109] RAWASHDEHO, JILG A, JEDLICKA P, et al. PERIOD1 coordinates hippocampal rhythms and memory processing with daytime[J]. Hippocampus,2014,24(6):712-723.

[110] SAHAR S, SASSONE-CORSI P. Circadian rhythms and memory formation: Regulation by chromatin remodeling[J]. Front Mol Neurosci,2012,5(5):37-37.

[111] KRISHNAN B, DRYER S E, HARDIN P E. Circadian rhythms in olfactory responses of Drosophila melanogaster[J]. Nature,1999,400(6742):375-378.

[112] KLEITMAN N. Studies on the physiology of sleep: VIII. Diurnal variation in performance[J]. Am J Physiol,1933,104:449-456.

[113] BLATTER K, OPWIS K, MÜNCH M, et al. Sleep loss-related decrements in planning performance in healthy elderly depend on task difficulty[J]. J Sleep Res,2005,14(4):409-417.

[114] BLATTER K, CAJOCHEN C. Circadian rhythms in cognitive performance: Methodological constraints, protocols, theoretical underpinnings[J]. Physiol Behav,2007,90(2-3):196-208.

[115] WEVER R A. The Circadian System of Man: Results of Experiments Under Temporal Isolation[M]. New York: Springer-Verlag,1979.

[116] ATKINSON G, REILLY T. Circadian Variation in Sports Performance[J]. Sports Med,1996,21(4): 292-312.

[117] COLQUHOUN W P, PAINE M W, FORT A. Circadian rhythm of body temperature during prolonged undersea voyages[J]. Aviat Space Environ Med,1978,49(5):671-678.

[118] REDFERN M S, YARDLEY L, BRONSTEIN A M. Visual influences on balance[J]. J Anxiety Disord, 2001,15(1-2):81-94.

[119] BACCOUCH R, ZARROUK N, CHTOUROU H, et al. Time-of-day effects on postural control and attentional capacities in children[J]. Physiol Behav,2015,142:146-151.

[120] JASPER I, ROENNEBERG T, HÄUSSLER A, et al. Circadian rhythm in force tracking and in dual task costs[J]. Chronobiol Int,2010,27(3):653-673.

[121] GOEL N, BASNER M, RAO H, et al. Chapter Seven-Circadian Rhythms, Sleep Deprivation, and Human Performance[J]. Prog Mol Biol Transl Sci,2013,119:155-190.

[122] JULIAN L, DINGES D F. Sleep deprivation and vigilant attention[J]. Ann N Y Acad Sci, 2008, 1129(1):305-322.

[123] VAN DONGEN H P, MAISLIN G, MULLINGTON J M, et al. The cumulative cost of additional wakefulness: dose-response effects on neurobehavioral functions and sleep physiology from chronic sleep restriction and total sleep deprivation[J]. Sleep,2003,26(26):117-126.

[124] FOLKARD S. Black times: Temporal determinants of transport safety[J]. Accid Anal Prev,1997,29(4):417-30.

[125] DUNLAP J C, LOROS J J, DECOURSEY P J. Chronobiology : biological timekeeping[M]. Oxford: Sinauer Associates Inc,2004.

[126] SCHMIDT C, COLLETTE F, CAJOCHEN C,et al. A time to think: circadian rhythms in human cognition[J]. Cogn Neuropsychol,2007,24(7):755-789.

[127] PRAVOSUDOV V V, KITAYSKY A S, OMANSKA A. The relationship between migratory behaviour, memory and the hippocampus: an intraspecific comparison[J]. Proc Biol Sci, 2006, 273 (1601): 2641-2649.

[128] SCHMIDT-KOENIG K, GANZHORN J U, RANVAUD R.Orientation in birds[J]. The sun compass EXS, 1991,60: 1-15.

[129] GOULD J L. Honey bee cognition[J]. Cognition,1990,37(1-2):83-103.

[130] MERLIN C, GEGEAR R J, REPPERT S M, et al. Antennal circadian clocks coordinate sun compass orientation in migratory monarch butterflies[J]. Science,2009,325(5948):1700-1704.

[131] REPPERT S M, GEGEAR R J, MERLIN C,Navigational mechanisms of migrating monarch butterflies[J]. Trends Neurosci,2010,33(9):399-406.

[132] BROWN F A JR, HASTINGS J W, PALMER J D. The biological clock: two views[M]. New York: Academic Press,1970.

[133] LOHMANN K J, WILLOWS A O. Lunar-modulated geomagnetic orientation by a marine mollusk[J]. Science,1987,235(4786):331-334.

[134] MANEV H, UZ T. Clock genes: influencing and being influenced by psychoactive drugs[J]. Trends Pharmacol Sci,2006,27(4):186-189.

[135] MCCLUNG C A, SIDIROPOULOU K, VITATERNA M, et al. Regulation of dopaminergic transmission and cocaine reward by the Clock gene[J]. Proc Natl Acad Sci U S A,2005,102(26):9377-9381.

[136] ANDRETIC R, CHANEY S, HIRSH J. Requirement of Circadian Genes for Cocaine Sensitization in Drosophila[J]. Science,1999,285(5430):1066-1068.

[137] SPANAGEL R, PENDYALA G, ABARCA C, et al. The clock gene Per2 influences the glutamatergic system and modulates alcohol consumption[J]. Nat Med,2005,11(1):35-42.

[138] VONHOFF F, WILLIAMS A, RYGLEWSKI, et al. Drosophila as a Model for MECP2 Gain of Function in Neurons[J]. Plos One,2012,7(2):e31835.

[139] MEHNERT K I, BERAMENDI A, ELGHAZALI F, et al. Circadian changes in Drosophila motor terminals[J]. Dev Neurobiol,2007,67(4):415-421.

[140] MEHNERT K I,CANTERA R. A peripheral pacemaker drives the circadian rhythm of synaptic boutons in Drosophila independently of synaptic activity[J]. Cell Tissue Res,2008,334(1):103-109.

[141] RÜGER M, SCHEER F A. Effects of circadian disruption on the cardiometabolic system[J]. Rev Endocr Metab Disord,2009,10(4):245-260.

[142] BRAY M S, SHAW C A, MOORE M W, et al. Disruption of the circadian clock within the cardiomyocyte influences myocardial contractile function, metabolism, and gene expression[J]. AJP Heart & Circulatory

Physiology,2008,294(2):H1036-1047.

[143] KUNIYOSHI F H, GARCIA-TOUCHARD A, GAMI A S, et al. Day-Night Variation of Acute Myocardial Infarction in Obstructive Sleep Apnea[J]. J Am Coll Cardiol,2008,52(5):343-346.

[144] SHARKEY S W, LESSER J R, GARBERICH R F, et al. Comparison of circadian rhythm patterns in Tako-tsubo cardiomyopathy versus ST-Segment elevation mMyocardial infarction[J]. Am J Cardiol, 2012,110(6):795-799.

[145] ČULIĆ V. Daylight saving time transitions and acute myocardial infarction[J]. Chronobiol Int,2013,30(5):662-668.

[146] MORTOLA J P, SEIFERT E L. Circadian patterns of breathing[J]. Respir Physiol Neurobiol,2001, 131(1-2):1-2.

[147] DUDEK M, MENG Q J. Running on time: the role of circadian clocks in the musculoskeletal system[J]. Biochem J,2014,463(1):1-8.

[148] HARFMANN B D, SCHRODER E A, ESSER K A. Circadian rhythms, the molecular clock, and skeletal muscle[J]. J Biol Rhythms,2015,30(2):84-94.

[149] GIFFORD L S. Circadian Variation in Human Flexibility and Grip Strength[J]. Australian Journal of Physiotherapy,1987,33(1):3-9.

[150] MAYEUF-LOUCHART A, STAELS B, DUEZ H. Skeletal muscle functions around the clock[J]. Diabetes Obes Metab,2015,17(Supplement S1):39-46.

[151] RACINAIS S, BLONC S, JONVILLE S, et al. Time of day influences the environmental effects on muscle force and contractility[J]. Med Sci Sports Exerc,2005,37(2):256-261.

[152] HODGSON J A, WICHAYANUPARP S, RECKTENWALD M R, et al. Circadian Force and EMG Activity in Hindlimb Muscles of Rhesus Monkeys[J]. J Neurophysiol,2001,86(3):1430-1444.

[153] MSA E H, KERNELL D. Circadian and individual variations in duration of spontaneous activity among ankle muscles of the cat[J]. Muscle & Nerve,1998,21(3):345-351.

[154] GRÜNHEID T, LANGENBACH G E, ZENTNER A, et al. Circadian variation and intermuscular correlation of rabbit jaw muscle activity[J]. Brain Res,2005,1062(1-2):151-160.

[155] LUCASSEN E A, ROTHER K I, CIZZA G. Interacting epidemics? Sleep curtailment, insulin resistance, and obesity[J]. Ann N Y Acad Sci,2012,1264(1):110-134.

[156] MCCARTHY J J, ANDREWS J L, MCDEARMON E L, et al. Identification of the circadian transcriptome in adult mouse skeletal muscle[J]. Physiol Genomics,2007,31(1):86-95.

[157] ANDREWS J L, ZHANG X, MCCARTHY J J, et al. CLOCK and BMAL1 regulate MyoD and are necessary for maintenance of skeletal muscle phenotype and function[J]. Proc Natl Acad Sci U S A, 2010,107(44):19090-19095.

[158] ZVONIC S, PTITSYN A A, KILROY G, et al. Circadian Oscillation of Gene Expression in Murine Calvarial Bone[J]. J Bone Miner Res,2007,22(3): 357-365.

[159] FU L, PATEL M S, BRADLEY A, et al. The Molecular Clock Mediates Leptin-Regulated Bone Formation[J]. Cell,2005,122(5): 803-815.

[160] SAMSA W E, VASANJI A V, MIDURA R J, et al. Deficiency of circadian clock protein BMAL1 in mice results in a low bone mass phenotype[J]. Bone,2016,84:194-203.

[161] BUNGER M K, WALISSER J A, SULLIVAN R, et al. Progressive arthropathy in mice with a targeted disruption of the Mop3/Bmal-1 locus[J]. Genesis,2005,41(3):122-132.

[162] LEFTA M, WOLFF G, ESSER K A. Circadian rhythms, the molecular clock, and skeletal muscle[J]. Curr Top Dev Biol, 2011, 96: 231-271.

[163] TAKARADA T, KODAMA A, HOTTA S, et al. Clock genes influence gene expression in growth plate and endochondral ossification in mice[J]. J Biol Chem, 2012, 287(43): 36081-36095.

[164] MANIRE J T, KIPP R, SPENCER J, et al. Diurnal variation of hamstring and lumbar flexibility[J]. J Strength Cond Res, 2010, 24(6): 1464-1471.

[165] SCOTT J T. Morning stiffness in rheumatoid arthritis[J]. Ann Rheum Dis, 1961, 19(4): 361-368.

[166] WRIGHT J E. Effects of travel across time zones (jet-lag) on exercise capacity and performance[J]. Aviat Space Environ Med, 1983, 54(2): 132-137.

[167] BAXTER C, REILLY T. Influence of time of day on all-out swimming[J]. Br J Sports Med, 1983, 17(2): 122-127.

[168] HAYES L D, BICKERSTAFF G F, BAKER J S. Interactions of cortisol, testosterone, and resistance training: influence of circadian rhythms[J]. Chronobiol Int, 2010, 27(27): 675-705.

[169] JAVIERRE C, CALVO M, DÍEZ A, et al. Influence of sleep and meal schedules on performance peaks in competitive sprinters[J]. Int J Sports Med, 1996, 17(6): 404-408.

[170] DRUST B, WATERHOUSE J, ATKINSON G, et al. Circadian Rhythms in Sports Performance—an Update[J]. Chronobiol Int, 2005, 22(1): 21-44.

[171] REILLY T, WATERHOUSE J. Sports performance: is there evidence that the body clock plays a role? [J]. Eur J Appl Physiol, 2009, 106(3): 321-332.

[172] THOMAS V, REILLY T. Circulatory, psychological & performance variables during 100 hours of paced continuous exercise under conditions of controlled energy intake & work output[J]. J Hum Movement Studies, 1975, 1: 149-155.

[173] REILLY T, WALSH T J. Physiological, psychological and performance measures during an endurance record for five-a-side soccer[J]. Br J Sports Med, 1981, 15(2): 122-128.

[174] SMITH C S, REILLY C, MIDKIFF K. Evaluation of three circadian rhythm questionnaires with suggestions for an improved measure of morningness[J]. J Appl Psychol, 1989, 74(5): 728-738.

[175] CHTOUROU H, SOUISSI N. The effect of training at a specific time of day: a review[J]. J Strength Cond Res, 2012, 26(26): 1984-2005.

[176] CALLARD D, DAVENNE D, GAUTHIER A, et al. Circadian rhythms in human muscular efficiency: continuous physical exercise versus continuous rest. A crossover study[J]. Chronobiol Int, 2000, 17(5): 693-704.

[177] DALTON B, MCNAUGHTON L, DAVOREN B. Circadian rhythms have no effect on cycling performance[J]. Int J Sports Med, 1997, 18(7): 538-542.

[178] SARGENT C, LASTELLA M, HALSON S L, et al. The impact of training schedules on the sleep and fatigue o elite athletes[J]. Chronobiol Int, 2014, 31(10): 1160-1168.

[179] DRIVER H S, TAYLOR S R. Exercise and sleep[J]. Sleep Med Rev, 2000, 4(4): 387-402.

[180] MONGRAIN V, CARRIER J, DUMONT M, et al. Difference in sleep regulation between morning and evening circadian types as indexed by antero-posterior analyses of the sleep EEG[J]. Eur J Neurosci, 2006, 23(2): 497-504.

[181] ROENNEBERG T, WIRZ-JUSTICE A, MERROW M. Life between clocks: daily temporal patterns of human chronotypes[J]. J Biol Rhythms, 2003, 18(18): 80-90.

[182] KUMAR S, KUMAR D, PARANJPE D A, et al. Selection on the timing of adult emergence results in altered circadian clocks in fruit flies Drosophila melanogaster[J]. J Exp Biol,2007,210(5):906-918.

[183] KAS M J, EDGAR D M. A nonphotic stimulus inverts the diurnal-nocturnal phase preference in Octodon degus[J]. J Neurosci,1999,19(1):328-333.

[184] HORNE J A, OSTBERG O. A self-assessment questionnaire to determine morningness-eveningness in human circadian rhythms[J]. Int J Chronobiol,1976,4(2):97-110.

[185] SMITH R S, GUILLEMINAULT C, EFRON B. Circadian rhythms and enhanced athletic performance in the National Football League[J]. Sleep,1997,20(5):362-365.

[186] 穗宝集团睡眠研究中心. 2012 中国睡眠质量白皮书[Z].2012.

[187] 穗宝集团睡眠研究中心. 2013 中国睡眠质量白皮书[Z].2013.

[188] VINK J M, GROOT A S, KERKHOF G A, et al. Genetic analysis of morningness and eveningness[J]. Chronobiol Int,2001,18(5):809-822.

[189] NOVÁKOVÁ M, SLÁDEK M, SUMOVÁ A. Human chronotype is determined in bodily cells under real-life conditions[J]. Chronobiol Int,2013,30(4): 607-617.

[190] ARCHER S N, ROBILLIARD D L, SKENE D J, et al. A length polymorphism in the circadian clock gene Per3 is linked to delayed sleep phase syndrome and extreme diurnal preference[J]. Sleep,2003,26(4): 413-415.

[191] CARPEN J D, VON SCHANTZ M, SMITS M, et al. A silent polymorphism in the PER1 gene associates with extreme diurnal preference in humans[J]. J Hum Genet,2006,51(12):1122-1125.

[192] ROENNEBERG T, KUEHNLE T, PRAMSTALLER P P, et al. A marker for the end of adolescence[J]. Curr Biol,2004,14(24):R1038 - R1039.

[193] KRAMER A, MERROW M. Circadian Clocks[M].New York: Springer. 2013.

[194] VOLLMER C, MICHEL U, RANDLER C. Outdoor Light at Night (LAN) Is Correlated With Eveningness in Adolescents[J]. Chronobiol Int,2012,29(4):502-508.

[195] BUXTON O M, CAIN S W, O'CONNOR S P, et al. Adverse metabolic consequences in humans of prolonged sleep restriction combined with circadian disruption[J]. Sci Transl Med,2012,4(129):129ra43-129ra43.

[196] ALMOOSAWI S, VINGELIENE S, GACHON F, et al. Chronotype: Implications for Epidemiologic Studies on Chrono-Nutrition and Cardiometabolic Health[J]. Adv Nutr, 2019,10(1):30-42.

[197] RANDLER C. Morningness-eveningness comparison in adolescents from different countries around the world[J]. Chronobiol Int,2008,25(6):1017-1028.

[198] PARK Y M, MATSUMOTO K, SEO Y J, et al. Scores on morningness-eveningness and sleep habits of Korean students, Japanese students, and Japanese workers[J]. Percept Mot Skills, 1997, 85(1): 143-154.

[199] PAINE S J, GANDER P H, TRAVIER N. The Epidemiology of Morningness/Eveningness: Influence of Age, Gender, Ethnicity, and Socioeconomic Factors in Adults (30-49 Years)[J]. J Biol Rhythms, 2006,21(1): 68-76.

[200] VAN CAUTER E, POLONSKY K S, SCHEEN A J. Roles of circadian rhythmicity and sleep in human glucose regulation[J]. Endocr Rev,1997,18(5):716-38.

[201] YU J H, YUN C H, AHN J H, et al. Evening Chronotype Is Associated With Metabolic Disorders and Body Composition in Middle-Aged Adults[J]. J Clin Endocrinol Metab,2015,100(4):1494-1502.

[202] VIOLA A U, ARCHER S N, JAMES L M, et al. PER3 Polymorphism Predicts Sleep Structure and Waking Performance[J]. Curr Biol,2007,17(7): 613-618.

[203] SCHMIDT C, COLLETTE F, LECLERCQ Y, et al. Homeostatic sleep pressure and responses to sustained attention in the suprachiasmatic area[J]. Science,2009,324(5926):516-519.

[204] PETRU R, WITTMANN M, NOWAK D, et al. Effects of working permanent night shifts and two shifts on cognitive and psychomotor performance[J]. Int Arch Occup Environ Health,2005,78(2):109-116.

[205] JUDA M, VETTER C, ROENNEBERG T.Chronotype modulates sleep duration, sleep quality, and social jet lag in shift-workers[J]. J Biol Rhythms,2013,28(2):141-151.

[206] BAUDUCCO S, RICHARDSON C, GRADISAR M. Chronotype, circadian rhythms and mood. Curr Opin Psychol,2020,34:77-83.

[207] JEONG H J, MOON E, MIN PARK J, et al. The relationship between chronotype and mood fluctuation in the general population[J]. Psychiatry Res,2015,229(3):455-458.

[208] BLACHNIO A, PRZEPIORKA A, DíAZ-MORALES J F. Facebook use and chronotype: Results of a cross-sectional study[J]. Chronobiol Int,2015,32(9):1315-1319.

[209] WITTMANN M, DINICH J, MERROW M, et al. Social jetlag: misalignment of biological and social time[J]. Chronobiol Int,2006,23(1-2):497-509.

[210] OROZCO-SOLIS R, SASSONE-CORSI P. Epigenetic control and the circadian clock: Linking metabolism to neuronal responses[J]. Neurosci,2014,264(1):76-87.

[211] DOMINONI D M, HELM B, LEHMANN M, et al. Clocks for the city: circadian differences between forest and city songbirds[J]. Proc Biol Sci,2013,280(1763):1381-1384.

[212] GAYNOR K M, HOJNOWSKI C E, CARTER N H,et al. The influence of human disturbance on wildlife nocturnality[J]. Science,2018,360(6394):1232-1235.

[213] RAGAN B. 2007 Lag:a look at circadian desynchronization[M]. Morrisville:Lulu Enterprises,Inc. 2007.

[214] DAVIDSON A J, SELLIX M T, DANIEL J, et al. Chronic jet-lag increases mortality in aged mice[J]. Curr Biol,2006,16(21):R914-916.

[215] CAMPBELL S S, DIJK D J, BOULOS Z, et al. Light treatment for sleep disorders: consensus report. III. Alerting and activating effects[J]. J Biol Rhythms,1995,10(2):167-176.

[216] MOOG R. Optimization of shift work: physiological contributions[J]. Ergonomics,1987,30(9):1249-1259.

[217] EASTMAN C I, BURGESS H J. How to Travel the World Without Jet Lag[J]. Sleep Med Clin,2009, 4(2):241-255.

[218] KIESSLING S, EICHELE G, OSTER H. Adrenal glucocorticoids have a key role in circadian resynchronization in a mouse model of jet lag[J]. J Clin Invest,2010,120(7): 2600-2609.

[219] BINKLEY S. The clockwork sparrow: time. clocks, and calendars in biological organisms[M]. Englewood Cliffs: Prentice,1990.

[220] NAGANO M, ADACHI A, NAKAHAMA K, et al. An abrupt shift in the day/night cycle causes desynchrony in the mammalian circadian center[J]. J Neurosci,2003,23(14):6141-6151.

[221] YAMAZAKI S, NUMANO R, ABE M,et al. Resetting Central and Peripheral Circadian Oscillators in Transgenic Rats[J]. Science,2000,288(5466):682-685.

[222] RIPPERGER J A, MERROW M. Perfect timing: epigenetic regulation of the circadian clock[J]. FEBS Lett,2011,585(10):1406-1411.

[223] ZHU Y, STEVENS R G, HOFFMAN A E, et al. Epigenetic impact of long-term shiftwork: pilot evidence from circadian genes and whole-genome methylation analysis [J]. Chronobiol Inte, 2011, 28 (10): 852-861.
[224] BARPON K G, REID K J, KERN A S, et al. Role of Sleep Timing in Caloric Intake and BMI. Obesity, 2011,19(7):1374-1381.
[225] SHAHID A, WILKINSON K. STOP, THAT and One Hundred Other Sleep Scales[M]. New York: Springe,2012.
[226] GIBSON E M, WANG C, TJHO S, et al. Experimental 'jet lag' inhibits adult neurogenesis and produces long-term cognitive deficits in female hamsters[J]. Plos One,2010,5(12): e15267.
[227] WINGET C M, DEROSHIA C W, MARKLEY C L, et al. A review of human physiological and performance changes associated with desynchronosis of biological rhythms[J]. Aviat Space Environ Med, 1984,55(12): 1085-1096.
[228] LEE M L, HOWARD M E, HORREY W J, et al. High risk of near-crash driving events following night-shift work[J]. Proc Natl Acad Sci U S A,2015,113(1):176-181.
[229] SACK R L. The pathophysiology of jet lag[J]. Travel Med Infect Dis,2009,7(2):102-110.
[230] TUREK F W, PENEV P, ZHANG Y, et al. Effects of age on the circadian system[J]. Neurosci Biobehav Rev,1995,19(1):53-58.
[231] YAMAGUCHI Y, SUZUKI T, MIZORO Y, et al. Mice Genetically Deficient in Vasopressin V1a and V1b Receptors Are Resistant to Jet Lag[J]. Science,2013,342(6154):85-90.
[232] JAGANNATH A, BUTLER R, GODINHO S I, et al. The CRTC1-SIK1 Pathway Regulates Entrainment of the Circadian Clock[J]. Cell,2013, 154(5):1100-1111.
[233] CAO R, BUTCHER G Q, KARELINA K, et al. Mitogen-and stress-activated protein kinase 1 modulates photic entrainment of the suprachiasmatic circadian clock[J]. Eur J Neurosci,2013,37(1):130-140.
[234] CHANG A M, AESCHBACH D, DUFFY J F, et al. Evening use of light-emitting eReaders negatively affects sleep, circadian timing, and next-morning alertness[J]. Proc Natl Acad Sci U S A,2015,112(4): 1232-1237.
[235] SHARMA R C, SHRIVASTAVA J K. Jet lag and cabin crew: Questionnaire survey[J]. Industrial Journal of Aerospace Medicine,2004,48: 10-14.
[236] BOIVIN D B, TREMBLAY G M, JAMES F O. Working on atypical schedules[J]. Sleep Med,2007, 8(6):578-89.
[237] MITCHELL P J, HOESE E K, LIU L, et al. Conflicting bright light exposure during night shifts impedes circadian adaptation[J]. J Biol Rhythms,1997,12(1):5-15.
[238] 赵文华, 侯培森. 多部门多层次合作应作为我国肥胖控制的重要策略[J]. 中华健康管理学杂志, 2010,4(3):129-131.
[239] REUTRAKUL S, HOOD M M, CROWLEY S J, et al. Chronotype is independently associated with glycemic control in type 2 diabetes[J]. Diabetes Care,2013,36(9):2523-2529.
[240] ARBLE D M, BASS J, LAPOSKY A D, et al. Circadian Timing of Food Intake Contributes to Weight Gain[J]. Obesity,2009,17(11): 2100-2102.
[241] REUTRAKUL S, ZAIDI N, WROBLEWSKI K, et al. Sleep disturbances and their relationship to glucose tolerance in pregnancy[J]. Diabetes Care,2011,34(11):2454-2457.
[242] THAISS C A, ZEEVI D, LEVY M, et al. Transkingdom Control of Microbiota Diurnal Oscillations

Promotes Metabolic Homeostasis[J]. Cell,2014,159(3):514-529.

[243] SCHERNHAMMER E S, ROSNER B, WILLETT W C, et al. Epidemiologyof urinary melatonin in women and its relation to other hormones and night work[J]. Cancer Epidemiol Biomarkers Prev,2004,13:936-943.

[244] DAVIS S, MIRICK D K, CHEN C, et al. Night Shift Work and Hormone Levels in Women[J]. Cancer Epidemiol Biomarkers Prev,2012,21(4): 609-618.

[245] BOLLATI V, BACCARELLI A, SARTORI S, et al. Epigenetic effects of shiftwork on blood DNA methylation[J]. Chronobiol Int,2010,27(5):1093-1104.

[246] IGLESIAS R, TERRÉS A, CHAVARRIA A. Disorders of the menstrual cycle in airline stewardesses[J]. Aviat Space Environ Med,1980,51(5):518-520.

[247] CERMAKIAN N, LANGE T, GOLOMBEK D, et al. Crosstalk between the circadian clock circuitry and the immune system[J]. Chronobiol Int,2013, 30(7):870-888.

[248] SUN Y, YANG Z, NIU Z, et al. MOP3, a component of the molecular clock, regulates the development of B cells[J]. Immunol,2006,119(4):451-460.

[249] BORN J, LANGE T, HANSEN K, et al. Effects of sleep and circadian rhythm on human circulating immune cells[J]. J Immunol,1997,158(9): 4454-4464.

[250] HALBERG F,JOHNSON E A,BROWN B W,et al. Susceptibility rhythm to E. coli endotoxin and bioassay[J]. Proc Soc Exp Biol Med,1960,103:142-144.

[251] WANG C,LUTES L K,BARNOUD C,et al. The circadian immune system[J]. Sci Immunol,2022,7(72):2465.

[252] SPENGLER M L, KUROPATWINSKI K K, COMAS M, et al. Core circadian protein CLOCK is a positive regulator of NF-κB-mediated transcription[J]. Proc Natl Acad Sci U S A,2012,109(37):2457-2465.

[253] TOTH L A, KRUEGER J M. Alteration of sleep in rabbits by Staphylococcus aureus infection[J]. Infect Immun,1988,56:1785-1791.

[254] FANG J, WANG Y, KRUEGER J M. Effects of interleukin-1 beta on sleep are mediated by the type I receptor[J]. Am J Physiol,1998,274(2):655-660.

[255] SCHETERMANN C,KUNISKI Y,FRENETTE P S. Circadian control of the immune system[J]. Nat Rev Immunol,2013,13(3):190-198.

[256] KETTNER N M, KATCHY C A, FU L. Circadian gene variants in cancer[J]. Ann Med,2014,46(4):1-13.

[257] GERY S, KOMATSU N, BALDIYAN L, et al. The Circadian Gene Per1 Plays an Important Role in Cell Growth and DNA Damage Control in Human Cancer Cells[J]. Mol Cell,2006,22(3):375-382.

[258] FU L, PELICANO H, LIU J, et al. The circadian gene Period2 plays an important role in tumor suppression and DNA damage responsein vivo[J]. Cell,2002,111(1):41-50.

[259] JACOBS D I, HANSEN J, FU A, et al. Methylation alterations at imprinted genes detected among long-term shiftworkers[J]. Environ Mol Mutagen,2013,54(2):141-146(6).

[260] LOGAN R W, ZHANG C, MURUGAN S, et al. Chronic shift-lag alters the circadian clock of NK cells and promotes lung cancer growth in rats[J]. J Immunol,2012,188(6): 2583-2591.

[261] KELLEHER F C, RAO A, MAGUIRE A. Circadian molecular clocks and cancer[J]. Cancer Lett,2014,342(1): 9-18.

[262] MORMONT M C, WATERHOUSE J, BLEUZEN P, et al. Marked 24-h rest/activity rhythms are

associated with better quality of life, better response, and longer survival in patients with metastatic colorectal cancer and good performance status[J]. Clin Cancer Res,2000,6(8):3038-3045.

[263] Hill S M, Belancio V P, DAUCHY R T, et al. Melatonin: an inhibitor of breast cancer[J]. Endocrine Related Cancer,2015,22(3):R183-204.

[264] COLLINS A, YUAN L, KIEFER T L, et al. Overexpression of the MT1 melatonin receptor in MCF-7 human breast cancer cells inhibits mammary tumor formation in nude mice[J]. Cancer Lett,2003, 189(1):49-57.

[265] STEVENS R G. Circadian disruption and breast cancer: from melatonin to clock genes[J]. Epidemiology, 2005,16(2): 254-258.

[266] MORMONT M C,WATERHOUSE J,BLEUZAN P,et al. Marked 24-h rest/activity rhythms are associated with better quality of life,better response,and longer survival in patients with metastatic colorectal cancer and good performance status[J]. Clin Cancer Res,2000,6(8):3038-3045.

[267] HONMA K, HONMA S, KOHSAKA M, et al. Seasonal variation in the human circadian rhythm: dissociation between sleep and temperature rhythm[J]. Am J Physiol,1992,262(5 Pt 2):885-891.

[268] YONEYAMA S, HASHIMOTO S, HONMA K. Seasonal changes of human circadian rhythms in Antarctica[J]. Am J Physiol,1999,277(2):1091-1097.

[269] ZANTKE J, ISHIKAWA-FUJIWARA T, ARBOLEDA E, et al. Circadian and Circalunar Clock Interactions in a Marine Annelid[J]. Cell Rep,2013, 5(1): 99-113.

[270] ZIMECKI M. The lunar cycle: effects on human and animal behavior and physiology[J]. Postępy Higieny I Medycyny Dóswiadczalnej,2006,60:1-7.

[271] WOOD P A, YANG X W. Clock genes and cancer[J]. Integr Cancer Ther,2009,8(4): 303-308.

[272] ASCHOFF J. Handbook of behavioral neurobiology[M]. volume 4. New York:Springer,1981.

[273] BARNWELL F H. Daily and tidal patterns of activity in individual fiddler crab (genus UCA) from the Woods Hole region[J]. Biol Bull,1966,130(1):1-17.

第5章 节律紊乱的治疗

与节律紊乱有关的健康问题和疾病有很多种，包括时差和轮班工作造成的健康问题、睡眠相位延迟综合征（DSPS）、睡眠相位提前综合征（ASPS）、一些节律自运行盲人的非24h周期的睡眠障碍以及精神疾病患者的睡眠障碍等。此外，老年人的睡眠障碍可能也与生物钟功能的衰退有关。因此，可以通过采用光照、褪黑素以及社会因素等方法调整节律的途径来治疗或缓解上述的睡眠障碍症状[1]。

DSPS在青少年中较为常见，发病率约占7%~16%，患者并不缺乏睡眠，只是入睡和醒来的相位要比常人推迟大约3~6h。如果强迫患者在较早的时间醒来，他们会在白天再睡一段时间，或者感受到类似时差的不适。对DSPS的治疗可以采取时辰疗法，主要通过改变作息规律来调节节律，治疗节律紊乱和睡眠障碍。根据人对光的相位响应曲线（PRC），在早晨给予光照可以使相位提前。采用光照治疗DSPS需在夜间体温降至最低点之后，并逐渐将光照时间提前，每次提前约3h，经历一周左右可将节律调整至接近常相位[2]。对ASPS的治疗策略与此相反，根据人的PRC，应在傍晚给予光照刺激，使相位逐渐延迟至接近常态[3]。采用光进行的时辰疗法通常可以让患者的睡眠相位保持相对稳定数周或数月。部分接受治疗的对象在治疗结束后一段时间后能够保持正常的相位，而另一些人在治疗结束一段时间后相位则会恢复到治疗前的异常状态[4]。盲人当中有相当一部分人的节律处于自运行状态，可能与他们的节律因无法感光而不被导引有关。盲人中也有很多人罹患各种不同的睡眠障碍[5-6]。

非24h睡眠-觉醒综合征患者的生物钟表现出了自运行的特征，患者的核心体温节律的周期接近25h，而工作/休息的周期要保持在24h，因此这两种周期就不同步了。当生物钟节律的相位与睡眠-觉醒相位不同步时，患者就会失眠并带来不适。造成非24h睡眠-觉醒周期的原因可能是由于内在生物钟节律不受外界环境导引所致[7]。

5.1 节律紊乱的治疗方法

5.1.1 光照疗法

光是生物钟最重要的授时因子，对节律具有导引作用。所有生物近日节律的自运行周期都接近24h,而非准确的24h,每天的光照、温度等环境因子的变化周期是24h,可以对生物的节律产生导引作用,使生物在生理和行为上表现出周期为24h的节律性。由于光对节律有显著的导引作用,因此也被用来治疗节律紊乱。光疗法(light therapy)用于治疗抑郁症或者双相情感障碍始于20世纪80年代,对于治疗SAD、老年痴呆引起的睡眠障碍以及贪食症、妇女经前情绪障碍、妊娠期的抑郁症等具有较好效果。更为重要的是,在进行药物治疗的同时如果辅以光疗,会取得更为明显的疗效[8-9]。

对于每2周白班和夜班交替一次的护士来说,以及每周从白班转换到晚班和夜班轮转1轮的护士,这些护士为了适应晚班或夜班,每天睡眠-觉醒周期的相位都要延迟1~3h。为了让他们更好地适应周期的变化,在他们睡前的环境里给予强光,在醒后则避免强光。这样的光照调整方案有助于改善睡眠质量和提高他们在夜晚的工作效率。但是,由于这种调整方案需要他们在休息日也要接受调整,所以会带来不便。采用光照来治疗时差时也需要充足的光强,Wever等分别用小于1500 lx的室内光照条件和明亮的白光(2000~5000 lx),结果显示第一组可以每天调整约1.0h而第二组每天调整约1.4h[10]。通常而言,用于治疗的光照如果是全波长的白光,那么强度应在2500~10000 lx范围内。如果是多种方法结合治疗,则可以用较弱的光[11]。

由于ipRGC细胞的感光波长为484nm,而对褪黑素抑制效果最明显的是460nm波长的光,因此用这一波长附近(446~477nm)的蓝光进行治疗效果会更好[12-13]。目前也有一些商品化的辅助工具,如能发出蓝光的LED眼镜等,可用于补充光照,帮助调整时差[14]。

光照疗法简便、易行,但也存在一些副作用,包括眼睛疲劳、头痛、恶心以及出现激动不安的情绪等。但与一些药物治疗的副作用相比,光疗法的副作用还是更容易接受的[15]。

采用光疗法治疗睡眠障碍等疾病时必须要考虑治疗的时间问题,在第1章里我们介绍过授时因子的相位响应曲线(PRC),如图5-1所示,在一定的近日时间范围里光照可以使相位提前,在一些时段可以使相位延迟,而在另一些时段则可能对节律的相位没有显著影响。其他授时因子对于节律的导引作用也因处理时间的不同而会出现各种变化。图中黑色三角形表示体温最低值对应的时间,对于多数人来说,约为凌晨4时左右。从PRC可以看出,在体温最低值前的时间里接受光照有助于使相位延后,而在体温最低值之后接受光照则有助于使相位提前。图5-1也显示了褪黑素的PRC,可以看出,褪黑素对相位的影响趋势大致与光照的影响相反[16]。

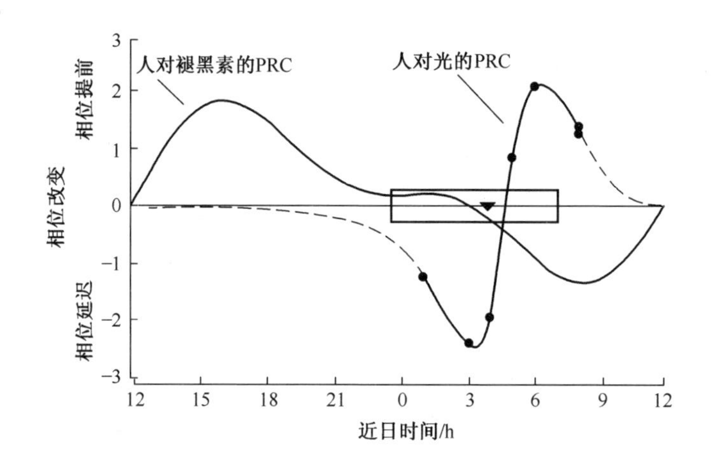

图 5-1　人对光及褪黑素的 PRC

[图中褪黑素和光照的 PRC 分别是在每天不同时间服用 3.0mg 褪黑素或明亮光照脉冲(光强约为 3500 lx,每次光照 2h)条件下获得的。黑色方框表示受试者大致的睡眠时间段,其中一个黑色向下的箭头表示的是体温最低时间点。虚线表示根据相关研究推断的变化趋势。需要注意的是,授时因子的剂量对于 PRC 的变化趋势也会有影响[16-17]。]

5.1.2　褪黑素及药物治疗

褪黑素的分泌受到生物钟的调控,具有促进睡眠的作用,同时褪黑素又对生物钟具有调节作用,可以改变节律的相位。褪黑素最早于 1983 年被证明对大鼠的节律具有导引作用[18],如今褪黑素已被广泛用于治疗多种节律紊乱和睡眠障碍病症[19-21]。尤其对于盲人而言,光疗法可能不起作用,而褪黑素对于盲人的节律仍然具有导引作用[20-24]。

褪黑素可以促进睡眠,对于调整时差、改善轮班工作者及老年人睡眠质量也具有较好的作用[25-26]。褪黑素对治疗节律紊乱也具有很好的疗效,尤其是睡眠相位延迟综合征患者来说,在傍晚服用褪黑素可以使睡眠时间提前。对于节律自运行造成的睡眠障碍患者来说,按时服用褪黑素可以对节律产生导引作用[16]。多数盲人的节律会出现自运行状态,与环境的 24h 周期不同步,在相位与环境变化不同步的阶段,他们会出现白天困倦、夜晚难以入睡等健康问题。Sack 等连续数周给一组节律自运行的盲人每天在睡前 1h 服用 10mg 的褪黑素,可使受试者节律恢复正常[24]。褪黑素的分泌会受到光的抑制,因此褪黑素主要在夜间分泌,相位与光照条件以及体温的变化大致相反。因此,用褪黑素进行治疗的时间与用光治疗的时间是不同的,比如同样用于治疗 DSPS,需在早晨给予光照刺激,如果用褪黑素进行治疗,则要在晚上进行,让患者提前入睡。

对于治疗采用的褪黑素的剂量没有很一致的报道，在多数的研究中所使用的剂量范围为 0.5～5mg。褪黑素无明显的副作用，但可能会造成头痛、短期的抑郁感、困倦、眩晕、胃部痉挛和易怒等轻微症状，服用褪黑素后的 4～5h 内不要开车或从事复杂的工作[27]。

光疗法与褪黑素治疗相结合可能会取得更显著的效果，光疗法可以通过避光或增加光暴露来实现，戴墨镜或防蓝光眼镜可以减少或避免光照对节律的干扰；提高场所的光照强度、戴可发出白光或蓝光的眼镜等办法可以增加光照。此外，运动也对节律具有调节作用，尽管不如光照或褪黑素明显。一般来说，在傍晚进行适量运动会使节律相位提前，而在夜晚运动可能会导致相位延迟（图 5-2）[28]。

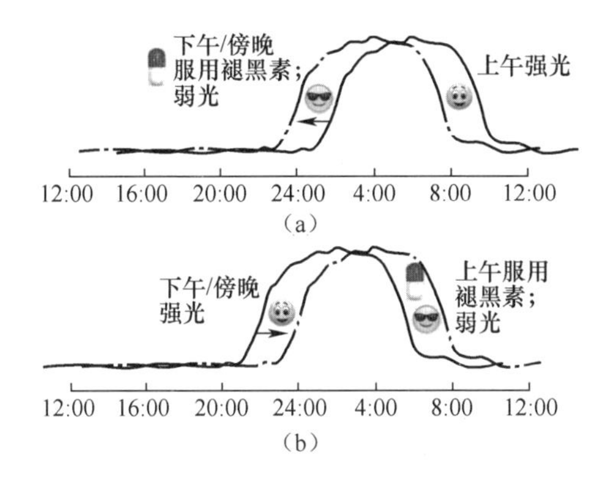

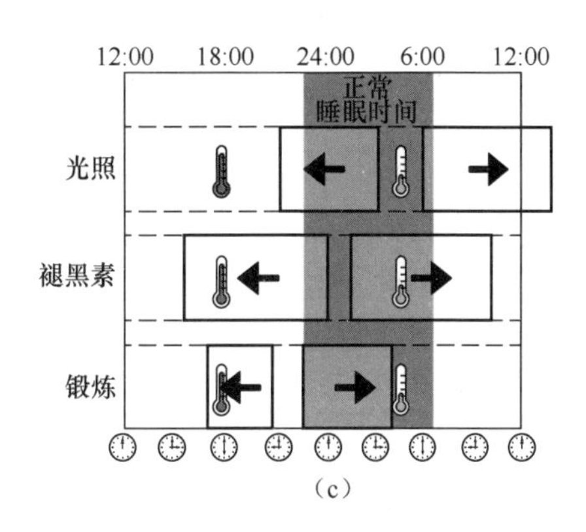

图 5-2　采用褪黑素及光疗调整节律相位的示意图

(a)节律相位提前（在下午/傍晚服用褪黑素，并且避免强光暴露，而上午则要强光暴露）；(b)节律相位推迟（在下午/傍晚强光暴露，上午避免强光暴露并服用褪黑素，不戴墨镜表示接受强光照射，戴墨镜表示避免强光）；(c)不同时间接受光照、服用褪黑素和体育锻炼对节律相位的影响。

（红色曲线表示调整前的节律，绿色曲线表示调整后的节律。蓝色阴影表示平时的睡眠时间，黄色方框表示接受光照、服用褪黑素和体育锻炼的时间。左箭头表示导致相位提前，右箭头表示导致相位推迟。红色温度计表示体温的峰值时间，蓝色温度计表示体温的谷值时间[28]。）

图 5-3 显示的是对一个睡眠障碍患者的治疗，在单独使用褪黑素治疗时效果并不明显，而同时采用褪黑素和光疗法则疗效得以显著改善（图 5-3）[29]。Revell 等同时采用光照和褪黑素对受试者的节律进行导引，根据光照和褪黑素的 PRC，在上午给予强光，在下午让受试者服用褪黑素。3 天后不再接受额外光照，也不再服用褪黑素，对受试者体内的褪黑素节律进行分析，结果显示只接受光照的对照组相位提前约 1.7h，服用 0.5mg 褪黑素的实验组提前约 2.5h，而服用 3.0mg 褪黑素的实验组提前约 2.6h[17]。

（a）

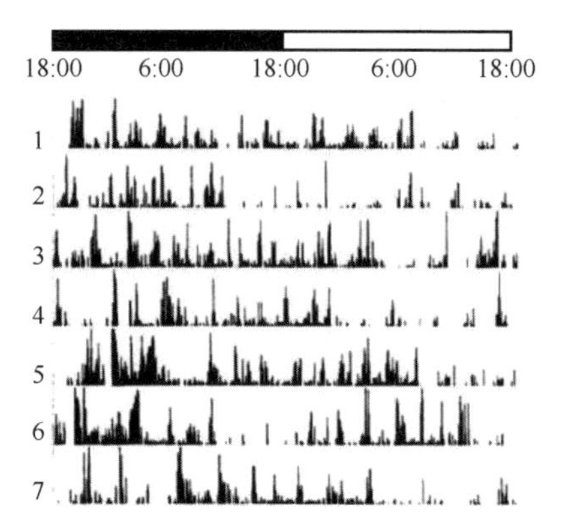

（b）

（c）

图 5-3　光及褪黑素对睡眠障碍治疗情况的单点图[29]

(a)治疗前;(b)用褪黑素治疗后;(c)同时用褪黑素和光照治疗后。

[通过手腕佩戴的连续活动记录装置,记录了对一个患者在治疗前(a)、用褪黑素治疗后(b)和同时用褪黑素和光照治疗后(c)的活动图。每一行表示连续天数的记录结果,上方的黑色长条表示黑暗时段,白色长条表示光照时段。]

外源的褪黑素在体内可通过肝脏的首关代谢(hepatic first-pass metabolism)降解,半衰期约为20~45min[19]。通过药物缓释系统对褪黑素进行给药,可使药效持续 8~10h,对于治疗老年人失眠具有一定的效果[30]。

其他一些药物对于节律或睡眠也具有调节作用。雷美尔通(ramelteon)可与 MT_1 和 MT_2 受体结合,是一种褪黑素激动剂,其半衰期约为 1~2h,长于褪黑素。由于雷美尔通可以缩短睡眠潜伏期并增加睡眠时间,这种药在美国被允许用于治疗失眠。不像苯并二氮卓(benzodiazepine)类药物在治疗失眠时会对人的记忆、认知和运动产生影响,雷美尔通没有这些明显的副作用。阿戈美拉汀是 MT_1、MT_2 的激动剂和 $5-HT_{2C}$ 的拮抗剂,在欧洲被用于临床治疗重型抑郁症(MDD)。阿戈美拉汀对大鼠和人的节律都具有导引作用,例如在晚上 6 点服用阿戈美拉汀,会使人的褪黑素分泌、核心体温节律的相位提前。在老年人中,持续服用 15 天以上可使相位提前约 2h[30]。

5.1.3 通过社会因素改善节律紊乱

作息习惯、用餐时间、工作安排以及社交等社会性因素,对于节律也具有程度不同的影响。节律不稳定或受到干扰可能是引发双相情感障碍、季节性情感障碍等精神性疾病的重要因素。在双相情感障碍中,工作或生活压力也可能是诱发疾病的重要因素,对这一类患者而言,压力会对睡眠-觉醒节律和社会节律产生明显影响[31]。人际关系与社会节律疗法(interpersonal and social rhythm therapy, IPSRT)是一种基于经验的心理疗法,强调和关注社会因素对患者节律的影响,帮助患者检测社会、行为节律异常与症状之间的联系,制定调整社会性节律的措施。IPSRT 对预防和治疗双相情感障碍病情的发作具有一定的疗效,具体表现在可以缩短康复时间、降低复发风险、改善心理状况、提高工作能力以及降低自杀率等[31-32]。

通常来说,体育运动也有助于调整节律,加速节律的导引过程,适应新的睡眠-觉醒作息安排[33]。适度的体育锻炼有助于较早入睡,并可以提高睡眠质量。但是,如果在平日的睡眠时间进行运动,由于体温升高、警觉度增加,反而会导致入睡困难。体育锻炼可以激活 5-HT 能系统,提高光对节律的导引效率[34]。

饮食也会对节律产生影响。咖啡因具有很强的刺激性,一杯意式咖啡约含 85mg 咖啡因,可以在体内维持 4h 以上。一些高热量的食物,会刺激消化系统和内分泌系统,提高人的警觉度,令人难以入睡[33]。由于饮食也是生物钟的一种授时因子,因此也可以被用来调整时差[35]。

5.2 节律紊乱的治疗

5.2.1 时差及轮班工作的节律调整与适应

时差带来不适的严重程度与几个因素有关:①在相近时间内跨越的时区越

多,则受影响越大。也就是说,跨越时区的旅行速度越快,带来的时差反应就越强烈;②向东旅行带来的不适平均而言要较向西旅行明显;③在旅行中调整睡眠的能力越强,则适应时差的能力越强;④到达后目的地各种环境因子的导引作用;⑤个体差异,有人对节律紊乱的耐受性强,则他们的不适感会相对较弱[36]。时差不适感的强度还与年龄有关,相对而言,年轻人比中老年人能更好、更快地适应时差[37]。

采取一些措施,可以帮助旅行者尽快适应时差,减少时差对健康、生活和工作的不利影响。调整时差也需要一定的时间,对跨越时区旅行造成的时差来说,向东飞行带来的时差反应比向西飞行更难调整,向西飞行产生的时差每天可调整约 90min,而向东飞行产生的时差每天可调整约 60min[10,25]。一般解释是由于人的自运行周期大约是 25h,因此更容易适应由相位延迟而造成的更长的白天[38-39]。

光照(或者避光)治疗以及褪黑素治疗是调整时差的两个主要方法。由于旅行者旅行方向不同,跨越的时区数目也不同,为了调整时差,根据 PRC 的特点,应当在一些情况下采取光照疗法,而在其他一些情况下尽可能避免光照尤其是强光。简单来说,在早晨照射强光可导致相位提前,而在傍晚给予强光照射会导致相位延迟。褪黑素对节律导引的效应与光照大致相反,在早晨服用褪黑素导致相位延迟,而在傍晚服用褪黑素导致相位提前[40]。在各组织调整节律以适应时差的过程中,肾上腺糖皮质激素似乎对这一过程起调节作用,阻断糖皮质激素的合成时会导致同步化过程减慢[41]。

北京和圣弗朗西斯科之间跨越 9 个时区,一个旅行者通常在 11:30—7:00 睡觉,在圣弗朗西斯科如此,当旅行者到达北京时也不例外。从每天体温最低值(黑色三角形)的变化趋势可以看出,当此人从圣弗朗西斯科向西飞行到达北京后,体温相位每天延迟 1.5h,直到 6 天后在北京时间凌晨 4:00 达到最低值后才稳定下来(图 5-4)[17]。3 天后,也就是 9 日下午 4:00,此人又踏上了返回圣弗朗西斯科的旅程,从北京出发向东飞行并于圣弗朗西斯科当地下午到达。在随后几天内的时间里,此人每天体温相位不断变化以适应时差,并存在两种可能的变化方式,一种是每天延迟 1.5h(空心三角形),于 10 天后维持在圣弗朗西斯科时间凌晨 4:00;另一种方式是每天前移 1h(黑色三角形),于 9 天后维持在圣弗朗西斯科时间凌晨 4:00。这两种可能性都是存在的,有时候甚至会发生冲突,导致一些旅行者的相位在到达目的地后仍维持在出发地的状态,而不能及时作出调整[42]。如果此人在返回圣弗朗西斯科后逐步改变睡眠时间,比如睡眠时间每天前移或后移 1h,就会对体温节律起导引作用,使体温的相也逐渐前移,有助于改善时差症状。

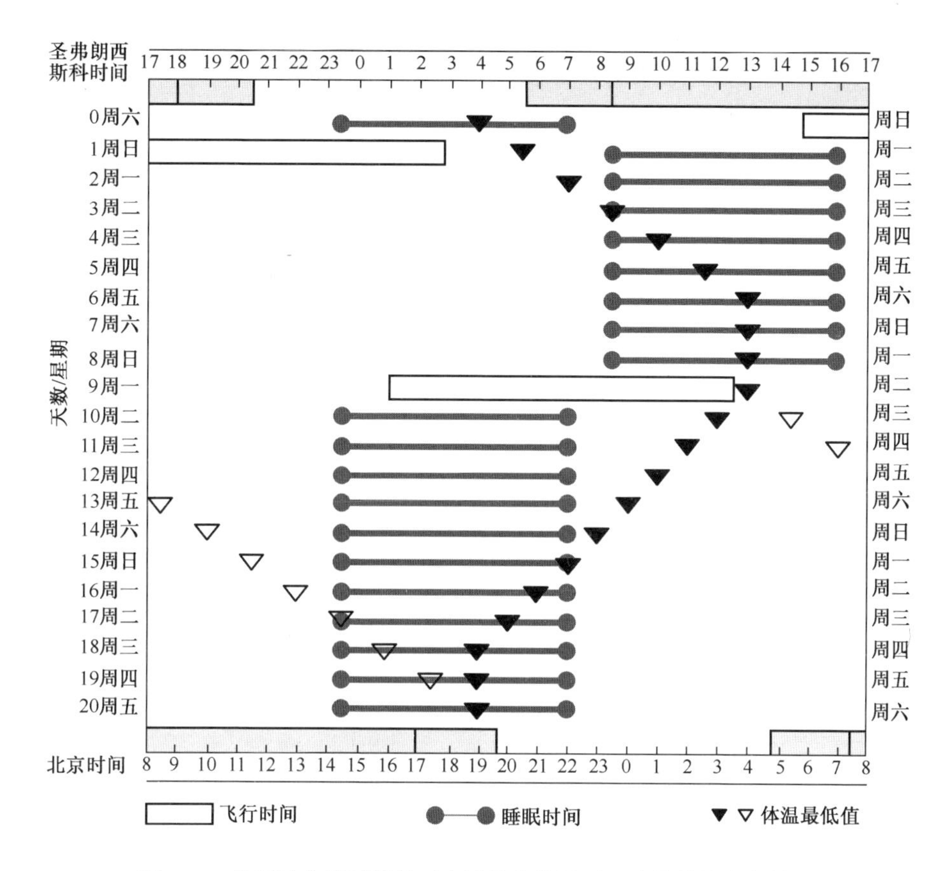

图5-4　美国圣弗朗西斯科至中国北京往返过程中的节律变化情况

(0~1天的方框表示从圣弗朗西斯科向西飞至北京的时间。第9天的方框表示从北京向东返回圣弗朗西斯科的时间。黄色方框表示圣弗朗西斯科和北京的夏季白天日照时间段,黄色方框里的竖线表示冬季白天的日照时间范围。睡眠时间范围用粉红色圆点及连线表示。表格上方的时间为圣弗朗西斯科当地的时间,下方为北京的当地时间。黑色和空心三角形表示体温每天的最低值。图片参照文献[17],有改动。)

对于经受时差折磨的人,如果他们在白天需要保持清醒而核心体温却处于最低值,会导致早晨的不适感最为强烈。这是由于人在体温最低时会感到困倦、容易入睡而造成的,反过来,在这种情况下,他们在夜晚则又会由于体温较高而难以入睡。在这种情况下,即使他们能够有充足睡眠,在白天尤其是接近体温最低值的时段,工作效率也会受到很大影响[17]。图5-5中假想的旅行者在从圣弗朗西斯科飞至北京后,从第3天起时差的不适会明显减弱,因为核心体温的最低值已经延迟到夜晚的睡眠范围里了。在这个旅行者返回圣弗朗西斯科后,如果他的相位是通过不断提前进行调整的话,那么将从第16天起时差的不适感开始好转;如果他是通过延迟相位进行调整的话,那么会晚2天左右时差的不适感才能得到改善。这样看来似乎提前相位的方案要比延迟相位的方案好,但是问题是在前一种方案里,旅行者的体温最低值有好多天都是处于每天醒来时间的附近,而在体温最低、通常是最困倦的时间醒来也会增加不适感。为了尽可能减轻旅行者的不适,可以考虑设法让旅行者体温最低值的时间正好处于睡眠时段内。为了达到这一目的,一个可行的办法是在到达目的地后,并不立刻采用目的地的睡眠时间,而是逐步调整睡眠时间,使核心体温的最低值尽可能落在睡眠时段里[2]。

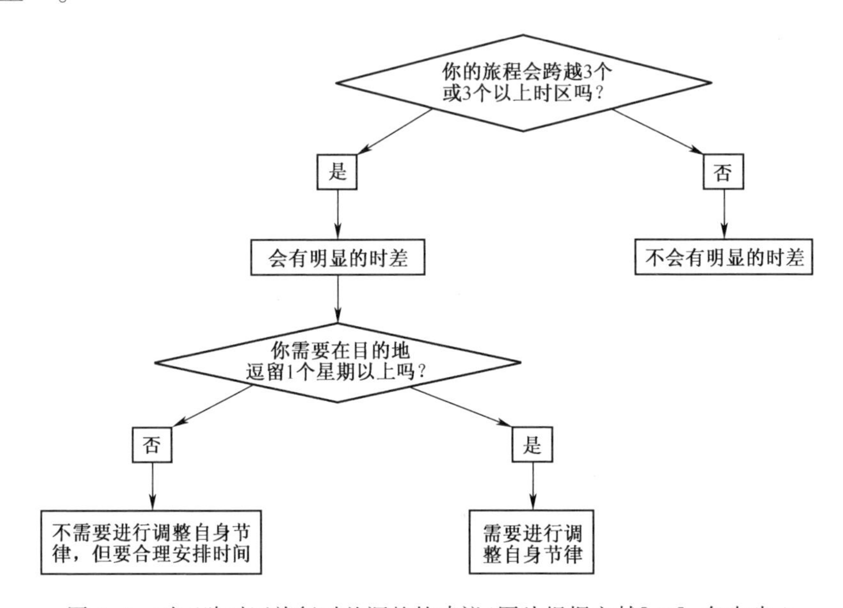

图 5-5　对于跨时区旅行时差调整的建议(图片根据文献[43],有改动。)

上面介绍的例子是通过自然调整的方式来使体内节律的相位发生改变,以适应时差。我们前面提到过,对时差的适应性具有个体差异,而且不同年龄的人对时差的适应能力也不同[17,44]。对于时差适应能力较差或时差带来的不适感较强的人,可以采取一些治疗措施,帮助他们尽快调整节律,更好地适应时差。对时差的调整主要是针对在目的地长期逗留的旅行者,对到目的地后数日内又返回的旅行者没有必要进行调整,否则返回后导致难以适应出发地的时间。实际上在短短数日内也无法将节律完全调整过来。对于在目的地短期逗留的旅行者,最好避免把工作的时间安排在对应于出发地的夜晚睡眠时段,否则将会对工作效率造成影响(图 5-4)[43,45]。

当一个旅行者从芝加哥向东跨越 6 个时区去伦敦,在到达伦敦后的前 2 天,旅行者应在早晨避免强光,例如可以待在光照强度较弱的室内或佩戴黑色护目镜。而在体温低谷之后(大约 9 点)的时间应尽量接受光照,这样可使相位前移。如果在早晨9点之前接受光照,则反而会导致相位后延,取得适得其反的效果。在第2天之后,由于核心体温低谷已经前移至早晨9点之前,因此旅行者可以在早晨就充分接受光照,使相位进一步前调。此外,可以每天在当地夜晚入睡前服用1~5mg的褪黑素促进相位的调整,通过以上方式可以使从芝加哥到伦敦的时差在大约4天内得以调整。当一个旅行者从芝加哥跨越5个时区去夏威夷,在到达夏威夷后,可采取逐日推迟1h睡眠时间的措施,同时在每天傍晚或睡前接受光照,以促进时差的调整与适应(图5-6)[46]。

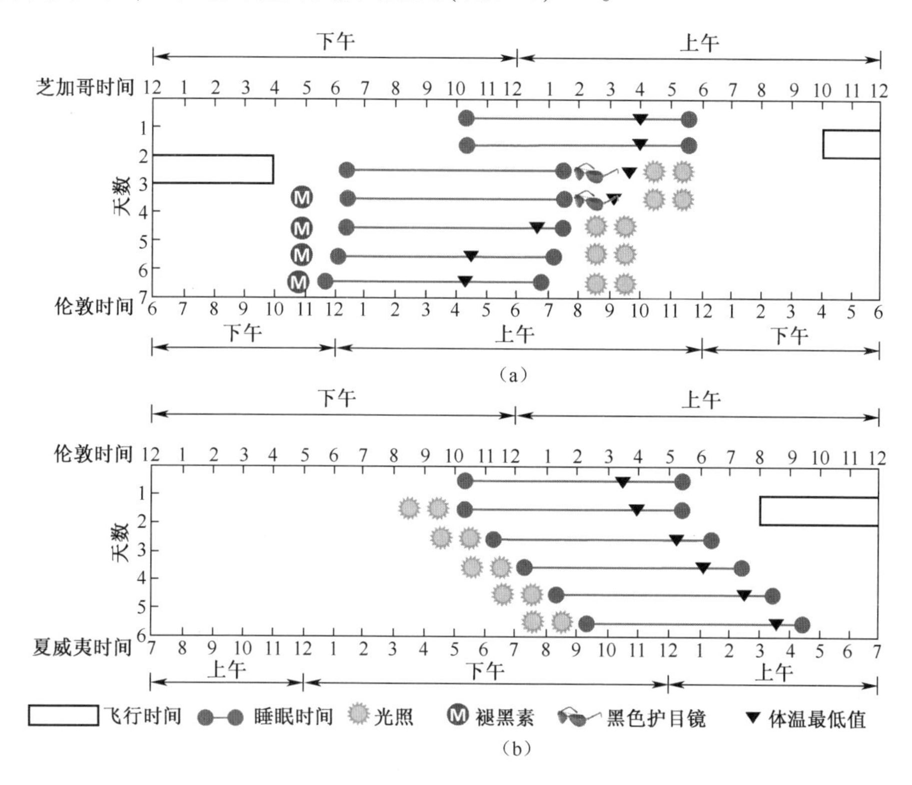

图5-6 加快时差适应的策略

(a)从芝加哥向东跨越6个时区飞至伦敦;(b)从芝加哥向西跨越5个时区飞至夏威夷。
(图片根据文献[46],有改动。)

在第1章介绍过,食物对于节律也具有导引作用,是一种非光授时因子。褪黑素对于调整节律具有重要作用,但由于光对褪黑素具有明显的抑制作用,因此使用褪黑素也具有缺陷,其效果很容易受到光照条件的影响。由于对节律的影响机制不同,通过饮食安排来调整时差则基本不受光照条件的影响。在一项研究中,分别在每天早晨和傍晚给两组受试者提供一次高碳水化合物用餐,两组受试者都是一日三餐,实验持续三天,结果发现早晨享用高碳水化合物餐饮的受试者比另一组受试者的体温节律相位提前了 1h,心率节律相位提前了 45min,而受试者的褪黑素节律相位未有明显改变[47]。在飞机上,最好能按照目的地的时间进行供餐,但是航班并不一定都会这么做。在条件允许的情况下,可以对自己的用餐时间进行调整。此外,一些动物实验的研究结果提示,旅行者在向东飞行前吃一顿高卡路里的早餐或许对调整时差有所帮助[40]。为了缓解旅途中的疲劳感,由于在旅途中身体容易脱水,因此在饮食上还要注意少饮酒而多饮用水或果汁,酒类饮品及咖啡都会促进身体的脱水[40]。

如上所述,为了尽量减少时差带来的负面影响,在出发前就可以做一些准备工作。除了上面提及的一些治疗、调整措施外,在旅行过程中,还可以采取一些简便、易行的措施帮助自己尽快调整,这些办法包括:在飞机上将手表的时间调为目的地时间以提前适应;在目的地是夜晚的时候在飞机上尽可能睡觉,而在目的地是白天的时候尽量不要睡;可以在遵守规定的前提下在机舱内走动、喝咖啡或观看机上的娱乐节目保持清醒[43]。此外,还可通过运动的方法来帮助节律的调整,即在目的地的白天时间增加运动,而在目的地的夜晚时间减少运动,需要注意的是,运动对相位的导引作用与光照或褪黑素不同,在傍晚时运动有助于相位前移,而在深夜入睡前后运动则有助于相位延后[48]。运动可以激活 5-HT 能系统,对光导引节律的相位延迟具有促进作用[34]。

轮班工作也会导致节律紊乱,并需要一定的时间才能调整过来。为了减少轮班工作的不利影响,首先在工作安排上要尽可能减少轮班的频度和次数,并在不同的工作时间安排之间留有时间以便体内的生物钟逐渐调整和适应。对于长期在夜间工作的人,在夜间使用人造光源,在白天尽可能睡觉或在外出时佩戴黑色护目镜,减少外界光照的影响,对于维持体内节律相位的稳定具有较好效果[49]。

时差或轮班工作不仅会造成节律紊乱,也会导致睡眠障碍。对于因时差或轮班工作导致的失眠或睡眠障碍,可用抗组胺剂类、苯二氮类、咪唑吡啶类等镇静、安眠类药物[40]。咖啡也可以用来保持清醒,抵抗睡意,以达到调整自身节律的目的,在傍晚时饮用咖啡具有使褪黑素相位延迟的作用。在调整时差或轮班工作带来的节律紊乱问题时,可以通过饮用咖啡帮助改善效果[50]。

5.2.2 潜艇等深远海的特殊作息制度

在潜艇或其他舰队里,很多岗位需要 3 个人轮流值更(值班),这种作息制度也见于海上油井行业。20 世纪五六十年代开始,美国核潜艇部队采用 4h 值更、8h 休息和睡眠的作息制度,且每个岗位的人员要进行轮班。在这种作息制度下,每个人的睡眠-觉醒周期变成了 12h 而非 24h,这会造成节律难以适应,并且轮班可能会加剧这一状况。后来,改为6h值更、12h休息和睡眠的作息制度,相当于每天的周期为18h。但这两种值更制度都会导致乘员节律紊乱、睡眠不足,影响他们的健康与工效。但是,核潜艇艇长仍然执行的是24h的作息周期,他们很少出现这些状况。这说明特殊值更制度是造成这些问题的主要原因(图5-7)[51-54]。

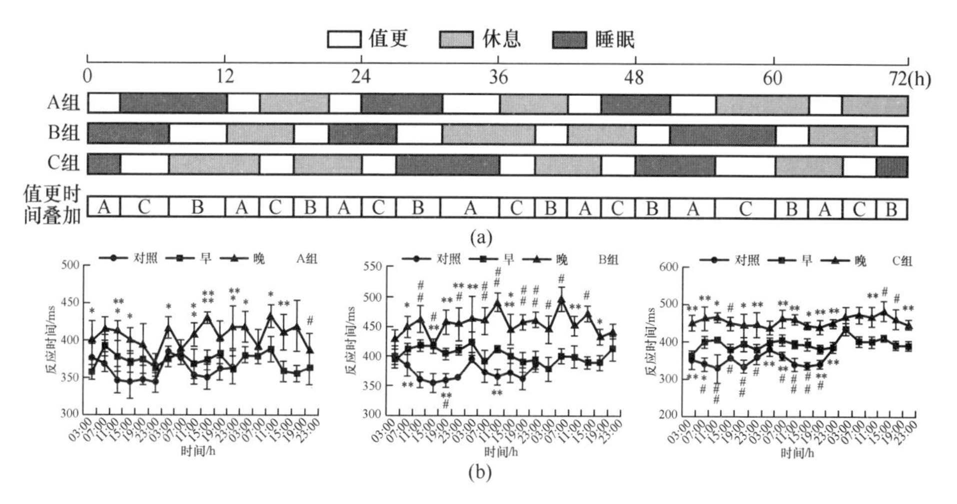

图5-7 一种频繁轮班的深远海值更制度对警觉度的影响[54]

(a)值更制度示意图。人员分为A、B、C3组,模拟实际岗位的3人。3组轮流值更,保证任何时候都有一个人在值更,不同色块分别表示值更、休息和睡眠时段。(b)A~C组PVT测试显示的反应速度变化情况。黑色曲线表示正常作息的对照期的结果;绿色曲线表示进入轮班制作息后早期阶段的测试结果;红色曲线表示进入轮班作息后后期的测试结果。数据为均值±SE,$n=4$[54]。

5.2.3 生物钟与情感性疾病治疗

1. 生物钟与情感性疾病的关联

情感性疾病是指对心境、思维、情感和行为有显著影响的精神性疾病,包括重型抑郁症、双相情感障碍、持续性抑郁症、非典型抑郁症、情感分裂性精神障碍、精神分裂症、焦虑症、产后综合征等。情感性疾病是由复杂得多因子引起的疾病,包括遗传、环境、生理和心理等因素的异常都可能引起情感性疾病。根据已有的资料,人类生物节律的紊乱几乎与所有已知的情感性疾病都有关联,像最为常见的抑郁症和双相情感障碍等疾病的症状都具有睡眠-觉醒周期、食欲、社会行为周期的紊乱[55-56]。抑郁症在靠近极地的地区发病率最高,这些地区每年有很长时间室外自然光照非常微弱。在温带地区,抑郁症当中约有2%~5%的人罹患的是季节性情感障碍(seasonal affective disorder,SAD),这种病症一般只在日照时间缩短、日出较迟的冬季发作。

人的心境变化受到节律和睡眠的影响,呈现出昼夜的周期特征,相比而言,在夜间时比白天低落。如果节律受到干扰,就有可能出现情感性疾病[57]。另外,节律紊乱在情感性疾病患者中很常见,包括体温、血清可的松、褪黑素、降肾上腺素、甲状腺刺激素、血压等生理指标的节律[58-59]。褪黑素对于调控节律、抗氧化及代谢都具有重要作用,在一些精神性疾病中患者的褪黑素水平有所降低[59]。由于遗传因素造成的节律紊乱、睡眠障碍,生物节律发生相位改变等异常情况也会导致出现情感性疾病,如睡眠相位提前综合征(ASPS)或睡眠相位延迟综合征(DSPS)等患者通常同时并发抑郁或焦虑等症状。生物钟及相关基因包括 *Npas2*、*Per2* 和 *Bmal1* 等可能与季节性情感障碍具有关联,而生物钟基因 *Clock*、*Bmal1* 的突变或多态可能与双相情感障碍具有关联[56]。Koizumi 等的一项研究发现,新生的野生型幼鼠被 *Clock* 基因突变的母鼠抚养,会导致幼鼠的焦虑情绪增加[60]。对于病情较重的抑郁症来说,相当一部分患者在早晨时症状更为严重,称为早晨严重型(morning-worse pattern)。但是,对于病情较轻的患者来说,较多人是在晚上症状更为明显,称为晚间严重型(evening-worse pattern)[61]。猫头鹰型的人相对于百灵鸟型的人也具有较高的罹患抑郁症、双相情感障碍等情感性疾病的风险[55]。

在进行抗抑郁药物或心境稳定剂治疗后,一方面情感性疾病症状可以得到缓解,另一方面患者的节律也会恢复正常。遗传因素和环境因素对情感性疾病都有影响。抑郁症患者的体温、血清可的松含量、去甲肾上腺素、甲状腺刺激激素、血压、褪黑素等生理指标的节律性都有所异常,而治疗抑郁症的药物也具有恢复这些节律的作用,这些事实都说明生物钟的紊乱可能与情感性疾病存在紧密关联[56,62]。

切除双侧 SCN 的大鼠节律紊乱,下丘脑-垂体-肾上腺轴调节分泌的抗压激素也显著降低,通过这种方式建立大鼠的抑郁症模型,可以用来分析 SCN 对行为绝望的影响。实验结果表明,双侧切除 SCN 的大鼠在强迫游泳实验中,静止不动的时间减少,表现出抗抑郁的特征[63]。雄性大鼠被其他雄性大鼠打败后,会出现焦虑表现,活动显著减少,四处探索的次数也减少,变得消极[64]。抗抑郁药物阿戈美拉汀可以抑制这种被打败而出现的焦虑现象,并且阿戈美拉汀的处理效果依赖于 SCN,在切除 SCN 的大鼠中阿戈美拉汀的疗效不显著[65]。生物钟还可以通过其他途径影响情感,比如 *Clock* 突变小鼠中脑腹侧被盖区(VTA)多巴胺能使活动显著增多,有类似躁狂症状的表现[66]。这些实验结果表明,生物钟对于情感具有调控作用,与情感性疾病的发生具有关联。

精神性疾病是指在各种生理、心理及社会环境因素影响下,大脑功能失调,导致认知、情感、意志和行为等精神活动出现不同程度障碍的疾病。神经退行性疾病主要是指大脑或脊髓神经元丧失引起功能性障碍而造成的疾病。在一些精神病和神经退行性疾病中，神经递质释放的异常是影响这些疾病发生的重要因素，正常的药物使用和药物成瘾、滥用都会对病情有所影响。睡眠和节律对神经递质的释放具有调控作用，因此睡眠和生物钟与精神性疾病及神经退行性疾病具有关联。由于睡眠和节律受到不同脑区的调控，神经递质系统的异常会对睡眠和节律产生影响，而睡眠和节律的异常造成神经和神经内分泌系统功能的紊乱，出现共病症状。这些疾病又会激活与应激压力响应相关的下丘脑-垂体-肾上腺轴，进一步加重病情。对患者的药物治疗、部分患者的药物成瘾或滥用，也是导致神经及神经内分泌系统功能紊乱的重要因素（图 5-8）[67]。这里主要介绍的精神性疾病包括抑郁症、双相情感障碍和季节性情感障碍等疾病，这几种疾病与生物节律的紊乱具有关联。

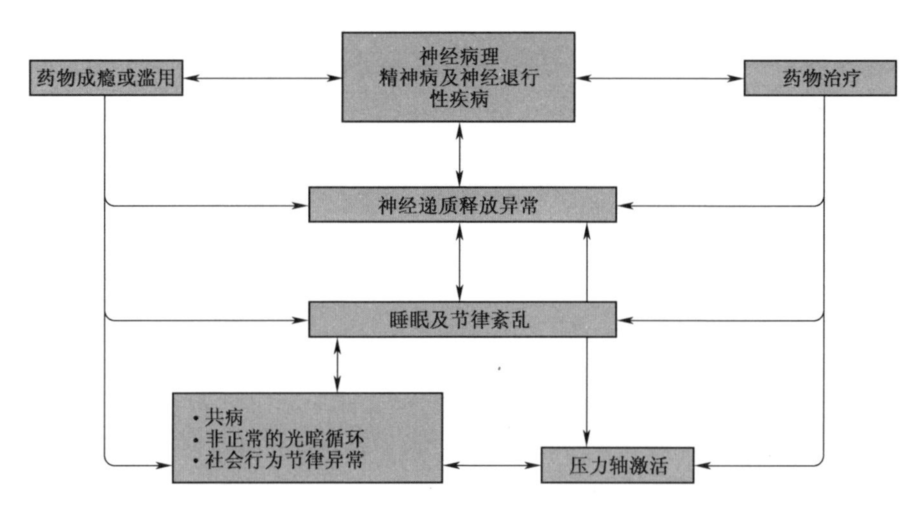

图 5-8　情感性疾病中神经病理、神经递质释放以及生物节律和睡眠的复杂关系[67]

由于上述的情感性疾病与节律异常有关，因此可以通过时辰疗法进行治疗。时辰疗法是基于维持近日节律稳定性的原理，通过控制环境因子对患者节律的导引作用来达到治疗与节律、睡眠异常相关疾病的目的。时辰疗法对于改善情感性疾病的症状具有一定的作用，提示节律紊乱可能是情感性疾病的发病原因之一，而非只是简单的关联[68]。时辰疗法按治疗手段不同可分为药物治疗、光/暗条件治疗、睡眠剥夺，以及人际关系与社会节律疗法，具体的治疗情况及应用分别在不同内容中进行介绍。需要指出的是，情感性疾病发病机制复杂，各种治疗措施也因病情不同而异。另外，由于临床研究的样本量限制，或者对照实验的不完全，也导致对情感性疾病不同的研究和治疗结果不尽一致。

1）抑郁症

抑郁症已经成为一种越来越受到重视的疾病，在全世界范围内估计，在女性中约有10%~25%罹患程度不同的抑郁症，在男性中约为5%~12%[69]。抑郁症患者的主要临床表现为情绪低落、睡眠障碍、精力下降、易产生悲观情绪、对事物缺乏兴趣（食欲下降、性欲减退）、思维迟缓、意志力减弱、不愿意参与社会交往等，在心境上焦虑常与抑郁伴发。抑郁常伴发一些功能性障碍，如心脏冠状动脉疾病、脑血管疾病、呼吸系统感染等状况。总之，抑郁症对于患者自己、家庭以及社会都会带来沉重负担。

5-羟色胺能神经系统，控制着人的心境、食欲、睡眠及活动等，其功能异常是抑郁症重要的发病原因。与褪黑素类似，尸脑的检测结果显示5-羟色胺的含量在一年四季当中的变化是有周期的，其中在冬季含量较低[70]。5-羟色胺代谢途径异常导致5-羟色胺含量过高是引起冒险、冲动、暴力和攻击性行为的一个原因[71]。因此，针对5-羟色胺能神经系统的药物对改善抑郁症症状可能具有一定的疗效。但是，需要指出的是，也有报道认为之前的这些研究并不足以得出明确的支持5-羟色胺与抑郁症关联的结论，5-羟色胺在抑郁症患者体内含量是否降低以及是否与抑郁症存在关联仍有待研究[72-73]。

大约有80%~90%的抑郁症患者同时伴有睡眠障碍，表现为入睡困难、睡眠过多或过早醒来等，反过来，失眠也是导致抑郁症的一个风险因子[74]。通过脑电图（electroencephalographic，EEG）对抑郁症患者的脑电波进行记录，发现他们进入REM睡眠的时间缩短且SWS睡眠减少。抑郁症患者的体温节律也会受到影响，体温的总体均值升高且夜间的体温较高[75-76]。很多抑郁症患者每天在情绪上都表现出明显的波动性，他们在早晨醒来时，情绪最为低落，然后逐渐平稳甚至达到较好的情绪状态。这种波动可能因病情不同而持续数周甚至数月[77]。多数抑郁症患者在早晨症状较明显，但也有少部分人反过来，症状在傍晚明显[15,78]。在分子水平上，多数抑郁症患者血清可的松和降肾上腺素节律的相位亦有所提前[79]。在多数抑郁症患者中，他们核心体温的平均值普遍升高，但振幅降低[15]，这些情况都说明生物钟紊乱与抑郁症有关。但是，需要注意的是，这些生理指标的节律异常在不同亚型的抑郁症患者中是可能存在差异的，例如非精神病型抑郁症患者血清可的松的振幅有所降低，但在精神病型抑郁症患者中则无明显降低[80]。

重型抑郁症（major depressive disorder，MDD）是指长期、严重的抑郁症，患者在日常生活中对很多事物缺乏兴趣，食欲降低、常有疲惫感，并常伴有睡眠障碍。欧洲人一生中罹患抑郁症的概率约为14%，其中约12.3%为MDD[81]。大约90%的重型抑郁症患者有睡眠障碍，如难以入睡和睡眠时间过短等，反过来，长期的失眠也是导致 MDD 的原因之一。产妇在哺乳期由于睡眠经常被扰乱,容易罹患产后抑郁症[67,74]。

如前所述,不同程度抑郁症在一天当中的一段时间症状相对更为明显,提示抑郁症与生物节律具有一定的关联。季节性情感障碍患者的活动也较正常人要少,体温、褪黑素等节律的振幅明显减弱,且振幅减弱的程度与抑郁程度相关,在病情好转后患者的节律包括振幅也恢复正常[82-84]。

抑郁症有多种治疗手段,但目前仍主要依靠药物治疗。以前采用选择性 $5-H^+$ 再摄取抑制剂(selective serotonin re-uptake inhibitors, SSRI)类药物以及 5-HT、血清素和去甲肾上腺素再摄取抑制剂(serotonin and noradrenaline re-uptake inhibitors, SNRI)类药物治疗重型抑郁症,但这些药物副作用较大,疗效也不明显[85]。抑郁症患者常患有睡眠障碍,睡眠剥夺对改善 MDD 症状也具有疗效,但长期睡眠剥夺会损害健康,因此难以持续[57]。抑郁症患者的褪黑素水平在夜间有明显减弱,给患者补充褪黑素能够显著改善睡眠,但是褪黑素治疗对改善抑郁症的其他一些症状无明显结果[86-87]。

阿戈美拉汀(Agomelatine)具有抗抑郁的作用,阿戈美拉汀于 2009 年开始被用于临床治疗 MDD,用量一般为每天 25~50mg,对于改善抑郁症状、抑郁引起的焦虑症状都具有明显效果。阿戈美拉汀既是褪黑素受体 MT_1、MT_2 的激动剂,同时也是 $5-HT_{2B}$、$5-HT_{2C}$ 受体的拮抗剂,除了缓解抑郁症状本身以外,还具有改善节律和睡眠的作用[88-90]。在睡前 5h 服用阿戈美拉汀,可以起到延长 REM 睡眠时间以及增加 REM 睡眠在总睡眠中比例的作用[91]。阿戈美拉汀对于节律具有调节功能,在持续黑暗条件下,阿戈美拉汀具有与褪黑素类似的作用,可以对大鼠自运行节律起导引作用。另外,阿戈美拉汀在人和大鼠中都具有使节律相位提前的作用[85,92]。

季节性情感障碍(seasonal affective disorder, SAD)是一种反复发作的重型抑郁症,发病特征具有明显的季节特征,该病最早于 1984 年由 Rosenthal 等提出[93]。患者主要在白昼较短且日出较迟的秋、冬季表现出抑郁症状,而从春季开始症状有所好转,因此也被称为冬季抑郁症(winter depresion 或 winter blues)。季节性情感障碍也被认为是 MDD 的亚型,当患者的症状符合 MDD 的范畴且在夏季阶段病情会基本消除的,归为 SAD 类型;如果患者在冬季表现出 MDD 的症状且在夏季虽有缓解但不能完全消除的,归为不完全缓解类型(incomplete summer remission, ISR);如果患者的症状并不符合 MDD 规定的范畴但在冬季有明显症状、而在夏季病情基本消除的,归为亚综合征型 SAD(subsyndromal SAD, sub-SAD)[67,94-96]。SAD 患者嗜好高糖食物,这可能是由于体内 5-HT 含量升高而引发嗜糖症(carbohydrate craving)[97]。

SAD 在长时间日光照射较弱的地区具有高发病率，例如在加拿大发病率为1%~3%而在美国为1%以下，在温带地区，约有2%~5%的人罹患SAD。在高纬度地区，SAD的发病率估计可达10%[95,98]。除了与纬度有关外，SAD在不同国家、地区的发病率也有差异。SAD患者白天嗜睡较为严重，缺乏精力，爱吃甜食。SAD患者表现出非典型的抑郁特征，如心境抑郁程度早晨重夜晚轻、睡眠时间延长、食欲增强及体重增加。

患者的节律通常也发生异常，如相位延迟、振幅减弱或不能正常被环境因子导引等[99]。SAD与节律紊乱、睡眠障碍具有密切的关系，冬季日出较晚引起患者内源生物钟和睡眠相位延迟，是引发SAD的一个重要原因[100]。季节性情感障碍在儿童中的发病率约为1.7%~5.5%，与成人情况类似，患病儿童活动节律的振幅普遍较弱[101]。很多季节性情感障碍患者的相位也有异常，并且表现并不一致，部分患者的相位有所延迟而部分患者相位有所提前[102]。此外，SAD患者中有相当一部分人的视网膜电图发生异常，也有研究发现，编码黑视素基因*Opn4*的多态与SAD具有关联，这些发现提示SAD患者生物钟的输入系统可能受到了影响[102-103]。一些研究也提示*Npas2*、*Per2*、*Bmal1*等基因可能与SAD有关[99,104]。

一些研究认为，SAD患者体内褪黑素水平有所增高，并且光照对患者褪黑素的抑制作用更为敏感，而弱光对患者褪黑素的分泌促进作用（DLMO）有所延迟[105-106]。也有研究则认为SAD患者的褪黑素水平与对照相比，并无明显的改变[107-108]。

光疗法在治疗SAD中使用非常广泛，是治疗SAD的首选疗法，光疗法治疗SAD也是时间生物学疗法在治疗多种情感性疾病中最为成功的运用[57]。由于光照的季节性变化是引起SAD的重要原因，因此通过光疗法对节律和睡眠加以改善来治疗SAD的方法非常有效[109]。对SAD的标准光疗法采用的光照强度约为10000 lx，每天在早晨醒来后进行治疗，每次治疗时间约为30~60min[108,110]。一些研究通过比较在早晨和下午不同强度光照和照射不同时间对受试者体内褪黑素水平的影响，认为在早晨对SAD进行光照治疗可获得更好的疗效[109]，但也有报道称早晨与傍晚的治疗效果并无明显差别[111]。此外，由于不同的SAD患者相位存在差异，应当考虑对不同患者在个性化的时间进行褪黑素治疗或光疗[102]。

2）双相情感障碍

双相情感障碍（bipolar disorder，BD）又称躁郁症、钟摆病，是一种慢性情感性疾病，其症状为情绪在抑郁和躁狂（mania）之间剧烈波动，患者普遍在冬季表现出抑郁症状，而在夏季表现出躁狂症状。双相情感障碍发作一般持续数周到

6个月,平均为3个月左右,有的病例只持续数天,个别病例可达10年以上[69]。在躁狂期间,大约69%~99%的患者对睡眠需求减少,出现失眠或嗜睡等截然相反的症状,还会出现精力过剩、行为过激、性欲旺盛、语速很快、无理性消费、出现幻觉等症状。程度较轻的躁狂症状称为亚躁狂(hypomania)。根据症状,BD还可以进一步分为Ⅰ型和Ⅱ型,其中Ⅰ型患者表现出至少有1次躁狂发作,同时有或未表现出严重的抑郁症状;Ⅱ型BD患者至少有1次亚躁狂发作以及1次严重的抑郁症状[67]。根据2011年一项由美国哈佛大学和世界卫生组织-世界心理健康调查计划显示,BP-I发病率在人群中约为0.6%,BP-Ⅱ发病率约为0.4%[112]。

BD患者在抑郁期间过度睡眠约占23%~78%,此外还表现出心情抑郁、对曾经感兴趣的事物丧失兴趣、失眠或嗜睡、懒散、易被激怒、疲惫但难以入睡、语言表达犹豫或吞吞吐吐、自卑、绝望、负疚感、无法集中注意力或做出决定、想象死亡、自杀或犯罪等。此外,BD患者罹患心血管系统疾病及其死亡率比常人高约2倍[113-114]。双相情感障碍发作也具有一定的季节特征,患者通常在冬季表现抑郁而在夏季表现躁狂症状[114]。

BD是一种严重的精神疾病,BD除了会造成生理和健康的损害以外,还会导致学习或工作效率降低、人际关系恶化,甚至导致自杀。BD患者自杀率高达15%,重型抑郁症的自杀率在情感性疾病中仅次于BD[117-118]。世界范围内BD的发生率约为2.4%,BD在不同国家的发生率不同,在尼日利亚约为0.1%,在美国约为3.3% [112]。

生物节律紊乱是BD的一个重要症状,在不同的病情阶段都会出现,并且患者节律的周期、相位、振幅等参数几乎都会发生异常,因此生物节律紊乱被作为临床诊断BD的一个依据[56]。对BD患者睡眠-觉醒周期的众多研究表明,他们的相位会在狂躁期和抑郁期之间摆动,从图5-9可以看出,体温和入睡时间的相位在抑郁期要比躁狂期显著延迟[116]。这种节律相位的改变是引发病症的原因还是仅是病症的一个表现尚不清楚。

光疗法对于改善BD患者抑郁期的症状有一定作用,而黑暗环境对于舒缓躁狂期的心情有一定的作用。BD患者和一些抑郁症患者的社会行为节律也明显减弱,如入睡和起床、与他人联系、开始工作与学习的时间、晚餐时间等,采用社会性节律治疗对于维持患者节律也具有重要作用,如鼓励患者规范作息时间、参加社交活动、避免独处等[55,84]。

一些生物钟基因可能与BD具有关联,如*Clock*症状、*Arntl1/2*、*Per1-3*、*Cry1/2*等。*Clock*基因突变或被敲掉的小鼠表现出类似BD症状的行为,包括过多的活动、睡眠减少、类似抑郁的行为、焦虑程度降低等[56]。此外,褪黑素受体的异常可能与BD存在关联[114]。

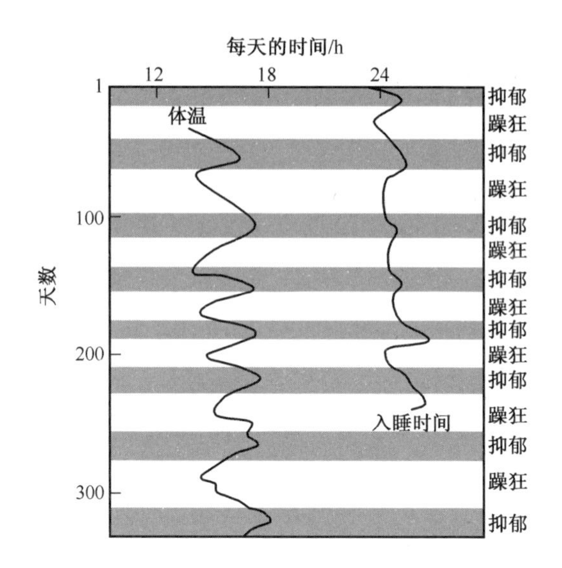

图 5-9　一个 BD 患者体温和睡眠节律的相位变化情况
（阴影区域表示处于抑郁期，白色区域表示处于躁狂期[116]。）

长期采用碳酸锂等锂盐作为心境稳定剂治疗会对这些症状起到缓解作用，锂盐是糖原合成酶激酶 3β（glycogen synthase kinase 3β，GSK3β）的抑制剂，而 GSK3β 具有调节哺乳动物生物钟蛋白 Rev-erbα、BMAL1 和 PER2 磷酸化的功能，具有延长自运行周期的作用。在植物中，锂盐也具有延长自运行周期的类似作用[119-120]。此外，在长期采用锂盐治疗 BD 患者后，患者钟基因 *Dbp* mRNA 的表达量也会明显降低。需要注意的是，对于 BD 患者，锂盐也可以使生物钟周期较短 BD 患者的周期有所延长，但是对一些在发病时周期较为正常的患者则不具明显效果[122-123]。一些可用于治疗 BD 的药物对于调整节律或睡眠也具有一定的作用，锂盐和 2-丙戊酸钠作为心境稳定剂，可以用于治疗 BD，这两种药物都对果蝇、啮齿类和灵长类动物以及人的节律具有影响。

BD 患者褪黑素的节律都可能出现异常，相较于正常人群，BD 患者在抑郁、躁狂和正常期的褪黑素水平都低于对照。在 BD 患者的抑郁期，褪黑素水平显著降低，而在症状缓解后褪黑素水平则有所恢复，BD 患者在躁狂期间的褪黑素水平要高于抑郁期[124-126]。褪黑素也被尝试用于治疗 BD，但所取得的疗效并不一致，有报道称可以缓解失眠和躁狂症状，而有的报道则称无明显疗效甚至有副作用，可能与不同的病情及个体差异有关[127-128]。阿戈美拉汀在动物模型及临床测试中表现出具有改善重型抑郁症和 BD 症状的功效[56,88]。常用的安眠药等也被用于治疗 BD 患者的失眠，但这些药物会带来一些难以避免的副作用。此外，抗抑郁药莫达非尼也用于治疗 BD 患者的过度睡眠症状，具有一定的疗效[129]。

对于抑郁症或者处于抑郁期的 BD 患者来说,完全睡眠剥夺(total sleep deprivation,TSD)是一种在短期内快速、有效的治疗方法,在临床上经常使用,短期内对 40%~60%的患者具有疗效。但是对于 BD 患者来说,完全睡眠剥夺疗法存在一定的风险,有可能在治愈抑郁的同时引发躁狂。对于抑郁症来说,TSD 虽然能在短期内取得疗效,但治疗效果难以持续,因此经常与药物治疗和光疗法配合同时进行[56]。

需要注意的是,BD 患者不宜从事轮班工作或者作息安排不规律的工作,否则对于他们的治疗非常有害。反之,让患者遵从有规律的作息安排则对缓解症状有益。

2. 生物钟与神经退行性疾病的关联

神经退行性疾病(neurodegenerative diseases,NDD)是由于脑部和脊髓等中枢神经组织中神经元丢失引起的退行性疾病,可导致患者出现严重的临床症状,如共济失调、震颤和运动障碍,以及认知和记忆能力的丧失等。神经退行性疾病是神经系统最常见的病症,是与年龄相关的疾病,发病率随老龄人口的增加而逐年增高。神经退行性疾病包括帕金森病(Parkinson 's disease,PD)、阿尔茨海默病(Alzheimer 's disease,AD)、肌萎缩性侧索硬化(amyotrophic lateral sclerosis,ALS)和亨廷顿病(Huntington 's disease,HD,又称“亨延顿舞蹈症”)等疾病[130-131]。多种神经退行性疾病都有节律紊乱和睡眠障碍等临床表现,其中对阿尔茨海默氏症、帕金森氏症和亨廷顿病研究得相对清楚一些[132]。

阿尔茨海默病也称为老年痴呆症,由β-淀粉样肽(amyloid-β,Aβ)累积形成老年斑以及 Tau 蛋白形成的神经元纤维缠结所致,主要症状为进行性记忆力衰退、失语症、失用症和执行功能障碍[8]。老年痴呆症患者普遍存在睡眠障碍,夜间体内褪黑素水平较低,且节律受到干扰。有报道发现,在患者临床前期,松果体中检测不到肾上腺素能受体 β1 (β1 adrenoreceptor)的 mRNA 表达,这可能是褪黑素节律丧失的原因[133]。给老年痴呆模型小鼠添加褪黑素,可明显增加小鼠的成活率,并对 Aβ 造成的神经退行性病症有缓解作用[134]。

老年痴呆症患者的症状通常在下午和傍晚更容易加剧,这种现象称为日落效应(sundowning)。褪黑素治疗有助于改善老年痴呆症患者的睡眠,缓解患者在日落时段的暴躁、激动和不安情绪,也可以起到改善认知功能障碍的作用。

帕金森病是由于脑黑质和脑干部位的路易小体多巴胺能神经元丢失而引起的神经退行性疾病,临床表现主要包括静止性震颤、运动迟缓、肌强直和姿势步态障碍[135]。帕金森病患者脑部相关核团的异常会对 REM 和 NREM 造成影响,在 James Parkinson 于 1817 年首次描述帕金森病时就提及了睡眠障碍的问题,帕金森病可导致失眠、白天睡眠增多及 REM 睡眠行为障碍等症状,其中,REM 睡眠行为障碍的表现以 REM 睡眠期肌肉缺乏张力和梦境扮演行为(dream enactment behavior,DEB)如梦游等。受睡眠障碍影响,患者在白天的警觉度和认知能力减弱,褪黑素的振幅也有所降低[136-139]。在帕金森病患者中,白天睡眠过多的人褪黑素的节律振幅更低(图 5-10)[140]。一些初步研究表明,用光疗法和褪黑素相结合的方法对于帕金森病具有一定的疗效。

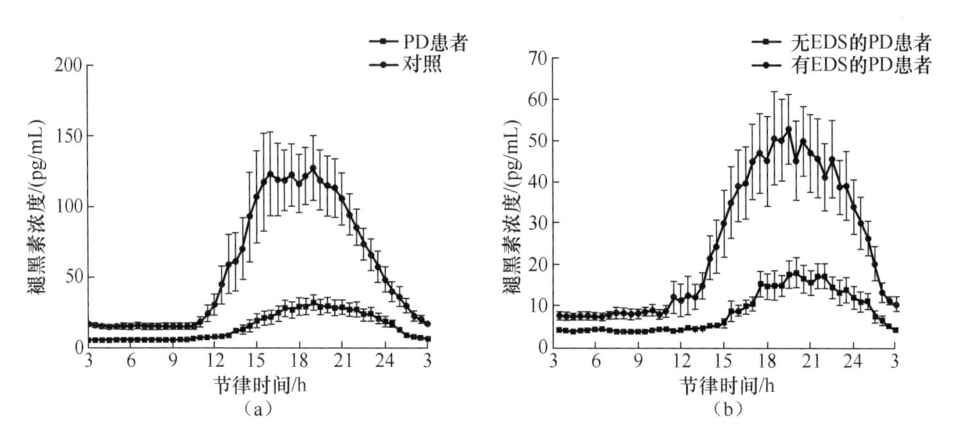

图 5-10 帕金森病(PD)患者血清中的 24h 褪黑素浓度

(a)帕金森病患者和对照的血清褪黑素浓度;(b)存在过多白天睡眠症状及不存在这种症状的帕金森病患者的血清褪黑素浓度。EDS 表示白天过多睡眠[140]。

亨廷顿病是一种家族遗传性的神经退行性疾病,在分子水平上由编码 HUNTITIN(HTT)蛋白的基因核苷酸序列 CAG 过多重复而导致翻译出功能异常的蛋白产物所致。这些异常蛋白质积聚成块,损坏部分脑细胞,特别是那些与肌肉控制有关的神经元,导致患者神经系统逐渐退化。亨廷顿病通常在 40 岁后开始发作,患者主要表现为认知能力下降,出现行为异常或舞蹈样扭动、抽搐动作,动作失调等。高达 88%的患者存在睡眠障碍问题,包括睡眠中身体活动过多、夜间失眠、白天困倦、REM 睡眠减少、REM 潜伏期延长等[135,141]。

3. 其他一些精神疾病与节律紊乱的关联

对其他一些类型精神疾病的研究也发现,这些疾病与节律、睡眠具有关联,实际上,目前在精神疾病的诊断中,例如美国精神病学会的《精神病诊断与统计手册》第四版(DSM-IV)和国际卫生组织的《国际疾病分类》(ICD-10),都将睡眠障碍列为重要的考察指标。精神分裂症(schizophrenia)患者的中枢神经系统常出现一些异常,包括抑制性神经回路的功能障碍、海马神经元数目减少和童年期皮层灰质丢失等。精神分裂症患者通常具有严重的睡眠障碍和节律紊乱,其中约有 30%~80%的精神分裂症患者出现睡眠障碍，主要包括 REM 潜时缩短，REM 密度降低，睡眠潜伏期延长，睡眠总时长缩短，NREM4 期持续时间缩短等症状，导致睡眠效率变差[135]。

精神分裂症患者的节律紊乱表现在节律相位延迟或提前、节律出现自运行或睡眠-觉醒节律出现不规则变化等。睡眠障碍会加剧病症，反之，对年老的精神分裂症患者的调查表明，改善睡眠质量对缓解症状具有很明显的效果[67]。

酗酒也是一种精神障碍，并且会引起一系列的睡眠障碍症状，包括慢波睡眠减少、REM 睡眠受到抑制、睡眠不足以及后半夜睡眠片段化等[142]。生物钟与酗酒也有一定的关联，*Per2* 基因突变可使大鼠对酒精的耐受程度增加 1 倍[143]。另外也有研究提示，百灵鸟型的人染上酗酒的比例要低于猫头鹰型的人[144]。

5.3　生物钟参数异常与节律紊乱

通过前面对各种节律紊乱、睡眠障碍以及相关病症的介绍，可以看出生物钟与这些疾病之间存在着重要关联。相位、周期以及振幅是生物节律的重要参数，生物节律出现紊乱必然会引起相关参数的变化。反过来，节律在相位、振幅、周期等方面表现出来的异常，也可以作为判断病症的参考指标。

5.3.1　相位异常

行为或睡眠-觉醒周期相位异常会导致节律与周围群体的不同步，从而对健康、学习或工作效率产生影响，如前面提到的睡眠相位提前或延迟综合征等，患者难以适应正常的工作和社会节奏。此外，时差也会造成短暂的相位异常。

睡眠-觉醒周期的相位异常与某些精神方面的疾病也具有关联，抑郁症的一个典型症状就是很早就会醒来，且难以重新睡着[145]。如果人为地改变受试者的睡眠-觉醒周期的相位，可以导致情绪性的障碍如抑郁、敌对情绪等。对 114 例精神病患者的调查表明，他们的平均入睡时间为晚上 8 点，每天早晨这些人起床的时间也非常早，其中精神分裂症患者平均入睡时间较其他患者更早。与睡眠-觉醒周期相一致，精神分裂症患者的体温节律的相位也显著提前[116,146]。前面提到，BD 患者的相位会出现提前和延迟的交替变化。此外，BD 患者中猫头鹰型的人相对较多，而猫头鹰型的人心境和情绪的不稳定性相对较高。在 BD 患者中，猫头鹰型的人罹患肥胖的概率要大于中间型和百灵鸟型的人[147]。锂盐常被用于治疗精神性病症并有一定疗效，锂盐作为心境稳定剂用于治疗 BD 已有 60 多年的历史，对于治疗急性躁狂以及对预防 BD 的反复发作有效。锂盐对节律具有调控作用，这也是节律与情感型疾病相关性的一个证据。

褪黑素和一些用于治疗失眠的药物,如用于治疗失眠及焦虑和压力相关病症的苯二氮卓类药物(benzodiazepine),具有调节节律相位的作用,可以使仓鼠活动节律的相位发生改变[148]。

除了上述的疾病,衰老也会对节律的相位产生影响。在哺乳动物的衰老过程中,睡眠、体温等生理过程的节律以及 *Per1* 等生物钟基因表达节律的相位都有显著提前[149-150]。

5.3.2 生物钟周期与疾病

偏离 24h 较大的自运行周期可能会对 24h 昼夜环境的适应能力造成影响,难以完全被环境因子导引。在 24h 昼夜环境里,活动及睡眠-觉醒周期如果与环境不同步,会间歇性地经历失眠的痛苦,每过一段时间就会在白天昏昏欲睡而在夜间难以入眠。自运行周期的长短与相位也具有一定的关联,一般来说,自运行周期越长,则在昼夜交替环境下相位越晚。反过来,自运行周期越短,则在昼夜交替环境下相位越早[123]。

有些盲人虽然无法感光,但仍然可以维持 24h 的节律。但有一些盲人的周期是异常的,无法维持 24h 的周期,由于无法感光,对社会性因素的导引又不敏感,因此节律会出现自运行的状况。例如图 5-11(a)所示盲人的睡眠-觉醒周期接近 25h。在最初的研究中有人认为盲人没有节律,造成这一问题的原因可能是受试者的节律处于自运行状态,不同步,在这种情况下如果将受试盲人的数据取平均值后就可能看不出明显的节律[116]。有些人视力正常,但他们的节律也无法被 24h 的环境周期所导引,即使处于昼夜交替的环境里也会表现出自运行的状态[151-152]。视觉正常的人节律也可能出现接近自运行的状态,如图 5-11(b)所示,受试者的睡眠-觉醒和体温的平均周期为 24.8h。

周期的异常可能是由于生物感受器或者起搏器的障碍造成的,盲人的生物钟系统由于作为光感受器的眼球丧失功能而无法对节律产生导引作用。前面提到衰老会引起眼球的透光性减弱,从而影响光对节律的导引效率[153]。迄今,对于周期异常的患者,除了增强授时因子的强度外,尚无很好的治疗手段。

在分子水平上,生物钟相关基因的突变可造成周期的异常,例如小鼠 *Clock* 基因不同的突变可导致周期变长或节律消失,*Cry1* 和 *Cry2* 的一些突变可分别导致短周期和长周期等表型[155]。磷酸化等翻译后修饰对于生物节律周期的长短也具有重要影响,通常来说,磷酸化程度高会使生物钟蛋白不稳定,容易降解,导致生物钟周期缩短,而磷酸化程度低会反过来使生物钟周期变长[156]。如前所述,在家族性睡眠相位提前综合征患者中,PER2 蛋白的磷酸化异常与周期和相位的改变有关[157-159]。

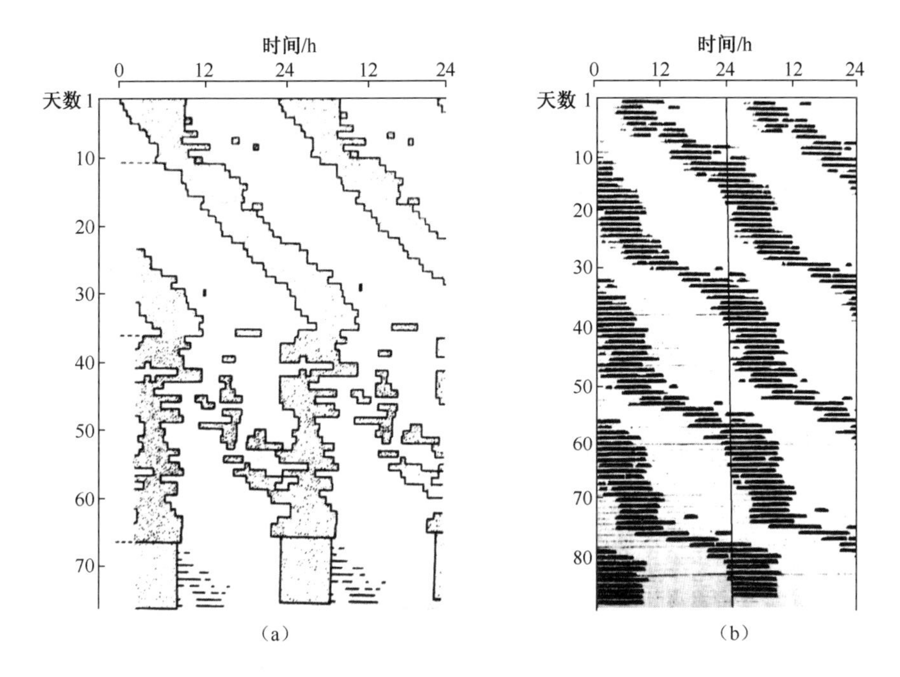

图 5-11　一个盲人和一个视觉正常人的睡眠-觉醒节律

(a)盲人;(b)视觉正常人。

[在(a)图中,虚线所指为睡眠开始的时间。在第 36~68 天期间,受试者尝试与 24h 周期同步,但仍然可见自运行的节律成分。在(b)图中,受试者周期大于 24h,在一段时间内尝试与 24h 的周期同步,但不能持久,因而每过一段时间周期出现改变[154]。]

5.3.3　振幅与疾病

振幅可以认为是生物钟“强度”的反映,也意味着与相位的稳定程度有关。一般而言,节律的振幅越大,则该节律的相位更趋向于保持稳定[160]。受一些特殊的环境条件或者疾病的影响,人的一些生理指标节律的振幅会发生改变。对于轮班工人来说,呼吸、尿液 17-OHCS 浓度以及口腔温度节律振幅较低的人,他们更容易适应轮班的作息改变[161]。

人的心率、核心体温具有昼夜节律的特征,峰值都位于白天而最低值位于夜晚,其中核心体温的最低值约在清晨 6:00 左右。睡眠剥夺会对这些指标的振幅产生影响,导致振幅减弱[47]。人体温的节律性变化与心理和活动都具有密切关联,前面我们在不同章节提到,人在每天体温最低值时段容易困倦、入睡,同时体温与认知、警觉性、反应速度等指标也可能具有关联,但其中具体的调控机制和功能尚不清楚,可能是与体温节律的不同阶段与不同的脑区神经元的激活有关联[162]。脑部的视前区存在温度调节系统，当破坏黄金仓鼠视前区后，体温的振幅显著增高，因此视前区对于体温的震荡幅度具有限制作用[163]。

对抑郁症患者的节律进行分析发现他们的活动、体温、降肾上腺素、促甲状腺素及褪黑素的振幅比对照组有所降低，而在治疗恢复后则恢复正常。抑郁症患者的睡眠障碍可能是导致体温等生理指标振幅降低的原因之一，但是有报道揭示睡眠剥夺对于血清褪黑素的振幅没有明显影响，而对于促甲状腺素（TSH）的振幅则有增强作用[82]，说明不同生理过程可能受到睡眠和生物钟不同方式的调控。在前文中我们提到过，帕金森病患者的褪黑素振幅显著低于对照人群[132]。

心血管机能的一些指标，如心率、纤维蛋白溶解活性、血小板聚集性、血流量及心输出量等，都具有明显的昼夜节律特征[164]。在这些指标当中，血压的均值在白天和夜晚相差约 10%~20%，约有 2/3 的人血压在夜间降低得非常明显，状如杓型，称为杓型（dippers）；约 1/3 的人血压均值昼夜差异不明显，不到 10%，这种变化模式称为非杓型（non-dippers）[165-167]。杓型与非杓型反映的实际上就是振幅的差异（图 5-12）[168]。在高血压患者中，非杓型的高血压患者病情通常更为严重，例如非杓型患者肾功能衰退加快导致更为严重的蛋白尿症状，非杓型患者左心室肥大及脑萎缩等症状也较杓型患者严重，非杓型患者中风的发生率也更高[168-169]。轮班人员在刚开始轮班时血压也会变为非杓型，但是在适应新的作息几天后又会变回杓型，说明轮班对于血压存在不利影响[170]。

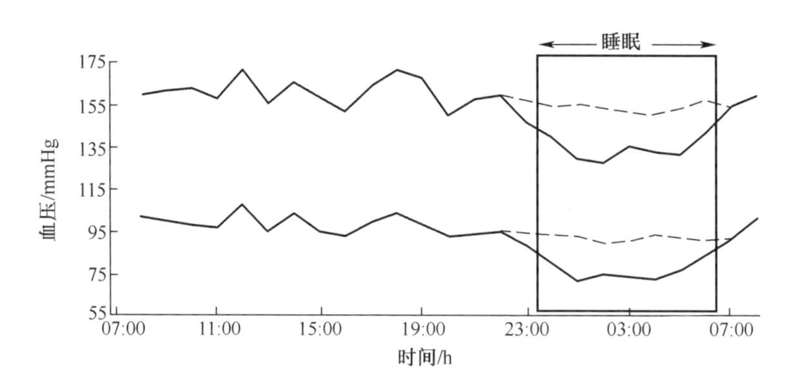

图 5-12 24h 范围内杓型高血压和非杓型高血压的变化情况[168]

［虚线表示非杓型的变化趋势，实线表示杓型的变化趋势。方框表示睡眠时段。该图分别显示了血压较高（上方）和血压较低（下方）的杓型和非杓型变化情况。］

人在衰老过程中，体温、褪黑素等许多生理节律的振幅会显著降低。人慢波睡眠过程中纺锤波的频率及出现次数也具有昼夜节律特征，与年轻人相比，老年人纺锤波的频率及出现次数节律的振幅均显著下降[171]。在一定的条件下，节律的振幅会减弱甚至消失，其中有些是由于环境造成的。长期处于较为恒定的环境里，节律的振幅可能会减弱，不同生物在恒定环境下节律的衰减差异很大，例如招潮蟹以及体外培养哺乳动物细胞的节律在光照、温度等环境因子恒定条件下，一段时间后振幅会越来越弱，直至节律消失。金黄地鼠在恒定光照条件下，一方面周期不断变长，同时振幅也逐渐减弱[49]。在极昼和极夜期间，北极地区的因纽特人尿量、尿液中 K^+、Na^+、Cl^- 离子及褪黑素等节律的振幅与温带地区的印第安人相比也明显降低[172-173]。体外培养的细胞在同步化处理后可表现出节律性，但这种节律也会逐渐衰减。与年轻人相比，老年人的褪黑素、体温等节律不但相位有所提前，振幅也显著降低，提示生物节律振幅的异常与衰老具有一定的关联[150]。

在一些特殊的环境条件下，振幅也会受到影响。例如前面提到大鼠在被打败后体温等节律的振幅和周期都会发生改变[64]。不同的重力条件也会引起心律等振幅的改变，例如在下一章中将提到增加重力会使大鼠体温节律的振幅显著降低[174]。

迄今已发现很多基因参与振幅的调控，其中一些生物钟核心基因的突变对节律的振幅会产生影响。在果蝇中，*Clk* 基因对于增强节律振幅具有调节作用，当 *Clk* 基因的剪接发生异常时可以编码一个突变版本 Clk^{ar}，纯合的 Clk^{ar} 果蝇活动节律丧失，在分子水平上生物钟基因的表达仍有节律，但振幅显著减弱[175]。在小鼠中 *Clock* 基因 19 号外显子缺失可导致编码一个 C′端缺失 55 个氨基酸残基的 CLOCK 蛋白，带有该突变的杂合子小鼠[176]。近年来的研究揭示，*Bmal1* 的同源基因 *Pasd1*，特异性地在睾丸组织及一些肿瘤细胞中表达，其表达具有抑制生物钟基因表达振幅的作用[177]。此外，表观遗传水平或微干扰 RNA 也可以通过调节钟基因的表达影响节律的振幅[178-179]。前面提到的锂盐可用于双相情感障碍等精神性疾病的治疗，锂盐除了可以延长活动周期外，对于增强振幅也具有一定的作用[180]。

当然，节律过高也未必有益。蓝藻 *Synechococcus elongate* PCC 7942 在 20℃ 时节律很弱，但是当优化蓝藻生物钟核心元件 KaiC 的遗传密码使用偏好后，与对照蓝藻相比，KaiC 的表达量增加，在 20℃ 条件下蓝藻也表现出明显的节律。但是，在这种情况下振幅增加的蓝藻生长状况却不及对照蓝藻[181]，说明与维持正确的周期类似，保持适当的振幅对于生物的生存和适应非常重要。总之，对于节律的周期、相位和振幅这几个重要指标，都要维持在一定的范围内，维持生理和行为的正常节律。

参考文献

[1] ARCHER S N, OSTER H. How sleep and wakefulness influence circadian rhythmicity: effects of insufficient and mistimed sleep on the animal and human transcriptome[J]. J Sleep Res,2015,24(5):476-493.

[2] CZEISLER C A, RICHARDSON G S, COLEMAN R M, et al. Chronotherapy: resetting the circadian clocks of patients with delayed sleep phase insomnia[J]. Sleep,1981,4(1):1-21.

[3] MOLDOFSKY H, MUSISI S, PHILLIPSON E A. Treatment of a case of advanced sleep phase syndrome by phase advance chronotherapy[J]. Sleep,1986,9(1):61-65.

[4] TERMAN M, LEWY A J, DIJK D J, et al. Light treatment for sleep disorders: consensus report. IV. Sleep phase and duration disturbances[J]. J Biol Rhythms,1995,10(2):135-147.

[5] MILES L E, RAYNAL D M, WILSON M A. Blind man living in normal society has circadian rhythms of 24. 9 hours[J]. Science,1977,198(4315):421-423.

[6] SACK R L. The pathophysiology of jet lag[J]. Travel Med Infect Dis,2009,7(2):102-110.

[7] HONMA S, HONMA K, HIROSHIGE T. Methamphetamine induced locomotor rhythm entrains to restricted daily feeding in SCN lesioned rats[J]. Physiol Behav,1989,45(5):1057-1065.

[8] CZEISLER C A, KRONAUER R E, MOONEY J J, et al. Biologic rhythm disorders, depression, and phototherapy. A new hypothesis[J]. Psychiatr Clin North Am,1987,10(4):687-709.

[9] WIRZ-JUSTICE A. 2006 Biological rhythm disturbances in mood disorders[J]. Int Clin Psychopharmacol, 21(1):11-15.

[10] ASCHOFF J, HOFFMANN K, POHL H, et al. Re-entrainment of circadian rhythms after phase-shifts of the Zeitgeber[J]. Chronobiologia,1975,2(1):23-78.

[11] CAMPBELL S S, DIJK D J, BOULOS Z, et al. Light treatment for sleep disorders: consensus report. Ⅲ. Alerting and activating effects[J]. J Biol Rhythms,1995,10(2):129-132.

[12] BRAINARD G C, HANIFIN J P, ROLLAG M D, et al. Human melatonin regulation is not mediated by the three cone photopic visual system[J]. J Clin Endocrinol Metab,2001,86(1):433-436.

[13] THAPAN K, ARENDT J, SKENE D J. An action spectrum for melatonin suppression: evidence for a novel non-rod, non-cone photoreceptor system in humans[J]. J Physiol,2001,535(Pt 1):261-267.

[14] CORBETT M A. A potential aid to circadian adaptation: re-timer[J]. ASEM,2013,84(10):1113-1114.

[15] GERMAIN A, KUPFER D J. Circadian rhythm disturbances in depression[J]. Hum Psychopharmacol, 2008,23(7):571-585.

[16] EASTMAN C I, BURGESS H J. How to Travel the World Without Jet Lag[J]. Sleep Medicine Clinics, 2009,4(2):241-255.

[17] REVELL V L, BURGESS H J, GAZDA C J, et al. Advancing human circadian rhythms with afternoon melatonin and morning intermittent bright light[J]. J Clin Endocrinol Metab,2006,91(1):54-59.

[18] REDMAN J, ARMSTRONG S, NG K T. Free-running activity rhythms in the rat: entrainment by melatonin[J]. Science,1983,219(4588):1089-10891.

[19] CLAUSTRAT B, BRUN J, CHAZOT G. The basic physiology and pathophysiology of melatonin[J]. Sleep Med Rev,2005,9(1):11-24.

[20] FU L, PATEL M S, BRADLEY A, et al. The molecular clock mediates leptin-regulated bone formation[J].

Cell, 2005,122(5):803-815.

[21] MOTTRAM V, MIDDLETON B, WILLIAMS P, et al. The impact of bright artificial white and 'blue-enriched' light on sleep and circadian phase during the polar winter[J]. J Sleep Res,2011,20(1 Pt 2):154-161.

[22] ARENDT J. Melatonin and the pineal gland: influence on mammalian seasonal and circadian physiology [J]. Rev Reprod,1998,3(3):13-22.

[23] LOCKLEY S W, SKENE D J, JAMES K, et al. Melatonin administration can entrain the free-running circadian system of blind subjects[J]. J Endocrinol,2000,164(1):R1-6.

[24] SACK R L, LEWY A J. Circadian rhythm sleep disorders: lessons from the blind[J]. Sleep Med Rev, 2001,5(3):189-206.

[25] CAMPBELL S S. Effects of timed bright-light exposure on shift-work adaptation in middle-aged subjects[J]. Sleep,1995,18(6):408-416.

[26] SUN S Y, CHEN G H. Treatment of Circadian Rhythm Sleep-Wake Disorders[J]. Curr Neuropharmacol, 2022,20(6):1022-1034.

[27] BJORVATN B, PALLESEN S. A practical approach to circadian rhythm sleep disorders[J]. Sleep Med Rev,2009,13(1):47-60.

[28] 郭金虎,马晓红,甘锡惠. 时差的生理影响与治疗[J]. 自然杂志,2021,43(4):297-307.

[29] DOLIJANSKY J T, KANNETY H, DAGAN Y. Working under daylight intensity lamp: an occupational risk for developing circadian rhythm sleep disorder? [J] Chronobiol Int,2005,22(3):597-605.

[30] DAVIDSON A J, SELLIX M T, DANIEL J, et al. Chronic jet-lag increases mortality in aged mice[J]. Curr Biol,2006,16(21):R914-916.

[31] SORECA I, FRANK E, KUPFER D J. The phenomenology of bipolar disorder: what drives the high rate of medical burden and determines long-term prognosis? [J] Depress Anxiety,2009,26(1):73-82.

[32] SWARTZ H A, FRANK E, O'TOOLE K, et al. Implementing interpersonal and social rhythm therapy for mood disorders across a continuum of care[J]. Psychiatr Serv,2011,62(11):1377-1380.

[33] YAMANAKA Y, HASHIMOTO S, TANAHASHI Y, et al. Physical exercise accelerates reentrainment of human sleep-wake cycle but not of plasma melatonin rhythm to 8-h phase-advanced sleep schedule[J]. Am J Physiol Regul Integr Comp Physiol,2010,298(3):R681-691.

[34] YOUNGSTEDT S D, KRIPKE D F, ELLIOTT J A. Circadian phase-delaying effects of bright light alone and combined with exercise in humans[J]. Am J Physiol Regul Integr Comp Physiol, 2002, 282(1): R259-266.

[35] REYNOLDS N C JR, MONTGOMERY R. Using the Argonne diet in jet lag prevention: deployment of troops across nine time zones[J]. Mil Med,2002,167(6):451-453.

[36] SACK R L. The pathophysiology of jet lag[J]. Travel Med Infect Dis,2009,7(2):102-110.

[37] DOMINONI D M, HELM B, LEHMANN M, et al. Clocks for the city: circadian differences between forest and city songbirds[J]. Proc Biol Sci,2013,280(1763):20130593.

[38] ARENDT J, MARKS V. Regular Review: Physiological Changes Underlying Jet Lag[J]. Br Med J,1982, 284(284):144-146.

[39] COSTE O, LAGARDE D. Clinical management of jet lag: what can be proposed when performance is critical? [J] Travel Med Infect Dis,2009,27(2):82-87.

[40] BROWN G M, PANDI-PERUMAL S R, TRAKHT I, et al. Melatonin and its relevance to jet lag[J].

Travel Med Infect Dis,2009,7(2):69-81.

[41] KIESSLING S, EICHELE G, OSTER H. Adrenal glucocorticoids have a key role in circadian resynchronization in a mouse model of jet lag[J]. J Clin Invest,2010,120(7):2600-2609.

[42] MITCHELL P J, HOESE E K, LIU L, et al. Conflicting bright light exposure during night shifts impedes circadian adaptation[J]. J Biol Rhythms,1997,12(1):5-15.

[43] REILLY T, WATERHOUSE J, EDWARDS B. Some chronobiological and physiological problems associated with long-distance journeys[J]. Travel Med Infect Dis,2009,7(2):88-101.

[44] DIJK D J, DUFFY J F, RIEL E, et al. Ageing and the circadian and homeostatic regulation of human sleep during forced desynchrony of rest, melatonin and temperature rhythms[J]. J Physiol, 1999,516 (Pt 2) (Pt 2):611-627.

[45] LOWDEN A, AKERSTEDT T. Retaining home-base sleep hours to prevent jet lag in connection with a westward flight across nine time zones[J]. Chronobiol Int,1998,15(4):365-376.

[46] ZHU Y, STEVENS R G, HOFFMAN A E, et al. Epigenetic impact of long-term shiftwork: pilot evidence from circadian genes and whole-genome methylation analysis[J]. Chronobiol Int,2011,28(10):852-861.

[47] KRÄUCHI K. How is the circadian rhythm of core body temperature regulated? [J] Clin Auton Res,2002, 12(3):147-149.

[48] WATERHOUSE J, REILLY T, ATKINSON G, et al. Jet lag: trends and coping strategies[J]. Lancet, 2007,31;369(9567):1117-1129.

[49] REFINETTI R. Circadian physiology[M]. 3th ed. New York: CRC press,2016.

[50] BARON K G, REID K J, KERN A S, et al. Role of sleep timing in caloric intake and BMI[J]. Obesity. 2011,19(7):1374-1381.

[51] MA H, LI Y, LIANG H, et al. Sleep deprivation and a non-24-h working schedule lead to extensive alterations in physiology and behavior[J]. FASEB J,2019,33(6):6969-6979.

[52] HUANG G, MA H, GAN X, et al. Circadian misalignment leads to changes in cortisol rhythms, blood biochemical variables and serum miRNA profiles[J]. Biochem Biophys Res Commun,2021,547:9-16.

[53] GUO J H, MA X H, MA H, et al. Circadian misalignment in submarine and other non-24 hour conditions-from research to application[J]. Mil Med Res,2020,7:39.

[54] MA X, TIAN Z, LI Y, et al. Comprehensive detrimental effects of a simulated frequently shifting schedule on diurnal rhythms and vigilance[J]. Chronobiol Int,2022,39(9):1285-1296.

[55] ETAIN B, MILHIET V, BELLIVIER F, et al. Genetics of circadian rhythms and mood spectrum disorders[J]. Eur Neuropsychopharmacol,2011,21(Suppl 4):S676-S682.

[56] ROYBAL K, THEOBOLD D, GRAHAM A, et al. Mania-like behavior induced by disruption of CLOCK[J]. Proc Natl Acad Sci U S A,2007,104(15):6406-6411.

[57] MONTELEONE P, MARTIADIS V, MAJ M. Circadian rhythms and treatment implications in depression[J]. Prog Neuropsychopharmacol Biol Psychiatry,2011,35(7):1569-1574.

[58] BECHTEL W. Circadian Rhythms and Mood Disorders: Are the Phenomena and Mechanisms Causally Related? [J] Front Psychiatry,2015,6:118.

[59] MONTELEONE P, NATALE M, LA ROCCA A,et al. Decreased nocturnal secretion of melatonin in drug-free schizophrenics: no change after subchronic treatment with antipsychotics[J]. Neuropsychobiology, 1997,36(4):159-163.

[60] KOIZUMI H, KURABAYASHI N, WATANABE Y, et al. Increased anxiety in offspring reared by

circadian Clock mutant mice[J]. PLoS One,2013,8(6):e66021.

[61] RUSTING C L, LARSEN R J. Diurnal Patterns of Unpleasant Mood: Associations with Neuroticism, Depression, and Anxiety[J]. J Pers,1998,66(1):85-103.

[62] MCCLUNG C A. Circadian genes, rhythms and the biology of mood disorders[J]. Pharmacol Ther,2007, 114(2):222-232.

[63] TATAROǦLU O, AKSOY A, YILMAZ A, et al. Effect of lesioning the suprachiasmatic nuclei on behavioral despair in rats[J]. Brain Res,2004,1001(1-2):118-124.

[64] MEERLO P, SGOIFO A, TUREK F W. The effects of social defeat and other stressors on the expression of circadian rhythms[J]. Stress,2002,5(1):15-22.

[65] TUMA J, STRUBBE J H, MOCAËR E, et al. Anxiolytic-like action of the antidepressant agomelatine (S 20098) after a social defeat requires the integrity of the SCN[J]. Eur Neuropsychopharmacol, 2005, 15(5):545-555.

[66] MCCLUNG C A, SIDIROPOULOU K, VITATERNA M, et al. Regulation of dopaminergic transmission and cocaine reward by the Clock gene[J]. Proc Natl Acad Sci U S A,2005,102(26):9377-9381.

[67] WULFF K, GATTI S, WETTSTEIN J G, et al. Sleep and circadian rhythm disruption in psychiatric and neurodegenerative disease[J]. Nat Rev Neurosci,2010,11(8):589-599.

[68] CIARLEGLIO C M, RESUEHR H E, MCMAHON D G. Interactions of the serotonin and circadian systems: nature and nurture in rhythms and blues[J]. Neuroscience,2011,197:8-16.

[69] DALLASPZIA S, BENEDETTI F. Chronobiology of Bipolar Disorder: Therapeutic Implication[J]. Curr Psychiatry Rep,2015,17(8):1-10.

[70] CARLSSON A, SVENNERHOLM L, WINBLAD B. Seasonal and circadian monoamine variations in human brains examined post mortem[J]. Acta Psychiatr Scand Suppl,1980,280:75-85.

[71] ASKENAZY F, CACI H, MYQUEL M, et al. Relationship between impulsivity and platelet serotonin content in adolescents[J]. Psychiatry Res,2000,94(1):19-28.

[72] HEALY D. Serotonin and depression[J]. BMJ,2015,350(apr21 7):19-23.

[73] ROGGENBACH J, MÜLLER-OERLINGHAUSEN B, FRANKE L. Suicidality, impulsivity and aggression-is there a link to 5HIAA concentration in the cerebrospinal fluid? [J] Psychiatry Res,2002,113(1-2): 193-206.

[74] LAMONT E W, LEGAULT-COUTU D, CERMAKIAN N, et al. The role of circadian clock genes in mental disorders[J]. Dialogues Clin Neurosci,2007,9(3):333-342.

[75] RAUSCH J L, JOHNSON M E, CORLEY K M, et al. Depressed patients have higher body temperature: 5-HT transporter long promoter region effects[J]. Neuropsychobiology,2003,47(3):120-127.

[76] SZUBA M P, GUZE B H, BAXTER L R JR. Electroconvulsive therapy increases circadian amplitude and lowers core body temperature in depressed subjects[J]. Biol Psychiatry,1997,42(12):1130-1137.

[77] BUNNEY J, POTKIN S. Circadian abnormalities, molecular clock genes and chronobiological treatments in depression[J]. Br Med Bull,2008,86(86):23-32.

[78] JOYCE P R, PORTER R J, MULDER R T, et al. Reversed diurnal variation in depression: associations with a differential antidepressant response, tryptophan: large neutral amino acid ratio and serotonin transporter polymorphisms[J]. Psychol Med,2005,35(4):511-517.

[79] KOENIGSBERG H W, TEICHER M H, MITROPOULOU V, et al. 24-h Monitoring of plasma norepinephrine, MHPG, cortisol, growth hormone and prolactin in depression[J]. J Psychiatr Res,2004,

38(5):503-511.

[80] POSENER J A, DeBattista C, Williams G H, et al. 24-Hour monitoring of cortisol and corticotropin secretion in psychotic and nonpsychotic major depression[J]. Arch Gen Psychiatry, 2000, 57(8):755-760.

[81] ALONSO J, ANGERMEYER M C, LÉPINE J P, et al. The European Study of the Epidemiology of Mental Disorders (ESEMeD) project: an epidemiological basis for informing mental health policies in Europe[J]. Acta Psychiatr Scand Suppl, 2004, (420):5-7.

[82] SOUÊTRE E, SALVATI E, BELUGOU J L, et al. Circadian rhythms in depression and recovery: evidence for blunted amplitude as the main chronobiological abnormality[J]. Psychiatry Res, 1989, 28(3):263-278.

[83] TEICHER M H, GLOD C A, HARPER D, et al. Locomotor activity in depressed children and adolescents: I. Circadian dysregulation[J]. J Am Acad Child Adolesc Psychiatry, 1993, 32(4):760-769.

[84] TEICHER M H, GLOD C A, MAGNUS E, et al. Circadian rest-activity disturbances in seasonal affective disorder[J]. Arch Gen Psychiatry, 1997, 54(2):124-30.

[85] KENNEDY S H, EMSLEY R. Placebo-controlled trial of agomelatine in the treatment of major depressive disorder[J]. Eur Neuropsychopharmacol, 2006, 16(2):93-100.

[86] SAN L, ARRANZ B. Agomelatine: A novel mechanism of antidepressant action involving the melatonergic and the serotonergic system[J]. Eur Psychiatry, 2008, 23(6):396-402.

[87] DALTON B, MCNAUGHTON L, DAVOREN B. Circadian rhythms have no effect on cycling performance[J]. Int J Sports Med, 1997, 18(7):538-542.

[88] SALVA M A Q, HARTLEY S. Mood disorders, circadian rhythms, melatonin and melatonin agonists[J]. J Cent Nerv Syst Dis, 2012, 4(4):15-26.

[89] GUAIANA G, GUPTA S. Agomelatine versus other antidepressive agents for major depression. Cochrane Database Syst Rev, 2013, 12(12):1559-1559.

[90] POPOLI M. Agomelatine: innovative pharmacological approach in depression[J]. Cns Drugs, 2009, 23suppl 2(1):27-34.

[91] CAJOCHEN C, KRÄUCHI K, MÖRI D, et al. Melatonin and S-20098 increase REM sleep and wake-up propensity without modifying NREM sleep homeostasis[J]. Am J Physiol, 1997, 272(4 Pt 2):1189-1196.

[92] DE BODINAT C, GUARDIOLA-LEMAITRE B, MOCAËR E, et al. Agomelatine, the first melatonergic antidepressant: discovery, characterization and development[J]. Nat Rev Drug Discov, 2010, 9(8):628-642.

[93] ROSENTHAL N E, SACK D A, GILLIN J C, et al. Seasonal affective disorder. A description of the syndrome and preliminary findings with light therapy[J]. Arch Gen Psychiatry, 1984, 41(1):72-80.

[94] LAM R W, TAM E M, YATHAM L N, et al. Seasonal depression: the dual vulnerability hypothesis revisited[J]. J Affect Disord, 2001, 63(1-3):123-132.

[95] LAM R W, LEVITAN R D. Pathophysiology of seasonal affective disorder: a review[J]. J Psychiatry Neurosci, 2000, 25(5):469-480.

[96] BOOKER J M, HELLEKSON C J, PUTILOV A A, et al. Seasonal depression and sleep disturbances in Alaska and Siberia: a pilot study[J]. Arctic Med Res, 1991, Suppl:281-284.

[97] FERNSTROM J D. Effects on the diet on brain neurotransmitters[J]. Metabolism, 1977, 26(26):207-223.

[98] KAMINSKI-HARTENTHALER A, NUSSBAUMER B, FORNERIS C A, et al. Melatonin and agomelatine for preventing seasonal affective disorder[J]. Cochrane Database Syst Rev,2015,(11):CD011271.

[99] PARTONEN T, TREUTLEIN J, ALPMAN A, et al. Three circadian clock genes Per2, Arntl, and Npas2 contribute to winter depression[J]. Ann Med,2007,39(3):229-238.

[100] LEWY A J, WEHR T A, GOODWIN F K, et al. Light suppresses melatonin secretion in humans[J]. Science,1980,210(4475):1267-1269.

[101] GLOD C A, TEICHER M H, POLCARI A, et al. Circadian rest-activity disturbances in children with seasonal affective disorder[J]. J Am Acad Child Adolesc Psychiatry,1997,36(2):188-195.

[102] LAVOIE M P, LAM R W, BOUCHARD G, et al. Evidence of a biological effect of light therapy on the retina of patients with seasonal affective disorder[J]. Biol Psychiatry,2009,66(3):253-258.

[103] ROECKLEIN K A, ROHAN K J, DUNCAN W C, et al. A missense variant (P10L) of the melanopsin (OPN4) gene in seasonal affective disorder[J]. J Affect Disord,2009,114(1-3):279-285.

[104] JACKSON A, CAVANAGH J, SCOTT J. A systematic review of manic and depressive prodromes[J]. J Affect Disord,2003,74(3):209-217.

[105] DAHL K, AVERY D H, LEWY A J, et al. Dim light melatonin onset and circadian temperature during a constant routine in hypersomnic winter depression[J]. Acta Psychiatr Scand,1993,88(1):60-66.

[106] PJREK E, WINKLER D, KONSTANTINIDIS A, et al. Agomelatine in the treatment of seasonal affective disorder[J]. Psychopharmacology,2007,190(4):575-579.

[107] CHECKLEY S A, MURPHY D G, ABBAS M, et al. Melatonin rhythms in seasonal affective disorder[J]. Br J Psychiatry,1993,163:332-337.

[108] JAMES S P, WEHR T A, SACK D A, et al. Treatment of seasonal affective disorder with light in the evening[J]. Br J Psychiatry,1985,147:424-428.

[109] LEWY A J, LEFLER B J, EMENS J S, et al. The circadian basis of winter depression[J]. Proc Natl Acad Sci U S A,2006,103(19):7414-7419.

[110] LEWY A J, BAUER V K, CUTLER N L, et al. Morning vs evening light treatment of patients with winter depression[J]. Arch Gen Psychiatry,1998,55(10):890-896.

[111] WIRZ-JUSTICE A, GRAW P, KRÄUCHI K, et al. Light therapy in seasonal affective disorder is independent of time of day or circadian phase[J]. Arch Gen Psychiatry,1993,50(12):929-937.

[112] MERIKANGAS K R, JIN R, HE J P, et al. Prevalence and correlates of bipolar spectrum disorder in the world mental health survey initiative[J]. Arch Gen Psychiatry,2011,68(3):241-251.

[113] HARVEY A G . Sleep and circadian rhythms in bipolar disorder: seeking synchrony, harmony, and regulation[J]. Am J Psychiatry,2008,165(7):820-829.

[114] HUKIC D S, LAVEBRATT C, FRISÉN L, et al. Melatonin receptor 1B gene associated with hyperglycemia in bipolar disorder[J]. Psychiatr Genet,2016,26(3):136-139.

[115] MITTERAUER B. Clock genes, feedback loops and their possible role in the etiology of bipolar disorders: an integrative model[J]. Med Hypotheses,2000,55(2):155-159.

[116] MOORE-EDE M C, SULZMAN F M. The clocks that time us : physiology of the circadian timing system[M]. Cambridge:Harvard University Press. 1982.

[117] SIMPSON S G, JAMISON K R. The risk of suicide in patients with bipolar disorders[J]. J Clin Psychiatry,1999,60(Suppl 2):53-6, discussion 75-6, 113-6.

[118] TONDO L, POMPILI M, FORTE A, et al. Suicide attempts in bipolar disorders: comprehensive review of

101 reports[J]. Acta Psychiatr Scand,2016,133(3):174-186.

[119] KLEIN P S, MELTON D A. A molecular mechanism for the effect of lithium on development[J]. Proc Natl Acad Sci U S A,1996,93(16):8455-8459.

[120] STAMBOLIC V, RUEL L, WOODGETT J R. Lithium inhibits glycogen synthase kinase-3 activity and mimics wingless signalling in intact cells[J]. Curr Biol,1996,6(12):1664-1668.

[121] YIN L, WANG J, KLEIN P S, et al. Nuclear receptor Rev-erbalpha is a critical lithium-sensitive component of the circadian clock[J]. Science,2006,311(5763):1002-1005.

[122] KALADCHIBACHI S A, DOBLE B, ANTHOPOULOS N, et al. Glycogen synthase kinase 3, circadian rhythms, and bipolar disorder: a molecular link in the therapeutic action of lithium[J]. J Circadian Rhythms,2007,5:3.

[123] KRIPKE D F, MULLANEY D J, ATKINSON M, et al. Circadian rhythm disorders in manic-depressives[J]. Biol Psychiatry,1978,13(3):335-351.

[124] KENNEDY S H, KUTCHER S P, RALEVSKI E, et al. Nocturnal melatonin and 24-hour 6-sulphatoxymelatonin levels in various phases of bipolar affective disorder[J]. Psychiatry Res,1996,63(2-3):219-222.

[125] PACCHIEROTTI C, IAPICHINO S, BOSSINI L, et al. Melatonin in psychiatric disorders: a review on the melatonin involvement in psychiatry[J]. Front Neuroendocrinol,2001,22(1):18-32.

[126] SRINIVASAN V, SMITS M, SPENCE W, et al. Melatonin in mood disorders[J]. World J Biol Psychiatry,2006,7(3):138-151.

[127] LEIBENLUFT E, FELDMAN-NAIM S, TURNER E H, et al. Effects of exogenous melatonin administration and withdrawal in five patients with rapid-cycling bipolar disorder[J]. J Clin Psychiatry, 1997,58(9):383-388.

[128] ROBERTSON J M, TANGUAY P E. Case Study: The Use of Melatonin in a Boy With Refractory Bipolar Disorder[J]. J Am Acad Child Adolesc Psychiatry,1997,36(36):822-825.

[129] FRYE M A, GRUNZE H, SUPPES T, et al. A placebo-controlled evaluation of adjunctive modafinil in the treatment of bipolar depression[J]. Am J Psychiatry,2007,164(8):1242-1249.

[130] KOVACS G G. Molecular Pathological Classification of Neurodegenerative Diseases: Turning towards Precision Medicine[J]. Int J Mol Sci,2016,17(2). pii:E189.

[131] BILEN J, BONINI N M. Drosophila as a model for human neurodegenerative disease[J]. Annu Rev Genet,2005,39:153-171.

[132] VIDENOVIC A, LAZAR A S, BARKER R A, et al. 'The clocks that time us'--circadian rhythms in neurodegenerative disorders[J]. Nat Rev Neurol,2014,10(12):683-693.

[133] ACKERMANN K, STEHLE J H. Melatonin synthesis in the human pineal gland: advantages, implications, and difficulties[J]. Chronobiol Int,2009,23(1-2):369-379.

[134] MATSUBARA E, BRYANT-THOMAS T, PACHECO QUINTO J, et al. Melatonin increases survival and inhibits oxidative and amyloid pathology in a transgenic model of Alzheimer's disease[J]. J Neurochem, 2003,85(5):1101-1108.

[135] ANDERSON K N, BRADLEY A J. Sleep disturbance in mental health problems and neurodegenerative disease[J]. Nat Sci Sleep,2013,5:61-75.

[136] BORDET R, DEVOS D, BRIQUE S, et al. Study of circadian melatonin secretion pattern at different stages of Parkinson's disease[J]. Clin Neuropharmacol,2003,26(2):65-72.

[137] COMELLA C L. Sleep disorders in Parkinson ' s disease: an overview[J]. Mov Disord,2007,22(Suppl 17):367-373.

[138] PARKINSON J. An essay on the shaking palsy[J]. J Neuropsychiatry Clin Neurosci,2002,14(2):223-236,discussion 222.

[139] VIDENOVIC A, GOLOMBEK D. Circadian and sleep disorders in Parkinson 's disease[J]. Exp Neurol, 2013,243:45-56.

[140] VIDENOVIC A, NOBLE C, REID K J, et al. Circadian melatonin rhythm and excessive daytime sleepiness in Parkinson disease[J]. JAMA Neurol,2014,71(4):463-469.

[141] MORTON A J. Circadian and sleep disorder in Huntington 's disease[J]. Exp Neurol,2013,243:34-44.

[142] ROEHRS T, ROTH T. Sleep, sleepiness, sleep disorders and alcohol use and abuse[J]. Sleep Med Rev, 2001,5(4):287-297.

[143] SPANAGEL R, PENDYALA G, ABARCA C, et al. The clock gene Per2 influences the glutamatergic system and modulates alcohol consumption[J]. Nat Med,2005,11(1):35-42.

[144] HÁTÖNEN T, FORSBLOM S, KIESEPPÄ T, et al. Circadian phenotype in patients with the co-morbid alcohol use and bipolar disorders[J]. Alcohol Alcohol,2008,43(5):564-568.

[145] MENDELS J, COCHRANE C. The nosology of depression: the endogenous-reactive concept[J]. Am J Psychiatry,1968,124(11):Suppl:1-11.

[146] REUTRAKUL S, HOOD M M, CROWLEY S J, et al. Chronotype is independently associated with glycemic control in type 2 diabetes[J]. Diabetes Care,2013,36(9):2523-2529.

[147] SORECA I, FAGIOLINI A, FRANK E, et al. Chronotype and body composition in bipolar disorder[J]. Chronobiol Int, 2009,26(4):780-788.

[148] TUREK F W, LOSEE-OLSON S. A benzodiazepine used in the treatment of insomnia phase-shifts the mammalian circadian clock[J]. Nature,1986,321(6066):167-168.

[149] DIJK D J, DUFFY J F, CZEISLER C A. Contribution of circadian physiology and sleep homeostasis to age-related changes in human sleep[J]. Chronobiol Int,2000,17(3):285-311.

[150] SKENE D J, SWAAB D F. Melatonin rhythmicity: effect of age and Alzheimer ' s disease[J]. Exp Gerontol,2003,38(1-2):199-206.

[151] ELIOTT A L, MILLS J N, WATERTHOUSE J M. A man with too long a day[J]. J Physiol,1971, 212(2):30-31.

[152] KOKKORIS C P, WEITZMAN E D, POLLAK C P, et al. Long-term ambulatory temperature monitoring in a subject with a hypernychthemeral sleep-wake cycle disturbance[J]. Sleep,1978,1(2):177-190.

[153] ZHANG Y, FANG B, EMMETT M J, et al. Discrete functions of nuclear receptor Rev-erbα couple metabolism to the clock[J]. Science,2015,348(6242):1488-1492.

[154] BROWN G M, PANDI-PERUMAL S R, TRAKHT I, et al. Melatonin and its relevance to jet lag[J]. Travel Med Infect Dis, 2009,7(2):69-81.

[155] REPPERT S M, GEGEAR R J, MERLIN C. Navigational mechanisms of migrating monarch butterflies[J]. Trends Neurosci,2010,33(9):399-406.

[156] LARRONDO L F, OLIVARES-YAÑEZ C, BAKER C L, et al. Circadian rhythms. Decoupling circadian clock protein turnover from circadian period determination[J]. Science,2015,347(6221):1257277.

[157] TOH K L, JONES CR, HE Y, et al. An hPer2 phosphorylation site mutation in familial advanced sleep phase syndrome[J]. Science,2001,291(5506):1040-1043.

[158] VANSELOW K, VANSELOW J T, WESTERMARK P O, et al. Differential effects of PER2 phosphorylation: molecular basis for the human familial advanced sleep phase syndrome (FASPS)[J]. Genes Dev,2006,20(19):2660-2672.

[159] XU Y, TOH K L, JONES C R, et al. Modeling of a human circadian mutation yields insights into clock regulation by PER2[J]. Cell,2007,128(1):59-70.

[160] MYERS B L, BADIA P. Changes in circadian rhythms and sleep quality with aging: mechanisms and interventions[J]. Neurosci Biobehav Rev,1995,19(4):553-571.

[161] REINBERG A, VIEUX N, GHATA J, et al. Is the rhythm amplitude related to the ability to phase-shift circadian rhythms of shift-workers? [J] J Physiol,1978;74(4):405-409.

[162] VAN SOMEREN E J. More than a marker: interaction between the circadian regulation of temperature and sleep, age-related changes, and treatment possibilities[J]. Chronobiol Int,2000,17(3):313-354.

[163] OSBORNE A R, REFINETTI R. Effects of hypothalamic lesions on the body temperature rhythm of the golden hamster[J]. Neuroreport,1995,6(16):2187-2192.

[164] OSBORNE A R, REFINETTI R. Effects of hypothalamic lesions on the body temperature rhythm of the golden hamster[J]. Neuroreport,1995,6(16):2187-2192.

[165] GHERGHEL D, HOSKING S L, ORGÜL S. Autonomic nervous system, circadian rhythms, and primary open-angle glaucoma[J]. Surv Ophthalmol,2004,49(5):491-508.

[166] O'BRIEN E, SHERIDAN J, O'MALLEY K. Dippers and non-dippers[J]. Lancet,1988,2(8607):397.

[167] 苏琳,苗懿德,孙立新. 老年高血压无症状靶器官损害与血压昼夜节律的研究[J]. 2001,4;7:526-528.

[168] KITAMURA T, ONISHI K, DOHI K, et al. Circadian rhythm of blood pressure is transformed from a dipper to a non-dipper pattern in shift workers with hypertension[J]. J Hum Hypertens,2002,16(3):193-197.

[169] KHAN Z, PILLAY V, CHOONARA Y E, et al. Drug delivery technologies for chronotherapeutic applications[J]. Pharm Dev Technol,2009,14(6):602-612.

[170] KITAMURA T, ONISHI K, DOHI K, et al. Circadian rhythm of blood pressure is transformed from a dipper to a non-dipper pattern in shift workers with hypertension[J]. J Hum Hypertens,2002,16(3):193-197.

[171] DIJK D J, DUFFY J F, CZEISLER C A. Contribution of circadian physiology and sleep homeostasis to age-related changes in human sleep[J]. Chronobiol Int,2000,17(3):285-311.

[172] CLENCH J, BARTON S A, SCHULL W J, et al. Circadian heart rate rhythmicity: comparison between an Eskimo and other population groups[J]. Chronobiologia,1981,8(2):119-122.

[173] LOBBAN M C. Seasonal changes in daily rhythms of renal excretion and activity patterns in an arctic Eskimo community[J]. JICR, 1977;8(3-4):259-263.

[174] HOLLEY D C, DEROSHIA C W, MORAN M M, et al. Chronic centrifugation (hypergravity) disrupts the circadian system of the rat[J]. J Appl Physiol,2003,95(3):1266-1278.

[175] ALLADA R, KADENER S, NANDAKUMAR N, et al. A recessive mutant of Drosophila Clock reveals a role in circadian rhythm amplitude[J]. EMBO J,2003,22(13):3367-3375.

[176] VITATERNA M H, KO C H, CHANG A M, et al. The mouse Clock mutation reduces circadian pacemaker amplitude and enhances efficacy of resetting stimuli and phase-response curve amplitude[J]. Proc Natl Acad Sci U S A,2006,103(24):9327-9332.

[177] MICHAEL A K, HARVEY S L, SAMMONS P J, et al. Cancer/Testis Antigen PASD1 Silences the Circadian Clock[J]. Mol Cell,2015,58(5):743-754.

[178] ZHU B, GATES L A, STASHI E, et al. Coactivator-Dependent Oscillation of Chromatin Accessibility Dictates Circadian Gene Amplitude via REV-ERB Loading[J]. Mol Cell,2015,60(5):769-783.

[179] LEE K H, KIM S H, LEE H R, et al. MicroRNA-185 oscillation controls circadian amplitude of mouse Cryptochrome 1 via translational regulation[J]. Mol Biol Cell,2013,24(14):2248-2255.

[180] LI J, LU W Q, BEESLEY S, et al. Lithium impacts on the amplitude and period of the molecular circadian clockwork[J]. PLoS One,2012,7(3):e33292.

[181] XU Y, MA P, SHAH P, et al. Non-optimal codon usage is a mechanism to achieve circadian clock conditionality[J]. Nature,2013,495(7439):116-120.

第6章

空间环境对节律和睡眠的影响

“俱怀逸兴壮思飞,欲上青天揽日月”,摆脱地球束缚、遨游和探索神秘太空自古以来一直是人类的梦想。中国古代有屈原的《天问》、李白的诗篇,有嫦娥奔月和牛郎织女的传说,也有万户飞天的悲剧性尝试。外国则有古希腊的神话传说,有玛雅人类似航天器的神秘雕刻。总之,古时候的人们用好奇与幻想编织了众多的飞天梦想。

到了现代,随着科技的飞速发展,自从 1957 年第一颗人造卫星发射开始,人类进入空间时代, 迄今已发射 700 多颗科学卫星、深空探测器并建立了多个空间实验室和空间站。1961 年苏联航天员尤里·阿列克谢耶维奇·加加林(Yuri Alekseyevich Gagarin)乘坐“东方”号载人飞船首次徜徉太空,圆了人类的飞天之梦,拉开了人类空间探索的帷幕;1969 年,美国航天员尼尔·奥尔登·阿姆斯特朗(Neil Alden Armstrong)登临月球,标志人类航天向前又迈出了一大步。据数据,截至 2022 年 8 月 8 日,离开地球、执行过空间任务的航天员已经达 622 位,超过 29000 总人次[1]。

空间生命科学是随着人类空间探索活动, 特别是载人空间探索而产生和发展的新兴交叉学科。空间生命科学是空间科学和生命科学的交叉学科,研究范畴包括航天医学、航天心理学、空间生物学和空间生态学,也涉及空间生物技术与转化应用、空间生命科学实验技术与装置等领域[2-4]。

空间生命科学伴随人类的载人航天活动而产生。国际空间生命科学研究起始于 20 世纪 40 年代,成形于 60 年代初。依托人类航天活动的空间飞行平台,结合不同重大计划对生命科学的任务需求和科学目标,空间生命科学的发展主要经历了起步、发展和持续发展等三个阶段(图 6-1)。伴随着航天技术的不断进步,载人航天在世界范围内掀起热潮,同时也为空间生命科学研究的快速发展提供了平台与机遇[5]。

我国的空间生命科学开始于 20 世纪 50 年代,1958 年中国科学院生物物理研究所成立了宇宙生物学研究室,1968 年建立了航天医学工程研究所,标志着我国开始了系统的空间生命科学研究[3]。1986 年我国批准了《高技术研究发展计划(863 计划)纲要》,将航天技术列为我国高技术研究发展的一个重点方向[6]。自 1992 年起,我国开始实施载人航天工程,开展以航天员系统的航天员

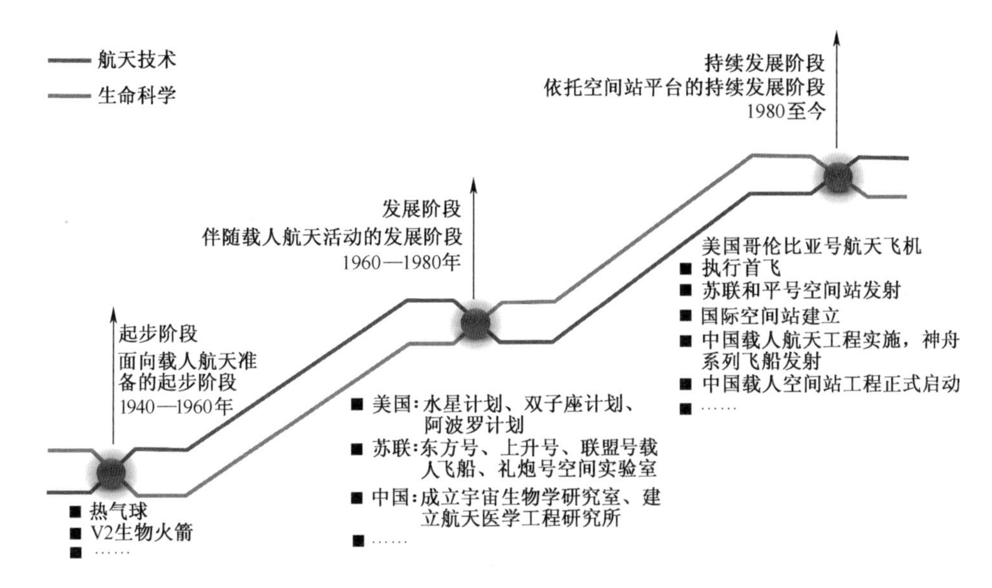

图 6-1　空间生命科学的发展历程(参考文献[5]有改动。)

空间生命保障和健康维护、空间科学与应用系统的空间生命科学为内容的基础研究。从 1999 年发射神舟一号飞船开始,中国已经成功进行了多次宇宙飞船发射,其中包括进行了神舟五号、神舟六号、神舟七号、神舟九号和神舟十号等载人飞行任务,在这些载人飞行任务中,开展了大量的空间生命科学基础性研究和航天医学研究。载人航天对于空间生命科学的发展可以起到巨大的推动作用,并有望在一些前沿学科上取得突破性进展[6-7]。除了载人飞行外,一些无人航天器也被用来进行空间生命科学的探索,通过多次返回式卫星、货运飞船等进行过多次搭载不同生物进行科学研究。中国已经成为国际空间俱乐部的一员,并将在空间探索及包括空间生命科学在内的研究领域里发挥越来越重要的作用[8-9]。

空间环境与地面相比,两者存在“天壤之别”。在空间环境里,生物的生化、生理和行为都会受到影响。从 20 世纪 60 年代开始人们已经注意到在空间环境条件下不同生物的节律会发生改变,人的睡眠也会受到影响。而节律的紊乱和睡眠障碍会对人的生理、健康、心理、行为等多方面造成不利影响,因此在进行空间探索任务中,维持和改善人的节律与睡眠是不可忽视的重要因素。

6.1　空间的特殊环境

6.1.1　空间环境的特殊性

空间环境是指地球稠密大气以外的环境,即高于 50km 的大气电离层,空间环境的特征包括真空、低温、磁场、太阳辐射、粒子辐射、微重力等,这些特征都与地面环境存在巨大差异。

空间环境非常严酷,对于地球生物的生存极端不利。在航天器的内部,生命保障系统能够支持人类及其他一些生物的生存与活动,但即使是在航天器内部,环境仍然与地面环境存在显著差异。下面主要就空间的重力环境、光照条件及辐射等三个方面加以介绍,其他的环境因素由于对节律、睡眠的影响可能不大,因此就不再赘述。

1. 空间的重力环境

地球表面的重力常数为 $9.81\mathrm{m/s}^2$,即 $1g$。在宇宙中其实不可能找到一个完全没有重力的地方,月球表面的重力约为地球表面的 1/6,火星上的重力为 $0.38g$。以地球表面的重力为参考,超过这一数值的称为超重,而低于这一数值的称为失重。真正的完全失重环境是不存在的,微重力环境(micro-G environment,也称作 microgravity,缩写为 μG)是指小于 $10^{-6}g$ 的环境[4]。

在空间微重力条件下,由于重力的缺失,肌肉会不断萎缩,肌肉力量和耐力都会明显降低,神经-肌肉连接的形态会发生改变,对于电刺激或激素的反应性也会发生变化。对经历 14 天空间飞行的大鼠进行测试,发现单肌的耐力下降了约 40%[12]。在微重力环境里,骨质也会不断流失,出现骨质疏松。微重力环境对人的生物节律和睡眠也会产生影响。

微重力环境对人体生理与健康存在诸多影响,在进入空间后的早期阶段,航天员会出现面部浮肿、组织充血等现象,返回后表现出需氧运动能力减弱,约 30%~40%的人在直立姿态时出现低血压。大约有超过一半的人在进入空间环境前 4 天内有过空间运动病的经历,症状包括身体不适、食欲不振、眩晕、恶心、呕吐等。在微重力条件下,体液的变化对心血管系统及自主神经系统也具有影响。失重会引起体液流向身体上部,导致血液动力学特征及神经内分泌功能改变,引起排尿增多和尿钠增加。人的血液和血浆总量降低,红细胞数目及血红蛋白数量减少,在长期的空间任务中人的免疫力也明显降低(图 6-2)[11-13]。

微重力环境对动物及人的姿态和行为也会产生很大的影响。在进入空间后第一周时间内,有 70% 的航天员经历过失去方向感,产生错位或倒立的感觉[14-15]。在抛物线飞行中,飞鼠和青蛙表现出张开四肢,人和猴子表现出弓背、上肢前伸。在抛物线飞行中,蒙住眼睛的鸟不再保持平飞,而是向外绕圈飞行,而致盲的金鱼则是向内绕圈游动[16]。运动姿势的改变可能会很大程度影响航天员的行为模式和作业能力。在中国的一次载人飞行任务中,Liu 等报道了航天员在轨期间及返回地面后躯干部位的活动量与发射前相比显著降低,后续的抛物线飞行、水槽实验的研究发现在不同的模拟重力条件下的实验结果揭

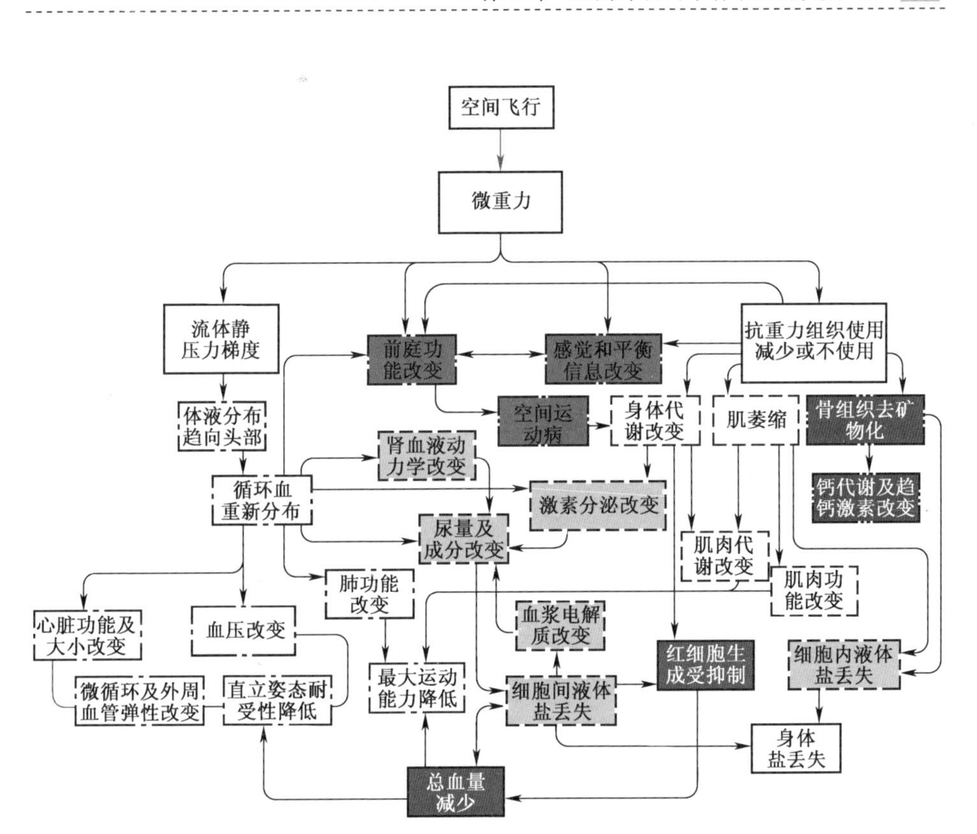

图 6-2 空间条件下人体各种生理变化的相互关联[11]

示,相比于手腕的活动,在超重或失重条件下,人的躯干活动量显著降低。此外,在空间及返回地面后的一段时间内航天员躯干活动的节律也基本丧失[17-18]。

2. 空间的光照条件

光是生物钟最重要的授时因子,光照周期、光的强度以及光的波长都是影响节律的重要参数,而在空间环境里这些参数与地球表面环境相比,都可能存在很大差异。以光照周期为例,载人航天器在近地轨道飞行时,其绕地球转动的周期约为 90min,即每 90min 就要经历一个“昼夜”,其中 30%~40%的时间处于地球的阴影即“夜晚”时段,这样的光暗周期与地面的 24h 昼夜更替差别很大。

在航天器内部采用人工照明,并尽可能按照 24h 作息制度进行工作和生活,问题是航天器的照明强度一般都很不充足。对于人的近日节律来说,要求白天的光强在 2500~10000 lx 才能有效地对节律产生导引作用。国际空间站 1 号舱里以前有 8 个荧光灯,当这些灯全亮时,舱内的光照强度仅约为 140 lx,当这些灯具损坏后很难更换。在 2005 年 3 月底时,整个 1 号舱只剩下一盏荧光灯正常工作,因此后来从国际空间站的其他地方换了一些灯具到 1 号舱。直到 2005 年 7 月,航天飞机 STS-11 飞抵空间站后,才对灯具进行了补给。航天飞机里的光照强度约为 108~538 lx,低于能够正常导引人类节律的光强度[19]。

此外,各星球的自传周期和太阳日周期是不同的,也就是说这些星球的昼夜周期各不相同(表 6-1)。人类将来在月球、火星或其他星球上驻留时,生物节律能否适应这些星球的昼夜周期也是一个值得研究的问题。

表 6-1　不同星球的自转及公转周期

行星	直径/10^3 km	日周期	年周期/天
水星	4. 9	1410h	88
金星	12. 1	5830h	225
地球	12. 8	24h	365
火星	6. 8	24. 65h	687
月球	3. 5	27. 3 天	—
木星	142. 8	10h	4380
土星	120. 7	11h	10750
天王星	51. 8	17h	30660
海王星	49. 5	16h	59400

3. 空间辐射

载人航天任务或者空间科学研究必然要考虑外层空间的辐射环境,辐射环境包括空间天然存在的来自外部的辐射以及航天器产生的电离辐射和非电离辐射。空间来源的电离辐射按来源划分主要包括银河宇宙射线、地磁捕获辐射和随机发生的太阳粒子事件。空间辐射是由高能质子和高电荷(Z)、高能量(E)核子(HZE)组成,它们的电离化可以导致分子、细胞和组织水平的生物学损伤。

辐射对于生物节律也会产生影响,例如在哺乳动物和真菌当中,CHK2(checkpoint kinase 2)与 DNA 损伤修复及细胞分裂有关,CHK2 的表达受到生物钟的调节,且 CHK2 可与生物钟蛋白结合。在一天中不同时间造成的 DNA 损伤会通过 CHK2 对节律的相位进行重新设置[20-21]。另外,生物钟基因对于机体抗辐射也具有重要作用,生物钟基因 *Per2* 不仅具有抑制肿瘤的作用,同时也对因辐射造成的 DNA 损伤的修复具有调控作用。经过γ射线照射后,与对照小鼠相比,缺失 *Per2* 基因的小鼠肿瘤发生率显著增加[22]。这些分子水平的研究提示，在空间环境里可以从生物钟角度去考虑辐射防护等与航天员健康相关的问题。

航天员在执行空间任务时，所处环境的离子辐射剂量约为50~2000mSv，而有资料显示超过50mSv的离子辐射剂量就有致癌的风险，其中包括白血病、肺癌、乳腺癌、胃癌、结肠癌、膀胱癌和肝癌等。除了引发肿瘤外，空间辐射还会造成中枢神经系统的损伤和引起组织退化性疾病，组织退化性疾病包括引发心血管和循环系统疾病、消化系统疾病以及增加罹患白内障的风险等[19]。

4. 空间磁场与电场

地球及近地空间存在的磁场称为地磁场，是地球磁场的总和，包括内源磁场和外源磁场。

地球是个大磁体，两极处磁场强，赤道处磁场弱，构成一个天然的磁镜。它约束着宇宙线中的大量带电粒子，使之沿着地磁场的磁力线方向做螺旋运动，形成几个环绕地球的辐射带。这种辐射带叫作范艾伦(Van Allen)辐射带。

空间站同时受到地磁场和空间站的电磁场的影响，总体来说，空间站内为亚磁状态，在400km高度运转时，磁场强度仅为地球海平面的0.75~0.8。地球大气的电离层高度范围为距地面50~2000km，在电离层中电子和离子等带电粒子的运动受到地磁场的束缚。在电离层还存在低能沉降等离子体，可引起航天带电[23]。在第1章中介绍过，电场和磁场对于生物节律具有影响，但其中的分子机制仍然不清楚，有待于深入研究。

除了上面提及的环境因素外，其他一些环境因素如温度也都与执行空间任务航天员的健康息息相关。例如，在空间环境里，温度的变化非常极端，在有阳光照射的地方温度非常高，而在阳光无法照射到的地方温度则非常低，可能会对将来在太空建立基地后长期在舱外工作的人员以及作物的节律和生理产生影响。

6.1.2 空间环境条件的模拟

与地面实验相比，空间实验面临很多问题与挑战。首先，由于条件限制，实验设计只能依赖并且受限于飞行任务，而难以进行多次或长期的实验。其次，设置对照实验非常困难，空间环境实际上是非常复杂的复合环境，而由于条件所限，很难排除各种因素的影响。同时，一些空间实验需要航天员进行操作，而航天员任务繁重，还需要担负很多其他的重要任务，这也会成为那些需要由航天员操作的实验以及以航天员为对象的研究工作的一个限制因素。因此，在地面建立模拟空间环境条件的方法对于空间生命科学研究具有重要意义。

这里我们主要介绍用来模拟微重力条件的一些方法和手段。用来实现模拟微重力的设备与手段有卧床实验、后肢/尾悬吊动物实验、回转器(clinostat)、抗磁悬浮(diamagnetic levitation)、落塔(drop tower)、抛物线飞行(parabolic flight)、探空火箭(sounding rocket)等。需要说明的是,回转器是一种通过回转不断改变物体的重力方向来模拟微重力效应的仪器,而非真正模拟微重力。回转器可用于研究植物或者动物细胞在模拟微重力条件下的生理变化,如研究植物根部生长的向地性在模拟微重力条件下是否会发生改变等。抗磁悬浮技术是指无磁性的物质在特定的磁场作用下,可以在垂直方向上受到磁场力,对重力起加强或抵消作用,使抗磁性物质处于悬浮状态,来模拟超重力或微重力的条件。落塔模拟微重力可达 $10^{-5}g$,持续时间可达 9s;抛物线飞行可模拟的微重力状态可达 $10^{-2}g$,持续时间约为 20s,可模拟接近微重力的条件;探空火箭模拟的微重力状态为 $10^{-4}g$,持续时间为 6~12min。

人造卫星、飞船、国际空间站等设备在轨飞行时内部为微重力状态,重力大小约为 $10^{-4}g$~$10^{-6}g$,在轨时间可达数天甚至数十天,因此可以利用这些环境进行微重力条件下的研究。

目前近地轨道上运行着两座空间站,分别为国际空间站(International Space Station,ISS)和中国空间站(Chinese Space Station,CSS)。国际空间站轨道高度为 330~480km,围绕地球飞行一周时间需 90min。国际空间站提供的微重力状态为 $10^{-4}g$,持续时间可达数月至数年(表 6-2)[24-25]。

中国空间站也称为天宫空间站,从 2016 年开始建设,于 2022 年底全面建成。其建设历经天宫一号和天宫二号。中国空间站轨道高度为 400~450km,倾角 42°~43°,设计寿命为 10 年,长期驻留 3 人,最大可扩展为 180 吨级六舱组合体,以进行较大规模的空间应用。中国空间站作为国家太空实验室,将在今后 10~15 年运营周期内陆续开展各类研究项目,促进我国空间科学、空间技术、空间应用全面发展。

表 6-2　模拟和实际微重力条件的相关参数[25]

参　数	落塔	抛物线飞机	探空火箭	回收卫星	国际空间站
微重力持续时间	9s	22s	6-12min	近 20 天	数年
微重力程度	$10^{-5}g$	$10^{-2}g$	$10^{-4}g$	$10^{-6}g$	$10^{-4}g$

抛物线飞行也是一种常用的模拟重力变化的方法,以法国 Novespace 的 A300 抛物线飞机为例,该飞机在 6000m 高度平飞阶段重力大小为 1g,在进行抛物线的爬坡飞行时为超重状态,重力大小为 1.8g,持续约 20s。飞机在到达 7500m 高度后关闭动力,飞机靠惯性上升至最高点约 8500m 后下降,该过程持续约 22s,处于微重力状态(μG)。在飞机降落至 6500m 高度后,重新开启动力

加速飞行,直至降至6000m高度转为平飞,这段时间持续约20s,重力大小为1.8g(图6-3)。每次飞行任务由大约30个抛物线飞行组成,每个抛物线飞行都包含超重、微重力和超重三个过程。抛物线飞行提供的微重力状态较为理想,接近真实的失重状态,但是持续时间很短,而且在过程中重力不断转换,而非仅受到微重力状态的影响。

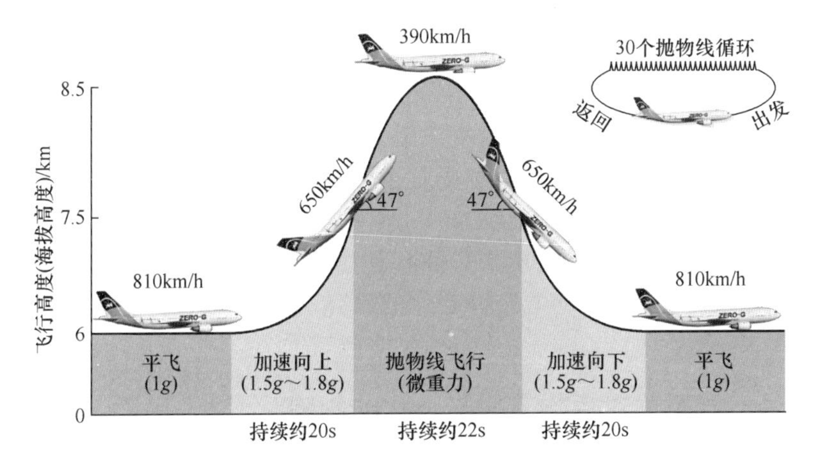

图6-3 抛物线飞行示意图

(一次抛物线飞行包括超重、微重力和超重三个时间段,时间均在20s左右。图中显示的示例飞机是法国Novespace的A300客机改装成的抛物线实验飞机[18]。)

在此,我们也对受控生态生保系统略作介绍。受控生态生保系统是一项生物科学与工程科学相结合的综合性生物工程。是利用不同生物种类的特点,结合一些物理-化学方法,用工程技术手段在空间建立一个适合人类长期工作和生活的场所。受控生态生保系统采用生物再生式的生命保障系统,因此又称生物再生生保系统。

在登陆月球后,火星一直是人类希望征服的星球,因为火星可能具有一定的宜居性,今后或许可以在火星建立人类的基地。生物圈2号(Biosphere 2)位于美国亚利桑那州,从1987年开始修建,是一座微型人工生态循环系统,因把地球本身称作生物圈1号而得此名。生物圈2号的使命是用于模拟地外生态环境以为将来空间探索和定居火星提供依据[26]。但是由于种种原因,该项目最终失败。为了模拟前往火星并返回的长期狭小、密闭环境里人的生理、心理和行为的变化规律,俄罗斯和其他一些国家组织了火星520天的研究计划。中国于2016年6月启动了“绿航星际”4人180天受控生态生保系统集成试验,旨在建立和发展适合多乘员长时间驻留的生命健康保障体系新方法,为将来火星探测积累数据。

6.2 空间环境对节律与睡眠的影响

空间环境里多种环境因素由于与地面环境存在巨大差异，都会对人的生理和行为造成影响，其中也包括人的节律与睡眠。由于空间实验机会与条件的很大限制，在多数情况下利用地面的模拟手段或设备进行空间生命科学研究更具可行性。常用的手段在前面已有介绍，例如模拟失重条件的有回转器、头低位卧床/尾悬吊、抛物线飞行等方法，这些常用的模拟失重的方法已经被用于研究生物钟在空间条件下的变化情况。磁场对于生物的一些生理活动也具有影响，在地面上可以建立起模拟磁场变化的超磁、亚磁或零磁等方法，用于包括生物节律在内的各种研究。迄今为止，由于对模拟重力改变影响生物节律的研究较多，而研究模拟磁场改变条件下生物节律变化的研究工作较少，因此我们这里对后者不作介绍。

6.2.1 微重力对生物节律与睡眠的影响

大鼠在持续光照条件下表现出大于 24h 的自运行活动周期，Halberg 每天在同样时间用离心机对大鼠进行加重，离心时重力达 $2g$。加重处理使大鼠的活动节律受到牵引，表现出 24h 的活动周期，意味着重力可能是近日节律的一种授时因子，当然也存在其他可能的解释，比如离心机处理可能对大鼠对光的感受性产生影响，从而影响其活动节律[27]。在重力逐级增加（$1g$、$1.25g$、$1.5g$、$2g$）的条件下，大鼠的生物节律发生显著变化，表现为体温和活动水平的显著降低，振幅也显著减弱，然后又慢慢回升。此外，体温和活动峰值的相对位置也发生了明显的改变[28]。每天对大鼠采用 1h 的重力变化刺激，可以引导大鼠的生物钟周期变化（图 6-4）[31]，这些结果提示重力可以作为生物钟的一个新的授时因子。此外，Wade 等对 14 天微重力条件下大鼠的体重变化进行了研究，发现与体温的变化趋势相一致，在重力从 $1g$ 降为微重力状态后的 48h 内，大鼠的平均体重就降低了 $15g$，但在随后的时间内体重就发生代偿，逐渐回升，在 5 天后体重与重力变化前相差不超过 $1g$[29-33]。

前面提到，头低位卧床实验是模拟失重状态下心血管系统功能变化的一种手段。与地面相比，在空间条件下，在进入空间初期，由于重力方向改变，人体血液会流向身体上部，包括头部和胸部，下肢毛细血管中的血也会进入血管，在短期内造成血浆的总量增加。在空间环境中长期适应后，头部和胸部的血液会刺激颈动脉、大动脉和心脏的受体，导致排尿增加、尿 Na^+ 排泄增加以及血浆总量的减少。在返回地面后，由于重力的作用，血液又主要分布于身体下部。卧床实验通过体位的变化模拟微重力对心血管系统的影响,这是由于重力的作用,受试者在开始卧床后,血液会流向身体上部,而在卧床结束后,血液又主要分布在身体下部(图6-5)[34-37]。

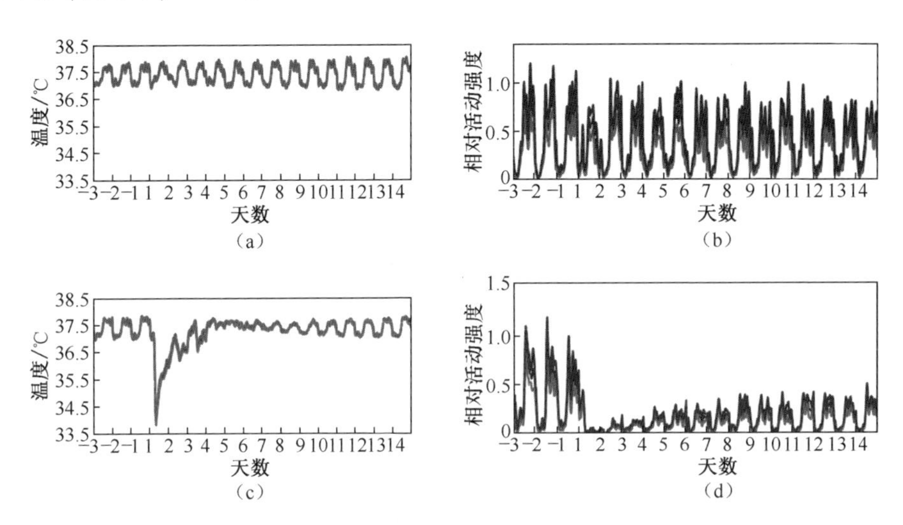

图6-4 大鼠在不同重力条件下的节律

(a)重力为1g时,体温变化;(b)重力为1g时,相对活动强度变化;

(c)重力为2g时,体温变化;(d)重力为2g时,相对活动湿度变化。

(从图中可见在超重条件下,体温和活动的数值都显著降低,同时振幅也显著降低,

在后来的一段时间内慢慢回升[31]。)

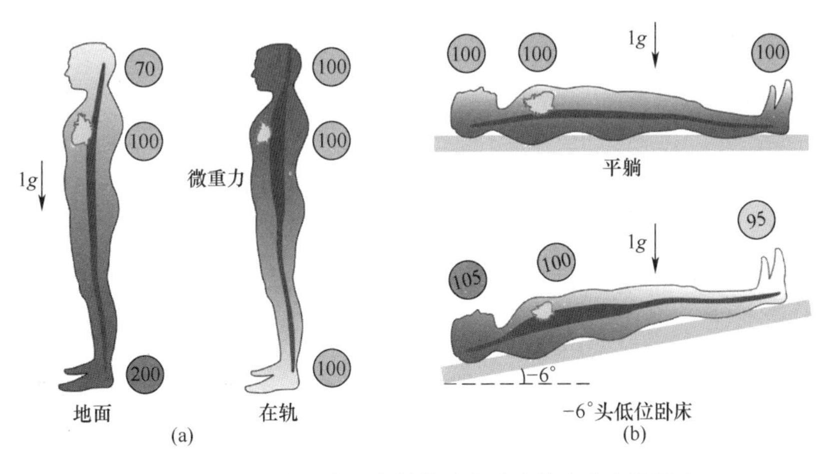

图6-5 空间微重力及头低位卧床对人体液分布的影响

(a)从地面进入空间及返回后的体液分布情况;(b)卧床前、卧床期及卧床后不同阶段体液的分布情况[34]。

卧床实验对受试者的多种节律会产生影响,包括生理、生化和行为水平的节律。卧床实验的一个重要目的就是模拟体液分布的变化对于心血管系统的影响,许多的卧床实验数据都表明,卧床实验模拟的重力变化确实可引起心血管机能的改变。

在卧床实验中,心率和血压的振幅都会降低[38-39]。Liang 等的报道也发现在 45 天的-6°头低位卧床实验中,受试者心率节律的最大值、最小值及振幅都显著降低,心率的最大值在卧床开始后突然降低,然后逐渐回升,直至接近卧床前的水平。在卧床后阶段里,心率的最大值则突然升高,甚至高于卧床前的水平。此外,心率节律的模式及相位在卧床期和卧床后也有所变化,在卧床前和卧床期阶段,在白天时段,心率节律表现出 3 个峰,而在卧床结束的一段时间内,心率节律表现出 4 个峰。在卧床期间,心率节律的相位有轻微提前,而在卧床结束后相位则有轻微延后。心率节律的模式和相位变化的生理意义尚不清楚[40]。

卧床实验对受试者体液中的激素、元素或离子含量的节律也具有影响,例如血清或者尿液中的褪黑素、可的松等激素,以及 Na^{+}、K^{+}离子等。但是,不同的卧床实验对于这些激素和离子节律变化的报道不很一致,这可能与实验条件及受试者的差异有关[41-42]。

Liang 等发现与卧床前的对照期相比,8 名受试者在卧床中或卧床后的排尿和排便节律的周期也发生了改变,如图 6-6 所示,受试者排尿次数的节律在卧床前表现出 12h 的周期,这可能与在一天当中排尿节律有两次高峰有关。在卧床期间,受试者的排尿次数同时表现出 12h 和 24h 的周期,而在卧床结束后则丧失了明显的节律[42]。

在第 4 章中我们介绍过,肌肉和骨的生理、功能都受到生物钟的调控。在空间环境里,节律的紊乱可能也是导致骨肌系统功能出现问题的一个原因。在卧床实验中,人体液中各种元素、离子含量的节律也可能会受到影响。卧床实验对尿液中 Ca、P 元素的节律也具有影响,提示卧床导致的 Ca、P 元素的节律变化可能与骨质疏松具有关联[43]。

6.2.2 快速光暗交替及光照不足等因素对航天员节律的影响

航天员在飞船或空间站里绕地飞行时,所面临的光照环境也与地面存在显著不同(图 6-7)。环绕地球飞行的航天器大约 90min 绕地球飞行一圈,其中大约 25min 处于地球阴影里,大约 65min 暴露于太阳照射之下。因此,在这 90min 周期里,大约 65min 为“白天”、25min 为“夜晚”。当航天员进行舱外作业暴露在太阳照射下或者在靠近舷窗的位置工作室,容易受到外面 90min 快速光暗交替的影响。这种快速昼夜变更的周期远超出很多生物节律的导引范围。此外,

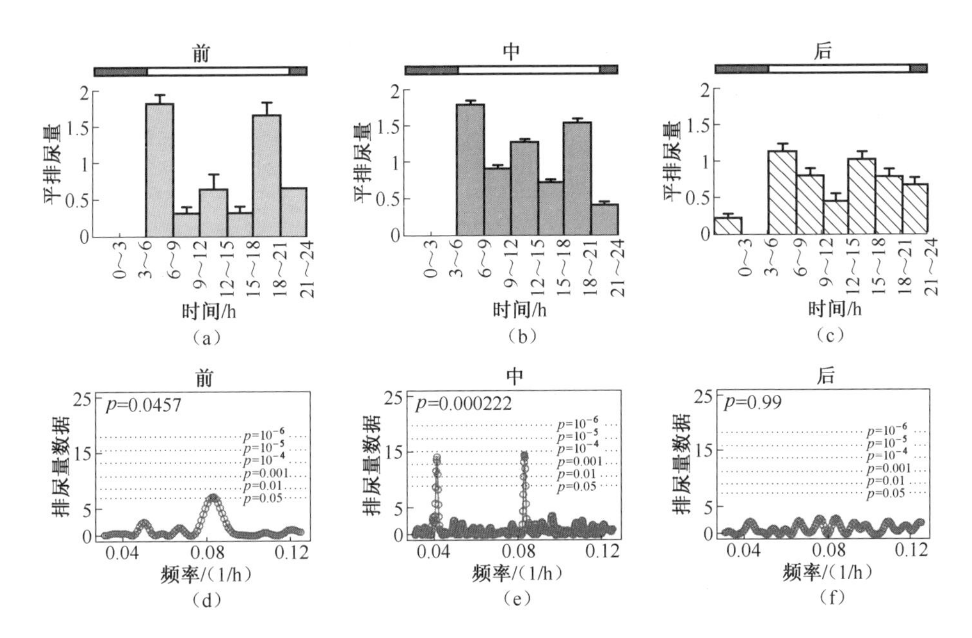

图 6-6　8 名志愿者在 45 天-6°头低位卧床实验前、中、后三个阶段中排尿节律的平均变化情况
(a)卧床前 9 天志愿者的 24h 平均排尿量;(b)卧床中 45 天志愿者的 24h 平均排尿量;
(c)卧床后 14 天志愿者的 24h 平均排尿量;(d)~(e)采用 Lomb-Scargle 周期图对卧床前、中、后的排尿量数据进行节律特征显著性 p 分析的结果[42]。

由于能量的使用分配限制,空间站里的照明普遍不足,远离舷窗的地方光照强度通常不到 500 lx,达不到对节律进行正常导引的需求。图 6-8 为在 90min 快速昼夜变更条件下人的体温节律变化情况。

Ma 等将粗糙链孢霉在不同的光照周期条件下培养,发现粗糙链孢霉在 LD65min:25min 下的生长速率显著快于 LD12:12、LL 等条件。但是,对于不同光照周期下微孢子比例进行统计揭示,粗糙链孢霉在 LD65min:25min 下产生的微孢子比例低于 DD、LD6:6、LD3:3 及 LD2:2 等条件,而在 LD12:12 条件下微孢子的产生比例最高[46]。微孢子对于粗糙链孢霉的无性繁殖非常重要,因此这些结果表明粗糙链孢霉更适应 24h 周期的环境,而 90min 快速光暗交替的环境不利于其繁殖。

6.2.3　空间环境对节律的影响

空间许多环境因子与地面环境的差异都极其显著,其中一些环境因子可能会对生物节律产生影响[47-48]。相比于各种模拟手段,空间环境更为真实,可以在空间环境里系统分析不同生物及人在生理和行为水平所受到的影响。实际的

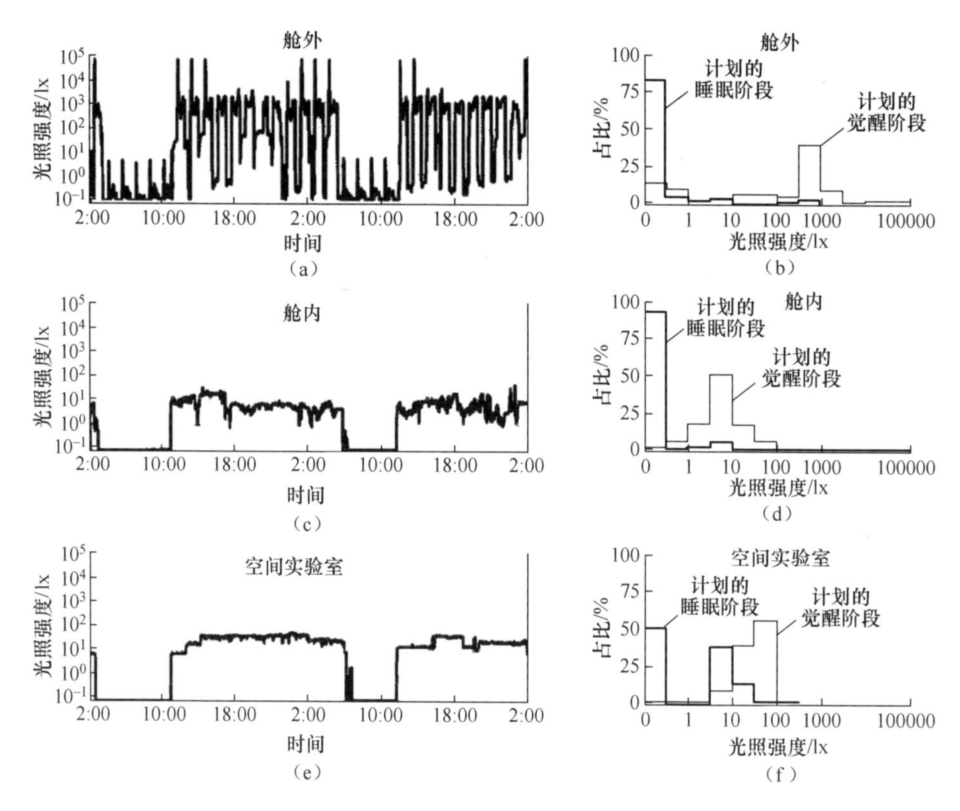

图 6-7　空间站不同位置连续 48h 记录的光照情况[44]

(a)、(c)、(e)空间站舱外、舱内和空间实验室的光照强度;(b)、(d)、(f)舱外、舱内和空间实验室在觉醒和睡眠阶段相对的光照强度分布示意图[44]。

空间环境主要通过一系列的空间任务进行搭载实验来进行,包括返回式卫星、货运或载人飞船、航天飞机、空间站等,其中载人飞船、航天飞机及空间站既可用于研究人的节律与睡眠变化规律和机制,也可以用于模式生物的研究,而返回式卫星、货运飞船等仅可用于不需要航天员进行操作的模式生物的研究。在各种方法中,地基的头低位卧床、干浸法对于模拟微重力对心血管机能、红细胞代谢、直立耐受、生物节律和睡眠的影响都有较好的效果[49]。

1. 空间环境对模式生物的节律影响

早在 20 世纪 60 年代,生物钟研究奠基人之一的 Colin Pittendrigh 就提出过探索火星的想法。他认为,空间可以提供一个环境以验证生物节律究竟是内源还是外源的,如果在地外环境里生物仍能保持近 24h 的节律,则将证明生物节律的内源学说[50]。

莱茵衣藻(*Chlamydomonas reinhardii*)具有趋光性运动特征,也称为光富集,

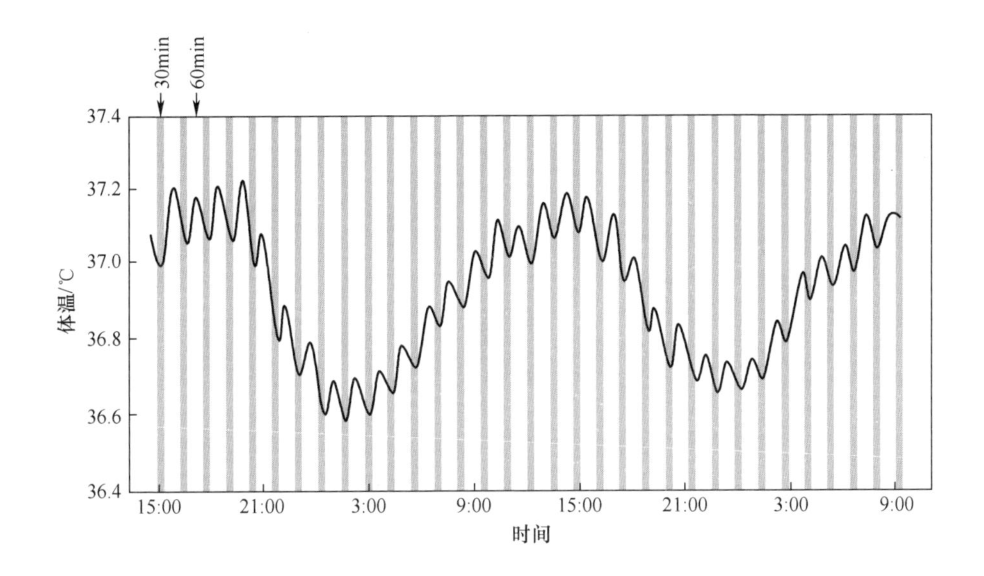

图6-8 在90min快速昼夜变更条件下人的体温节律变化情况[45]
（灰色竖条纹表示黑暗时间，白色竖条纹表示光照时间，
两者分别以30min和60min周期交替变化。）

是指莱茵衣藻在一天中某些时间倾向于向有光亮的地方泳动、聚集。莱茵衣藻在每天不同的时间衣藻趋光运动的活跃度不同，因此，记录不同时间衣藻聚集到光下的数量变化可以反映出其活动的变化情况。野生型莱茵衣藻的光富集作用自运行周期大约为29.6h，而突变株s-的周期较短，为21.4h。1987年，Mergenhagen等报道了微重力环境对莱茵衣藻光富集节律的影响。与地面实验相比，周期无明显变化，但是在空间站实验中野生型衣藻和s-衣藻光富集周期的振幅都显著升高。这些结果表明，微重力条件对于衣藻的生物节律都存在影响[51]。

沙漠甲虫(*Trigonoscelis gigas*)在光照和黑暗环境里，在不同的重力状态下，其活动的节律都发生显著改变。在光照条件下(LL)，微重力状态下(μG)的活动周期明显比1*g*的正常重力状态下要短，并且相位有所提前。而在2*g*的超重状态下时，甲虫活动的生物钟周期无明显变化，但相位有所延迟，同时活动情形也发生显著改变，由白天基本都有活动记录变为主要集中在上午和傍晚时间段活动。在持续的黑暗条件下，甲虫的活动规律也发生了显著变化。在1*g*的正常重力条件下，在DD时甲虫的活动周期大约为24h，并且主要在上午和傍晚活动。而在微重力状态下，在DD时虽然活动周期仍为24h，但整个“白天”都有活动记录，且“夜晚”的活动也有所增加。在持续黑暗的超重状态下，甲虫的活动周期显著长于24 h,均为25.08h,同时,在整个“白天”都表现出活动性(图6-9)[52]。这些数据表明重力与光照条件都会对甲虫的活动节律产生影响。

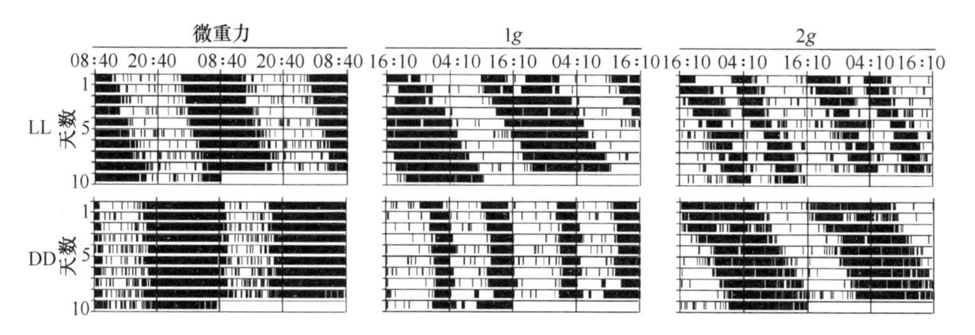

图6-9 沙漠甲虫在不同重力和光照条件下活动节律的双点图

[上面三个图是在LL条件下微重力、1g、2g时的活动节律,下面三个图是在DD条件下微重力、1g、2g时的活动节律。甲虫在微重力状态LL条件下的活动节律周期为24.58h,在微重力状态DD条件下的活动节律周期为24h。在1g下活动节律周期分别为24.25h(LL)和24.27h(DD)。在2g下LL和DD时的活动周期均为25.08h[52]。]

重力改变会引起细胞内基因表达的广泛改变及细胞结构的变化,其中包括引起许多基因转录本剪接的改变、蛋白激酶、磷酸酶和蛋白酶体的表达变化,以及很多信号通路中调节基因的表达变化。迄今,对重力的感受器以及重力调节生物钟的分子机制尚不清楚[16,18,48,53-56]。

2. 空间环境对人的节律影响

前面已经介绍过,空间环境下各种环境因素与地面环境迥然不同,而其中重力改变、磁场、辐射等环境因子都可能对节律产生影响。除了自然环境因素以外,航天员在执行空间任务时还要面临很多特殊的社会性因素,例如,航天员经常要执行繁重而时间性要求很严格的任务,有时是突发的紧急任务,这些因素也会严重干扰睡眠和生物钟的节律。航天员的疲劳、警觉度降低、作业能力下降等都是执行飞行任务过程中的风险因子。狭小空间、强工作负荷、微重力条件以及光周期的变化、生物钟的紊乱,都会影响航天员的睡眠,表现为睡眠时间缩短和睡眠质量降低(图6-10)[57]。然而,过去很长一段时间里,人们对于航天员生物节律紊乱的风险重视不足,从1996年才开始对航天员睡眠的节律进行系统性研究[58]。

在空间环境里,许多环境因子都会对节律和睡眠产生影响,其中包括光照条件、微重力等自然因素,也包括狭窄空间、繁重的工作负荷、轮班工作等社会因素。同时生物钟和睡眠之间也存在相互调节,维持正常节律和睡眠对于生理、健康和工效具有重要意义,反过来,生理和行为的改变也会对生物钟和睡眠产生影

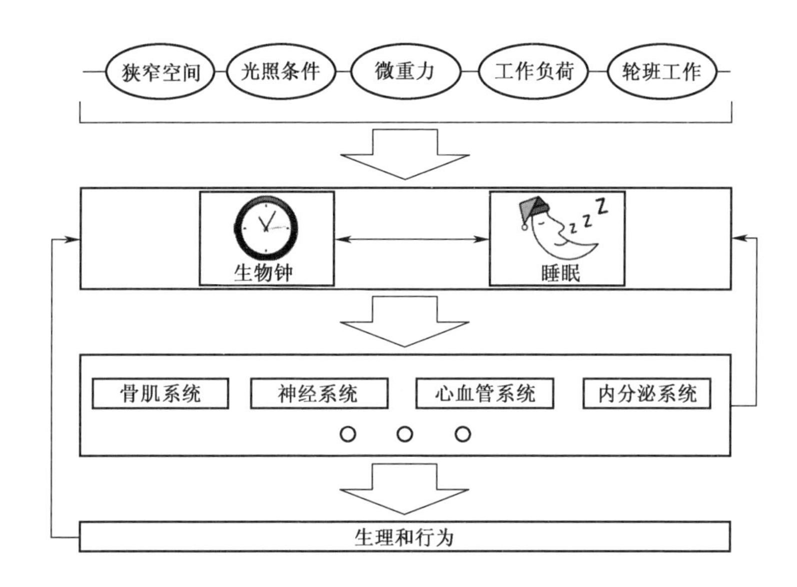

图 6-10 空间环境条件下生物钟、睡眠、生理和行为的相互调控示意图[57]

响(图 6-10)。生物钟对睡眠具有调控作用,而睡眠受限也会反过来影响生物钟,包括影响生物钟基因的表达(详见第 3 章和第 4 章)。空间飞行条件下,航天员的睡眠也会受到较严重的影响,其中部分原因可能是由于节律紊乱造成的。

在美国的水星号飞船任务(1958—1963 年)、双子星飞船任务(1961—1966 年)、阿波罗计划(1961—1972 年)中都对航天员的节律与睡眠进行了观察,但由于条件所限,并未能进行系统而深入的研究。尽管如此,通过这些空间任务,人们认识到了调整和改善航天员节律与睡眠的重要性。

下面以阿波罗计划来介绍空间任务对节律与睡眠的影响。在登月过程中,航天员处于每天始终有光照的环境里,光源包括太阳光、地球反光及月亮反光。阿波罗 7 号(1968 年 10 月 11 日-22 日)任务,原计划安排 3 名航天员在轨飞行时按照肯尼迪时间作息,但由于很多工作的不顺利和任务要求干扰了睡眠,地面指挥部认识到有必要让航天员轮流值班,结果 3 名航天员难以适应新的作息安排,报告睡眠质量很差。阿波罗 8 号(1968 年 12 月 21 日—27 日)任务中,由于繁重的空间任务使航天员自然入睡困难,航天员节律发生显著紊乱,出现明显疲惫感。指令长的节律与地面肯尼迪时间比,先提前了 11h,后来延迟了 2. 5h。在任务中,由于疲劳,不得不经常调整计划。在阿波罗 9 号/10 号任务中,航天员睡眠质量有明显改善,可能是由于 3 名航天员在任务中均能自然入睡。尽管睡眠时间不足,但作业能力很好,在返回地面后也没有明显的疲劳感。

阿波罗 11 号(1969 年 7 月 16 日—24 日)完成了登月,在月球逗留了 21. 6h。

航天员在月球低重力的环境里睡眠,尽管在前往月球和返回地球的过程中所有航天员睡眠情况都很好,但是在月球表面的这段时间里,包括 Neil Armstrong 和 Buzz Aldrin 在内的航天员睡眠都不好。持续的阳光照射并不是影响他们睡眠的原因,他们汇报说冰冷的航天服带来的不适和来自地面指挥部的密集指令是干扰他们睡眠的重要原因。当然,登月的兴奋可能也是影响睡眠的一个重要因素[59]。

由于航天员在执行空间任务时任务繁重,无法留出充裕的时间接受各种测试,同时难以提供连续时间的血液、尿液等样品,也难以连续记录体温等能反映内在节律变化的指标。为了对航天员的活动与睡眠-觉醒周期进行分析,一般简便的方法是采用在手腕佩戴腕表对活动情况进行连续检测,腕表记录的数据也可以用来间接地分析睡眠量及睡眠结构的变化情况。图 6-11 为神舟十三号任务中,航天员聂海胜在空间站里进行生理和认知测试的情景,他的右腕上戴有一块腕表用于记录活动节律。

图 6-11　中国航天员聂海胜在空间站里进行在轨生理、认知测试(《航天员》杂志授权使用。)

航天员的体温节律在空间环境里会发生变化。Gundel 等对俄罗斯和平号空间站(MIR)4 名航天员的节律进行了较长时间检测,发现他们的体温节律相位延迟了约 2h[60]。Monk 等和 Dijk 等的研究表明,与飞行前相比,绕地飞行的航天员体温节律的振幅明显下降,但相位并未改变[39,61]。由于航天任务每次的航天员人数非常有限,而每次任务的具体情况差异又很大,所以会导致实验结果的不尽一致,对其中一些重要的问题需要今后进行必要和更加严格的重复实验才能定论。尽管这些结果不完全一致,但仍提示微重力环境可能对体温节律产生影响。

Monk 等对 1 名航天员在空间站中的体温和警觉度节律的长期变化情况进行了分析,记录了口腔温度和警觉性节律的变化情况,结果显示与第一个时间段(第 37~50 天)相比,第二个时间段(第 79~91 天)内口腔温度和警觉度节律的振幅均显著降低,而在第三个时间段(第 110~122 天) 内口腔温度和警觉度节律几近丧失[61]。但是,也有其他报道的结论与此并不一致,Gundel 等进行的一项研究发现,在持续 438 天的空间飞行过程中,和平号空间站航天员体温节律的相位与初始相位相比发生了显著后移,在飞行初期的 30 天里发生了 2h52min 的后移,在第 183~215 天里与初始相位相比滞后了 3h25min,在第 395~425 天里与初始相位相比滞后约 1h34min,但造成该航天员相位滞后的原因在于光照[60]。造成这两项针对航天员长期在轨期间节律变化不一致情况的原因可能是:一方面不同航天员之间存在个体差异,这也是在安排航天员轮班任务时需要考虑的重要因素;另一方面,每次空间任务中航天员所面临的环境也不尽相同,难以进行比较。

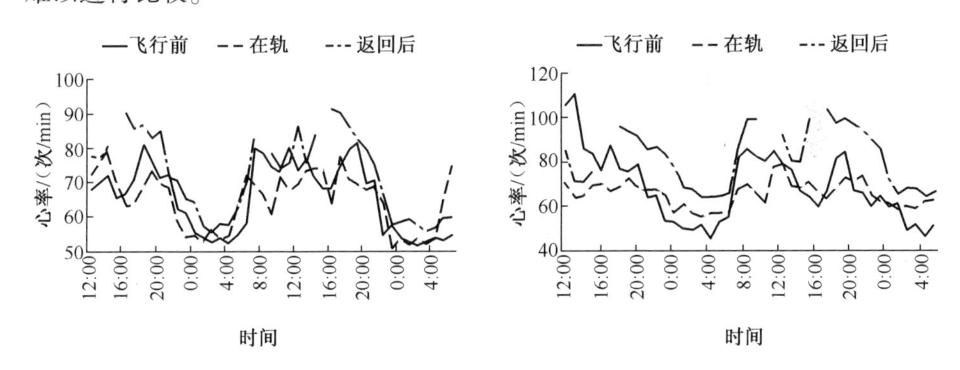

图 6-12　2 名航天员在飞行前、在轨期间及返回地面后心率节律的变化情况
(断线处表示部分数据缺失[17]。)

比较而言,与卧床实验中观察到的现象相一致,在空间状态下,人的心率、体温等节律的振幅会显著降低。Liu 等对一次空间任务前后中国航天员的心率节律进行了监测,结果也显示与飞行前相比,在轨期间心率节律的振幅显著降低,

而在返回地面后一段时间内则显著增加(图 6-12)[17]。

6.2.4 航天员面临的睡眠问题

尽管对执行空间任务期间航天员的睡眠研究还不够多,但是已经有不少证据表明他们的睡眠会受到干扰。多次独立的研究报道揭示,执行空间任务的航天员普遍存在睡眠不足的问题。俄罗斯和平号空间站 4 名航天员每天的睡眠比在地面时要少约 2h,并且睡眠质量不好,睡眠结构有所改变[70]。Dijk 等分析了 5 名航天员的睡眠情况,发现他们每天的平均睡眠时间只有大约 6.5h[39]。从参加 9 次航天飞机任务的 23 名航天员总共 274 次记录数据来看,其中有 163 次记录显示航天员的睡眠受到了干扰,约占 59%[19]。

针对 44 次航天飞机任务中 239 名航天员在空间长达 3~17 天中的睡眠情况进行分析,结果显示这些航天员平均睡眠时长为 6.19h。在这些空间任务中,有 28 次是执行非轮班的单任务,另外 16 次是执行轮班任务,在这两种不同类型任务中,航天员的平均睡眠时长分别为 6.23h 和 6.13h[63]。Barger 等对参加过 80 次航天飞机任务的 64 名航天员以及参加过 13 次国际空间站任务的 21 名航天员的睡眠情况进行了长期分析,也发现与距发射较长时间前相比,航天员在接近发射以及在轨期间的睡眠量明显减少,但是航天员在返回地面后的休养时段里睡眠量显著增加(图 6-13)[62]。在轨期间长期的睡眠不足可以导致睡眠债的积累,也会加剧对航天员作业能力的影响。

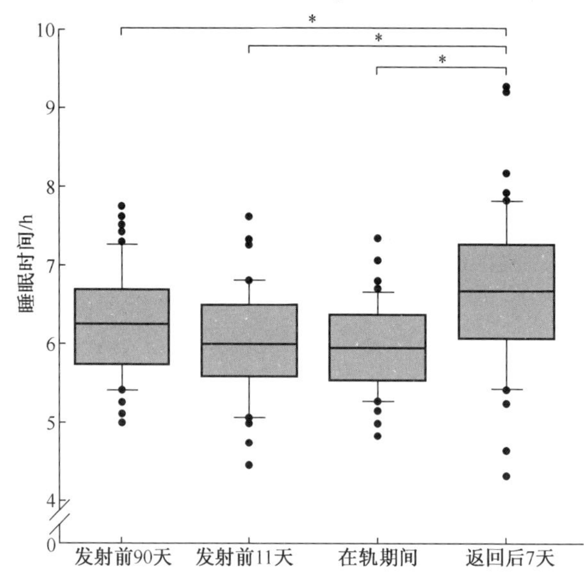

图 6-13 航天员在发射前、在轨期间及返回后的睡眠时间变化情况

(方块中间的横线表示均值。星号“*”表示显著性 $p<0.0001$[62]。)

在第4章讲道,当体温节律与睡眠周期同步时才能保证睡眠质量。Flynn-Evans等对21名在国际空间站长期驻留航天员的睡眠-觉醒周期和体温节律的变化数据进行了分析,发现这些航天员在飞行前的睡眠中有约13%是处于睡眠和体温最低值非同步的状态,而在轨期间约有19%是处于非同步状态。在处于同步状态下航天员平均睡眠时间为(6.4±1.2)h,而在非同步状态时,平均睡眠时间约为(5.4±1.4)h。根据对航天员睡眠情况的主观问卷调查结果显示,睡眠与体温同步情况下的睡眠质量明显比非同步情况下要好。图6-14显示了3名航天员在轨期间的睡眠和体温变化情况,这3名航天员由于任务安排都出现过多次的睡眠时间调整,在一些时段里,他们的睡眠周期与体温变化节律出现了去同步化的状态[64]。

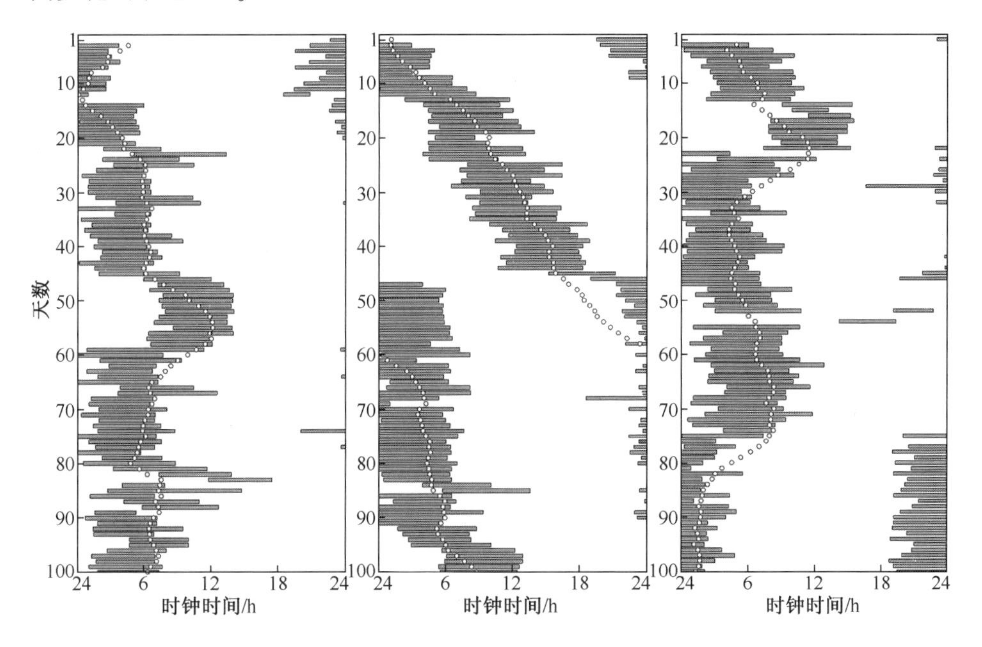

图6-14 3名航天员在轨期间睡眠情况的栅状活动图

(灰色条块表示睡眠时段,空心圆圈表示体温最低值[64]。)

在轨期间航天员睡眠结构也会发生变化,不同的研究工作揭示,航天员睡眠结构与地面睡眠相比也常发生异常,表现为进入第1个REM的潜伏期缩短,慢波睡眠的分布也发生了改变,以及第3期和第4期的睡眠时间显著缩短等(图6-15)[60,65]。Putcha等在对美国的79次航天任务中219例的用药数据进行统计后发现,在航天员服用的各种药物当中,安眠药占了接近一半的分量。在这219例数据中,有94%的药物是在空间飞行过程中服用的,其中47%是用于缓解空间运动病(space motion sickness),45%是用于治疗睡眠障碍,其余的药物主要用于治疗头痛、背痛和鼻窦充血[66]。根据美国航空航天局(NASA)未公开资料,一项对参加11次空间任务的32名航天员的调查显示有26名航天员在飞行中服用过安眠药,占81%[19]。为了改善睡眠,航天员常借助服用安眠药改善状况,但是安眠药的副作用可能会导致他们的工作效率降低[63]。因此,在空间飞行的重力缺失条件下,生物钟和睡眠可能存在相互之间的影响,对健康造成更严重的危害。

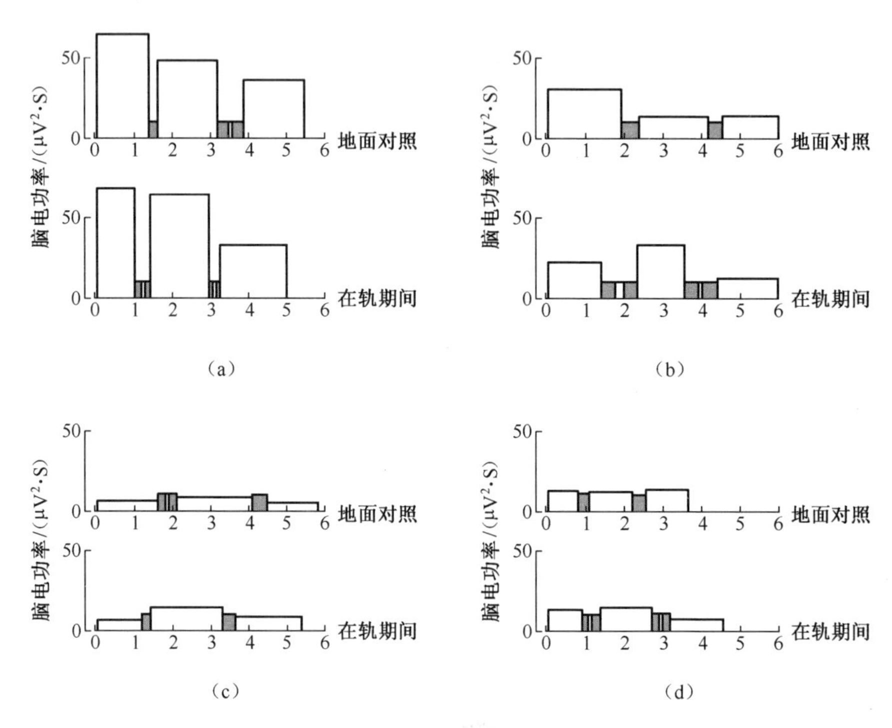

图6-15 4名航天员在地面和在轨期间的睡眠结构变化

(a)~(d)分别表示4名航天员的变化情况。

(纵坐标表示脑电功率,白色方框表示NREM睡眠,高度表示相应的脑电功率。黑色或有白条纹的黑方框表示REM睡眠,高度为人为所画,不反映脑电功率[60]。)

通过用睡袋或绑带让航天员体会到类似在地面上的仰卧姿势,并防止他们在舱内飘动,这些措施对在微重力状态下帮助他们改善睡眠质量具有一定的帮助作用。在低轨道绕地飞行任务中,噪声、约90min周期的快速昼夜变更、舱内温度以及狭小空间等因素是影响航天员睡眠的几个重要原因。因此,也会考虑选择光线较暗并且噪声较低的地方供他们睡眠。在国际空间站中,有专门的区域供航天员睡觉或休息[60]。为了免受噪声的干扰,航天员在休息和睡眠时常戴上耳塞[19,67]。

6.3　导引范围与空间非24h环境周期的适应

前面提及，在地外空间中，航天员可能会面临复杂的光照环境，例如绕地飞行时大约90min周期的光暗变化、火星的24.65h的昼夜周期等。由于生物钟控制着人体几乎所有的生理、心理和行为过程，因此在这些非24h的光暗周期条件下，人的节律能否适应对于空间探索任务来说，是一个不容忽视的重要问题。

6.3.1　导引范围

授时因子对节律的导引也是有一定作用范围的，可以在接近24h的周期内对人的节律起导引作用，例如$T=25$h或$T=23$h的情况下，但不能在极端条件下（例如$T=5$h或$T=33$h）也有效地对节律起导引作用。与导引相一致的授时因子周期的范围称为导引范围。在导引范围内，节律的周期会随授时因子的变化周期而改变，如果授时因子的变化周期超出了导引范围，节律的周期则不能与授时因子的变化周期保持一致。导引范围可以通过不同环境周期的实验进行检测，也可以通过不同生物的相位响应曲线（PRC）进行估算，假设PRC显示某一物种可出现最大1h的相位延迟和最大2h的相位提前，则该物种的导引范围为22h（24-2）~25h（24+1）[8]。

表6-3列出了根据PRC估算出的一些生物在不同光暗周期下的导引范围，从中可以看出，一些动物具有较大的导引范围，意味着这些动物的节律周期具有一定的可塑性，在一定范围内可以被环境因子导引，表现出与环境一致的周期，从而对节律的自主周期起到掩蔽作用。从表6-3中也可以看出，人的导引范围非常有限，也就意味着人很难适应偏离24h光暗周期较大的环境周期。

表6-3　一些生物的预期节律导引范围估算值[8]

物种（拉丁名）	下限/h	上限/h
人（*Homo sapiens*）	22.2~23	27.3~29.6
金黄地鼠（*Citellus lateralis*）	21.4~23.3	24.9~26.3
鹌鹑（*Coturnix coturnix japonica*）	14.5~16.5	32.3~33.8
中红侧沟茧蜂（*Microplitis mediator*）	11.8	35.8
麻雀（*Passer domesticus*）	16.7	32.7
黑腹果蝇（*Drosophila melanogaster*）	22.1~22.3	28.3
小鼠（*Mus musculus*）	22.8	25.7~26.5

6.3.2 不同光暗周期对节律的影响

早在 1938 年,Nathaniel Kleitman 等就在美国肯塔基州的猛犸地下溶洞里进行过隔离环境实验,观察非 24h 的周期对人生理和活动节律的影响。1957 年,Lewis 和 Lobban 在北极地区的极昼期间,对分别生活在每天 21h 和每天 28h 的受试者进行了分析,发现他们的排尿周期可以随环境的周期而改变,但尿液中 K^+ 等离子水平的变化节律周期仍然保持在 24h 左右,提示受试者的生理和活动节律出现了分歧[68-69]。Aschoff 和 Wever 等对隔离环境里受试者在非 24h 条件下生理和行为节律的变化进行了研究,发现在昼夜时长为 28h 的条件下,人的体温节律周期为 24.8h,这也是自运行节律周期的体现。但受试者的活动周期则为 28h,意味着在超出导引范围后,自运行节律和其他一些生理、行为的节律会出现不同步[70]。

Wyatt 等进行了强制去同步化实验,结果如图 6-16 所示,受试者在前 4 天的环境周期为 24h,从第 5 天至第 24 天为 20h。在前 4 天时间里,受试者约有 8h 处于睡眠,有 16h 处于觉醒状态。在强制去同步化的 20 天时间内,每天睡眠时间约为 6h40min 而处于觉醒状态的时间约为 13h20min。图中体温和褪黑素呈现出自运行状态,周期均为 24.2h(图 6-16),与睡眠-觉醒周期出现了明显的去同步化[71]。Czeisler 等也对受试者分别进行了 20h 和 28h 周期的强制去同步化实验,结果显示,受试者的周期仍然分别维持在 24.29h 和 24.28h[72]。

动物实验的结果与此类似,Fuller 等研究了松鼠猴在 LD9:9($T=18$h)条件下的体温节律,结果显示松鼠猴的体温节律周期仍保持在 24h 左右,但是与 LD12:12 条件相比,松鼠猴在 LD9:9 条件下体温节律的振幅明显降低[73]。麻雀的活动节律受光暗周期影响很大,在 LD6:6($T=12$h)、LD3:3($T=6$h)、LD1.5:1.5($T=3$h)等条件下,麻雀的活动周期随之改变,周期会与环境周期相同。但是当将麻雀置于恒定条件下时,麻雀的活动节律周期仍然接近 24h。植物的节律也存在导引范围,例如刀豆在 LD6:6 条件下,其叶片舒张、合拢的运动节律周期仍然约为 24h[74]。

Aschoff 和 Wever 等早先认为人近日节律的周期约为 25h,但后来 Czeisler 等通过强制去同步化实验揭示人的近日节律周期平均值应为 25.2h[76-78]。需要指出的是,环境对于节律存在影响,因此在不同条件下内在的生物钟会在周期上表现出一定的差异,测出的自运行周期存在差异,因此在去同步化条件下测量出的周期反映的也只是人自运行周期的一个约数,而非绝对数值[79]。

6.3.3 火星特殊昼夜周期对节律的影响

登陆、移民火星是人类继登月之后的下一个载人航天的深空探测目标。火

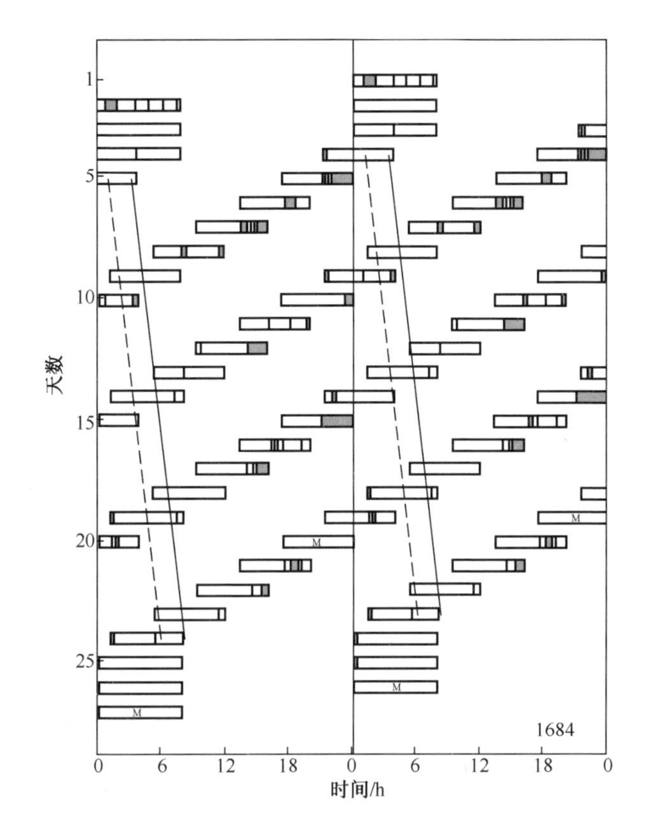

图6-16 1名受试者在27天强制去同步化实验中的双点活动图
(方块表示受试者处于睡眠的时间段,其中的黑色竖条表示脑电记录的觉醒时段,标有M的方块表示脑电数据缺失。虚线表示受试者血清褪黑素的最高值时间,实线表示每天体温最低值的时间[72]。)

星环境与地球差异很大,其中火星的昼夜周期为24.65h,即24h39min,这一数值与人的近日节律周期接近,那么是否意味着人能够适应火星的昼夜周期呢?

为了分析人节律可塑性的调整范围,Scheer等根据不同强度和不同照射时间对人节律影响的数学模型采用450lx的弱光进行导引,发现在采用这一强度光照进行干预的情况下,受试者的节律周期可以分别稳定在24.65h或23.5h[80-81]。当然,这一工作仅分析了有限节律的变化情况,而未对睡眠质量、警觉度等多种节律进行分析,难以排除存在生理、行为节律去同步化的可能性。Wright等在持续弱光条件下(1.5lx)观察了受试者在光暗周期T为23.5h、24.0h、24.6h等条件下的节律变化情况,结果显示,在持续弱光条件下,褪黑素的节律无法被导引,仍然维持约24h的周期[82]。

美国NASA下属的喷气推进实验室(jet propulsion laboratory,JPL)探路者号火星车(Mars pathfinder)及火星探测器任务(mars exploration rovers,MER)中,地

面工作人员都经历了节律去同步化和睡眠障碍，认知和作业能力也受到影响[83-84]。火星车索杰纳(mars Sojourner rover)原本要执行3个月的任务，但由于地面工作人员的节律紊乱等问题，不得不在1个月后就不再按火星时间进行操纵和控制。另外，在所有的MER的工作人员中，大约有82%的人报告了疲惫感增加、失眠、易怒等问题，注意力和精力也有所下降[85]。这些情况表明，虽然人的近日周期与火星昼夜周期相差无几，但在缺少调整与干预措施的情况下，人的节律是难以适应火星周期的。

2008年5月25日，美国发射的凤凰号火星车(Phoenix mars lander,PML)在火星的北极区域着陆，主要使命是对该地区土壤的含水量及宜居性进行勘探。为了探讨人的生理和行为是否可以适应火星的昼夜周期，在美国亚利桑那州的图森(Tucson)，Barger等对执行凤凰号火星车数据分析的地面人员进行了分析。由于火星车只在火星的白天时间发送数据回地球，因此这些地面工作人员的作息安排是遵照火星而非地球的昼夜周期，时间长达78天。大约有87%的人尿液6-羟基硫酸褪黑素(aMT6s)的节律经过调整可以与火星周期相适应(图6-17)，但是睡眠会受到影响，主观问卷调查结果也显示困倦与疲惫感明显增加。50%的人每天睡眠少于6h，只有23%的人每天睡眠超过7h，所有受试者每天的平均睡眠时间约为6.2h[85]。这些结果提示，尽管人的节律可以基本与火星周期保持同步，但仍可能会对睡眠和作业能力造成一定的影响。杨惠盈等对参加“星际绿行”180天受控生态生保试验的1名志愿者每天的情绪变化进行了分析，发现在模拟火星周期的1个月里志愿者的正向情绪有所下降，提示火星周期可能会影响人的节律和情绪[86]。

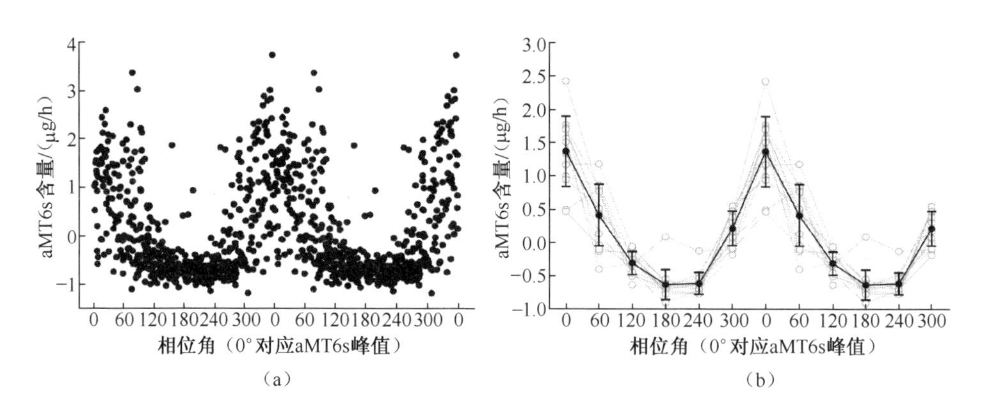

图6-17　13名工作人员尿液6-羟基硫酸褪黑素(aMT6s)节律的双点图

(a)散点图；(b)均值的曲线图。

(横坐标采用的是生物钟时间，每360°对应火星的昼夜周期即24.65h[85]。)

本书第 4 章提到人体的免疫、代谢、神经、心理、认知及行为的许多节律都受到生物钟的调控,在空间环境里,人的生理、心理和行为都发生了明显的改变,而生物钟也可能受到导引。但是,在空间环境条件下,生物钟以及其他的生理、心理和行为之间存在怎样的相互影响与作用尚不清楚。此外,即使人的节律可以在一定范围内被导引,适应非 24h 周期例如火星的昼夜周期,也有可能因为与地球上其他人的周期不同步而出现各种问题。在第 4 章中介绍过一些节律异常可能是造成睡眠障碍的原因,像睡眠相位提前和非 24h 周期症状等,这也是应该考虑的一个因素。

6.4　社会性因素对航天员节律及睡眠的影响

对航天员来说,经常要面临改变作息安排去执行一些紧急任务,作息安排的频繁变动会对航天员的节律和睡眠造成干扰。在航天器中,航天员还面临着空间狭小、生活单调和缺乏隐私等环境因素。社会交往的缺乏和环境的单调会使人产生厌倦、容易发生冲突、精力下降和注意力难以集中等问题。在长期空间飞行中,航天员的生理、心理和行为都会受到影响,但是这种影响是由于环境的复合因素而非单一因素引起的,其中包括微重力、光照、磁场、辐射等自然因素,也包括狭小空间、工作负荷、缺乏隐私等社会因素。因此,在空间环境里难以区分每一环境因子对航天员生理、心理和行为的影响[87]。

从 2010 年 6 月 3 日至 2011 年 11 月 4 日,由俄罗斯组织了火星 520 天计划(Mars 520-d mission),俄罗斯、欧洲空间局(European Space Agency,ESA)和中国的志愿者参加了这次实验。火星 520 天计划模拟从飞船发射、飞向火星、登陆火星到返回地球全过程,主要目的是研究狭小隔离环境对人的生理、心理和行为的影响,为未来真正登陆火星积累重要数据。实验结果显示,在任务开始的前 3 个月里,受试者处于觉醒状态的时间显著减少,在接下来的 13 个月里仍然不断减少,但趋势较前 3 个月平缓。在任务的最后 20 天时间里,处于觉醒状态的时间则显著增加。从变化趋势和统计数据上看,处于睡眠和休息状态的时间与处于觉醒状态时间的变化趋势相反(图 6-18)。在任务开始时受试者睡眠时间少,可能是由于刚刚启动时任务繁重而造成的。在任务中期,狭小隔离及有限的社会接触等社会因素可能对睡眠的改变起了主要的作用。而到了后期,由于将要完成模拟任务、"返回地面",一方面受试者可能情绪上会兴奋起来,另一方面在任务的最后阶段工作负荷也会加大,可能主要是这两方面的原因导致了睡眠-觉醒状态的变化[87]。

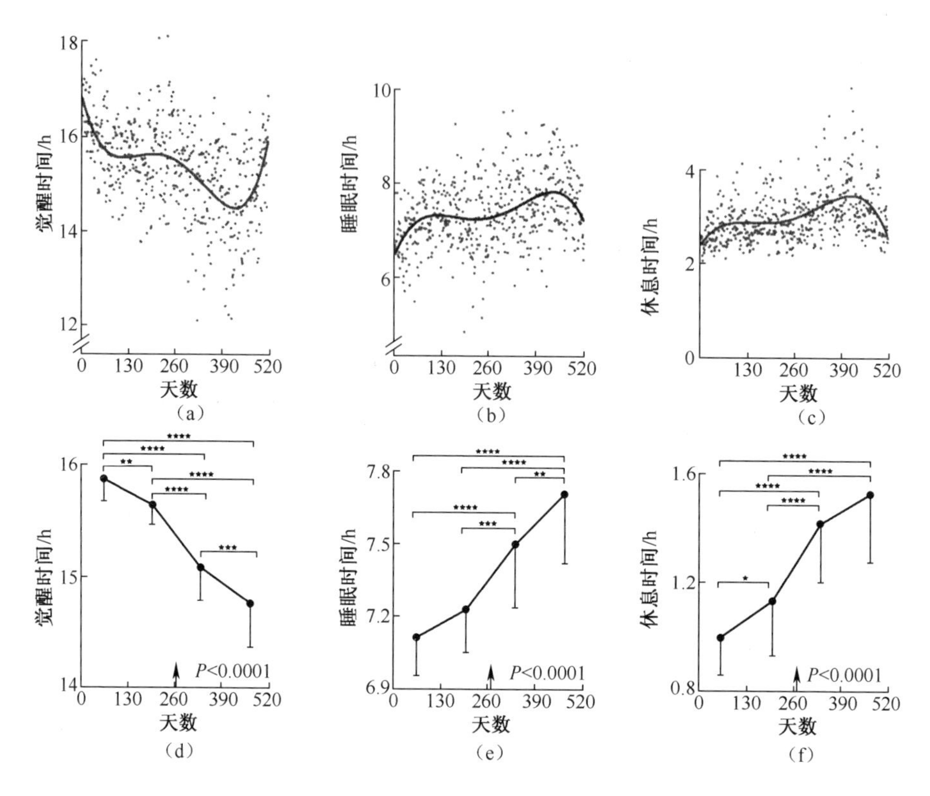

图 6-18　火星 520 天任务中受试者的睡眠变化情况

(a)~(c)受试者每天处于觉醒、睡眠和休息状态的时间;(d)~(f)受试者处于觉醒、睡眠和休息状态的时间均值,以每 130 天计算。

(箭头指示的是整个 520 天任务的中间时间。图片参考文献[88],有改动。)

在狭小或密闭环境里,受试者的活动量也会发生变化。与卧床前相比,在卧床期间,受试者的活动量也会减少且活动节律的振幅显著降低。此外,受试者卧床期间在白天的平均睡眠时间显著增加,但个体差异也比较明显[40]。对火星 520 天计划受试者的活动数据分析表明,受试者在觉醒状态时的活动量的变化趋势与睡眠时间的变化趋势较为相似,即在任务开始后不断降低,而在最后一段时间内显著升高。在火星 520 天实验中,受试者的睡眠节律也受到了影响,但具有明显的个体差异性[87-88]。

Vigo 等发现在火星 520 天任务中,受试者心率变异性(heart rate variability, HRV)的昼夜节律特征有所改变,反映在火星 520 天任务中,受试者的自主神经系统功能的昼夜节律振幅可能有所减弱[87]。自主神经节律的变化可能反映了火星 520 天任务中,受试者的自主神经功能与心境、活动及光照条件等环境因素之间的相互影响。

根据月球和火星的环境条件以及目前的研究数据可以预期,今后在长期的月球和火星探险任务中航天员及地面支持人员很有可能出现节律紊乱、睡眠障碍以及由此导致的警觉度和工作绩效的降低。相比而言,由于在执行任务期间难以中止任务返回地球,月球和火星探险比近地轨道飞行具有更大的风险,因此减少操作失误具有更重要的意义。

6.5 节律紊乱与睡眠障碍对航天员健康与绩效的影响

节律紊乱与睡眠障碍除了会对健康造成损害外,也会影响人的行为和绩效。Casler 和 Cook 对 29 次载人航天任务中航天员的反应时长、记忆力、推理能力、模式识别能力、精细运动及双任务作业能力等进行了分析,揭示在空间环境下航天员数项与认知、行为相关的指标都有所改变[89]。迄今为止,NASA 还没有文献报道过航天员由于心理问题造成重大操作失误的事例,但是航天员发生短暂的方向感缺失、空间幻觉、视觉障碍、睡眠紊乱及工效降低等已有多次报道[63,90]。

Dijk 等报道了一次为期 10 天和一次为期 16 天的空间任务中,5 名航天员在心境和作业能力方面都出现了下降[39]。除了航天员以外,资料显示 NASA 的航天员及地面工作人员也都出现过失眠、疲劳、节律紊乱和工作负荷过重等情况,在火星探险者、勇气号、机遇号和凤凰号等探测器任务中,地面负责控制探测器及分析数据的工作人员也都遇到过节律紊乱和睡眠障碍等问题[19]。

6.6 航天员节律的调整与干预

实施空间任务代价昂贵,因此尽可能提高在轨或在空间时段里航天员的工作效率是一个具有重要现实意义的问题。生物节律对人的生理、心理和行为起着重要的调控作用,节律的紊乱会导致出现睡眠障碍、精神性疾病、代谢综合征、免疫力下降及肿瘤发生风险增高等,损害人的健康[91]。节律的紊乱也会对心理、行为和工效产生负面影响,从而可能影响航天员的作业能力和造成事故。在俄罗斯的联盟号飞船任务期间,睡眠时间有时刚好与发射所在地的夜晚时间相反,这样的作息制度容易导致航天员睡眠质量下降,工效降低。

美国 NASA 人类研究计划的行为健康与工效项目(human research program behavioral health & performance,HRP BHP)负责研究由睡眠障碍、生物节律紊乱引起操作失误的问题。NASA 的空间辐射项目(space radiationelement,SRPE)负

责研究、预测和处理载人航天中所面临的辐射问题,而行为健康与绩效项目(behavioral health and performance,BHP)负责心理和行为健康方面的研究。此外,BHP 也处理因团队凝聚力差及行为不当、乘员选拔不当、训练不充分及心理适应问题引起的风险(图 6-19)[19]。

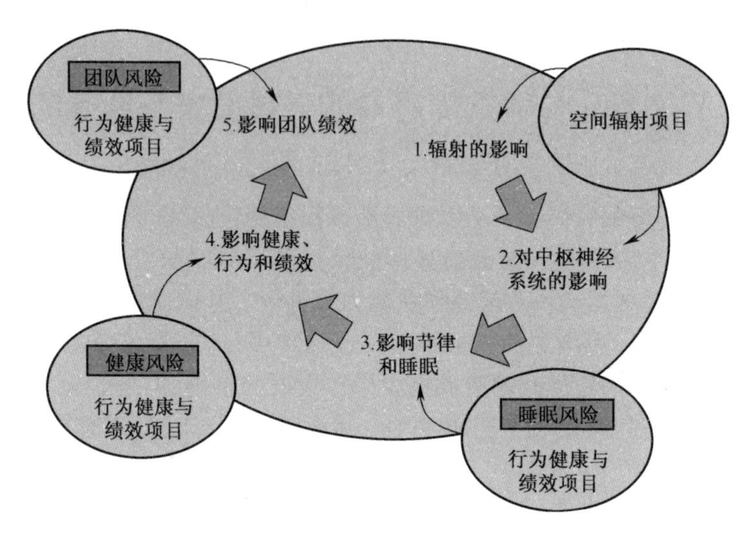

图 6-19　NASA 对各种影响航天员健康和工效因素的管理及相互联系[19]

为了让航天员调整好状态,进入空间后能迅速适应并高效开展工作,美国 NASA 在发射前会对航天员的节律和睡眠进行调整。调整节律的方法通常有两类:一类是逐步调整作息制度;另一类是采用光照或药物进行调整,这两类方法也可以同时使用。

NASA 较早采用明亮的光线治疗节律紊乱,在 STS-35 飞行任务中,航天员在发射前的一周时间内每天夜晚接受明亮光线照射,以便让他们适应发射后主要在夜间工作的作息安排。光照条件为在前 4 个夜晚为 10000 lx,后面 2 个夜晚为 1500~3000 lx。根据对航天员褪黑素等指标的节律特征分析,这些航天员节律的相位都得到了较为理想的调节[77]。在后来的 10 次航天飞行任务中,强光被用于调整航天员的节律。为了达到让航天员节律相位延迟的目的,根据光的 PRC 及人的体温变化特征,主要是在夜里体温达到最低值前进行光照;而为了使相位提前,则在体温达到最低值后进行光照。光照每天可以使相位改变 1~6h,平均值约为 2h(图 6-20)[92]。在受试航天员当中,一部分人的睡眠很快就可以调节过来,而另一部分人则需要慢慢进行调整。航天员住在舒适的房间里,室内光线充足。与航天员相比,普通的轮班工人由于缺乏特别的照顾和待遇,在调整节律的过程容易受到周围环境的干扰[93]。

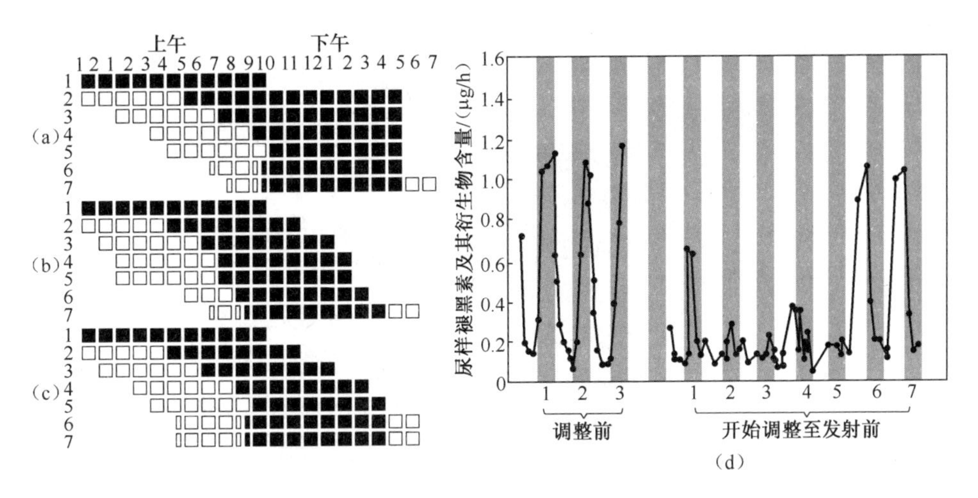

图 6-20　发射前航天员节律的调整

(a)~(c)发射前用于调整 7 名航天员节律的方案,方案大致相同;(d)按左图方案调整过程中航天员尿液中褪黑素硫酸盐节律的变化情况。[(a)~(c)图中,空心方块表示光照(>7000 lx);黑白相间方块表示黑暗条件、弱光条件或戴黑色护目镜时段;全黑方块表示睡眠时段。(d)图中阴影部分表示地面每天的夜晚时间,不反映调整过程中的光照改变。(d)图左边 1~3 是指调整前的节律情况,右边 1~7 是指开始调整至发射前 7 天时间的节律变化情况[92]。]

为了能不间断工作而又不损害航天员健康,NASA 曾经让两组航天员轮流工作。首先,对这两组航天员采取不同的方案对他们的节律进行导引,包括分别在不同时间采用强光导引或者让航天员处于弱光环境里并佩戴黑色护目镜。经过 1 周后,两组航天员的睡眠-觉醒相位相差了近 12h,因此可以在 24h 内轮流进行作业(图 6-21)。实际上,从 STS-40 到 STS-99 共 44 次空间任务里,其中大约有 28%的任务采用了这种两组轮流工作的作息制度[19]。

为了避免社会因素对节律调整的干扰,在睡眠时段里,航天员不与亲人联系,周围环境里也避免产生噪声。如果航天员有紧急任务需要外出,则要戴上黑色眼镜以避免节律受到外界光线的影响[94]。通过光照来调整航天员节律的实验都取得了较好的结果,因此在后来的空间任务中也被一直采用。Whitson 等报道了对 8 名航天员节律的调整情况,8 名即将乘坐航天飞机执行任务的航天员包括 5 名男性和 3 名女性,在发射前一周内需将他们的相位改变 12h。通过同时逐步光照和作息制度的方法,从图中数据可以看出,经过 1 周时间的调整,航天员节律的相位成功推迟了约 12h[92]。为了保障航天员的工作效率和避免风险,NASA 认为不宜在夜间安排航天员进行航天器对接等高难度工作[95]。

第 3 章中介绍过,睡眠由睡眠稳态和生物钟共同调控,因此可以通过建立数学模型预测节律紊乱和睡眠障碍对航天员工效的影响(图 6-22)[96-97]。在通

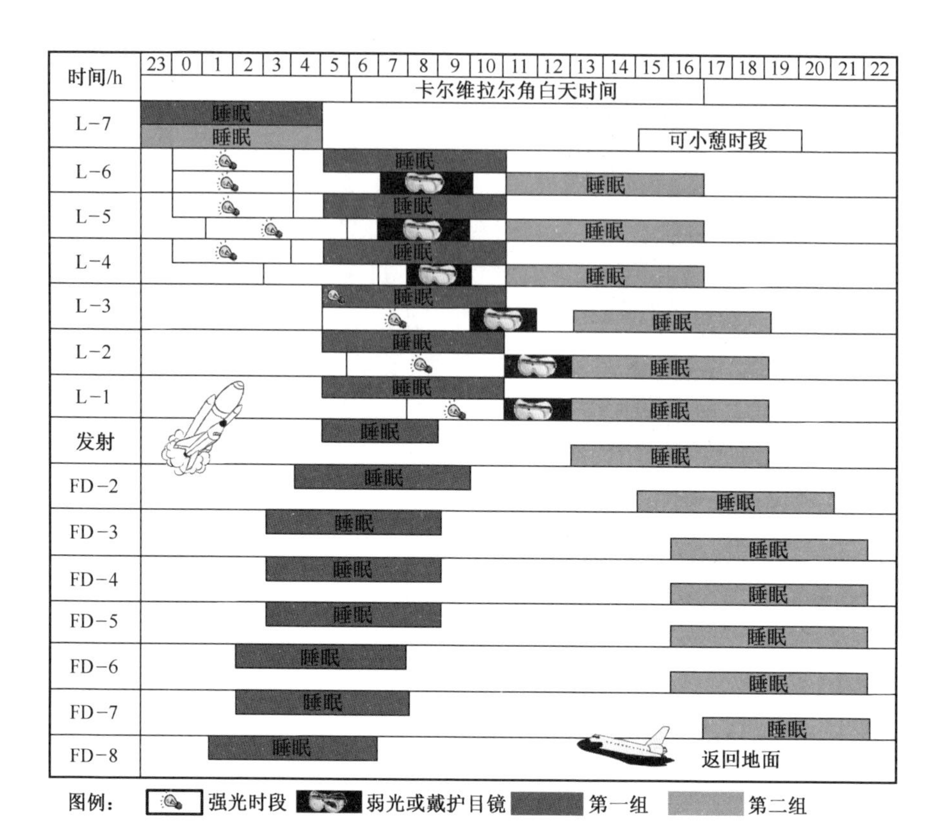

图 6-21 光导引对轮流工作的两组航天员相位的调整作用

（卡尔维拉尔角位于美国肯尼迪航天中心附近[19]。）

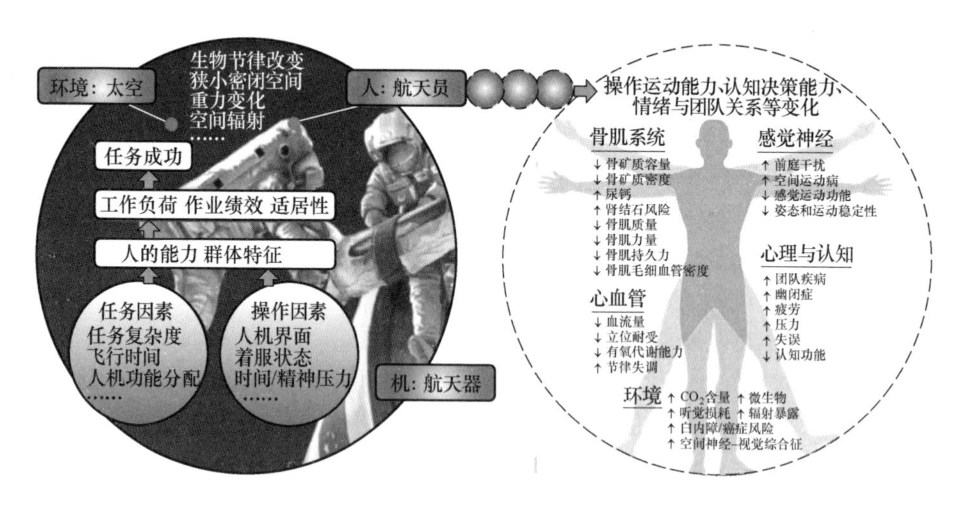

图 6-22 载人航天中的健康与工效因素[97]

过数学模型进行预测时,必须要考虑航天员的个体差异,需要事先获取较长时间内每个航天员的节律和睡眠动态变化数据,才能保证预测的有效性。

6.7 未来空间任务中需要考虑的节律因素

被称为现代宇航之父的俄罗斯科学家齐奥尔科夫斯基曾预言:“地球是人类的摇篮, 但是人类不能永远生活在摇篮里, 开始他们将小心翼翼地穿过大气层, 然后便去征服太阳系。”今后,随着人类跋涉太空的足迹越来越远,也将面临更为复杂的环境,而这些环境对于生物钟的影响也都将是我们面临的重要挑战。

对长期月球探险而言,月球的昼夜变化与地球差异很大。如果在月球的两极区域着陆,那么航天员将面临的是类似地球极地区域的极昼现象,即航天员将持续处于有光照的白天环境里。如果登月的着陆点位于靠近月球赤道的区域,那么航天员将面临的是约2周黑暗、2周白天的光暗循环,而非地球表面的24h光暗周期。在这种条件下,航天员将不能依赖自然光来调整他们的节律与睡眠。月球的昼夜周期为27.32天,月球的白天长达180多小时,由于月球上没有大气遮拦,太阳辐射很强,正午时温度可达127℃,而在夜晚时月球表面的温度最低达-183℃。在月球的夜空里,地球可以反射太阳的光,而其亮度远超过在地球上看到的月亮[4]。

火星的情况也很复杂。首先,由于与太阳距离远并且受火星大气中的悬浮灰尘遮挡,火星表面的光照强度较弱,仅相当于地球表面光照强度的一半;其次,火星表面的光谱也与地面存在很大差异,火星上的光偏红色,而人的生物钟感光谱段位于蓝光区域。因此,除了前面提到的火星昼夜周期因素外,将来人类登陆火星,光照强度及光的波谱也会对人及其他生物的节律产生影响。

空间生命科学研究涉及生命起源、人类生存环境等基本和重大基础科学问题,其研究成果将对解决地外生命和生命起源、生命本质等重大科学问题提供线索,并推动相关行业的科学发展与技术进步。中国空间探索计划正以前所未有的速度向前推进,一系列空间平台的建立为我国开展空间生命科学研究奠定了坚实的基础[8]。我国载人航天计划确立的“三步走”发展战略是:第一步突破天地往返技术;第二步突破多人多天飞行和交会对接技术,发射短期有人照料的空间实验室;第三步建造空间站,解决有较大规模、长期有人照料的空间应用问题。2003—2008年,神舟五号到神舟七号飞行任务的成功标志着我国已经突破载人天地往返、太空出舱等关键技术,圆满完成了载人航天计划的“第一步”;2011—2013年,神舟八号到神舟十号飞行任务的成功标志着我国突破了交会对接技术,2016年完成的神舟十一号与天宫二号空间实验室任务是我国载人航天计划

“第二步”的收官之战。我国载人航天工程的“第三步”建造空间站的计划已经于2022年底全面完成,中国空间站以天和核心舱、问天实验舱、梦天实验舱三舱为基本构型,其中核心舱作为空间站组合体控制和管理主份舱段,问天实验舱和梦天实验舱能够支持大规模舱内外空间科学实验和技术试验。目前中国空间站正在建设成国家级太空实验室,为多学科的空间研究提供支撑和保障。我们可以预见,未来将是中国空间生命科学发展的黄金时期[97-98]。

参考文献

[1] Spaceflight Statistics[EB/OL]. [2022-8-8]. https://whoisinspace.com/spaceflight-stats.

[2] 王海名, 杨帆, 郭世杰, 等. 空间生命科学研究前沿发展态势分析[J]. 科学观察, 2015 10(6): 37-51.

[3] 任维, 魏金河. 空间生命科学发展的回顾、动态和展望[J]. 空间科学学报, 2000, 20Supp:48-55

[4] 陈善广, 王正荣. 空间时间生物学[J]. 北京:科学出版社, 2009.

[5] 商澎, 呼延霆, 杨周岐, 等. 中国空间生命科学的关键科学问题和发展方向[J]. 中国科学:技术科学, 2015, 45(8): 796-808.

[6] 王永志. 中国载人航天的征程[J]. 今日电子, 2008(11):53.

[7] 庞之浩. 中国的载人航天工程[J]. 卫星应用, 2012, 5: 18-25.

[8] REFINETTI R. Circadian physiology[M]. 3rd edition. New York: CRC Press, 2016.

[9] STONE R. Space science. A new dawn for China's space scientists[J]. Science. 2012, 336(6089):1630-3, 1635, 1637.

[10] MISHRA B, LUDERER U. Reproductive hazards of space travel in women and men[J]. Nat Rev Endocrinol. 2019, 15(12):713-730.

[11] VERNIKOS. J. Human physiology in space[J]. BioEssays, 1996, 18(2):1029-1037.

[12] BALDWIN K M. Effects of altered loading states on muscle plasticity: what have we learned from rodents? [J]. Med Sci Sports Exerc., 1996, 28(10 Suppl):S101-S106.

[13] VANDENBURGH H, CHROMIAK J, SHANSKY J, et al. Space travel directly induces skeletal muscle atrophy[J]. FASEB J, 1999, 13(9):1031-1038.

[14] GRIGORIEV A I, BUGROV S A, BOGOMOLOV V V, et al. Medical results of the Mir year-long mission[J]. Physiologist, 1991, 34(1 Suppl):S44-S48.

[15] MATSNEV E I, YAKOVLEVA I Y, TARASOV I K, et al. Space motion sickness: phenomenology, countermeasures, and mechanisms[J]. Aviat Space Environ Med, 1983, 54(4):312-317.

[16] MORITA M T. Directional gravity sensing in gravitropism[J]. Annu Rev Plant Biol, 2010, 61:705-720.

[17] LIU Z, WAN Y, ZHANG L, et al. Alterations in heart rate and activity rhythms of three orbital astronauts on a space mission[J]. Life Sci Space Res, 2015, 4:62-66.

[18] WANG P, WANG P, WANG D, et al. Altered gravity simulated by parabolic flight and water immersion leads to decreased trunk motion[J]. PLoS ONE, 2015, 10(7): e0133398.

[19] MCPHEE J C, CHARLES J B. Human health and performance risks of space exploration missions[C].

NASA SP-2009-3405. Lyndon B. Johnson Space Center, Texas, 2009.

[20] PREGUEIRO A M, LIU Q, BAKER C L, et al. The Neurospora checkpoint kinase 2: a regulatory link between the circadian and cell cycles[J]. Science, 2006, 313(5787): 644-649.

[21] GERY S, KOMATSU N, BALDJYAN L, et al. The circadian gene perl plays an important role in cell growth and DNA damage control in human cancer cells[J]. Mol Cell, 2006, 22(3): 375-382.

[22] FU L, PELICANO H, LIU J, et al. The circadian gene Period2 plays an important role in tumor suppression and DNA damage response in vivo[J]. Cell, 2002, 111(1): 41-50.

[23] LAL S T. 航天器带电原理:航天器与空间等离子体的相互作用[M]. 李盛涛,郑晓泉,陈玉,等译. 北京:科学出版社,2015.

[24] HEMMERSBACH R, VON DER WIESCHE M, SEIBT D. Ground-based experimental platforms in gravitational biology and human physiology[J]. Signal Transduction, 2006, 6: 381-387.

[25] RUYTERS G, FRIEDRICH U. From the Bremen Drop Tower to the international space station ISS-Ways to weightlessness in the German space life sciences program[J]. Signal Transduction, 2006, 6: 397-405.

[26] NELSON M, ALLEN J P, DEMPSTER W F. Biosphere 2: a prototype project for a permanent and evolving life system for Mars base[J]. Adv Space Res, 1992, 12(5): 211-217.

[27] HALBERG F. Some physiological and clinical aspects of 24-hour periodicity[J]. J Lancet, 1953, 73(1): 20-32.

[28] FULLER C A, MURAKAMI D M, SULZMAN F M, et al. Gravitational biology and the mammalian circadian timing system[J]. Adv Space Res, 1989, 9(11): 283-292.

[29] FULLER C A, MURAKAMI D M, DEMARIA-PESCE V H. Entrainment of circadian rhythms in the rat by daily one hour G pulses[J]. Physiologist, 1992, 35(1 Suppl): S63-S64.

[30] FULLER C A, ISHIHAMA L M, MURAKAMI D M. The regulation of rat activity following exposure to hyper dynamic fields[J]. Physiologist, 1993, 36 (1 Suppl): S121-S122.

[31] HOLLEY D C, DEROSHIA C W, MORAN M M, et al. Chronic centrifugation (hypergravity) disrupts the circadian system of the rat[J]. J Appl Physiol, 2003, 95(3): 1266-1278.

[32] MURAKAMI D M, FULLER C A. The effect of 2G on mouse circadian rhythms[J]. J Gravit Physiol, 2000, 7(3): 79-85.

[33] WADE C E, HARPER J S, DAUNTON N G, et al. Body mass change during altered gravity: spaceflight, centrifugation, and return to 1 G[J]. J Gravit Physiol, 1997, 4(3): 43-48.

[34] HARGENS A R, VICO L. Long-duration bed rest as an analog to microgravity[J]. J Appl Physiol, 2016, 120(8): 891-903.

[35] GHARIB C, HUGHSON R L. Fluid and electrolyte regulation in space[J]. Adv Space Biol Med, 1992, 2: 113-130

[36] GREENLEAF J E, GUNDO D P, WATENPAUGH D E, et al. Cycle-powered short radius (1.9m) centrifuge: exercise vs passive acceleration[J]. J Gravit Physiol, 1996, 3: 61-62.

[37] PAVY-LE TRAON A, HEER M, et al. From space to Earth: advances in human physiology from 20 years of bed rest studies (1986-2006)[J]. Eur J Appl Physiol, 2007, 101(2): 143-194.

[38] FISCHER D, ARBEILLE P, SHOEMAKER J K, et al. Altered hormonal regulation and blood flow distribution with cardiovascular deconditioning after short-duration head down bed rest[J]. J Appl Physiol, 2007, 103: 2018-2025.

[39] DIJK D J, NERI D F, WYATT J K, et al. Sleep, performance, circadian rhythms, and light-dark cycles

during two spaceshuttle flights[J]. Am J Physiol Regul Integr Comp Physiol,2001,281(5): 1647-1664.

[40] LIANG X, ZHANG L, SHEN H, et al. Effects of a 45-day head-down bed rest on the diurnal rhythms of activity, sleep and heart rate[J]. Biol Rhythm Res,2014,45(4): 596-601.

[41] MILLET C, CUSTAUD M A, MAILLET A, et al. Endocrine responses to 7 days of head-down bed rest and orthostatic tests in men and women[J]. Clin Physiol,2001,21: 172-183.

[42] LIANG X, ZHANG L, WAN Y, et al. Changes in the Diurnal Rhythms During a 45-Day Head-Down Bed Rest. PLoS One,2012,7(10):e47984.

[43] 万宇峰, 张琳, 喻昕阳,等. 45d 头低位卧床对尿样 Ca、P 元素含量及昼夜节律的影响[J]. 航天医学与医学工程,2015,28(1):11-15.

[44] DIJK D J, NERI D F, WYATT J K, et al. Sleep, performance, circadian rhythms, and light-dark cycles during two space shuttle flights[J]. Am J Physiol Regul Integr Comp Physiol,2001,281(5):1647-1664.

[45] 郭金虎, 甘锡惠, 马欢. 空间里的时间: 微重力等环境下的生物节律研究[J]. 空间科学学报 2021, 41(1):145-157.

[46] MA H, Li L, YAN J, et al. The Resonance and Adaptation of Neurospora crassa Circadian and Conidiation Rhyth ms to Short Light-Dark Cycles[J]. J Fungi,2021,8(1):27.

[47] 梁小弟, 刘志臻, 陈现云,等. 生命中不能承受之轻——微重力条件下生物昼夜节律的变化研究[J]. 生命科学,2015,27(11):1433-1439.

[48] WANG D,ZHANG L,WAN Y,et al. Space Meets Time:Impact of Gravity on Circadian/Diurnal Rhythms[C]// A sponsored supplement to Science: Human performance in space-advancing astronautics research in China,2014.

[49] WATENPAUGH D E. Analogs of microgravity: head-down tilt and water immersion[J]. J Appl Physiol, 2016,120(8):904-914.

[50] PITTENDRIGH C S. On the biological problems to be attacked with a series of U. S. satellites in 1966[J]. Life Sci Space Res,1965,3:206-214.

[51] MERGENHAGEN D, MERGENHAGEN E. The biological clock of Chlamydomonas reinhardii in space[J]. Eur J Cell Biol,1987,43(2): 203-207.

[52] HOBANH-HIGGINS T M, ALPATOV A M, WASSMER G T, et al. Gravity and light effects on the circadian clock of a desertbeetle, Trigonoscelis gigas. J Insect Physiol,2003,49 (7):671-675.

[53] 凌树宽, 李玉恒, 钟国徽,等. 机体对重力的感应及机制. 生命科学,2015,27(3):316-321.

[54] INGBER D. How cells (might) sense microgravity[J]. FASEB J,1999,13 Suppl:S3-S15.

[55] HASENSTEIN K H. Gravisensing in plants and fungi[J]. Adv Space Res,1999,24(6):677-685.

[56] PAUL A L, MANAK M S, MAYFIELD J D, et al. Parabolic flight induces changes in gene expression patterns in Arabidopsis thaliana[J]. Astrobiology,2011,11(8):743-758.

[57] GUO J H, QU W M, CHEN S G, et al. 2014 Keeping the right time in space: importance of circadian clock and sleep for physiology and performance of astronauts[J]. Mil Med Res,2014,1:23.

[58] MALLIS M M, DEROSHIA C W. Circadian rhythms, sleep, and performance in space[J]. Aviat Space Environ Med,2005,76(6 Suppl): B94-107.

[59] STAMPI C. Sleep and circadian rhythms in space[J]. J Clin Pharmacol,1994,34(5):518-534.

[60] GUNDEL A, POLYAKOV V V, ZULLEY J. The alteration of human sleep and circadian rhythms during spaceflight[J]. J Sleep Res,1997,6(1):1-8.

[61] MONK T H, KENNEDY K S, ROSE L R, et al. Decreased humancircadian pacemaker influence after 100

days in space: acase study[J]. Psychosom Med,2001,63(6): 881-885.

[62] BARGER L K, FLYNN-EVANS E E, KUBEY A, et al. Prevalence of sleep deficiency and use of hypnotic drugs in astronauts before, during, and after spaceflight: an observational study[J]. Lancet Neurol,2014, 13(9):904-912.

[63] BARRATT M R, POOL S L. Principles of Clinical Medicine for Space Flight [M]. Springer, New York:2008.

[64] FLYNN-EVANS E E, BARGER L K, KUBEY A A, et al. Circadian misalignment affects sleep and medication use before and during spaceflight[J]. NPJ Microgravity,2016,2:15019.

[65] MONK T H, BUYSSE D J, BILLY B D, et al. Sleep and circadian rhythms in four orbiting astronauts[J]. J Biol Rhythms,1998,13(3):188-201.

[66] PUTCHA L, BERENS K L, MARSHBURN T H, et al. Pharmaceutical use by U. S. astronauts on space shuttle missions[J]. Aviat Space Environ Med,1999,70(7): 705-708.

[67] LI D, ZHENG S, HE Y, et al. Observation on sleep improvement under noise environment by wearing earplugs[J]. Space Med Med Eng,1998,11(2):133-135.

[68] LEWIS P R, LOBBAN M C. The effects of prolonged periods of life on abnormal time routines upon excretory rhythms in human subjects[J]. Q J Exp Physiol Cogn Med Sci,1957,42(4):356-71.

[69] LEWIS P R, LOBBAN M C. Dissociation of diurnal rhythms in human subjects living on abnormal time routines[J]. Q J Exp Physiol Cogn Med Sci,1957,42(4):371-386.

[70] WEVER R A. The circadian system of man. Results of experiments under temporal isolation[M]. New York: Springer Verlag,1979.

[71] WYATT J K, RITZ-DE CECCO A, CZEISLER C A, et al. Circadian temperature and melatonin rhythms, sleep, and neurobehavioral function in humans living on a 20-h day[J]. Am J Physiol Regul Integr Comp Physiol,1999,277:R1152-63.

[72] CZEISLER C A, DUFFY J F, SHANAHAN T L, et al. Stability, precision, and near-24-hour period of the human circadian pacemaker[J]. Science,1999,284(5423):2177-2181.

[73] SULZMAN F M, FULLER C A, MOORE-EDE M C. Circadian entrainment of the squirrel monkey by extreme photoperiods: interactions between the phasic and tonic effects of light[J]. Physiol Behav,1982, 29(4):637-641.

[74] BINKLEY S, MOSHER K. Direct and circadian control of sparrow behavior by light and dark[J]. Physiol Behav,1985,35(5):785-797.

[75] ASCHOFF J. Biological rhythms: handbook of the behavioral neurobiology [M]. New York: Plenum Press,1981.

[76] CZEISLER C A, CHIASERA A J, DUFFY J F. Research on sleep, circadian rhythms and aging: applications to manned spaceflight [J]. Exp Gerontol,1991,26(2-3):217-232.

[77] CZEISLER C A, DUFFY J F, SHANAHAN T L, et al. Stability, precision, and near-24-hour period of human circadian pacemaker[J]. Science,1999,108:2177-2181.

[78] CAMPBELL S. Is there an intrinsic period of the circadian clock? [J]. Science,2000,288(5469): 1174-1175.

[79] KRONAUER R E, FORGER D B, JEWETT M E. Quantifying human circadian pacemaker response to brief, extended, and repeated light stimuli over the phototopic range[J]. J Biol Rhythms,1999,14(6): 500-515.

[80] SCHEER F A, WRIGHT K P JR, KRONAUER R E, et al. Plasticity of the intrinsic period of the human circadian timing system[J]. PLoS One,2007,2(8):e721.
[81] WRIGHT K P JR, HUGHES R J, KRONAUER R E, et al. Intrinsic near-24-h pacemaker period determines limits of circadian entrainment to a weak synchronizer in humans[J]. Proc Natl Acad Sci U S A,2001,98(24):14027-14032.
[82] BASS D S, WALES R C, SHALIN V L. Choosing Mars time: analysis of the Mars exploration Rover experience[C]//Institute of Electrical and Electronic Engineers Aerospace Conference,2004.
[83] PARKE B, SHAFTO M, TRIMBLE J, et al. Mars Pathfinder: fatigue/stress questionnaire report[R]. NASA Ames Reseach Center,2001.
[84] BARGER L K, SULLIVAN J P, VINCENT A S, et al. Learning to live on a Mars day: fatigue countermeasures during the Phoenix Mars Lander mission[J]. Sleep,2012,35(10):1423-1435.
[85] VIGO D E, TUERLINCKX F, OGRINZ B, et al. Circadian rhythm of autonomic cardiovascular control during Mars500 simulated mission to Mars[J]. Aviat Space Environ Med,2013,84(10):1023-1028.
[86]杨惠盈, 仝飞舟, 马晓红, 等. 自然语言处理工具分析 180 天复合环境因素对 1 名志愿者情绪影响的个案研究[J]. 航天医学与医学工程,2021,34(3):222-228.
[87] BASNER M, DINGES D F, MOLLICONE D, et al. Mars 520-d mission simulation reveals protracted crew hypokinesis and alterations of sleep duration and timing[J]. Proc Natl Acad Sci U S A,2013,110(7):2635-2640.
[88] CASLER J G, COOK J R. Cognitive performance in space and analogous environments[J]. Int J Cogn Ergon,1999,3:351-372.
[89] CHRISTENSEN J M, TALBOT J M. A review of the psychological aspects of space flight[J]. Aviat Space Environ Med,1986,57:203-212.
[90] BECHTOLD D A, GIBBS J E, LOUDON A S. Circadian dysfunction in disease[J]. Trends Pharmacol Sci,2010,231(5):191-198.
[91] WHITSON P A, PUTCHA L, CHEN Y M, et al. Melatonin and cortisol assessment of circadian shifts in astronauts before flight[J]. J Pineal Res,1995,18(3):141-147.
[92] EASTMAN C I, BOULOS Z, TERMAN M, et al. Light treatment for sleep disorders: consensus report. VI. Shift work[J]. J Biol Rhythms,1995,10(2):157-164.
[93] EASTMAN C I, STEWART K T, MAHONEY M P, et al. Dark goggles and bright light improve circadian rhythm adaptation to night-shift work[J]. Sleep,1994,17(6):535-543.
[94] FEHSE W. 航天器自主交会对接技术[M]. 李东旭,李智,译. 长沙:国防科技大学出版社,2009.
[95] VAN DONGEN H P, MOTT C G, HUANG J K, et al. Optimization of biomathematical model predictions for cognitive performance impairment in individuals: accounting for unknown traits and uncertain states in homeostatic and circadian processes[J]. Sleep,2007,30(9):1129-1143.
[96] DINGES D F. Critical research issues in development of biomathematical models of fatigue and performance[J]. Aviat Space Environ Med,2004,75(3Section II):A181-A191.
[97] 陈善广,李志忠,葛列众,等. 人因工程研究进展及发展建议[J]. 中国科学基金. 2021,35(2):203-12.
[98] 陈善广. 载人航天技术[M]. 北京:中国宇航出版社,2018.

附录

附录1　睡眠-觉醒周期记录表格

人工记录睡眠-觉醒周期的表格，参考 Liang 等的《Changes in the Diurnal Rhythms During a 45-Pay Head-Down Bed Rest》，进行了修改。

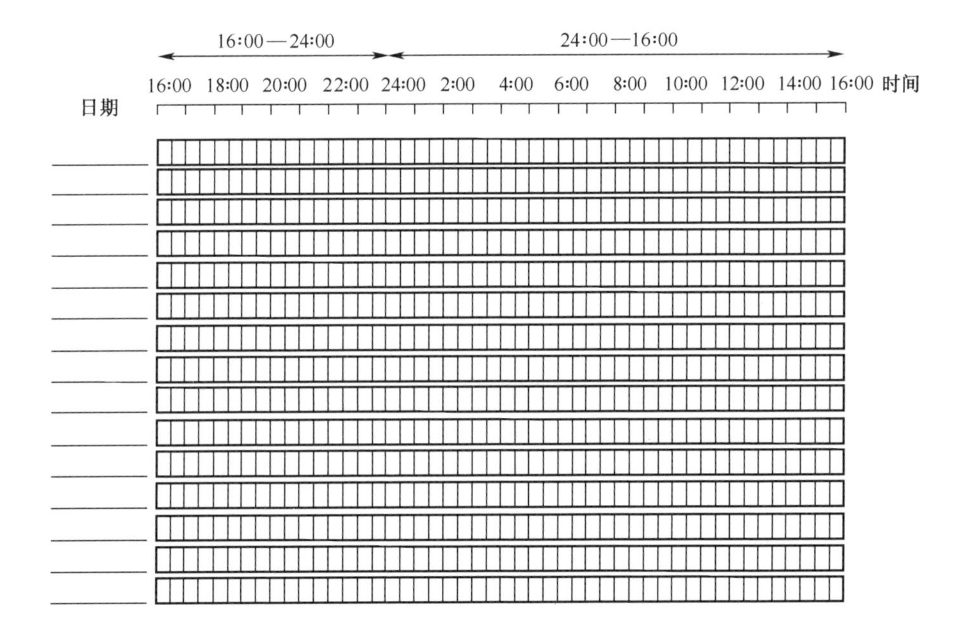

记录方法：每一个白色小方块表示 30min 时间，从每天 16：00 计时。每隔 30min 如果主要在睡眠（大于 15min），则将该方格涂黑，如果主要处于活动或觉醒状态，则不涂。左边的日期栏用以记录标记的日期。记录一段时间后就可以看到一段时间内睡眠-觉醒的变化情况。这个表格还可以更加细化，比如改为每 15min 记录一次等。

附录2　慕尼黑时间型问卷(MCTQ)

请填写您的年龄、性别等信息。这些信息对时间型的评估很重要。

年龄:________(岁)　勾选:男/女　身高________(厘米)　体重________(千克)

在工作日时:

我必须在________(几点?)起床

从醒来到起床我要花________(分钟)

我通常在闹钟响起时 / 闹钟响起前[勾选] 醒来

从________(几点?)开始我非常清醒

大约________(几点?)我精力有所下降

在星期天(或工作日前一天),我通常什么时间上床睡觉:________

从上床到入睡大约需要多长时间________(分钟)

如果时间允许,我是否喜欢午睡或者打个盹:

正确:我一般睡________(分钟)

错误:午睡后我感觉会很糟糕

在休息日或假期(请注意仅指正常作息的休息日,有派对等活动影响休息的日子不算):

我希望我能够睡到________(几点?)

我通常在________(几点)醒来

如果休息日里我也在工作日的起床时间醒来,我会不会再睡个回笼觉?正确/错误[勾选]。

如果我睡回笼觉,一般会再睡多久?________(分钟)

醒来后,我一般要________(分钟)才能起床

从________(几点?)开始我非常清醒

大约________(几点?)我精力有所下降

在星期五(或休息日前一天),我通常什么时间上床睡觉________;从上床到入睡大约需要多长时间________(分钟)

如果时间允许,我是否喜欢午睡或者打个盹:

正确:我一般睡________(分钟)

错误:午睡后我感觉会很糟糕

我上床后，会阅读________（分钟）
通常上床后，不超过________（分钟）我就会入睡

我喜欢在完全黑暗的房间睡觉：正确/错误［勾选］
早晨如果有阳光照进房间，我很容易醒来：正确/错误［勾选］

通常每天我有多长时间在户外接触到阳光照射？
工作日：____小时____分钟；
休息日：____小时____分钟

自我评估：
在回答完上述所有问题后，你应该可以感觉到自己是猫头鹰型还是百灵鸟型。举例来说，如果你在休息日喜欢或尽力做到比工作日多睡一段时间，否则即使周日晚上并没有通宵娱乐，你周一（或下个工作日）早晨也难以准时起床，意味着你可能是猫头鹰型的人。反之，如果你周一正常早起仍然觉得精力充沛，并且在每天晚上更倾向于早点睡觉而不是去听音乐会，那么你更可能是百灵鸟型的人。通过下面的打分，还可以进行更细的划分。

请勾选下面一个选项：
不同类别：非常早型 = 0
较早型 = 1
稍早型 = 2
中间型 = 3
稍晚型 = 4
较晚型 = 5
非常晚型 = 6

我现在是：0 1 2 3 4 5 6 ［勾选］
我在儿童期时，我是：0 1 2 3 4 5 6 ［勾选］
我在青少年阶段时，我是：0 1 2 3 4 5 6 ［勾选］
如果我现在已经大于65岁，那么我在中年时期时，我是：0 1 2 3 4 5 6 ［勾选］

我的父母亲的情况：
母亲：0 1 2 3 4 5 6 ［勾选］
父亲：0 1 2 3 4 5 6 ［勾选］

我的兄弟姐妹的情况(请在是兄弟/姐妹下面画线):

兄弟 / 姐妹:0 1 2 3 4 5 6 [勾选]

兄弟 / 姐妹:0 1 2 3 4 5 6 [勾选]

兄弟 / 姐妹:0 1 2 3 4 5 6 [勾选]

兄弟 / 姐妹:0 1 2 3 4 5 6 [勾选]

兄弟 / 姐妹:0 1 2 3 4 5 6 [勾选]

兄弟 / 姐妹:0 1 2 3 4 5 6 [勾选]

兄弟 / 姐妹:0 1 2 3 4 5 6 [勾选]

我的配偶(男女朋友、夫妇或其他重要人员)的情况:

0 1 2 3 4 5 6 [勾选]

注:本问卷引自 A. Shahid 等的《STOP, THAT and One Hundred Other Sleep Scales》。

附录3　百灵鸟型-猫头鹰型问卷(MEQ)

自我测试版

姓名:______________________ 日期:______________________

对于下面每个问题,请根据近几个星期的实际情况选出最符合你情况的一个选项,在序号上画圆圈。

1. 如果你可以自由安排,你打算什么时候起床?

[5] 5:00—6:30;
[4] 6:30—7:45;
[3] 7:45—9:45;
[2] 9:45—11:00;
[1] 11:00—12:00。

2. 如果你可以自由安排,你打算晚上什么时间上床睡觉?

[5] 20:00—21:00;
[4] 21:00—22:15;
[3] 22:15—0:30;
[2] 0:30—1:45;
[1] 1:45—3:00。

3. 如果你每天早晨在固定时间起床,你是否需要依靠闹钟?

[4] 自己醒来,根本用不着闹钟;　[3] 有时需要闹钟;
[2] 经常需要闹钟;　[1] 必须要依靠闹钟。

4. 当你在早晨提前醒来,你起床的难易程度如何?

[1] 非常困难,不想起来;　[2] 有点难度,要过一会儿才能起床;
[3] 比较容易,醒后一会儿就能爬起来;　[4] 立刻就能起床。

5. 你早晨起床后的半小时之内觉得警觉度如何?

[1] 警觉度很差;　[2] 警觉度比较差;
[3] 警觉度有点差;　[4] 警觉度很高。

6. 你起床后半小时之内的饥饿程度如何?

[1] 完全不觉得饥饿;　[2] 有一点饥饿感;

[3] 比较饿；　　[4] 非常饿。

7. 在你起床后的半小时之内，你的疲惫感如何？
[1] 觉得非常疲倦；　　[2] 比较疲倦；
[3] 比较有精力；　　[4] 精力非常充沛。

8. 如果第二天没事，你会几点上床睡觉？
[4] 很少或从不晚睡；　　[3] 会晚不超过 1h；
[2] 晚 1~2h 之间；　　[1] 晚 2h 以上。

9. 假设你决定要进行锻炼。朋友建议你每周锻炼 2 次，每次 1h，并告诉你他认为最好的锻炼时间是 7：00—8：00。根据你自己的生物钟，不用考虑其他因素，你认为在这个时间段锻炼对你是否容易做到？
[4] 很容易做到；　　[3] 应该没问题；
[2] 有点困难；　　[1] 非常困难。

10. 晚上你通常在什么时间觉得困倦，想睡觉？
[5] 20：00—21：00；
[4] 21：00—22：15；
[3] 22：15—0：45；
[2] 0：45—2：00；
[1] 2：00—3：00。

11. 假设你需要在你最佳状态时间段接受一项测试，这项测试要持续 2h，如果你可以自由安排，你希望安排在哪个时间段？
[6] 8：00—10：00；　　[4] 11：00—13：00；
[2] 15：00—17：00；　　[0] 19：00—21：00。

12. 如果让你在 23：00 点上床睡觉，你觉得困倦程度如何？
[0] 一点不觉得困倦；　　[2] 有点困倦；
[3] 比较困倦；　　[5] 非常困倦。

13. 假设你不得不比平时晚几个小时上床睡觉，但第二天不用早起。你会怎么样？
[4]会在和平时差不多的时间醒来，也不睡回笼觉；

[3]会在和平时差不多的时间醒来,之后会小憩;
[2]会在和平时差不多的时间醒来,需要睡回笼觉;
[1]会比通常晚醒。

14. 假设你要在凌晨 4：00—早晨 6：00 值班,但是第二天可以自由支配。你会在什么时间睡觉?
[1] 在值班结束之前都不会睡觉;
[2] 在值班开始前和结束后都会打个盹;
[3] 在值班前好好睡一觉,在值班后打个盹;
[4] 只在值班前睡觉。

15. 如果你要做 2h 的重体力活,并且可自由安排时间,你希望安排在哪个时间段?
[4] 8：00—10：00;
[3] 11：00—13：00;
[2] 15：00—17：00;
[1] 19：00—21：00。

16. 假设你决定进行锻炼,朋友建议你每周锻炼 2 次,每次 1h。她建议你在 22：00—23：00 时段锻炼。如果你可以自由决定,你认为这个时间段是否适合你?
[1] 很好,完全可以;
[2] 可以接受,问题不大;
[3] 比较困难;
[4] 难以接受。

17. 假设每天需要工作 5h,你可以自由决定每天在什么时间段工作,你认为哪个时间段你的工作效率最高?
[5] 从 4：00—8：00 之间开始连续工作 5h;
[4] 从 8：00—9：00 之间开始连续工作 5h;
[3] 从 9：00—14：00 之间开始连续工作 5h;
[2] 从 14：00—17：00 之间开始连续工作 5h;
[1] 从 17：00—4：00 之间开始连续工作 5h。

18. 你每天最佳状态是在哪个时间段?
[5] 5：00—8：00;
[4] 8：00—10：00;
[3] 10：00—17：00;
[2] 17：00—22：00;
[1] 22：00—5：00。

19. 关于百灵鸟型和猫头鹰型,你认为自己是下面哪一种情况?
[6] 绝对是百灵鸟型;
[4] 更像百灵鸟型,不怎么像猫头鹰型;
[2] 更像猫头鹰型,不怎么像百灵鸟型;
[1] 绝对是夜猫子型。

将每个问题所选答案前“[ ]”里的分值相加, 19 个问题的总分是:____。

对百灵鸟型-猫头鹰型问卷分值的解释:问卷总共有 19 个问题,每个问题都有一个分值,将所有分值相加后总分范围在 16~86 之间。如果总分小于或等于 41,说明被测试者是偏晚型(猫头鹰型);如果总分大于或等于 59,说明被测试者是偏早型(百灵鸟型);如果总分在 42~58 之间,则说明被测试者为中间型。

注:本问卷引自 A. Shahid 等的《STOP, THAT and One Hundred Other Sleep Scales》。

附录 4　匹兹堡睡眠质量指数(PSQI)

指导:以下问题仅用于调查您过去一个月的睡眠习惯。您的回答应尽可能准确反映过去一个月时间内多数时间的睡眠情况。请回答全部问题。

1. 在过去的 1 个月里,你通常什么时间上床睡觉?　　上床时间:______

2. 在过去的 1 个月里,每天晚上您从上床到入睡大概需要多少分钟?　入睡分钟数:______

3. 在过去的 1 个月里,您每天早晨什么时间起床?　　起床时间:______

4. 在过去的 1 个月里,您每天晚上实际的睡眠时间有多长?(注意不是指躺在床上的时间)　睡眠的小时数:______

对于以下的问题,请选择最适合您的答案。请回答所有问题。

5. 在过去的 1 个月里,由于哪些原因您有多少次存在睡眠问题:

(1) 在上床后的 30 分钟里难以入睡?

不存在这个问题____每周少于 1 次____每周 1 次或 2 次____每周 3 次以上____

(2) 是否在半夜或凌晨醒来?

不存在这个问题____每周少于 1 次____每周 1 次或 2 次____每周 3 次以上____

(3) 是否需要起夜上厕所?

不存在这个问题____每周少于 1 次____每周 1 次或 2 次____每周 3 次以上____

(4) 是否存在呼吸不顺畅的问题?

不存在这个问题____每周少于 1 次____每周 1 次或 2 次____每周 3 次以上____

(5) 睡眠过程中是否会咳嗽或打鼾比较严重?

不存在这个问题____每周少于 1 次____每周 1 次或 2 次____每周 3 次以上____

(6) 睡眠中有无觉得寒冷?

不存在这个问题____每周少于 1 次____每周 1 次或 2 次____每周 3 次以上____

(7) 睡眠中有无觉得很热?

不存在这个问题____每周少于 1 次____每周 1 次或 2 次____每周 3 次以

上____

(8) 是否做噩梦?

不存在这个问题____每周少于1次____每周1次或2次____每周3次以上____

(9) 睡眠过程中是否觉得疼痛?

不存在这个问题____每周少于1次____每周1次或2次____每周3次以上____

(10) 其他原因,请描述:______________________________。

在过去1个月里,这个问题发生多少次?

不存在这个问题____每周少于1次____每周1次或2次____每周3次以上____

6. 在过去的1个月里,您认为您的综合睡眠质量属于哪一类别?

非常好______

比较好______

比较差______

非常差______

7. 在过去的1个月里,您有多少次靠服用安眠药来助眠?(包括处方药或其他任何非处方药、助眠产品)

不存在这个问题____每周少于1次____每周1次或2次____每周3次以上____

8. 在过去的1个月里,在开车、吃饭或者参加社交活动时您有多少次觉得困倦?

不存在这个问题____每周少于1次____每周1次或2次____每周3次以上____

9. 在过去的1个月里,您是否觉得能够保持热情去完成某件事存在困难?

完全不存在困难______

有一点困难______

有些困难______

很困难______

10. 您是否有伴侣或舍友?

没有伴侣或舍友______

有伴侣/舍友,但他们在其他房间______

与伴侣在同一个房间,但在不同床上睡觉______

与伴侣在同一张床上睡觉____

如果您有伴侣或舍友,请询问他们在过去的 1 个月里您是否存在以下问题:______

(1) 打鼾声音较大。

不存在这个问题____每周少于 1 次____每周 1 次或 2 次____每周 3 次以上____

(2) 睡着后呼吸存在很长时间的暂停。

不存在这个问题____每周少于 1 次____每周 1 次或 2 次____每周 3 次以上____

(3) 睡着后腿出现抽动。

不存在这个问题____每周少于 1 次____每周 1 次或 2 次____每周 3 次以上____

(4) 睡眠过程中身体方向改变的次数。

不存在这个问题____每周少于 1 次____每周 1 次或 2 次____每周 3 次以上____

(5) 您在睡眠中出现的其他辗转不安等问题,请描述:__________________。

不存在这个问题____每周少于 1 次____每周 1 次或 2 次____每周 3 次以上____

评分方法:匹兹堡睡眠质量指数量表由 9 个自评和 5 个他评条目组成,其中 18 个条目组成 7 个因子,每个因子按 0~3 分计算分数,积累各因子的均分得分为匹兹堡睡眠质量指数量表的总分,总分范围为 0~21,得分越高,表示睡眠质量越差。

这个表格仅用于非商业用途的教育或研究目的。如果您希望将之用于商业用途或商业支持的研究项目,请联系匹兹堡大学的技术管理办公室(电话:412-648-2206),以取得许可。

该表格是由匹兹堡大学在国家精神卫生基金支持下设计出来的。

注:本问卷引自 A. Shahid 等的《Pittsburgh Sleep Quality Index (PSQI)》。

附录 5　爱泼沃斯困倦度量表(ESS)

爱泼沃斯困倦度量表是由澳大利亚墨尔本的爱泼沃斯(Epworth)医院设计的,又称爱泼沃斯日间多睡量表。临床应用结果表明,ESS 是一种十分简便的患者自我评估白天嗜睡程度的问卷表。

各种情况	从打瞌睡(0 分)	瞌睡的可能性较低(1 分)	瞌睡的可能性较高(2 分)	很容易瞌睡(3 分)
坐着和阅读时				
看电视时				
在公共场合坐着不动时(例如,在会议中、剧院里或者用餐)				
乘坐他人驾驶的车辆时				
躺下来休息时				
坐着与其他人谈话时				
饭后(不喝酒)安静地坐着时				
在你驾车碰见堵车或者红灯停车等待时				
总分				

计分方法:把以上 8 项的打分相加,得到总分。0~5 分:白天的困倦度很低;6~10 分:白天的困倦度有点高;11~12 分:白天的困倦度比较高;13~15 分:白天存在中等程度的困倦;16~24 分:白天存在严重程度的困倦。如果总分超过 10 分,说明您需要加以注意,要改善睡眠质量、增加睡眠,或者寻求医生的帮助。

注:本问卷引自 M. W. Johns 的《A new method for measuring daytime sleepiness: the Epworth sleepiness scale》。

内 容 简 介

生物钟调节多种生物的生理与行为，时间生物学研究也日益受到人们的重视。秉承第1版的《生物节律与行为》，第2版也是一本系统介绍生物节律研究的学术专著，亦可作为学习时间生物学的教材。

在第1版的基础上，我们结合本科学的前沿进展对第2版进行了增补和修改，但主题框架维持不变，总共仍为6章。本书系统地介绍了生物节律现象和相关的概念、特征、时间生物学生物钟的研究简史，生物节律的分子调节机制以及生物钟的生理功能。生物钟有助于生物适应周期性的环境变化，我们介绍了光照、温度、磁场等自然环境因子以及饮食等社会因素对于生物节律的影响。生物钟与睡眠密切相关，并且调节睡眠-觉醒周期，本书介绍了睡眠的生理特征、睡眠-觉醒的调节机制以及睡眠的生理机制与功能。睡眠不仅调节代谢稳态、生理和行为，也对心理、认知和工效具有重要的调节作用。本书较为系统地讲述了生物钟对感知觉、学习与记忆、认知与操作能力以及定向能力的调节功能，生物钟对神经系统、心肺功能、骨肌系统、身体柔韧度和体育运动的影响。不同个体存在时间型差异，而时间型的差异也反映在生理和行为层面上。本书详细介绍了时间型的概念和影响因素，及其对生理和行为的影响。在当今的现代工业化社会，很多人面临由时差和轮班造成的节律紊乱或睡眠障碍的困扰，本书针对这一问题介绍了因轮班、时差等因素对于生理、行为与健康的影响。随后，介绍了节律紊乱的治疗方法，包括由于时差、轮班造成的节律紊乱以及节律和情感性疾病引起的节律紊乱。探索宇宙是人类的永恒目标，当人类走向太空时需要面对空间里的各种环境因子，这些因子有可能对地球生命的节律产生不利影响。本书的最后一部分里介绍了空间环境因子对节律、睡眠以及航天员健康与工效的影响，并总结了一些相应的干预策略与手段，可以作为航天医学、空间生态生保以及空间生命科学研究的参考依据。

本书可供从事时间生物学、睡眠生理学、航天医学及人因工程学研究的科技人员以及大专院校的教师和学生参考。

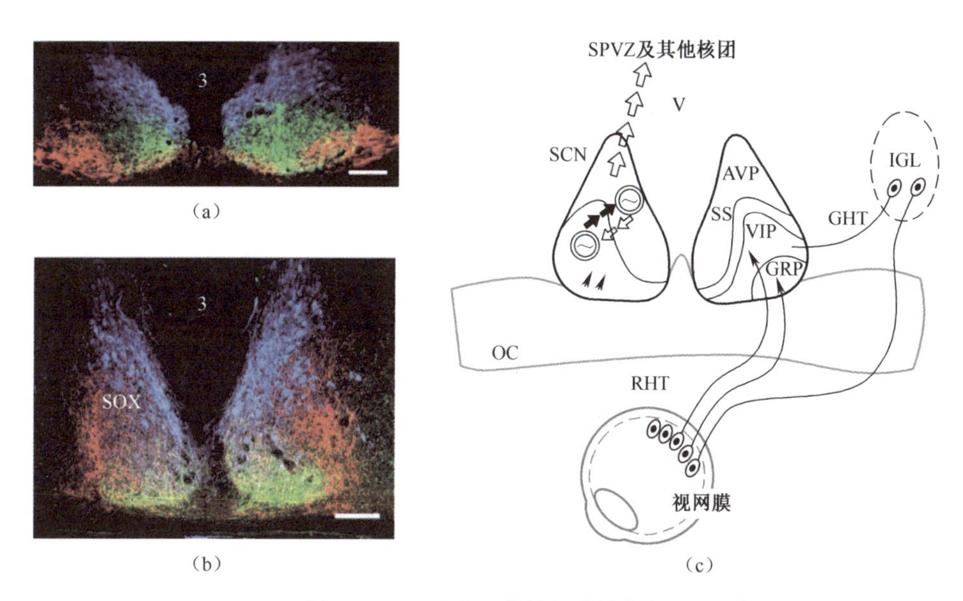

图 1-18　SCN 中一些神经肽的分布

(a)大鼠 SCN;(b)小鼠 SCN(红色表示 RHT 的投射区域,蓝色表示精氨酸加压素的信号,绿色表示血清素的信号);(c) SCN 位于视神经交叉(OC)上方[在第三脑室(V)左、右各有一个,对称分布]。IGL—膝状体间小叶;RHT—视网膜下丘脑束;SPVZ—下丘脑亚室旁带;SS—生长抑素。(从视网膜传来的光信号经过 RHT 投射到 SCN 腹外侧部。在 SCN 内,从腹外侧有轴突投射到背内侧。IGL 也有神经投射至 SCN,SCN 还调节 SPVZ 和脑部其他核团。视网膜也将光信号传递至 IGL,产生视觉。图片仿照文献[44,63,73],有改动。)

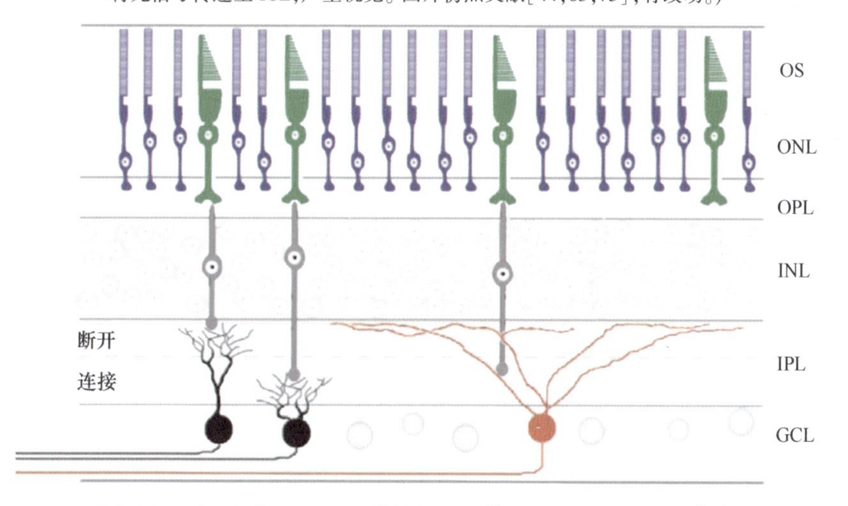

图 1-20　视网膜 ipRGC 和其他光和受体细胞的结构示意图[87]

(视锥细胞和视杆细胞分别用绿色和蓝色表示,双极细胞用灰色表示。其他的视网膜细胞用灰色或黑色表示。ipRGC 细胞用红色表示。)

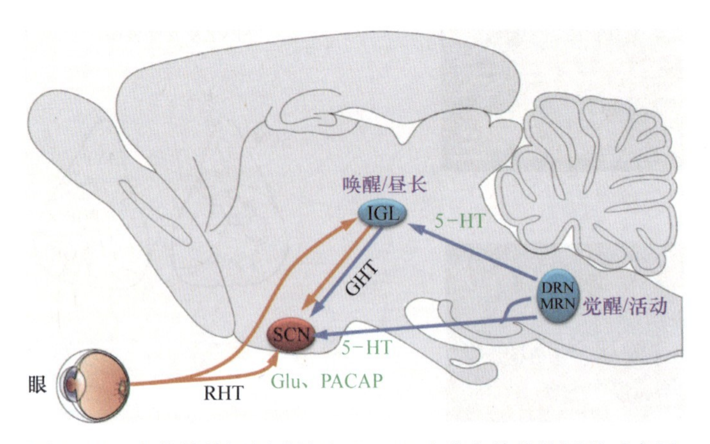

图 1-22　生物钟从视网膜输入至 SCN 及脑中其他核团的示意图

DRN—中缝背核；Glu—谷氨酸；MRN—中缝核；

PACAP—垂体腺苷酸环化酶激活肽；RHT—视网膜下丘脑束。

（橘色箭头指示光信号的输入方向；蓝色箭头指示非光信号的输入方向。缝核对觉醒和活动具有调节作用，IGL 对睡眠/觉醒及动物对季节性白昼光照变化生理反应具有调节作用[46,103-104]。）

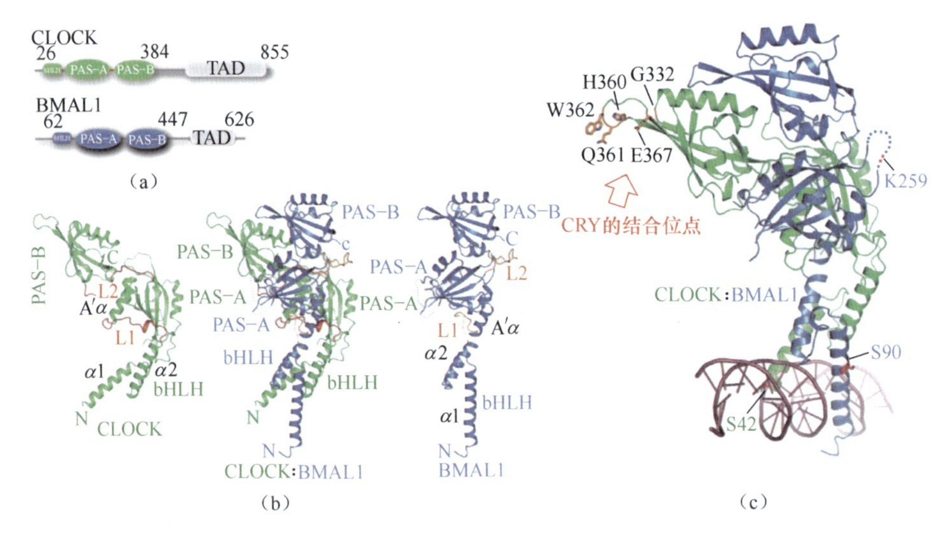

图 1-28　CLOCK 与 BMAL1 复合物的结构[147]

(a) CLOCK、BMAL1 的结构域；(b) CLOCK、BMAL1 及复合物的晶体结构带状图；(c) CLOCK:BMAL1 与 E-box 结合的示意图，二者的 bHLH 结构共同与 DNA 结合。L—环(loop)；α—α 螺旋；N—蛋白的 N′端；C—蛋白的 C′端。

（DNA 螺旋以棕红色表示。CLOCK 蛋白以绿色表示，BMAL1 以蓝色表示。箭头指示了 CRY 的结合位点。）

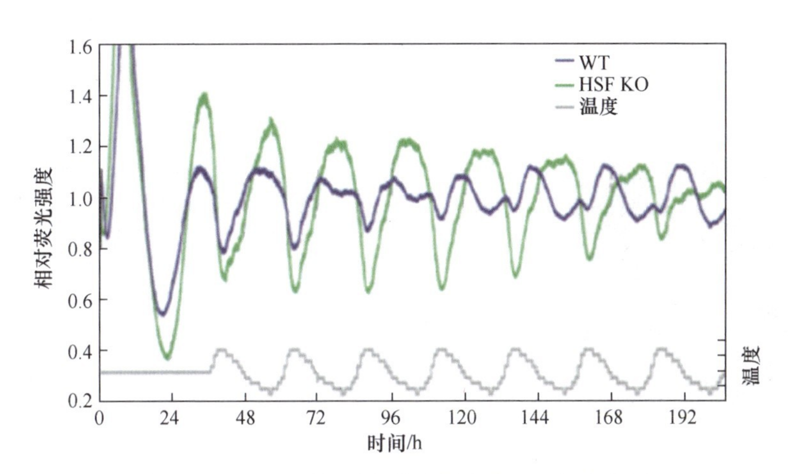

图 2-5 HSF1 对体温节律的同步化具有调控作用

(小鼠的成纤维细胞表达带有 *Bmal1* 基因启动子的荧光素酶报告基因,因此荧光强度受到生物钟的调控。模拟体温的周期变化(灰色虚线)对成纤维细胞的节律具有导引作用,使节律与温度的变化周期同步。但是 *Hsf1* 基因敲除细胞的节律则不被导引,并逐渐去同步化。绿色曲线为野生型对照的实验结果,蓝色曲线为敲除 *Hsf1* 细胞的实验结果[40]。)

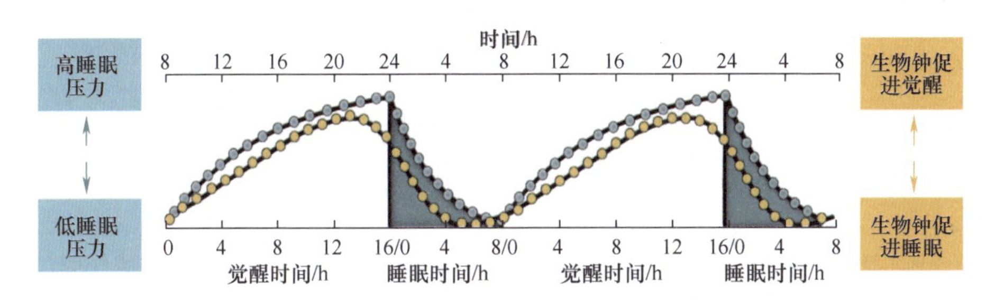

图 3-9 睡眠的双过程调控模型

[在 24h 昼夜节律条件下,随觉醒时间延长,睡眠压力(蓝色)增加;而随睡眠时间延长,睡眠压力(蓝色)下降。生物钟的震荡(黄色)在白天促进觉醒,在夜间促进睡眠。引自文献[62],略修改。]

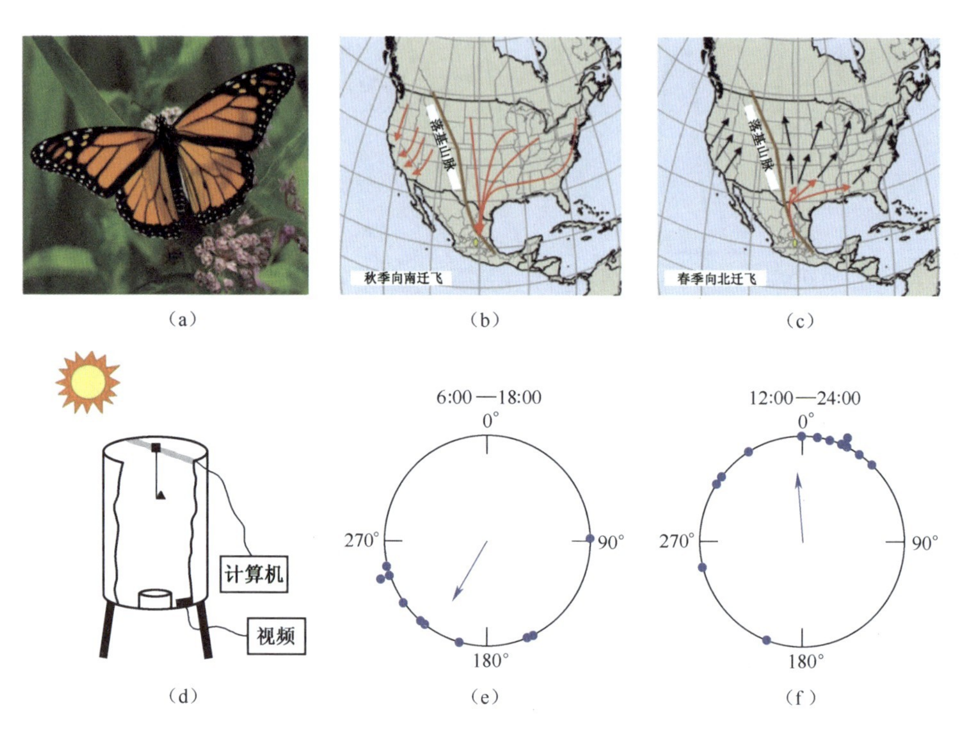

图 4-19　帝王蝶在每年迁飞过程中依赖生物钟进行定向[130-131]

(a)帝王蝶;(b)帝王蝶秋季的南迁路线图;(c)第二年春季,帝王蝶向北迁飞(第一代蝴蝶的迁徙方向用红色箭头表示,后代的迁飞方向用黑色箭头表示);(d)飞行模拟器装置图;(e)和(f)帝王蝶的迁飞方向统计图。

(美国北部的帝王蝶每年秋季向南迁飞,到达墨西哥中部山区。落基山脉以西地区的帝王蝶只进行短距离迁飞。(e)、(f)图中,大的黑色圆圈表示各个方向,蓝色圆点表示蝴蝶在各个方向上的分布,蓝色箭头表示不同蝴蝶平均的飞行方向,箭头的长度表示统计的显著性。(e)图中 06：00—18：00 以及(f)图中 12：00—24：00 表示的是有光照的白天时间,(f)图中的光照时间相位比(e)图晚 6h。将两种光照条件下的蝴蝶放入飞行模拟器中,记录蝴蝶的飞行方向,发现(e)、(f)条件下的飞行方向存在显著偏差。)

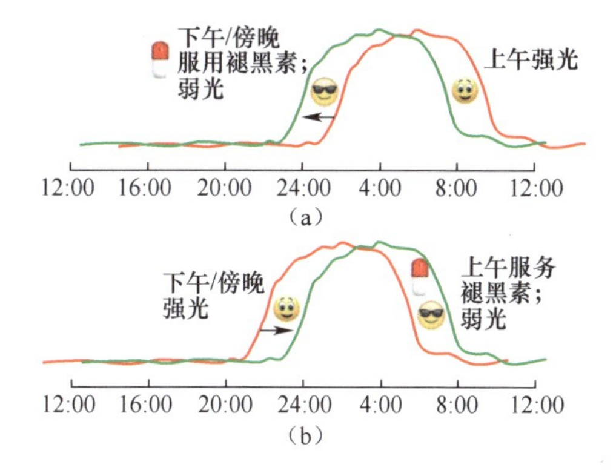

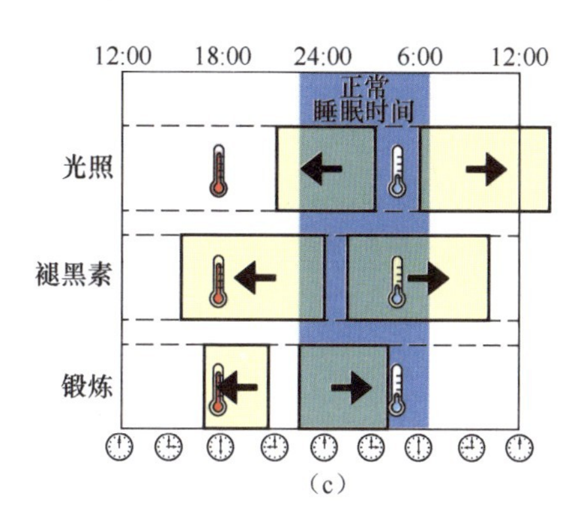

图 5-2 采用褪黑素及光疗调整节律相位的示意图

(a)节律相位提前(在下午/傍晚服用褪黑素,并且避免强光暴露,而上午则要强光暴露);(b)节律相位推迟(在下午/傍晚强光暴露,上午避免强光暴露并服用褪黑素,不戴墨镜表示接受强光照射,戴墨镜表示避免强光);(c)不同时间接受光照、服用褪黑素和体育锻炼对节律相位的影响。

(红色曲线表示调整前的节律,绿色曲线表示调整后的节律。蓝色阴影表示平时的睡眠时间,黄色方框表示接受光照、服用褪黑素和体育锻炼的时间。左箭头表示导致相位提前,右箭头表示导致相位推迟。红色温度计表示体温的峰值时间,蓝色温度计表示体温的谷值时间[28]。)

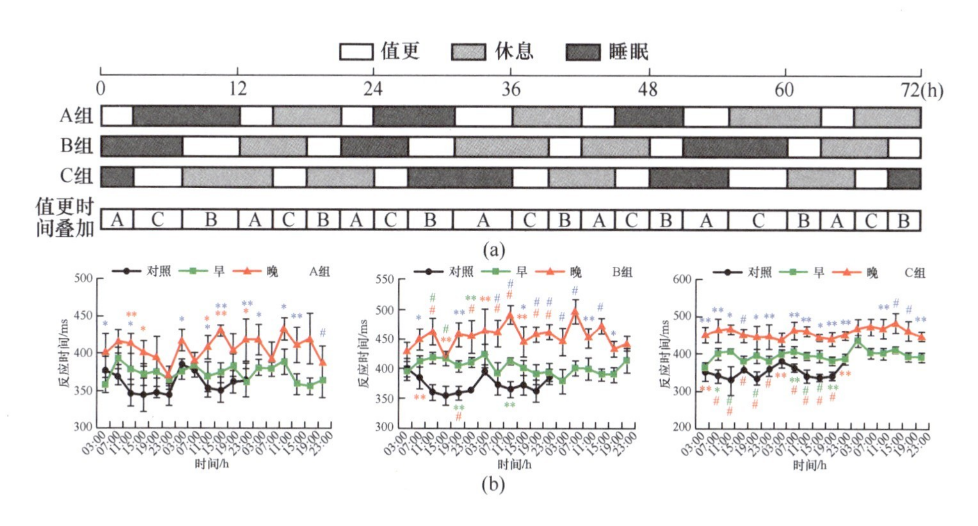

图 5-7 一种频繁轮班的深远海值更制度对警觉度的影响[54]

(a)值更制度示意图。人员分为 A、B、C3 组,模拟实际岗位的 3 人。3 组轮流值更,保证任何时候都有一个人在值更,不同色块分别表示值更、休息和睡眠时段。(b) A~C 组 PVT 测试显示的反应速度变化情况。黑色曲线表示正常作息的对照期的结果;绿色曲线表示进入轮班制作息后早期阶段的测试结果;红色曲线表示进入轮班作息后后期的测试结果。数据为均值±SE,$n=4$[54]。